DIE SCHWACHSTROMTECHNIK

IN

EINZELDARSTELLUNGEN

Herausgegeben von

J. Baumann   und   **Dr. L. Rellstab**

München   Hannover

III. Band:

Medizinische Anwendungen der Elektrizität

von

M. U. Dr. S. JELLINEK

München und **Berlin**

Druck und Verlag von R. Oldenbourg

1906

Medizinische Anwendungen

der

Elektrizität

von

M. U. DR S. JELLINEK

Assistent des k. k. Krankenhauses Wieden in Wien, beeideter
ärztlicher Sachverständiger für elektrisches Unfallwesen beim
k. k. Landesgericht Wien

Mit 149 Abbildungen im Text

München und **Berlin**

Druck und Verlag von R. Oldenbourg

1906

Vorwort

Der ehrenvollen Aufforderung der Herausgeber zur Abfassung dieses Werkes, dessen Inhalt über den Rahmen meiner bisherigen selbständigen Untersuchungen weit hinausreicht, Folge leistend, habe ich zu den einzelnen Kapiteln die einschlägige, in einigen Teilen dieses Wissensgebietes besonders reiche, allgemeine und monographische Literatur, auch die Publikationen der jüngsten Zeit, in großem Umfange herangezogen. Trotzdem erhebt weder das dem Werke angefügte Literaturverzeichnis noch das Werk selbst, welches für Mediziner, Techniker und andere Interessenten der modernen Elektrizitätslehre eine Orientierungsschrift über die Anwendungen der Elektrizität in der Medizin sein soll, Anspruch auf Vollständigkeit. Der ungeheure Aufschwung [der Elektrotechnik hat besonders in der Röntgenologie bedeutende Fortschritte der wissenschaftlichen und praktischen Medizin gezeitigt.

Auf anderen Teilen des Grenzgebietes von Medizin und Elektrotechnik harren berechtigte Hoffnungen noch der Erfüllung, zu dessen vollständiger Erschließung müssen Arzt und Techniker sich vereinen; hingegen muß die praktische Anwendung der Elektrizität zum Zwecke der Untersuchung wie zu dem der Heilung dem Arzte vorbehalten bleiben; nur er vermag im gegebenen Falle das darin verborgene Gift von der Arznei zu unterscheiden.

Der Verlagsbuchhandlung R. Oldenbourg spreche ich für das mir stets bewiesene freundliche Entgegenkommen meinen besten Dank aus.

Wien, im August 1906.

Dr. Jellinek

Inhaltsverzeichnis

C.

VI. Elektrophysiologie 159

A.

I. Elektrizität und Medizin.

1. Allgemeines.

§ 1. Die Elektrizität, das universellste Instrument der modernen Technik, hat allmählich auch von allen Gebieten der praktischen Medizin Besitz ergriffen. Wenngleich die medizinische Wissenschaft außerordentlich reich spezialisiert ist, so nimmt dennoch die Elektrizität in jedem dieser Zweiggebiete eine mehr oder minder wichtige Stellung ein. Fast alle elektrischen Energieformen hat sich der Arzt für seine Zwecke dienstbar gemacht, wozu ihm noch der Elektrotechniker die sinnreichsten und handlichsten Apparate und Instrumente zur Verfügung stellt.

§ 2. Bis ins Altertum hinein reichen die ersten Daten über die Anwendung der tierischen (Aal etc.) und Reibungselektrizität. Doch erst seit Galvanis Entdeckung war für die Elektrotherapie die wissenschaftliche Grundlage gegeben.

Schon römische Ärzte sollen gelähmte und gichtische Kranke ins Wasser gesetzt haben, in welchem sich Zitterrochen und andere tierische Elektrizitätsquellen befanden (Hippokrates, Galenus, Plato, Aristoteles, Plinius etc.). Der Sage zufolge haben aber schon viele Jahrtausende früher die Negerfrauen Westafrikas die Eigentümlichkeit der Zitterrochen, durch Berührung momentane Erstarrung hervorzurufen, als Heilmittel gegen Geister und Lähmungen verwendet.

William Gilbert, der Leibarzt der Königin Elisabeth, hat als Erster durch seine experimentellen Untersuchungen schon

zu Anfang des 17. Jahrhunderts die Auseinanderhaltung der Eigenschaften von Bernstein und Magnet ausgesprochen, die bis heute
anerkannt wird.

Mitte des 18. Jahrhunderts wurde von deutschen und
französischen Ärzten, wie de Haën, Kratzenstein, Krüger,
Jallabert, Bertholon, Mauduyt u. a., Reibungselektrizität
(Elektrisiermaschine) zu therapeutischen Zwecken benutzt.

Galvanis Entdeckung, welche erst durch den geschulten
Physiker Volta (den Erfinder des Elektrophors und des Kon-
densators) ihre richtige Deutung fand, führte zu großen wissenschaftlichen Kontroversen, an welchen sich die berühmtesten
Ärzte jener Zeit, Hufeland, Reil, Sömmering, Pfaff u. a.
beteiligten. Der Galvanismus wurde als wichtiger Heilfaktor
bei nervösen und anderen Leiden gepriesen (Augustin,
Grapengießer, Loder und Bischoff, Jacobi etc.).

In den dreißiger Jahren des 19. Jahrhunderts wurden die
ersten volta-elektrischen Induktionsapparate zu
medizinischen Zwecken konstruiert, seitdem der geniale Buch-
bindergehilfe Faraday die elektromagnetischen Induktions-
wirkungen entdeckt hatte.

Als Begründer der neuen Epoche der Elektrotherapie ist
Duchenne anzusehen, welcher sich bei seinen berühmten
Nervenuntersuchungen des faradischen Stromes bediente. Von
ihm stammt die Bezeichnung ›Faradisation‹ und die ersten
Angaben über die Reizungsstellen der Nervenstämme: points
d'élection, die von R. Remak und Ziemssen eingehend studiert
und mit dem Namen ›motorische Punkte‹ belegt wurden.

R. Remak gebührt das große Verdienst der Anwendung
des galvanischen Stromes, die durch Duchennes Arbeiten
ganz in den Hintergrund gedrängt worden war, wieder zur verdienten Geltung verholfen zu haben. Remak hat auch das
Gebiet der Elektrotherapie bedeutend erweitert, indem er als
Erster den galvanischen Strom auch zur Bekämpfung von entzündlichen Vorgängen empfahl. Große Bedeutung maß er
den von ihm so genannten ›katalytischen‹ Wirkungen des
galvanischen Stromes bei.

§ 3. In Wien war es M. Benedikt, der zuerst die Bedeutung des galvanischen Stromes für die praktische Medizin
erkannt hatte. Seine umfassenden Untersuchungen und seine
auf viele Nervenkrankheiten ausgedehnte Elektrotherapie wirkte
sehr anregend. Nicht nur Nervenleiden sondern auch entzündliche Prozesse wurden bereits damals mit Hilfe des

galvanischen Stromes erfolgreich bekämpft. So berichtet
B e n e d i k t, daß C h v o s t e k mit viel Glück Orchitis blenor-
rhoea, indolente Bubonen und Infiltrationen der Unterhautzell-
gewebe behandelt habe; auch bei Hydrokele, Ganglien, bei
chronischen Entzündungen der Hornhaut und Konjunktiva und
Gelenksaffektionen wirkte der galvanische Strom.

Die Behandlung ›in l o c o m o r b i‹ wurde von M. B e n e d i k t
und von E r b als wichtigster Grundsatz der Elektrotherapie[1])
bezeichnet.

In jene Zeit fallen auch die grundlegenden Untersuchungen
der berühmten Physiologen D u B o i s - R e y m o n d und E. P f l ü g e r;
das P f l ü g e r sche Zuckungsgesetz ist allgemein bekannt.

Für die Praxis außerordentlich wichtige Untersuchungsergebnisse hat in durchaus selbständiger Weise B r e n n e r in
Petersburg zustande gebracht und im Jahre 1862 veröffentlicht.
B r e n n e r begründete die ›p o l a r e‹ Untersuchungs- und Behandlungsmethode, im Gegensatze zu der von R e m a k gewählten,
von B e n e d i k t und anderen akzeptierten ›R i c h t u n g s m e t h o d e‹.
B r e n n e r erkannte, wie wenig die Stromrichtung (zentrifugal
oder zentripetal im Nerven) für die Reizung maßgebend sei; er
bezeichnete das Zuckungsgesetz wesentlich als eine s p e z i f i s c h e
W i r k u n g d e r P o l e.

Seit der von B a i e r l a c h e r angebahnten Lehre von der
Entartungsreaktion, die durch die grundlegenden Arbeiten von
v. E r b und v. Z i e m s s e n vertieft und ausgebaut wurde, nahm
die Elektrodiagnostik und Elektrotherapie einen ungewöhnlichen
Aufschwung. Durch die Forschungsarbeiten von O. B e r g e r,
M. B e r n h a r d t, B u r c k h a r d t, A. E u l e n b u r g, E r d m a n n,
F i l e h n e, G. F i s c h e r, G. G ä r t n e r, Hitzig, J o l l y,
v. L e y d e n, M. M e y e r, M o e b i u s, E. R e m a k, S e e l i g -
m ü l l e r, S c h u l z, S t i n t z i n g, V i g o u r o u x, A. W a l l e r,
A. M. W a t t v i l l e u. a. erreichte die Elektrotherapie ihre Blütezeit.

---

[1]) Sehr bemerkenswert erscheint mir eine Beobachtung von
M. B e n e d i k t, die er zu wiederholten Malen gemacht hat, ›das Auftreten von Hämorrhagien nicht nur bei lokaler galvanischer Reizung,
sondern auch bei Reizung der Nervenstämme im Gebiete dieser Nerven
sowohl bei Hemiplegien als bei Tabes‹. Diese Erscheinung ist ein wichtiger
Beitrag zu den Forschungen über die Wirkungsweise des elektrischen Stromes.
Die elektrischen Starkstromstudien scheinen für eine Hauptbeteiligung des
Gefäßsystems zu sprechen. So habe ich bei Personen, die vom Blitz getroffen wurden, akute, zirkumskripte Ödeme auftreten gesehen. Einmal
gelang es mir bei einem Pferde, dessen Vorderfuß zur Stromeintrittstelle
gewählt worden war, nach einigen Sekunden (!) ein mächtiges lokales
Ödem zu erzeugen. Das betreffende Hautstück befindet sich im Museum des
gerichtl. mediz. Instituts in Wien. Näheres siehe ›Elektropathologie‹.

Während von diesen zumeist deutschen Forschern der faradische und galvanische Schwachstrom in Anwendung gebracht wurde, war es in Paris vorwiegend Charcot und P. Marie, welche für die Rehabilitierung der statischen Elektrizität, der Franklinisation, eintraten.

Von Paris aus führte man auch die Hochfrequenzströme in die Medizin (D'Arsonval) ein, worüber später ausführlich berichtet wird. Unter den um den Ausbau der Elektrotherapie verdienten französischen Autoren wären d'Arsonval, Béclère, Bergonié, Charcot, Dubois, Foveau des Courmelles, Guilleminot, Leduc, Martre, Moutier, Weiß, Oudin, Roussel, Vigouroux, Zimmern u. a. zu erwähnen.

Den amerikanischen Forschern Beard and Rockwell verdanken wir die Einführung der »allgemeinen Faradisation« und der »zentralen Galvanisation«; über beide Methoden wird noch zu sprechen sein.

In neuester Zeit dient der elektrische Schwachstrom nicht nur als diagnostischer und therapeutischer Behelf bei Erkrankungen des Nervensystems; es wird vielmehr die Elektrizität ebenso bei Behandlung von äußeren wie inneren Krankheiten als wirksames Heilmittel herangezogen. Der Elektrotechniker hat dem Arzt auch den Starkstrom[1]) dienstbar gemacht: die elektrische Wärmewirkung und die elektromechanische Arbeitsleistung sind heute mächtige Stützen der modernen praktischen Medizin.

Allgemein bekannt ist die medizinische Anwendung der Elektrizität in der neuen Lichttherapie und im Röntgenverfahren. Der Wiener Schule gebührt das Verdienst, die epochale Entdeckung Röntgens frühzeitig für die praktische Medizin verwertet zu haben. Während ihres kurzen Bestehens sind Arsonvalisation, Röntgentechnik und die Lichttherapie überhaupt allgemein bekannt geworden, so daß es kaum nötig ist, geschichtliche Daten anzuführen. Es sei hierbei nur auf die Namen und Arbeiten vorwiegend deutscher und französischer Autoren im Literaturverzeichnis verwiesen.

---

[1]) Die Besprechung der durch Starkstrom in technischen Betrieben verursachten Gesundheitsstörungen ist in dem Rahmen dieses Buches nicht einbezogen. (Vgl. hierüber »Elektropathologie«.)

2. Bedeutung der physikalischen Eigenschaften für die Medizin.

§ 4. Trotz ungeahnter Forschungsergebnisse ist es bis heute nicht gelungen, das wahre Wesen dieser seltensten aller Naturkräfte zu ergründen. Wenn wir auch der Elektrizität die Wege vorzeigen, die sie zu gehen hat, so wissen wir nicht einmal, ob es wirklich der Leiter (z. B. Metall, Flüssigkeit) oder gar nur die Grenzschichte gegen den Isolator oder Dielektrikum (z. B. die Gummihülse des Leitungskabels) derjenige Teil ist, den die Elektrizität bei ihrer Fortbewegung bevorzugt.

Durch die Fortbewegung im Leiter entsteht daselbst Wärme. Es bietet nämlich jeder Leiter einen mehr oder weniger großen Widerstand, den die Elektrizität bei ihrer Fortbewegung überwindet. Je größer der Widerstand, um so intensiver die Erwärmung. Durch Bemessung der Widerstände kann die Wärmeerzeugung reguliert werden.

Im allgemeinen ist die Größe des Widerstandes von der Länge und dem Querschnitt des Leiters, — der letztere ist zumeist ein Kupfer- oder Siliziumbronzedraht — abhängig: je länger und je dünner ein Draht, um so größer sein Widerstand. Man spricht von Ohmschem Widerstand. Derselbe wird in Einheiten, Ohm genannt, gemessen.[1]) Ein Ohm ist gleich dem Widerstand einer Quecksilbersäule von 1 qmm Querschnitt und 1,06 m Länge bei einer Temperatur von 0° C. Der Widerstand setzt sich zusammen aus dem sog. inneren Widerstand, bedingt durch die Stromquelle, und aus dem äußeren Widerstand, welcher in den Leitungsdrähten, Meßapparaten und in dem eingeschalteten menschlichen Körper gegeben ist.

Die zur Überwindung des Widerstandes nötige elektrische Energie verwandelt sich in sog. Joulesche Wärme. Die Größe der in der Zeiteinheit in einem Leiter gebildeten Wärme ist von der Stromstärke und dem Widerstande des Leiters abhängig. Wie wir weiter unten erfahren, wird diese Eigenschaft des elektrischen Stromes in der Galvanokaustik, Endoskopie ja auch zum Heizen, zum Kochen etc. sehr erfolgreich zur Anwendung gebracht.

---

[1]) Die elektrischen Maßeinheiten wurden von einem internationalen Kongreß von Elektrikern im Jahre 1881 in Paris geregelt. Die elektrischen Maßeinheiten leitete man von den allgemein anerkannten Maßeinheiten, Zentimeter, Gramm und Sekunde (c-g-s-System) ab, um die Elektrizität mit den anderen früher schon studierten Naturkräften vergleichbar machen zu können.

Von der Jouleschen Wärme ist die sog. Peltiersche
Wärme zu unterscheiden; fließt ein elektrischer Strom durch die
Lötstelle zweier verschiedener Metalle, so wird diese je nach
der Richtung des Stromes entweder erwärmt oder abgekühlt.
Ebenso bringt auch umgekehrt eine äußere Erwärmung oder
Abkühlung der Lötstelle zweier zu einem geschlossenen Kreise
vereinigter Metalle einen elektrischen Strom hervor. Diese
durch Wärmewirkung entstandenen elektrischen Ströme wurden
von Seebeck im Jahre 1823 entdeckt und heißen thermo-
elektrische Ströme. Dieselben haben kaum praktische Bedeutung, sind aber trotzdem für den Mediziner beachtenswert:
beim Plombieren der Zähne (die Goldfüllung wird mit einem
Eisenhammer gehämmert, wodurch Wärme entsteht) machen
sich derlei Ströme, wenn sie auch schwach sind, unangenehm
bemerkbar. Wie Dr. Trauner mitteilte, werden durch diese
elektrischen Ströme Schmerzen auch in pulpalosen Zähnen verursacht. Durch leitende Verbindung des menschlichen Körpers
mit der Erde werden diese Ströme kontinuierlich abgeleitet und
einer Schmerzempfindung vorgebeugt.

Der Widerstand wird durch die Spannung (das Potential)
oder die elektromotorische Kraft (EMK) überwunden.
Die Spannung ist der Druck, den die Elektrizitätsteilchen eines
Leiters oder eines Isolators aufeinander ausüben. Während
dieser elektrische Zustand, der die Spannung verursacht, bei
Isolatoren an einer Stelle stehen bleibt, verbreitet sich die
Spannung bei Leitern bis an die äußerste Grenze; die Spannung
wird fortgeleitet. Aus diesem Grunde wird bei einem metallischen
Leiter die Spannung nur an der Oberfläche desselben konstatierbar
sein; dieses Verhältnis wurde von Faraday durch einen
Versuch erhärtet. Begibt man sich in einen großen Würfel aus
Kupferdraht, dessen Innenseite mit Stanniol belegt ist, so kann
man außen die stärksten Entladungen einwirken lassen, ohne
daß man innen — weder physikalisch noch physiologisch —
eine Spur von Elektrizität finden könnte.

Die Ungleichheit der Spannungsprozesse zwischen den einzelnen Punkten ist die Ursache der Fortbewegung der Elektrizität.

Den Unterschied der Spannung, der an zwei verschiedenen
Punkten einer Leitung herrscht, bezeichnet man als Potentialdifferenz. Die Elektrizität fließt von dem Orte höherer
Spannung nach dem Orte der niedrigeren, und auf diese Weise
tritt ein Ausgleich ein.

Die Maßeinheit für die S p a n n u n g s m e s s u n g ist ein
V o l t. Unter einem Volt $\left(=\dfrac{1}{9\cdot 81}\text{ kgm}\right)$ versteht man schlechtweg die Arbeit, die notwendig ist, um eine gewisse Elektrizitäts-
menge (i. e. ein Coulomb) von einem Punkte A nach dem
Punkte B zu bringen.

Ein Volt gleicht ungefähr der elektromotorischen Kraft
eines D a n i e l l - Elementes oder eines G a i f f e - Chlorsilberele-
mentes etc.

Nächst Spannung und Widerstand interessiert den Arzt die
S t r o m s t ä r k e (Intensität). Die jeweilige Stromstärke läßt sich
aus der Proportion von Spannung und Widerstand $\left(J=\dfrac{E}{W}\right)$ berechnen. Dieses Verhältnis heißt nach seinem Entdecker das
O h m sche Gesetz.

A m p e r e ist die Einheit der Stromstärke. Dieselbe wird
durch eine Stromquelle von 1 Volt Spannung in einem Widerstande von 1 Ohm erzeugt. Jener Strom hat die Einheit der
Stromstärke, i. e. ein Ampere, bei welchem in der Zeiteinheit
eine bestimmte Elektrizitätsmenge durch den Querschnitt fließt.
Wenn wir dies mit einer Wasserleitung vergleichen, so können
wir sagen, daß jener Strom die Einheit einer Stromstärke besitze,
bei dem in der Zeiteinheit durch jeden Querschnitt genau 1 l
Wasser fließe. Wenn 2 l in derselben Zeit durchfließen, so haben
wir eine Stromstärke von 2 Ampere usw.

Auf diesem Prinzipe beruht ein in der Praxis vielfach ver-
wendeter Apparat: der T r a n s f o r m a t o r.

Durch den T r a n s f o r m a t o r (Umformer) ist man bei
Wechselströmen in der Lage, die Spannungen in der einfachsten
Weise zu vermehren oder zu vermindern.

Der K o n v e r t e r (Umwandler) dagegen dient zur Umwandlung einer Stromart in die andere, z. B. Gleichstrom in
Wechselstrom.

Die drei Größen, Spannung, Widerstand und Strom, beeinflussen einander gegenseitig.

Ein Strom von ursprünglich hoher Spannung besitzt nur
eine geringe Stromstärke, falls der Widerstand, den er zu überwinden hat, groß ist. Anderseits können wir einen ursprünglich
starken (i. e. viele Ampere zählenden) Strom durch Vergrößerung
der Widerstände auf eine höhere Spannung t r a n s f o r m i e r e n.

Für medizinische Zwecke ist öfters 1 Ampere zu groß. Man nimmt deshalb auf Antrag des Dr. de Wattewille ein Tausendstel oder ein Milliampere (MA) als Einheit an. Passiert die elektromotorische Kraft von 1 Volt einen Widerstand von 1000 Ohm, so bekommen wir eine Stromstärke von einem Milliampere.

Die Elektrizitätsmenge, die den Querschnitt eines Drahtes in einer Sekunde bei einer Stromstärke von 1 Ampere durchfließt, heißt ein Coulomb. Für praktische Zwecke ist diese Einheit zu klein. Man bedient sich deshalb der Amperestunde, welche 3600 Coulombs (Amperesekunden) ausgleicht.

Eine Amperestunde erhält man durch einen Strom von 1 Ampere während der Dauer einer Stunde oder eines Milliampere während 1000 Stunden etc.

Die verbrauchte Elektrizitätsmenge wird praktischerweise noch nach anderen Einheiten gemessen und zwar nach Watt und Wattstunden.

Die Arbeit, die ein elektrischer Strom in der Zeiteinheit leistet, nennt man Effekt; derselbe wird nach Watt berechnet.

Ein Gleichstrom von 1 Volt Spannung und 1 Ampere Intensität hat die Effekteinheit eines Watt

1 Volt $\times$ 1 Ampere = 1 Voltampere = 1 Watt. Eine Wattstunde (Voltamperestunde) ist die Menge elektrischer Energie, welche durch einen Strom von 1 Ampere Intensität und 1 Volt Spannung in einer Stunde geliefert wird.

Leichter faßlich wird diese Einheit, wenn wir sagen, daß 736 Watt einer Pferdekraft (1 PS oder 1 HP) entsprechen.

Ein Gleichstrom von 500 Volt Spannung und 5 Ampere Intensität leistet in 10 Sekunden eine Arbeit von $500 \cdot 5 \cdot 10$ Voltampere, d. i. 25000 Watt oder $\dfrac{25\,000}{736}$ Pferdekräften.

»Amperestunde« ist die Einheit für die während einer Stunde gemessene Stromstärke in Ampere. Sagen wir z. B. von einem Akkumulator, er habe eine Kapazität von 25 Amperestunden, so bedeutet dies, daß derselbe eine Stromstärke von 1 Ampere durch 25 Stunden hindurch oder 2 $^1/_2$ Ampere 10 Stunden lang usw. hergibt.

Für die therapeutische Wirksamkeit der elektrischen Ströme ist auch noch die Stromdichte maßgebend. Unter Stromdichte versteht man jene Elektrizitätsmenge, die in der Zeiteinheit durch einen gegebenen Querschnitt fließt. Die Stromdichte ist direkt proportional der Stromstärke und verkehrt proportional dem Querschnitt des Leiters.

Betrachtet man den elektrischen Strom als ein Bündel von parallel laufenden Stromfäden, so werden diese um so enger zusammenliegen, je dünner der Leiter ist.

Der Arzt benutzt Elektroden (Rheophore) (vgl. »Technik«), die dem elektrischen Strome verschieden große Austrittsflächen bieten. Die dadurch erzielte Stromregulierung lernen wir weiter unten kennen.

Die Eigenschaften der statischen und die Richtung der dynamischen Elektrizität ist durch den positiven Pol (Anode) und den negativen Pol (Kathode) gegeben. Die durch Reibung eines Glas- oder Siegellackstabes hervorgerufenen verschiedenen elektrischen Eigenschaften sind bekannt.

Die strömende Elektrizität (sei es die eines einfachen Elements, eines Akkumulators, einer Dynamomaschine etc.) fließt (außerhalb der Stromquelle) vom positiven zum negativen Pol.

Manchmal ist die Bestimmung der Pole wünschenswert: man steckt die blanken Enden der Zuleitungsschnüre in ein Glas Wasser; wo sich mehr Gasblasen (H) entwickeln, dort ist die Kathode.

Sehr leicht geschieht auch die Polbestimmung mittels der Jodkaliumelektrolyse: man versetzt etwas Stärkekleister mit Jodkaliumlösung und hält die Poldrähte hinein; an der Anode tritt durch das freiwerdende Jod starke Blaufärbung auf.

Oder: man berührt mit beiden Poldrähten (in ca. 1 cm Entfernung) feuchtes Lackmuspapier, so tritt an der Anode Rot-, an der Kathode Blaufärbung auf.

Diese Bestimmungen gelten allerdings nur für den galvanischen Strom.

Die Polbestimmung ist bei Benutzung des faradischen Stromes belanglos.

Bei Kondensatoren, Ruhmkorff-Apparaten etc. nehmen die Funkenentladungen von der Anode ihren Ausgang; die Polbestimmung ist für die Röntgentechnik von Wesenheit.

3. Verschiedene Energieformen der Elektrizität. .

a) Reibungselektrizität.

§ 5. Die Erscheinungen der Reibungselektrizität sind am längsten bekannt. Nur dem Anscheine nach unterscheidet sie sich von der galvanischen (fließenden). Der Unterschied ist kein qualitativer, sondern nur ein gradueller. Diodorus von Sizilien erzählt, daß schon die Etrusker, eine griechische Kolonie nach dem Trojanischen Kriege, über die Donnerverhältnisse sehr informiert gewesen wären. Tullus Hostilius ließ auf dem Aventin einen Altar bauen, um ähnlich dem Jupiter Elizius aus dem Blitz hervorzutreten. Diese Idee mußte er mit dem Leben büßen.

Theofrast, Aristoteles kannten die Eigenschaft, daß gewisse Stoffe, wenn sie gerieben wurden, die Fähigkeit gewinnen, kleine Körperteilchen ›anzuziehen‹.

Thales von Milet forschte nach der seltenen Eigenschaft des ›Bernstein‹ und des ›Magnetstein‹. Nach Art der griechischen Denkungsweise schrieb er beiden eine Seele zu.

Von Thales von Milet stammt auch der Name ›Elektrizität‹, nach dem griechischen ἤλεκτρον. Hippokrates hat wohl als erster Arzt die Reibungselektrizität, in Form von trockenen und fetten Hautreibungen, zu Heilzwecken verwendet.

Scribonius Largo, der Arzt des Kaisers Claudius, verwendete die elektrischen Schläge der Zitterrochen gegen ›veraltete Kopfleiden‹ und gegen ›Gicht‹. Zu diesem Zwecke setzte sich der Kranke an den Meeresstrand und berührte mit seinen Füßen den Körper eines Zitterrochen.

Nollet gelang es zu allererst im Jahre 1734 aus seinem Kollegen Dufay, der isoliert stand, einen elektrischen Funken zu ziehen. Wie schon früher erwähnt, wurde von da ab die Reibungselektrizität vielfach zu Heilzwecken benutzt.

Im Jahre 1750 begann Franklin seine grundlegenden Versuche mit der Leydener Flasche, die allgemein bekannt sind.

Durch die neue, vorwiegend von Volta und Faraday begründete Elektrizitätsform wurde die statische Elektrizität stark in den Hintergrund gedrängt. Erst in den letzten Jahrzehnten verdankt sie besonders den Arbeiten von Arthuis, Charcot, P. Marie und Vigouroux ihre Wiedergeburt. Letzterer äußert sich hierüber: ›Étant donné le rôle d'électricité statique comme modificateur et stimulant de la nutrition, nous lui attribuons la première et la plus large place dans l'électrothérapie, tandis que nous mettons le classique courant continu au dernier rang.‹

Die medizinische Anwendung der durch Reibung hervorgebrachten Elektrizität nennt man Franklinisation. Diese Erscheinungsform der Elektrizität heißt auch statische, ruhende oder Spannungselektrizität.

Während diese Elektrizitätserscheinung an den geriebenen Stellen der Nichtleiter (z. B. Glas) zu verharren, zu ›ruhen‹, bestrebt ist, breitet sich dieselbe auf einem Leiter nach dessen Enden aus. An den Enden, besonders an Spitzen, sammelt sie sich bis zu einer gewissen Spannung an. Bei einer bestimmten Grenze verläßt die Elektrizität den Körper in Form von Funken. Man spricht von Entladung.

Elektrische Körper (positiv oder negativ) vermögen durch Berührung nichtelektrische Körper (in welchen beide Elektrizitätsformen noch ›gebunden‹ sind) elektrisch zu machen: elektrische Mitteilung.

α) Elektrische Influenz (Induktion).

§ 6. Durch Fernwirkung, und zwar durch bloße Annäherung von elektrischen Körpern entsteht in nichtelektrischen Körpern eine Spaltung der in ihnen vorhandenen Elektrizitätsformen. Die gleichnamige Elektrizität sammelt sich am entfernten Ende, die anderspolige am zugewendeten Ende an.

Leitet man die gleichnamige Elektrizität ab, so breitet sich die andere Form über den ganzen Körper aus. Dies kann öfters wiederholt werden, wodurch sich immer mehr Elektrizität sammelt.

β) Kondensatoren.

§ 7. Zu dieser Vervielfältigung (Potenzierung) anderer geringer Elektrizitätsmengen dienen die Kondensatoren.

Die bekanntesten Typen der Kondensatoren sind die Franklinsche Tafel und die Leydener Flasche.

Auch die zu medizinischen Zwecken dienenden Influenzmaschinen sind auf dem Prinzipe der Potenzierung aufgebaut. Die erste Maschine wurde von Otto von Guericke im Jahre 1670 zusammgestellt.

γ) Entladungsform (medizinische Applikation).

§ 8. Die verschiedenen Applikationsmethoden sind:

1. Elektrostatisches Luftbad oder unipolare Ladung (elektr. Wind),
2. Franklinsche Kopfdusche,
3. Spitzenausstrahlung,
4. Funkenentladung,
5. Büschelentladung (Büschellicht),
6. Franklinischer Strom (Franklinisation hertzienne; Courant de Morton).

1. Das elektrostatische Luftbad, von Charcot so
benannt, besteht darin, daß der Patient, der isoliert ist, mit
einem (zumeist dem positiven) Pol der Elektrisiermaschine verbunden wird, während man den anderen Pol zur Erde ableitet.
Der Körper, resp. dessen Oberfläche, wird mit positiver Elektrizität
geladen, wodurch der Körper wie in einem Bade von einer
elektrischen Atmosphäre eingehüllt ist; daher die Bezeichnung.

Vigouroux und A. Eulenburg lassen die Ladung sowohl
mit positivem als auch negativem Pol vornehmen.

A. Roussel, welcher der Franklinisation große Aufmerksamkeit zuwendet, hält dafür, daß der negative Pol den meisten
ärztlichen Indikationen entspreche. (Näheres vgl. Physiologie.)

2. Franklinsche Kopfdusche, auch statische
Dusche genannt: Eine mit dem negativen Pol verbundene
Kopfplatte (die verschiedene Form haben kann) wird über
dem Kopfe des Patienten aufgestellt. Die Entfernung soll 5 bis
10 cm betragen, eher mehr als weniger. Den positiven Pol leitet
man zur Erde oder verbindet denselben mit der nicht isolierten
Fußplatte des Patienten; durch letzteres wird höhere Wirksamkeit erzielt.

3. Spitzenausstrahlung: Die negative Elektrode wird
zur Erde abgeleitet oder der Körper des Patienten damit geladen;
die Spitzenausstrahlung entsteht in Form eines bläulich violetten
Lichtbüschels, wenn man den positiven Pol, d. i. eine daran
befestigte Kranzelektrode (einen mit Spitzen besetzten
Kranz) dem Körper nähert. Die Entfernung zwischen Elektrode
und Körper soll höchstens 2 cm betragen.

Das Lichtbüschel verbreitet starken Ozongeruch. Der
Ozon ist durch Tetraparaphenyldiaminpapier sofort nachweisbar.
(A. Eulenburg.)

4. Funkenentladung oder Funkenstrom wird in
doppelter Form appliziert:

    a) Die mit dem positiven Pole verbundene Knopfelektrode
       wird dem Körper auf eine Entfernung von 1—30 cm
       genähert; der andere Pol ist isoliert.

    b) Der Körper des Patienten und eine Elektrode sind mit
       der Erde leitend verbunden, die andere Knopfelektrode
       wird dem Körper genähert, die Wirkung erreicht ihr
       Maximum, wenn der Patient von vornherein mit einer
       Elektrode in leitender Verbindung steht. Dies ist ein
       Typus der bipolaren Elektrisation (Guimbail).

5. die Büschelentladungen: Die mit dem positiven Pol armierte Elektrode wird dem Körper entsprechend genähert, bis ganze Garben von Strahlenfäden unter lautem Geprassel auf den Körper übergehen.

Fig. 1. Büschelentladung der großen T e y l e r schen Elektrisiermaschine.
¹/₄ nat. Gr. Nach O s t w a l d.

Dabei ist der Patient

a) entweder auf dem Isolierschemel, welcher mit dem negativen Pol verbunden ist,

b) oder der negative Pol — ohne Verbindung mit dem Isolierschemel — wird direkt zur Erde geleitet,

c) oder der Patient und der negative Pol sind — jeder für sich — geerdet.

6. Der Franklinsche Strom entsteht durch leitende Verbindung der beiden Pole der rotierenden Elektrisiermaschine; der kreisende Strom ist mittels des Edelmannschen Galvanometers meßbar. Schaltet man in diesen Schließungsbogen den menschlichen Körper ein, so wird derselbe vom Strom durchflossen. Im Gegensatze zu allen früheren Applikationsmethoden muß jedes Offenbleiben auch der kleinsten Luftstrecke vermieden werden. Überall muß exakter Kontakt herrschen. Albert Weil (Paris) hat behufs genauer Dosierung einen besonderen Rheostaten konstruieren lassen. In seinem »Guide pratique d'électrotherapie gynécologique«, p. 126, sagt er hierüber:

»Ce rhéostat agit comme tous les rhéostats, par l'introduction d'une grande résistance dans le circuit, résistance qui se trouve constituée par une épaisseur variable d'air et par une lame de verre. Il utilise la propagation autour d'un conducteur à pointes multiples relié à l'armature externe du condensateur suspendu au pôle négatif, d'ondes électriques sous forme d'effluves diffus et divergents.

Il se compose d'un disque métallique etc.«

b) Der galvanische Strom (Gleichstrom).

I. Allgemeines.

§ 9. Durch einen zufälligen Versuch von Galvani veranlaßt, stellte Volta, Professor in Pavia, eine ganze Reihe von Experimenten an, um eine Elektrizitätsentwicklung auch ohne Reibung, und zwar durch bloße Berührung von Metallen hervorzurufen. Volta erkannte nicht, daß es die chemische Einwirkung zweier leitender Körper aufeinander sei, wodurch die sog. Berührungselektrizität[1] entstehe.

Berühren sich zwei verschiedene Metalle (Voltascher Fundamentalversuch) oder zwei Körper von verschiedenem Leitungsvermögen (z. B. Metall und eine Säure), so werden infolge der elektrischen Scheidungskraft beide Körper elektrisch, und zwar positiv und negativ.

---

[1] Schon vor Volta hat Johann Georg Sulzer (1760) beobachtet, daß Silber und Blei, unter sich und mit der Zunge in Berührung gebracht, einen eigentümlichen Geschmack hervorrufen. (Zit. nach Winkelmann, Handb. d. Physik, S. 173.)

Die elektrische Scheidungskraft bewirkt, daß zwischen zwei leitenden Körpern immer derselbe Spannungsunterschied (bestimmte Potentialdifferenz) auftritt.

Die verschiedenen leitenden Körper (Metalle und Flüssigkeiten = Leiter I. und II. Ordnung) stehen betreffs ihrer elektrischen Wirkung in einem bestimmten Verhältnis; man hat dieselben in einer sog. Spannungsreihe zusammengestellt.

Poggendorfsches Gesetz: Die elektromotorische Kraft zwischen zwei Gliedern der Spannungsreihe ist gleich der Summe der elektromotorischen Kräfte aller dazwischenliegenden Glieder.

Bringen wir z. B. eine Kupfer- und Zinkplatte, die mit isolierenden Glasstäben versehen sind, in Berührung (Fig. 2), so werden beide elektrisch. Mittels eines empfindlichen Elektrometers läßt sich dies demonstrieren: Durch leitende Verbindung mit der Zinkplatte bekommen wir am Elektrometer einen Ausschlag von z. B. 35 Skalateilen nach rechts (positiv), durch Verbindung

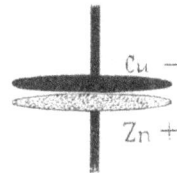

Fig. 2.

mit der Kupferplatte einen Ausschlag von 35 Skalateilen nach links (negativ). Die Potentialdifferenz beträgt 70.

Für die medizinischen Apparate benutzt man gewöhnlich Metalle und Flüssigkeiten, um galvanische Elektrizität zu erzeugen.

Taucht man zwei Metalle in eine Flüssigkeit (z. B. verdünnte Säure), so entstehen in den Metallen entgegengesetzte Elektrizitäten. Verbindet man die aus der Flüssigkeit hervorragenden Metallenden durch ein Drahtstück (sog. Schließungsbogen), so fließt die Elektrizität vom positiven Ende zu dem negativen: es strömt ein galvanischer, ein konstanter Strom. Einen solch einfachen Apparat nennt man ein galvanisches Element (Fig. 3).

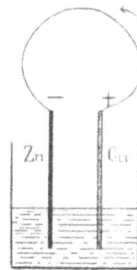

Fig. 3.

Die herausragenden Metallenden bezeichnet man als Pole; geläufig ist, wie bereits früher erwähnt, die Bezeichnung des positiven Poles als Anode und des negativen als Kathode.

Die graphische Darstellung des galvanischen Stromes gelingt, wenn man auf einer Abszisse die Zeit und auf einer Ordinate die elektromotorische Kraft vermerkt (Fig. 4).

Berücksichtigen wir, daß bei unseren galvanischen Elementen
(z. B. Leclanché - Element) durch das allmähliche Eintauchen
(ferner durch Überwinden des Widerstandes etc.) die elektro-

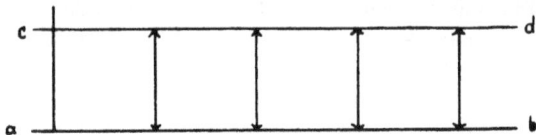

Fig. 4.

motorische Kraft nicht sofort ihre volle Höhe erreicht und bei
Unterbrechung auch nicht sogleich auf Null absinkt, so müßte
der galvanische Strom eine Form wie in Fig. 5 haben.

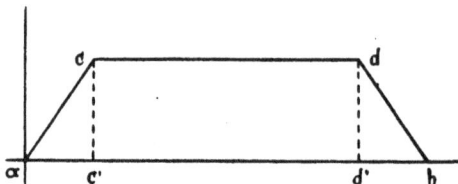

Fig. 5.

In gegebener Abbildung ist $a\,c'$ der variable Zustand des
sog. Stromschlusses und $d'\,b$ bezeichnet die Stromöffnung.
$c'\,d'$ bezeichnet allein die konstante Periode des galvanischen
Stromes. Aus diesem Grunde erscheint der Name »konstanter
Strom« nicht zweckmäßig.

2. Stromquellen.

§ 10. Die Quellen für galvanischen Strom sind:
α) die galvanischen Elemente,
β) die Akkumulatoren,
γ) die Dynamomaschinen,
δ) Zuleitung von größeren Kraftzentralen, sog. Straßen-
strom.

α) Elemente.

§ 11. Die galvanischen Elemente werden in inkonstante
(Tauchelemente) und konstante eingeteilt.

Die inkonstanten Elemente sind der (früher erwähnten)
Polarisation unterworfen; ihre Stromstärke nimmt auf die Dauer
ab; dies ist für die Praxis des Elektrotherapeuten nicht von
gleichgültiger Bedeutung.

Bei den konstanten Elementen ist dafür Sorge getragen, daß die an den Polen auftretenden Ionen in elektromotorisch unwirksame chemische Verbindungen übergeführt oder daß sie sofort mechanisch entfernt werden (vgl. Technik). Das gebräuchlichste ist das Leclanché-Zink-Kohle-Braunstein-element.

Die Spannung der medizinisch verwendeten Gleichströme beträgt durchschnittlich 30—50 Volt. Durch Abstufung der Widerstände erzielt man Intensitäten bis $^1/_{10}$ Ampere, i. e. 100 Milliampere und darüber. Für Kaustik verwendet man Stromstärken bis zu 25 Ampere (!) bei einer Spannung von nur ca. 4 Volt.

Früher wurde erwähnt, ein Daniellsches Element habe eine Spannung von 1 Volt. Um höhere Spannungen zu erzielen, schaltet man mehrere Elemente zusammen. Je nachdem diese verbunden werden, unterscheidet man hierbei eine Schaltung hintereinander oder eine parallele Schaltung.

Vereinigt man mehrere galvanische Elemente, die in einer Reihe aufgestellt sind, durch einen Leitungsdraht derart, daß man einen Pol nach dem anderen (positiv, negativ, positiv etc.) verbindet, so nennt man dies hintereinander geschaltete Elemente (Fig. 6).

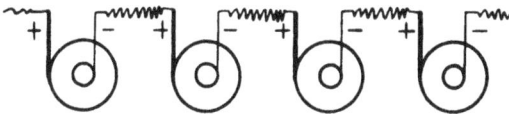

Fig. 6.

Sind alle Pluspole für sich durch einen Draht und alle negativen Pole ebenfalls separat durch einen Draht verbunden, so hat der Stromkreis eine parallele Schaltung (Fig. 7).

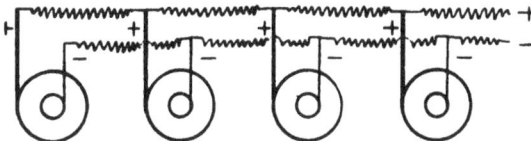

Fig. 7.

Derart verbundene Elemente nennt man eine galvanische Batterie. Die zu medizinischen Zwecken verwendeten galvanischen Batterien enthalten gewöhnlich 20—60 hintereinander geschaltete Elemente.

3. Physikalische Wirkungen des galvanischen Stromes.

§ 12. Von den physikalischen Wirkungen des elektrischen Stromes interessieren den Arzt:

1. Ablenkung der Magnetnadel (Galvanometer),
2. Magnetisierung von Eisenstücken (Eisenstabbündel im Schlittenapparat),
3. Elektrolyse von Flüssigkeiten,
4. Erwärmung metallischer Leiter (Galvanokauster).

c) Der faradische Strom (Wechselstrom).

I. Wechselstrom.

§ 13. Der faradische Strom (oder Induktionsstrom, Wechselstrom) hat im Gegensatze zum Gleichstrom eine stets wechselnde Richtung; graphisch dargestellt bildet er eine oberhalb und unterhalb der Abszisse verlaufende Kurve, z. B. Fig. 8.

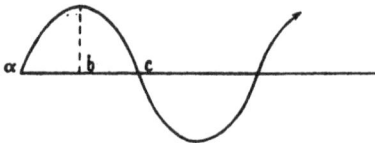

Fig. 8.

Aus der Form der Kurve erkennt man, wie die elektromotorische Kraft von Null *(a)* zu ihrem Maximum *(b)* ansteigt, um in entgegengesetzter Richtung auf Null *(c)* abzufallen etc.

Fast alles, was wir heute von diesem Strom wissen, verdanken wir dem Genie Faradays. Diesem gelang es, nach einer Reihe von mühevollen Experimenten zu zeigen, wie in einem geschlossenen Leiter (z. B. Drahtspirale) immer unter zwei Bedingungen ein momentaner elektrischer Strom auftrete:

1. Wenn in einem in der Nähe befindlichen Stromkreis ein Strom geöffnet oder geschlossen wird,
2. oder wenn ein in der Nähe befindlicher Magnet bewegt wird.

Die elektromotorische Kraft (EMK) des faradischen (oder sekundären) Stromes hängt ab:

1. von der EMK des unterbrochenen galvanischen (oder primären) Stromes,

2. von der Geschwindigkeit der Unterbrechungen,
3. von der Anzahl der Drahtwindungen der sekundären
   Spirale.

Der gebräuchlichste medizinische Apparat zur Erzeugung des faradischen Stromes ist der sog. Schlittenapparat von Du Bois-Reymond. Die Stromunterbrechung geschieht durch den Neefschen Hammer oder ähnliche Einrichtungen (vgl. Technik, Röntgenapparate).

Die Dosierung des faradischen Stromes wird durch den sog. Rollenabstand (in Millimetern) bewerkstelligt.

Die Stromverhältnisse des Induktionsapparates lassen sich am anschaulichsten graphisch (Fig. 9) darstellen: die Schließungsströme *(f, g)* haben entgegengesetzte Richtung; bei der Öffnung sind sie gleichgerichtet (Lenzsches Gesetz).

Auch im primären Stromkreis entsteht infolge von Selbstinduktion ein gleichgerichteter Stromstoß; diese sog. Extraströme (oder Öffnungsextrakurrent) benutzt man ärztlicherseits sehr oft statt des faradischen Stromes.

Ihre Wirkung ist um so stärker, je größer der Rollenabstand wird (entgegengesetzt beim faradischen Strom!), da dieselben nämlich eine geringere Schwächung durch die zu leistende Induktion (in der Sekundärspirale) erleiden. v. Stintzing schlägt vor, den Extrastrom als »intermittierenden Gleichstrom« zu bezeichnen.

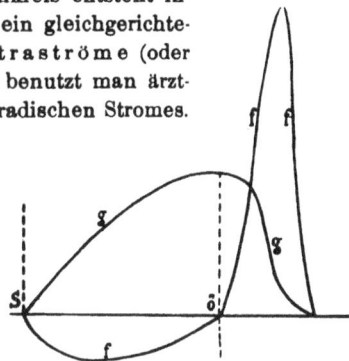

Fig. 9.

S = Schließung, f = far., $\ddot{O}$ = Öffnung, g = galv.

Faradischer Strom und Extrastrom werden durch Benutzung eines Eisenkernes (Büschel von Eisenstäben) verstärkt. Die induzierende Wirkung des unterbrochenen Stromes findet durch die Magnetisierung des Eisenkernes bedeutende Erhöhung.

Manchmal ist es zweckmäßig, gleichzeitig galvanischen und faradischen Strom zu applizieren (Galvanofaradisation). Diese Stromesart, auch der Wattevillesche Strom genannt, entsteht durch Hintereinanderschaltung der beiden Ströme.

2*

2. Sinusoidaler und 3. undulierender Strom.

§ 14. Beide Stromesarten sind von Dynamomaschinen gelieferte Wechselströme und unterscheiden sich weiters von dem faradischen Induktionsstrom (der ebenfalls ein Wechselstrom) dadurch, daß ihre Phasen (Fig. 10 u. 11) vollkommen gleich sind. Die graphische Darstellung entspricht einer Sinuskurve. Statt der schroff ansteigenden und abfallenden Stromstöße (s. Fig. 9) gibt es hier nur sanft gerundete Stromwellen. Den sinusoidalen Strom verwendet man zur sog. sinusoidalen Faradisation.

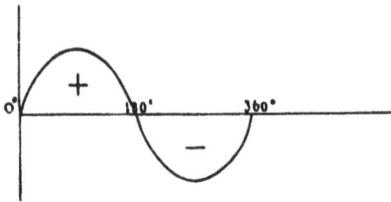

Fig. 10.

§ 15. Letztgenannter Strom läßt sich durch geeignete automatische Stromwender gleichrichten, d. h. der negative Teil der Welle wird mittels Kommutatorvorrichtung umgedreht, wodurch eigentlich eine Art von intermittierendem, pulsierendem Gleichstrom entsteht (Fig. 11). Dieser Strom hat neben seiner faradischen noch eine elektrolytische bzw. kataphorische Wirkung. Man benutzt ihn zur sog. sinusoidalen Voltaisation.

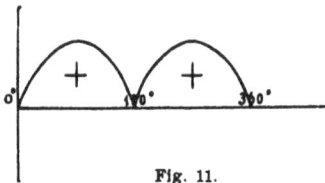

Fig. 11.

4. Monodischer Voltastrom oder Jodkostrom.[1]

§ 16. Es ist die monopolare Verwendung eines Ruhmkorff zu medizinischen Zwecken. Ein Pol des Ruhmkorffapparates, welcher mit einer Stromquelle (Beleuchtungsanlage oder Akkumulatorbatterie etc.) verbunden ist, wird zu einer in eine Flüssigkeit tauchende Kupferplatte geführt, den anderen (gewöhnlich die Kathode) läßt man frei in einer Spitze enden. Die Anwendungsweise ist derart, daß entweder

1. die Spitze den kranken Teil berührt, oder
2. es werden die von der Spitze ausgehenden Ausstrahlungen auf den Patienten gerichtet.

---

[1] Die Bezeichnung nach dem Entdecker Narkiewicz Jodko.

5. Tesla - D'Arsonvalströme.

§ 17. Es sind dies Wechselströme mit hoher Polwechselzahl oder hoher Frequenz. Die Ströme haben je nach der Konstruktion der betreffenden Apparate eine Wechselzahl von mehreren Hundert-tausend bis über eine Million [1]) in der Sekunde; die Spannung beträgt viele Tausende, ja auch bis 100000 Volt und darüber.

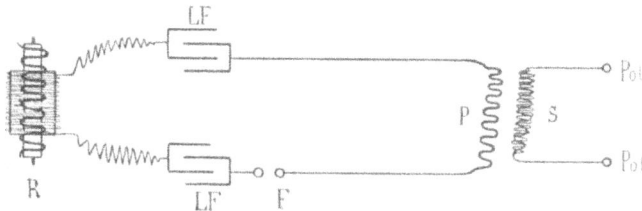

Fig. 12.

R = Ruhmkorff, L F = Leydener Flasche, F = Funkenstrecke, P = primär,
S = sekundär.

Nicola Tesla und D'Arsonval benutzten fast gleich-zeitig und unabhängig voneinander die elektrischen Oszil-lationen des elektrischen Funkens zur Erzeugung von Wechsel-strömen großer Schwingungszahl (Frequenz).

Wenn ein elektrischer Funken zwischen zwei Drähten übergeht, so entstehen in letzteren und in der Luft elektrische Schwingungen (Oszillationen).

H. Hertz in Bonn versuchte die Natur dieser Schwingungen zu erforschen, berechnete deren Fortpflanzungsgeschwin-digkeit (ähnlich der des Lichtes) und erweiterte dadurch das Gebiet der Elektrodynamik wesentlich.

Hertz fand auch ein Instrument, um das Vorhandensein dieser elektrischen Bewegung im Raume zu erkennen: durch Auftreten von Induktionswirkung in einem nahezu geschlossenen Stromkreise.

Branly hat einen neuen Apparat, den sog. Kohärer [2]), konstruiert, mittels dessen elektrische Wellen leicht aufgefangen und untersucht werden können. Es zeigte sich, daß die elek-trischen Wellen resp. Strahlen sich ganz analog wie die Licht-strahlen verhalten.

---

[1]) In unseren gewöhnlichen Induktionsapparaten (z. B. Schlittenapparat von Du Bois-Reymond) besteht der Strom aus höchstens mehreren Hunderten Stromstößen in der Sekunde.

[2]) Dieser Apparat ist jetzt in der Ferntelegraphie in Benutzung.

Tesla und D'Arsonval ließen diese elektrischen Oszil-
lationen, die bei Funkenentladung einer jeden Leydener Flasche
auftreten und aus einer ungezählten Zahl periodischer Wellen
bestehen, durch eine primäre Spule von sehr geringem Widerstand gehen. In der Spule entstehen Wechselströme von großer
Schwingungszahl (Frequenz) und verhältnismäßig großer Stromstärke. Diese primäre Spule steckt in einer bedeutend größeren
Spule (sog. sekundären), die aus ganz besonders zahlreichen
und sehr feinen Drahtwicklungen besteht. Unter den gegebenen
Bedingungen entsteht in der Sekundärspule ein Induktionsstrom
von außerordentlich hoher Spannung (bis 100 000 Volt
und darüber, auch bis 1 Million) und sehr hoher Frequenz.
Die Figur 12 zeigt die Skizze der von Tesla getroffenen Anordnung zur Erzeugung dieser Ströme. Die Primär- und Sekundär-

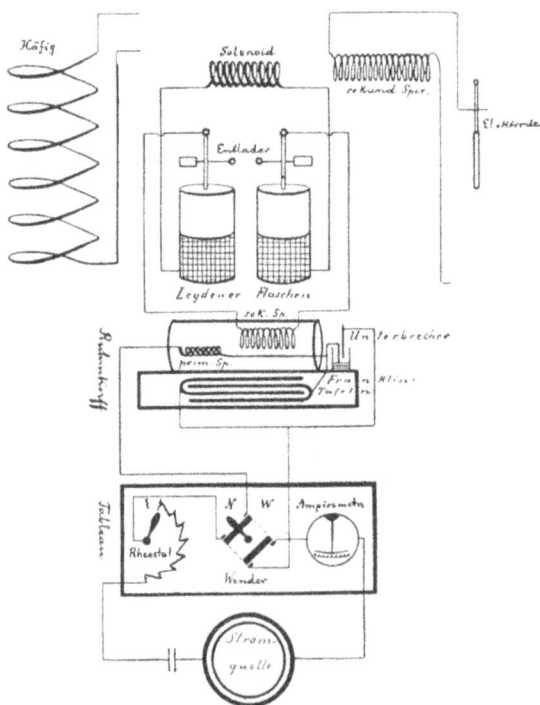

Fig. 13.
Schema des Stromverlaufes in einem Apparat für Hochfrequenzströme. (Nachgebildet nach T. Cohn, Elektrodiagnostik u. Elektrotherapie, 2. Aufl., S. 151.)

spule in dieser Anordnung wird auch als Tesla-Trans-
formator bezeichnet.

Für medizinische Zwecke vermag man den Strom sowohl
der primären als auch der sekundären Spule zu benutzen. Die für
die Anwendung der Hochfrequenzströme konstruierten Apparate,
die sich besonders in Frankreich großer Beliebtheit erfreuen,
lernen wir weiter unten kennen.

Das beifolgende Schema (Fig. 13) veranschaulicht den
Stromverlauf in einem Apparat für Hochfrequenzströme. Der
»Käfig« ist der Apparat, innerhalb dessen der kranke Körperteil
(Arm, Bein oder der ganze Körper des Patienten) behandelt wird.

d) Elektromagnetismus.

§ 18. Der Eisenstab, welcher durch den ihn umkreisenden
galvanischen Strom magnetisch wird, vermag selbst einen Stromkreis zu induzieren.

Diese Erscheinung (Magnetoinduktion) bildet die
Grundlage der modernen Entwicklung der Elektrotechnik.

Bei jeder Bewegung eines Magneten (oder eines Stromes)
in der Nähe eines geschlossenen Drahtkreises entsteht im
letzteren ein Strom; darauf beruht das Prinzip der elektrischen
Dynamomaschinen.

Von jedem Magnetpol gehen sog. Kraftlinien aus
(d. i. seine Anziehungskraft), welche in einem Drahtkreise
(z. B. Spirale, Spule etc.) einen Strom erzeugen, sobald der Drahtkreis von den Kraftlinien geschnitten wird.

Treten in 1 Sekunde 100 Millionen Kraftlinien in den
geschlossenen Drahtkreis, so entsteht in letzterem eine elektromotorische Kraft von 1 Volt.

Bei den Dynamomaschinen werden mittels mechanischen
Antriebes (z. B. Dampfkraft) ganze Systeme von geschlossenen
Drahtkreisen (sog. Anker mit Wicklung) vor den Polschuhen
von großen Elektromagneten rotierend vorbeigeführt und derart
Strom erzeugt.

Der Elektromagnet, ein von einer stromdurchflossenen
Drahtspirale (Solenoid) umwickelter Eisenkern, wird in der Medizin
zur Extraktion von Eisensplittern, besonders aus dem Auge etc.,
angewendet. Die elektromagnetische Kraft ist ein Produkt der
Intensität (Ampere) und der Zahl der Wicklungen (J. n.). Alle von
Magneten angezogenen Körper nennt man paramagnetisch

(im Gegensatz zu diamagnetischen). Für die kleineren Typen
der medizinischen Elektromagnete (die aus einem geraden, mit
einer Wicklung versehenen Eisenkern bestehen) genügen einige
Elemente als Stromquelle. Die großen Magnete, welche beweglich auf einem Stativ montiert sind, haben Anschluß an eine
Starkstromanlage. Es sind stabförmige Wechselstrommagnete,
deren Kraftlinien vor den Polen ein starkes Magnetfeld
erzeugen; dem Strome entsprechend ist auch das Magnetfeld
ein Wechselfeld. Für die therapeutische Verwendung des
Magnetfeldes bei verschiedenen Krankheiten hat der Schweizer
Ingenieur E. K. Müller, ferner Ingenieur Johannes Zacharias (Charlottenburg) u. a. sich zu wiederholten Malen eingesetzt
(s. Therapie).

e) Elektromechanik.

§ 19. Eine weitere, ebenfalls zu medizinischen Zwecken
benutzte Eigenschaft des elektrischen Stromes (sowohl des
Gleich- als auch des Wechselstromes) ist die elektromechanische.

Jede Dynamomaschine, die, wie erwähnt, durch mechanischen Antrieb Elektrizität erzeugt, vermag anderseits durch
Aufnahme von elektrischem Strom, der ihr von einer Stromquelle zugeführt wird, direkte mechanische Arbeit zu leisten.

Die Maschine wirkt in diesem Sinne als Motor.

Die Elektromotoren werden in der ärztlichen Praxis
sehr häufig benutzt.

Je nach der Stromquelle gibt es einen:

1. Gleichstrommotor,
2. Wechselstrommotor,
3. Drehstrommotor.[1]

Der Elektromotor besteht aus einem Gehäuse, einem
festen und einem beweglichen, ringförmigen, um eine
Achse drehbaren Elektromagneten; der letztere rotierende Teil
heißt in der Elektrotechnik Anker.

Wird dem Anker Strom zugeführt, so machen sich die
elektromagnetischen Eigenschaften (Anziehung und Abstoßung)
geltend, und der Anker beginnt zu rotieren.

---

[1] Der Drehstrom ist ein dreiphasiger Wechselstrom; es laufen drei um
60° in ihrer Phase gegeneinander verschobene Wechselströme durch denselben Leiter. Vgl. z. B. Fig. 7, wo drei gegeneinander verschobene Sinus-
kurven verlaufen.

Wie schon erwähnt, kann jeder Elektromotor als Dynamomaschine funktionieren, und es erzeugt daher jeder Elektromotor, in Gang gesetzt, in der Drehwicklung des rotierenden ringförmigen Magnetes (im Anker) eine elektromotorische Kraft, welche dem Betriebsstrom des Motors entgegenwirkt.

Die Folge ist, daß bei der Inbetriebsetzung eines Elektromotors durch den Motor im Anfang eine höhere Stromstärke (zur Überwindung der Gegenkraft) gehen muß, als wenn er in vollem Laufe ist.

Daher achte man stets darauf, die Motoren langsam »anlaufen« zu lassen. Man benutzt zu diesem Zwecke sog. Vorschaltwiderstände oder schaltet den Elektromotor allmählich ein.

Durch Außerachtlassung dieser Maßregel könnte das Erhitzen der Drähte oder gar ein Kurzschluß[1]) für den Apparat verhängnisvoll werden.

f) Elektrothermik.

§ 20. Metallische Leiter, Kohle usw., von elektrischem Strom durchflossen, werden dadurch erwärmt.

Der Grad der Wärmebildung ist abhängig:

1. von der Stromstärke (Zahl der Ampere),
2. vom Querschnitt des Leiters,
3. von der spezifischen Leitungsfähigkeit des Materials.

Ein dünner, in einen Stromkreis eingeschalteter Platindraht erglüht, wenn er von einer Stromstärke von 5—10 Ampere durchflossen wird, während die übrige Leitung (die dicker ist und aus anderem Material) nur wenig Erwärmung erkennen läßt. Wie wir weiter unten erfahren, findet die Wärmewirkung im allgemeinen und die darauf beruhende Galvanokaustik insbesondere segensreiche Verwendung in der ärztlichen Praxis.

---

[1]) Kurzschluß ist eine unstatthafte Verbindung der beiden Pole oder des Zu- und Rückleitungskabels einer Stromquelle durch einen Leiter von außerordentlich kleinem Widerstand. Nur bei Stromquellen mit hoher Stromstärke (z. B. Dynamomaschinen, Akkumulatoren etc.) wird durch den Kurzschluß Schaden entstehen. Jeder Draht, jedes Kabel vermag nur einen Strom von gewisser Intensität zu leiten; wird dies Maximum überschritten, so tritt eine so intensive und plötzliche Wärmebildung (Joulesche Wärme) ein, daß der Leiter durchbrennt. Zum Schutze der Leitungen sind Bleistücke und Metallegierungen mit niedriger Schmelzwärme eingeschaltet, sog. Sicherungen, welche am frühesten einem Kurzschluß zum Opfer fallen und so den Stromkreis unterbrechen. Dadurch ist die Anlage vor weiterem Schaden bewahrt. Vermittelt die Erde einen solchen unstatthaften Stromübergang, so spricht man von »Erdschluß«.

Die Heißglut des Kohlenfadens, die auf demselben Prinzipe beruht, wird ebenfalls zur Herstellung von medizinischen Apparaten und vielfacher Nutzanwendung herangezogen. Glühlampen in der Endoskopie.

Die Galvanokauter sind Apparate mit niedriger Spannung und hoher Stromintensität. Ihre Widerstände betragen nur Zehntel eines Ohm. Für ihr Funktionieren genügen Spannungen von 2—10 Volt.

Dementsprechend wird die angewandte Intensität 5, 10, auch 20 Ampere und darüber ausmachen (Ohmsches Gesetz).

Die schon früher erwähnten, von Seebeck entdeckten thermoelektrischen Ströme haben auch für die Medizin ihre Bedeutung. Mittels der thermoelektrischen Nadel ist es möglich, die Temperatur an einem Punkte zu bestimmen. Dazu dient ein einziges Thermoelement, bei welchem die zur Untersuchung benutzte Lötstelle der beiden Metalle (z. B. Eisen und Neusilber) die Form einer Spitze hat Fig. 14). Die gelieferten Spannungen sind verschwindend klein; sie betragen minimale Bruchteile eines Volt (oft nur ein Milliontel Volt = Mikrovolt).

Fig. 14.

g) Elektrooptik.

α) Elektrische Lichtquellen.

§ 21. Die elektrischen Lichtquellen beruhen auf dem Prinzipe der Jouleschen Wärme. Bestimmte Körper (Kohle, Osmium etc.) strahlen nebst der Wärme noch ein intensives Licht aus.

Zwei Lichtquellen sind es vorwiegend, die in verschiedenen technischen Variationen und Konstruktionen in der Medizin Anwendung finden: das Glühlicht und das Bogenlicht.

1. Glühlicht.

§ 22. Das Glühlicht wird sowohl zu diagnostischen als auch therapeutischen Zwecken herangezogen.

Die Endoskopie, Beleuchtung der Körperhöhlen, kann nur vermittelst dieser elektrischen Lichtquelle ausgeführt werden. Die Glühlampen bestehen aus einem dünnen Kohlenstreifchen [1], das in einem luftleeren Glasgefäß (Birne) eingeschlossen ist. Der Kohlenstreifen, der hohen Widerstand hat, kommt durch den Strom in starkes Glühen. Als Stromquelle dienen Hausbatterien oder Anschluß an eine Starkstromleitung.

Die Glühlichtvollbäder, deren Beschreibung weiter unten erfolgt, bestehen im wesentlichen aus einem Kasten, in dessen Innerm eine größere Anzahl von Glühlampen angebracht ist.

2. Bogenlicht.

§ 23. Der englische Physiker Davy war es, der im Jahre 1821 beobachtete, daß mit dieser Wärmeentwicklung noch eine andere glänzende Erscheinung zusammmenhänge. Als er zwei Kohlenstäbe mit den Polen einer galvanischen Batterie verband, den Strom kreisen ließ und dann die Kohlenenden voneinander entfernte, mit der Absicht, den Strom zu unterbrechen, entstand ein außerordentlich helles Licht: die Kohlenenden kamen in Weißglut, und auch die Luft zwischen ihnen glühte bläulich.

Die glühende Luft leitete den Strom weiter, wodurch die beabsichtigte Stromunterbrechung nicht eintrat.

Diese Erscheinung erhielt den Namen elektrischer oder Davyscher Lichtbogen.

Das Bogenlicht besteht demnach aus leuchtender Luft (warme Luft leitet die Elektrizität) und leuchtenden Elektrodenteilchen. Zu den Elektroden werden Kohlenstücke verwendet.

Die Temperatur, die zwischen den weißglühenden Kohlenstücken herrscht, beträgt ca. 2500—4000° C.

Das positive Kohlenende brennt rascher ab als das negative; ersteres trägt gewöhnlich eine kraterförmige Vertiefung. Die Ursache der rascheren Verbrennung ist noch ganz unbekannt.

---

[1] Die Kohlenfäden werden durch Verkohlen von Pflanzenfasern, wie Bambusfasern, Baumwollfasern, von gewissen Pflanzenwurzeln oder auch von Papierstreifen hergestellt. Diese Stoffe werden nach Edisons Angaben entweder durch Glühen oder durch Schwefelsäure verkohlt. In neuester Zeit wurde empfohlen, auch Zellulose zu diesen Zwecken zu benutzen. Die Brenndauer eines solchen Kohlenfadens ist eine beschränkte; durch sorgfältige Behandlung (z. B. nicht zu starke Stromintensitäten etc.) kann die Brenndauer gefördert werden.

Das elektrische Bogenlicht ist die intensivste Lichtquelle, die wir erzeugen können; es zeichnet sich durch chemisch wirksame Strahlen (die violetten und ultravioletten des Spektrums) aus.

N. R. Finsen führte das elektrische Bogenlicht in die ärztliche Praxis ein.

3. Nernstlicht.

§ 24. Eine von den gewöhnlichen Glühlampen in Prinzip und Konstruktion verschiedene ist die von Prof. Nernst in Göttingen zuerst gebaute Lampe.

Statt des Kohlenfadens wird Magnesia in Verbindung mit den sog. seltenen Erden zum Glühen gebracht. Hauptsächlich Cer- und Theroxyde werden hierzu verwendet, dieselben dienen auch zur Herstellung von Gasglühstrümpfen. Diese Körper, die erst bei einer Erwärmung auf 600—800° C den elektrischen Strom zu leiten vermögen, brennen in keinem Vakuum, sondern in freier Luft. — Das Vorwärmen geschieht mittels selbsttätiger Vorrichtung (Platinspirale). Versuchen zufolge kommt das Nernstlicht dem Sonnenlicht ziemlich nahe.

4. Das Osmiumlicht.

§ 25. Auer von Welsbach verwendet statt des Kohlenfadens Fäden aus Osmium, Iridium oder Thoroxyd. Ein feiner Platinfaden wird mit einem Niederschlag dieser Metalle bedeckt, oder man preßt auch Glühfäden aus den Metalloxyden mit Nitrozellulose. Das Licht gleicht dem allbekannten Auerlicht.

5. Die Tantalglühlampe.

§ 26. Der Kohlenfaden ist durch chemisch reines Tantal (zuerst hergestellt vom Chemiker der Firma Siemens & Halske, Herrn W. v. Balton) ersetzt. Das Tantal, welches in der Lampe zickzackförmig um einen zentralen Halter augeordnet ist, ist durch hohen Schmelzpunkt (2250—2300°) ausgezeichnet und verträgt große Überlastung und große Spannungsschwankungen. Die Tantallampe verbraucht bei gleicher Spannung, Lichtstärke und Nutzbrenndauer 50% weniger Strom als die Kohlenlampe.

6. Elektrisches Funkenlicht.

§ 27. Die Funken, welche eine größere Influenzmaschine oder ein mit Leydener Flaschen ausgerüsteter Funkeninduktor liefert, werden in neuerer Zeit ebenso wie das Bogen- und Glühlicht zu Heilzwecken verwendet.

7. Teslalicht.

§ 28. Kurz erwähnt sei eine von Tesla angegebene
Lichtquelle, die bis jetzt in der Medizin noch keine Verwendung gefunden.

Sobald man die Pole einer Teslarolle mit je einer
Metallplatte verbindet und den Strom fließen läßt, herrschen
zwischen den einander gegenübergestellten Platten (Fig. 15) starke
elektrische Kräfte. Als Tesla zwei Geißlerröhren (geschlossene Röhren mit sehr verdünnter Luft) frei in diesen Raum

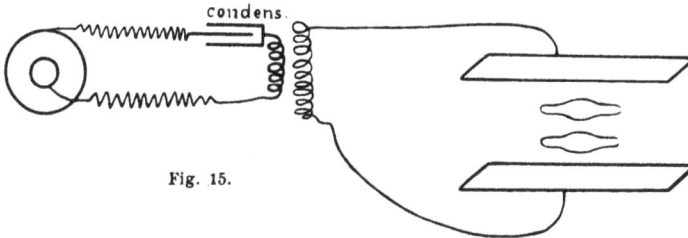

Fig. 15.

zwischen die zwei Platten brachte, leuchteten die Röhren hell
auf (Teslalicht). Tesla glaubt, es werde möglich sein, Wohn-
räume dadurch zu erhellen, daß man an der Decke und an dem
Fußboden Metallscheiben anbringt, die mit Hochspannungs-
transformatoren in Verbindung stehen; zwischen diesen Metall-
schirmen wären elektrodenlose Geißlerröhren aufzustellen.
Diese sehr interessante Form von elektrischem Licht durch
Fernwirkung (ohne Draht) fand jedoch bisher auch in der
Technik keine praktische Verwendung.

8. Quecksilberdampflicht.

Prinzip: Elektrisches Leuchten von Quecksilberdämpfen[1])
(Lampe von Cooper Hewit).

β) Röntgenstrahlen.

1. Allgemeines.

§ 29. Der Durchgang der Elektrizität durch Gase und
speziell durch die Luft vollzieht sich in Form des elektrischen
Funkens. Da Luft und Gase einen außerordentlich großen
Leitungswiderstand bilden, muß der Spannungsunterschied
zwischen zwei Leitern ein sehr hoher sein, damit ein Funken
zwischen ihnen auftreten könne.

---

[1]) Sehr reich an ultravioletten Strahlen.

Die Schlagweite ist jener Abstand der Leiter, bei welchem noch gerade ein Funke überzuspringen imstande ist. Man vermag umgekehrt aus der Größe der Schlagweite einen Schluß auf die Größe der herrschenden Potentialdifferenz zu ziehen.

Sir W. Thomson (Lord Kelvin) hat die Spannungs-differenz in Volt gemessen, die bestimmten Schlagweiten entspricht. Aus seinen Untersuchungen und denen anderer ergibt sich folgende kleine Tabelle [1]):

Schlagweite zwischen Kugeln:	Spannungsdifferenz in Volt:
0,5 mm	2 910
1,0 »	4 830
3,0 »	11 460
6,0 »	20 470
10,0 »	25 410
15,0 »	29 340
20,0 »	31 350

Ein Funken von 1 mm Länge ist durch eine Spannung von fast 5000 Volt erzeugt!

Gassiot in Paris (1854) und Plücker in Bonn (1858) haben zuerst die elektrischen Eigenschaften der Gase experimentell studiert. Plücker wurde bei seinen Versuchen von dem berühmten Glasbläser Geißler unterstützt, welcher für ihn geschlossene Glasröhren mit verschiedener Luftverdünnung herstellte.

Mit den sog. Geißlerröhren (innerer Gasdruck = ca. 1 mm) führte man seit damals zahlreiche Versuche aus.

Wenn in einer Geißlerröhre der Gasdruck (durch Auspumpen) auf 8—6 mm gesunken ist und man deren beide Elektroden mit einer entsprechend starken Stromquelle verbindet, so ent-

Fig. 16.

steht zwischen beiden Elektroden eine helles, violettes Lichtband; es erfüllt nicht die ganze Breite der Röhre, sondern verlauft dabei von einem Pol zum anderen, allerdings nicht ganz geradlinig.

Wird der Druck auf 3—1 mm herabgesetzt, so erstreckt sich das violette Lichtband noch immer zwischen beiden Elektroden;

---

[1]) Zit. nach Grätz, S. 266, VII. Aufl.

es erfüllt aber beinahe die ganze Breite der Röhre. Auf der ganzen Länge der Röhre wechseln dunkle und helle Streifen ab; das Licht ist geschichtet (Fig. 16). Besitzt die Geißlerröhre Krümmungen, so folgt die elektrische Entladung denselben, indem sie von der positiven zur negativen Elektrode übergeht. Die Leuchterscheinung geht von der Anode aus und ist auch da am stärksten; man spricht von positiver Entladung oder positivem Licht.

Die Natur des eingeschlossenen Gases ist von Einfluß auf die Farbe des Leuchtens.

Schreitet die Verdünnung der Röhre noch weiter fort, so wird die Differenz zwischen den Lichterscheinungen beider Elektroden auffälliger: zwischen der Kathode und dem positiven Licht entsteht ein dunkler Raum.

Je weiter man mit der Gasverdünnung geht, um so dunkler wird die Röhre in der Nähe der Kathode; das positive Licht der Anode wird schwächer und breitet sich nicht weit aus.

Hittorf hat im Jahre 1869 zum erstenmal beobachtet, daß bei diesen äußersten Gasverdünnungen aus dem dunklen Raume, und zwar von der Kathode Strahlen ausgehen, welche das Glas der Röhre dort, wo sie es treffen, zum hellen Leuchten (Phosphoreszieren) bringen.

Die der Kathode gegenüberliegende Stelle der Glasröhre phosphoresziert[1]) am hellsten: die Kathode selbst, von welcher diese eigenartigen Strahlen ausgehen, bleibt dunkel.

Diese von Hittorf entdeckte und als Kathodenstrahlen bezeichnete Lichterscheinung blieb lange unbeachtet.

2. Kathodenstrahlen.

§ 39. Erst Crookes wies 10 Jahre später neuerlich auf die Bedeutung der Kathodenstrahlen hin und erleichterte das Experimentieren durch Herstellung von genügend verdünnten und entsprechend geformten Röhren.

Die Crookeschen Röhren haben eine Luftverdünnung von etwa nur $^1/_{1000}$ mm.

Die Kathodenstrahlen zeigen eine Reihe von besonderen Eigenschaften:

1. Sie bewegen sich geradlinig fort, senkrecht zur Kathodenfläche, von der sie ausgehen. Damit ist die Möglichkeit gegeben, sie in einem Brennpunkte zu vereinen.

---

[1]) Deutsche Gläser phosphoreszieren grün, die englischen blau.

2. Sie bringen nicht nur das Glas der Röhre, sondern jeden unmetallischen Körper, der von ihnen getroffen wird, zum Phosphoreszieren. Die von den Strahlen getroffenen Körper werden dabei erhitzt. Die Phosphoreszenz ist je nach dem Körper bald blau, grün, rot etc.

Die Kathodenstrahlen schwärzen photographische Platten.

3. Durch einen Magnet vermag man die Kathodenstrahlen abzulenken, wohin man will. Durch Fortbewegung eines der Röhre genäherten Magnetes wandern auch die Phosphoreszenzerscheinungen an der Glaswand. (Alle drei Eigenschaften von Hittorf entdeckt.)

4. Crookes zeigte endlich, wie die Kathodenstrahlen auf leicht bewegliche Körper eine mechanische Wirkung ausüben.

Ein leicht bewegliches Flügelrad, welches auf zwei Glasschienen verschiebbar und innerhalb der Crookesschen Röhre angebracht ist, beginnt sich fortzubewegen, sobald dessen obere Flügel von den Kathodenstrahlen getroffen werden.

Crookes glaubte deshalb, die Kathodenstrahlen bestünden aus kleinsten Gas- oder Elektrodenteilchen (Emissionstheorie des Lichtes).

Andere wieder sprechen den Kathodenstrahlen eine Wellenbewegung (Undulationstheorie), von der Art der Lichtwellen, zu.

Trotzdem so wichtige Eigenschaften der Kathodenstrahlen bekannt waren, meinte man dennoch, nichts könne von diesen Strahlen aus der Röhre nach außen dringen.

Hertz zeigte, daß die Kathodenstrahlen durch sehr dünne Aluminiumblätter hindurchzutreten vermögen. Diese Beobachtung wurde von Lenard praktisch verwendet; er ließ in die Glaswand der Crookesschen Röhren sehr dünne Aluminiumfolien einsetzen und so die Kathodenstrahlen nach außen, in die Luft, durchtreten. Lenard fand, wie schon Hittorf und Hertz, daß es Kathodenstrahlen verschiedener Art gebe, doch setzte er seine Beobachtungen nicht weiter fort.

3. Röntgens erste Mitteilungen.

§ 31. Erst Dr. Röntgen machte im Jahre 1896 eine neue, epochemachende Entdeckung, die Eigenschaften der Kathodenstrahlen betreffend. Röntgen fand, daß von derjenigen Stelle der Crookesschen Röhre, die von den Kathoden-

strahlen getroffen wurde, n e u e Strahlen ausgehen, die durch
eine ganze Reihe von bisher unbekannten Eigenschaften ausgezeichnet sind. R ö n t g e n bezeichnet diese ›neue Art von
Strahlen‹ X - S t r a h l e n. Geheimrat v. K ö l l i k e r, der jener
Sitzung der Physik. Mediz. Gesellschaft in W ü r z b u r g präsidierte
(23. Januar 1896), in welcher R ö n t g e n seine epochale Mitteilung machte, schlug vor, diese Strahlen R ö n t g e n s t r a h l e n
zu nennen.

Aus Röntgens ersten Mitteilungen seien folgende besonders
interessante Stellen zitiert (nach G o c h t, Handbuch der
Röntgenstrahlen):

›1. Läßt man durch eine H i t t o r f sche Vakuumröhre oder
einen genügend evakuierten L e n a r d schen, C r o o k e s schen
oder ähnlichen Apparat die Entladung eines größeren R u h m k o r f f s
gehen und bedeckt die Röhre mit einem ziemlich eng anliegen-
den Mantel aus dünnem schwarzen Karton, so sieht man in
dem vollständig verdunkelten Zimmer einen in die Nähe des
Apparates gebrachten, mit Baryumplatincyanür angestrichenen
Papierschirm bei jeder Entladung hell aufleuchten, fluoreszieren,
gleichgültig, ob die angestrichene oder die andere Seite des
Schirmes dem Entladungsapparat zugewendet ist. Die Fluoreszenz ist noch in 2 m Entfernung vom Apparat bemerkbar.

Man überzeugt sich leicht, daß die Ursache der Fluoreszenz
vom Entladungsapparat und von keiner anderen Stelle der Leitung
ausgeht.

2. Das an dieser Erscheinung zunächst Auffallende ist, daß
durch die schwarze Kartonhülse, welche keine sichtbaren oder
ultravioletten Strahlen des Sonnen- oder des elektrischen Bogenlichtes durchläßt, ein Agens hindurchgeht, das imstande ist,
lebhafte Fluoreszenz zu erzeugen, und man wird deshalb wohl
zuerst untersuchen, ob auch andere Körper diese Eigenschaft
besitzen.

Man findet bald, daß alle Körper für dasselbe durchlässig
sind, aber in sehr verschiedenem Grade. Einige Beispiele führe
ich an. Papier ist durchlässig[1]): hinter einem eingebundenen
Buche von ca. 1000 Seiten sah ich den Fluoreszenzschirm noch
deutlich leuchten; die Druckerschwärze bildet kein merkliches

---

[1]) Mit ›Durchlässigkeit‹ eines Körpers bezeichne ich das Verhältnis
der Helligkeit eines dicht hinter dem Körper gehaltenen Fluoreszenzschirmes
zu derjenigen Helligkeit des Schirmes, welche dieser unter denselben Verhältnissen, aber ohne Zwischenstellung des Körpers zeigt.

Hindernis. Ebenso zeigte sich Fluoreszenz hinter einem doppelten Whistspiel; eine einzelne Karte zwischen Apparat und
Schirm gehalten, macht sich dem Auge fast gar nicht bemerkbar. — Auch ein einfaches Blatt Stanniol ist kaum wahrzunehmen;
erst nachdem mehrere Lagen übereinander gelegt sind, sieht
man ihren Schatten deutlich auf dem Schirm. — Dicke Holz-
blöcke sind noch durchlässig: 2—3 cm dicke Bretter aus Tannen-
holz absorbieren nur sehr wenig. — Eine ca. 15 mm dicke
Aluminiumschicht schwächte die Wirkung recht beträchtlich,
war aber nicht imstande, die Fluoreszenz ganz zum Verschwinden
zu bringen. — Mehrere Zentimeter dicke Hartgummischeiben
lassen noch Strahlen[1]) hindurch.

Glasplatten gleicher Dicke verhalten sich verschieden, je
nachdem sie bleihaltig sind (Flintglas) oder nicht; erstere
sind weniger durchlässig als letztere. — Hält man die Hand
zwischen Entladungsapparat und dem Schirm, so
sieht man die dunkleren Schatten der Handknochen
in dem nur wenig dunklen Schattenbild der Hand. —

Wasser, Schwefelkohlenstoff und verschiedene andere
Flüssigkeiten erweisen sich in Glimmergefäßen untersucht als
sehr durchlässig.

Daß Wasserstoff wesentlich durchlässiger wäre als Luft,
habe ich nicht finden können.

Hinter Platten aus Kupfer, resp. Silber, Blei, Gold, Platin
ist die Fluoreszenz noch deutlicher zu erkennen, doch nur dann,
wenn die Plattendicke nicht zu bedeutend ist. Platin von
0,2 mm Dicke ist noch durchlässig; die Silber- und Kupferplatten
können schon stärker sein. Blei in 1,5 mm Dicke ist so gut wie
undurchlässig und wurde deshalb häufig wegen dieser Eigenschaft verwendet. — Ein Holzstab mit quadratischem Querschnitt
(20 × 20 mm), dessen eine Seite mit Bleifarbe weiß angestrichen
ist, verhält sich verschieden, je nachdem er zwischen Apparat
und Schirm gehalten wird; fast vollständig wirkungslos, wenn
die X-Strahlen parallel der angestrichenen Seite durchgehen,
entwirft der Stab einen dunklen Schatten, wenn die Strahlen
die Anstrichfarbe durchsetzen müssen. —

In eine ähnliche Reihe, wie die Metalle, lassen sich ihre
Salze, fest oder in Lösung, in bezug auf Durchlässigkeit
ordnen.

---

[1]) Der Kürze halber möchte ich den Ausdruck »Strahlen«, und zwar
zur Unterscheidung von anderen den Namen »X-Strahlen« gebrauchen.

3. Die angeführten Versuchsergebnisse und andere führen zu der Folgerung, daß die Durchlässigkeit der verschiedenen Substanzen, gleiche Schichtendicke vorausgesetzt, wesentlich bedingt ist durch ihre Dichte; keine andere Eigenschaft macht sich wenigstens in so hohem Grade bemerkbar als diese.

Daß aber die Dichte doch nicht ganz allein maßgebend ist, beweisen folgende Versuche. Ich untersuchte auf ihre Durchlässigkeit nahezu gleichdicke Platten aus Glas, Aluminium, Kalkspat und Quarz; die Dichte dieser Substanzen stellte sich ungefähr gleich heraus, und doch zeigte sich ganz evident, daß der Kalkspat beträchtlich weniger durchlässig ist als die übrigen Körper, die sich untereinander ziemlich gleich verhielten. Eine besonders starke Fluoreszenz des Kalkspats, namentlich im Vergleich zum Glas, habe ich nicht bemerkt.

6. Die Fluoreszenz des Baryumplatincyanürs ist nicht die einzige erkennbare Wirkung der X-Strahlen. Zunächst ist zu erwähnen, daß auch andere Körper fluoreszieren, so z. B. die als Phosphore bekannten Kalziumverbindungen, dann Uranglas, gewöhnliches Glas, Kalkspat, Steinsalz etc.

Von besonderer Bedeutung in mancher Hinsicht ist die Tatsache, daß photographische Trockenplatten sich als empfindlich für die X-Strahlen erwiesen haben. Man ist imstande, manche Erscheinung zu fixieren, wodurch Täuschungen leichter ausgeschlossen werden; und ich habe, wo es irgend anging, jede wichtigere Beobachtung, die ich mit dem Auge am Fluoreszenzschirm machte, durch eine photographische Plattenaufnahme kontrolliert.

Dabei kommt die Eigenschaft der Strahlen, fast ungehindert durch dünnere Holz-, Papier- und Stanniolschichten hindurchgehen zu können, sehr zustatten; man kann die Aufnahme mit der in der Kassette oder in einer Papierumhüllung eingeschlossenen photographischen Platte im beleuchteten Zimmer machen. Anderseits hat diese Eigenschaft auch zur Folge, daß man unentwickelte Platten nicht bloß durch die gebräuchliche Hülle aus Pappendeckel und Papier geschützt längere Zeit in der Nähe des Entladungsapparates liegen lassen darf.

8. Die Frage nach der Reflexion der X-Strahlen ist als in dem Sinne erledigt zu betrachten, daß eine merklich regelmäßige Zurückwerfung der Strahlen an keinen der untersuchten Substanzen stattfindet. Andere Versuche, die ich hier übergehen will, führen zu demselben Resultat. Indessen ist eine Beobachtung zu erwähnen, die auf den ersten Blick das Gegenteil zu

ergeben scheint. Ich exponierte eine durch schwarzes Papier
gegen Lichtstrahlen geschützte photographische Platte, mit der
Glasseite dem Entladungsapparat, den X-Strahlen; die empfindliche Schicht war bis auf einen freibleibenden Teil mit blanken
Platten aus Platin, Blei, Zink und Aluminium in sternförmiger
Anordnung bedeckt. Auf dem entwickelten Negativ ist deutlich
zu erkennen, daß die Schwärzung unter dem Platin, dem Blei
und besonders unter dem Zink stärker ist als an den anderen
Stellen; das Aluminium hatte gar keine Wirkung ausgeübt. Es
scheint somit, daß die drei genannten Metalle die Strahlen reflek-
tieren, indessen waren noch andere Ursachen für die stärkere
Schwärzung denkbar, und um sicher zu gehen, legte ich bei
einem zweiten Versuch zwischen die empfindliche Schicht und
die Metallplatten ein Stück dünnes Blattaluminium, welches für
ultraviolette Strahlen undurchlässig, dagegen für die X-Strahlen
sehr durchlässig ist. Da auch jetzt wieder im wesentlichen
dasselbe Resultat erhalten wurde, so ist eine Reflexion von
X-Strahlen an den Metallen nachgewiesen.

Hält man diese Tatsache zusammen mit der Beobachtung,
daß Pulver ebenso durchlässig sind wie kohärente Körper, daß
weiter Körper mit rauher Oberfläche sich beim Durchgang der
X-Strahlen wie auch bei dem zuletzt beschriebenen Versuch ganz
gleich wie polierte Körper verhalten, so kommt man zu der Anschauung, daß zwar eine regelmäßige Reflexion, wie gesagt, nicht
stattfindet, daß aber die Körper sich den X-Strahlen gegenüber
ähnlich verhalten wie die trüben Medien dem Licht gegenüber.

Da ich auch keine Brechung beim Übergang von einem
Medium zum anderen nachweisen konnte, so hat es den
Anschein, als ob die X-Strahlen sich mit gleicher Geschwindigkeit
in allen Körpern bewegen, und zwar in einem Medium, das
überall vorhanden ist, und in welchem die Körperteilchen ein-
gebettet sind. Die letzteren bilden für die Ausbreitung der
X-Strahlen ein Hindernis, und zwar im allgemeinen ein desto
größeres, je dichter der betreffende Körper ist.

10. Es gelang mir mit dem L. Weberschen Photometer
in atmosphärischer Luft die Intensitäten des Fluoreszenzlichtes
meines Schirms in zwei Abständen — ca. 100 resp. 200 mm —
vom Entladungsapparat miteinander zu vergleichen, und ich
fand aus drei recht gut miteinander übereinstimmenden Versuchen, daß dieselben sich umgekehrt wie die Quadrate der resp. Entfernung des Schirmes vom Entladungsapparat verhalten. Demnach hält die Luft von

den hindurchgehenden X-Strahlen einen viel kleineren Bruchteil zurück als von den Kathodenstrahlen.

11. Eine weitere sehr bemerkenswerte Verschiedenheit in
dem Verhalten der Kathodenstrahlen und der X-Strahlen liegt
in der Tatsache, daß es mir trotz vieler Bemühungen nicht gelungen ist, auch in sehr kräftigen magnetischen Feldern eine
Ablenkung der X-Strahlen durch den Magnet zu erhalten.

12. Nach besonders zu diesem Zwecke angestellten Versuchen ist es sicher, daß die Stelle der Wand des Entladungsapparats, die am stärksten fluoresziert, als Hauptausgangspunkt
der nach allen Richtungen sich verbreitenden X-Strahlen zu
betrachten ist. Die X-Strahlen gehen somit von der
Stelle aus, wo nach den Angaben verschiedener
Forscher die Kathodenstrahlen die Wand treffen.
Lenkt man die Kathodenstrahlen innerhalb des Entladungsapparats durch einen Magnet ab, so sieht man, daß auch die
X-Strahlen von einer anderen Stelle, d. h. wieder von dem Endpunkte der Kathodenstrahlen ausgehen.

Auch aus diesem Grunde können die X-Strahlen, die nicht
ablenkbar sind, nicht einfach unverändert von der Glaswand
hindurchgelassenе resp. reflektierte Kathodenstrahlen sein. Die
größere Dichte des Glases außerhalb des Entladungsapparats
kann ja nach Lenard für die große Verschiedenheit der Ab-
lenkbarkeit nicht verantwortlich gemacht werden.

Ich komme deshalb zu dem Resultat, daß die
X-Strahlen nicht identisch sind mit den Kathodenstrahlen, daß sie aber von den Kathodenstrahlen in der Glaswand des Entladungsapparats erzeugt werden.

13. Diese Erzeugung findet nicht nur im Glas statt, sondern, wie ich an einem mit 2 mm starken Aluminiumblech abgeschlossenen Apparat beobachten konnte, auch in diesem Metall.

14. Die Berechtigung für das von der Wand des Entladungsapparats ausgehende Agens den Namen ›Strahlen‹ zu verwenden, leite ich zum Teil von der ganz regelmäßigen Schatten-
bildung her, die sich zeigt, wenn man zwischen den Apparat
und den fluoreszierenden Schirm (oder die photographische Platte)
mehr oder weniger durchlässige Körper bringt.

Viele derartige Schattenbilder, deren Erzeugung mitunter
einen ganz besonderen Reiz bietet, habe ich beobachtet und
auch teilweise photographisch aufgenommen; so besitze ich z. B.
Photographien von den Schatten der Profile einer Tür, welche
die Zimmer trennt, in welchen einerseits der Entladungsapparat,

anderseits die photographische Platte aufgestellt war; von den
Schatten der Handknochen, von den Schatten eines auf einer
Holzspule versteckt aufgewickelten Drahtes; eines in einem
Kästchen eingeschlossenen Gewichtssatzes; einer Bussole, bei
welcher die Magnetnadel ganz von Metall eingeschlossen ist;
eines Metallstückes, dessen Inhomogenität durch die X-Strahlen
bemerkbar wird etc.

Für die geradlinige Ausbreitung der X-Strahlen beweisend
ist weiter eine Lochphotographie, die ich von dem mit schwarzem
Papier eingehüllten Entladungsapparat habe machen können;
das Bild ist schwach, aber unverkennbar richtig.

20. In § 13 meiner ersten Veröffentlichung ist mitgeteilt,
daß die X-Strahlen nicht bloß im Glas sondern auch im Aluminium entstehen können. Bei der Fortsetzung der Untersuchung
nach dieser Richtung hin hat sich kein fester Körper ergeben,
welcher nicht imstande wäre, unter dem Einflusse der Kathodenstrahlen X-Strahlen zu erzeugen. Es ist mir auch kein Grund
bekannt, weshalb sich flüssige und gasförmige Körper nicht
ebenso verhalten würden.

Quantitative Unterschiede in dem Verhalten der verschiedenen Körper haben sich dagegen ergeben. Läßt man z. B.
die Kathodenstrahlen auf eine Platte fallen, deren eine Hälfte
aus einem 0,3 mm dicken Platinblech besteht, so beobachtet
man an dem mit der Lochkammer aufgenommenen photographischen Bild dieser Doppelplatte, daß das Platinblech auf der von
den Kathodenstrahlen getroffenen (Vorder-) Seite viel mehr
X-Strahlen aussendet als das Aluminiumblech auf der gleichen
Seite. Von der Hinterseite dagegen gehen vom Platin so gut
wie gar keine, vom Aluminium aber relativ wenig X-Strahlen
aus. Letztere Strahlen sind in den vorderen Schichten des Alu-
miniums erzeugt und durch die Platte hindurchgegangen.

Man kann sich von dieser Beobachtung leicht eine Erklärung verschaffen, doch dürfte es sich empfehlen, vorher noch
weitere Eigenschaften der X-Strahlen zu erfahren.

Zu erwähnen ist aber, daß der gefundenen Tatsache auch
eine praktische Bedeutung zukommt. Zur Erzeugung von
möglichst intensiven X-Strahlen eignet sich nach
meinen bisherigen Erfahrungen Platin am besten.
Ich gebrauche seit einigen Wochen mit gutem Erfolg einen
Entladungsapparat, bei dem ein Hohlspiegel aus Aluminium als
Kathode, ein unter 45° gegen die Spiegelachse geneigtes, im
Krümmungszentrum aufgestelltes Platinblech als Anode fungiert.

21. Die X-Strahlen gehen bei diesem Apparat von der Anode aus. Wie ich aus Versuchen mit verschieden geformten Apparaten schließen muß, ist es mit Rücksicht auf die Intensität der X-Strahlen gleichgültig, ob die Stelle, wo diese Strahlen erzeugt werden, die Anode ist oder nicht.‹ — — —

h) Elektrochemie und Elektrolyse.

I. Allgemeines.

§ 32. Dem Grenzgebiete der Elektrizität und Chemie, welches auch für die praktische Medizin immer mehr an Bedeutung gewinnt, wurden bereits um die Mitte des 18. Jahrhunderts eifrige Studien gewidmet. Die ersten Forschungen beziehen sich auf die Hervorrufung chemischer Vorgänge durch elektrische Einflüsse.

W. Ostwald berichtet über eine diesbezügliche älteste Nachricht, welche Pater Beccaria betrifft. Beccaria (Mitte des 18. Jahrhunderts) ließ den durch Leydener Flasche verstärkten elektrischen Funken zwischen zwei Stücken der metallischen Kalke (Oxyde) übergehen; so erhielt er verschiedene Metalle, z. B. Quecksilber aus Zinnober. (Die sog. ›Revivifikation‹ einiger Metalle aus ihren Kalken.)

Wirkung des Funkens auf atmosphärische Luft.

Priestley beobachtete (1775), wie gewöhnliche, atmosphärische Luft durch elektrische Entladungen sich in Säure verwandelt. Nach einer Anzahl von Versuchen kam er zu dem Ergebnis, daß Kohlensäure gebildet worden sei.

Cavendish, der Priestleys Versuche sorgfältig wiederholte, erkannte, daß nicht Kohlensäure, sondern Salpeter und salpetrige Säure durch den Vorgang entstehen.

Wirkung des Funkenstromes auf das Wasser.

Paets van Troostwijk und Deimann zerlegten im Jahre 1789 in unzweideutiger Weise das Wasser durch Elektrizitätswirkung in brennbare Luft (Wasserstoffgas) und Lebensluft (Sauerstoff).

Elektrizitätserzeugung durch chemische Prozesse.

Durch die Forschungsergebnisse von Galvani und besonders von Volta wurde die umgekehrte Frage angeregt: elektrische Vorgänge durch chemische hervorzurufen.

J. W. Ritters Arbeiten begründeten die chemische Theorie des Galvanismus; Ritter gelang der Nachweis des Zusammenhangs zwischen galvanischen und chemischen Eigenschaften.[1]

Von Cruikshank, Henry, Ritter u. a., und ganz besonders von H. Davy wurden die chemischen Eigenschaften[2] der Voltaschen Säule in einer Reihe von eingehenden Versuchen studiert:

1. Zersetzung des Wassers,

2. Angreifbarkeit fast aller Stoffe durch Wasser,

3. Fortführung von Stoffen durch den Strom,

4. Entdeckung der Alkalimetalle,

5. Theorie ihrer Bildung.

---

[1] Voltas Entdeckung gab damals der wissenschaftlichen Welt Anlaß zu galvanischen Phantasien (vgl. Ostwald S. 215). L. Brugnatelli, in dessen Zeitschrift (Annali di Chimica) Volta seine ersten Arbeiten publizierte, stellte eine Theorie der Erscheinungen der Voltaschen Säule auf. Er fand als Ursache der galvanischen Erscheinungen eine eigentümliche Säure, die er mit dem Namen »elektrische Säure« (Ossielettrico) belegte. Diese besaß folgende Eigenschaften: »Die elektrische Säure ist eine Flüssigkeit, die an unendlicher Feinheit dem Wärmestoffe und dem Lichtstoffe gleichkommt. Sie ist expansiv, hat einen eigentümlichen unangenehmen Geruch, der sich dem des Phosphors nähert, und einen sauren, stechenden Geschmack; sie reizt und entzündet die Haut; die Entzündung kann sehr leicht durch Anwendung einer verdünnten Auflösung von Ammoniak behoben werden.... Sie rötet die blaue Lackmustinktur, doch nimmt nach zerstreuter Elektrizität die Flüssigkeit ihre vorige blaue Farbe wieder an. Sie dringt in die Metalle mit mehr oder weniger Leichtigkeit, je nach ihrer verschiedenen Natur. Wenn die elektrische Säure in strömende Bewegung gesetzt wird, so löst sie die Metalle auf, wie das Wasser ein Salz auflöst, und hat dabei die Eigenschaft, die aufgelösten Metalle in sehr große Entfernungen mit sich fortzuführen, und zwar durch die Substanz mehrerer Körper hindurch. Die elektrische Säure ist in Wasser auflösbar; in einer solchen Auflösung oxydieren sich die meisten Metalle auf Kosten des Wassers, welches in diesen Fällen unter Erzeugung von Wasserstoffgas zersetzt wird. Die erzeugten Metalloxyde verbinden sich aber, meinen Versuchen gemäß, mit der elektrischen Säure und bilden die elektrisch sauren Metalle. Das elektrisch-saure Kupfer hat eine schön grüne Farbe und ist durchscheinend; das elektrisch-saure Zink ist dunkelgrau; das elektrisch-saure Silber ist weiß und durchscheinend; das elektrisch-saure Eisen ist gelbrot und opak. Die elektrisch-sauren Metalle sind im Wasser unauflöslich, und ihre auffallende Eigenschaft ist die, daß sie von der elektrischen Säure durch Wasser hindurch zu ansehnlichen Entfernungen fortgerissen werden, und daß sie sich dann auf dargebotene Metalle in Gestalt salzartiger Krusten niederschlagen, die bald irreguläre Anhäufungen, bald auffallend regelmäßige Kristallisationen bilden.« Sehr am Platze ist W. Ostwalds Frage, ob denn, so seltsam uns auch eine solche Theorie anmutet, unsere heutige Äthertheorie so wesentlich verschieden sei von der Brugnatellis? Wir bezeichnen den Äther nicht als eine sehr feine Flüssigkeit, dafür aber als »Fluidum« von sehr geringer Masse.

[2] Vgl. Ostwald, Elektrochemie S. XI.

2. Wesen der elektrischen Zersetzung.

§ 33. Mit der Elektrolyse (Galvanolyse) muß der Arzt
aus doppelten Gründen vertraut sein: einerseits bedient er sich
ihrer besonders in neuester Zeit (Leduc, L. Jones etc.) als
sehr wertvollen Heilfaktors, anderseits muß er ihr entgegenzuwirken verstehen, denn sie stört bisweilen den Betrieb unserer
Apparate und vermag auch die menschlichen Gewebe zu schädigen.
Zusammengesetzte Flüssigkeiten (Lösungen), die den Strom
zu leiten vermögen, erleiden durch den Stromdurchtritt eine
chemische Zersetzung, welche nach bestimmten Gesetzen
vor sich geht. Solche Flüssigkeiten nennt man Elektrolyte;
der Vorgang der Zersetzung heißt Elektrolyse. An der Anode
abgeschiedene Elemente (es sind dies die sauren Bestandteile
der Lösung, z. B. O, H_2SO_4 etc.) bezeichnet man als Anion, an
der Kathode (die Metalle und Basen, z. B. NaOH) Kation. Zer-
legen wir z. B. eine Lösung von Zinnchlorür, so wird das Chlorid
an der Eintrittsstelle (Anode) und das Zinn an der Austrittstelle
(Kathode) abgeschieden. Die Abscheidung des Zinns geschieht
in Form eines sehr zierlichen, vielfach verästelten Gebildes, des
sog. Zinnbaumes. Beide Bestandteile führen den gemeinsamen
Namen der Ionen. Die Ionen, die mit chemischen Affinitäten
ausgestattet sind, können ihrerseits neue, sekundäre Prozesse
eingehen.

So sind z. B. in einer Kochsalzlösung im gewöhnlichen
Zustande die Molekel im nicht gespalenen Zustande (NaCl)
vorhanden, die unelektrisch sind. Nur ein kleiner Bruchteil der
Molekel (NaCl) ist in die Ionen Na und Cl gespalten. Erst
durch die Einwirkung des galvanischen Stromes tritt eine allgemeine Dissoziation der Molekel (NaCl) auf; die Cl-Ionen wandern zur Anode, die Na-Ionen zur Kathode; dieser Vorgang ist
die Elektrolyse. [1]

Das Verhältnis der in einer Lösung vorhandenen gebundenen oder gespaltenen Molekel ist für eine ganze Reihe von
Eigenschaften von Belang. Der Gang der Elektrolyse, die

---

[1] Einen sehr anschaulichen Vergleich zitiert L. Jones: In einem
Ballsaal sind die meisten der männlichen und weiblichen Gäste in Paaren
beisammen, welche tanzen, promenieren oder ruhig stehen oder sitzen.
Wenige Herren und Damen gehen im Saale einzeln herum. Plötzlich wird
an einem Ende des Saales ein feines Trinkbüfett etabliert und am anderen
Ende ein herrlicher Prunkspiegel aufgestellt. Die Wirkung tritt sofort auf:
Zu allererst »wandern« die »nicht gebundenen« Ionen nach einer und der
anderen Richtung, allmählich lösen sich auch die Paare auf (»Dissoziation«)
und die Elektrolyse ist in vollem Gange.

elektrische Leitfähigkeit der Lösungen, der osmotische Druck,
die Gefrierpunkterniedrigung [1]) (*Δ*) etc. werden dadurch bestimmt.

Lösungen von gleicher Konzentration und Temperatur haben
verschiedene Leitungsfähigkeit und verschiedenen osmotischen
Druck.

Der osmotische Druck, den z. B. eine Rohrzuckerlösung
ausübt, entspricht jenem Drucke, welchen der Zucker ausüben
würde, wenn er in gleicher Menge und in gleichem Raume als
Gas (nach dem A v o g a d r o schen Satze) vorhanden wäre. Die
gleichgroße Menge einer Kochsalzlösung (Na Cl) ist durch größeren
osmotischen Druck ausgezeichnet: nach A r r h e n i u s und v a n
t' H o f f rührt dies davon her, daß in der Na Cl-Lösung die Moleküle teilweise in Ionen dissoziiert sind — in der Rohrzuckerlösung nicht — und jedes Ion denselben osmotischen Druck
ausübt wie ein nicht gespaltenes Na Cl-Molekül. Die Dissoziation
erhöht den osmotischen Druck.

›Für die Gefrierpunkterniedrigung gilt dasselbe. Bestimmt
man nämlich die Depression für eine Rohrzuckerlösung, welche
0,1 g Molekül im Liter enthält, so beträgt dieselbe 0,185 ° C.
Führt man aber denselben Versuch aus mit einer Na-Cl-Lösung,
welche ebenfalls 0,1 g Molekül im Liter enthält, so zeigt sich
die Gefrierpunktserniedrigung 0,351 ° C. In Übereinstimmung
mit dem soeben beim osmotischen Druck Gesagten, ist das nach
A r r h e n i u s und v a n t' H o f f gleichfalls darauf zurückzuführen,
daß in der Na Cl-Lösung ein Teil der Na Cl-Moleküle in Ionen
Na und Cl' dissoziiert ist, und daß ein Ion den Gefrierpunkt
in demselben Maße beeinflußt wie ein nicht zerlegtes Na Cl-
Molekül. A r r h e n i u s hat versucht, diese Anschauung experimentell zu prüfen. Wie oben erwähnt, gibt nämlich das elektrische Leitvermögen ein Mittel an die Hand, festzustellen,
welcher Bruchteil der gelösten Moleküle in Ionen gespalten
(›aktiv‹) ist. Daraus läßt sich berechnen, wie viel selbständige
Teilchen (ungespaltene Moleküle + Ionen) im ganzen vorhanden sind. Multipliziert man die gewonnene Zahl mit 1,85 ° C
(der Gefrierpunkterniedrigung, welche ein Molekül oder Ion,
in Grammen ausgedrückt und in einem Liter gelöst, herbeiführt),
so muß man eine Gefrierpunkterniedrigung finden, welche mit
der beobachteten übereinstimmt‹ (s. H. J. Hamburger S. 51).

---

[1]) Im physiologischen und klinischen Abschnitte wird die Bedeutung
dieser Eigenschaft hervorgehoben.

Aus der Leitfähigkeit ist weiters ein Schluß gestattet auf die Geschwindigkeit, mit der die Elektrolyse vor sich geht. Die Geschwindigkeit der Elektrolyse hängt ab: 1. von der Größe [1]) der Molekel (je größer die Molekel, um so schwieriger die Bewegung), 2. von der Zähigkeit der Flüssigkeit. Die Zähigkeit wird von der Temperatur beeinflußt.

Ganz reines Wasser, in welchem keine Spur von aufgelösten Salzen frei ist, leitet den Strom nicht und kann mithin nicht elektrolysiert werden.

Kolbe und Kekulé versuchten es zum erstenmal, auch organische Verbindungen der Elektrolyse zu unterwerfen. Ähnlich wie bei den metallhaltigen Verbindungen wurde auch da das Metall (resp. der Wasserstoff) am negativen Pol in Freiheit gesetzt.

Die an den Elektroden sich bildenden Analysierungsbestandteile treten genau in dem Gewichtsverhältnis auf, in welchem sie in der zersetzten Verbindung stehen. (Faradaysches Gesetz.) Die Gewichtsmengen der abgeschiedenen Ionen stehen in gleichem Verhältnis zu ihrem Molekulargewicht.

3. Theorie der Lösungen.

§ 34. Alle die erwähnten Erscheinungen werden durch die Theorie von Clausius-Arrhenius erklärt.

Theorie der elektrolytischen Dissoziation.

Jedes Molekül einer solchen Lösung besteht aus einem elektrisch positiven und einem elektrisch negativen Atom. Das Molekül selbst ist mithin unelektrisch. Bringt man nun in eine solche Flüssigkeit einen positiven und einen negativen Pol (Elektrode) eines Gleichstromes (bei Wechselstrom kann wegen der ständig wechselnden Pole keine Elektrolyse auftreten), so tritt eine Wanderung der Ionen auf; die positiven werden von der negativen Elektrode angezogen, die negativen umgekehrt. Der Strom zersetzt nicht die Moleküle, es werden dadurch vielmehr die schon präformierten Ionen »gerichtet«. Die Menge der solcherart entstandenen Ionen und die Größe der Elektrolyse hängt von der Stromstärke und der Zeitdauer der Einwirkung ab.

---

[1]) Ein Wassermolekel hat die Dimension $= 1\,\mu\mu$, d. i. 1 Millionstelmillimeter; denken wir uns z. B. in 1 mm³ Wasser die Molekel nebeneinander gereiht (wie eine Perlenschnur), so haben wir 8 Trillionen Molekel in der Länge von 4 000 000 km, i. e. 100 mal der Erdumfang. So fein verteilt ist die Materie!

›Die Wanderungsgeschwindigkeit elementarer Ionen
ist eine deutlich periodische Funktion des Atom-
gewichtes (Ostwald) und steigt in jeder Reihe verwandter
Elemente mit demselben ..... Der bekannte Parallelismus mit
der inneren Reibung bestätigt sich hier ... Die Wanderungsgeschwindigkeit für zusammengesetzte Ionen ist eine
deutlich additive Eigenschaft ... Das polymere Ion wan-
dert langsamer als das einfache.‹ ›Von großer Wichtigkeit ist
es für uns zu wissen, wie weit nicht leitende feste Par-
tikelchen die Leitfähigkeit von Elektrolyten beeinflussen. Leiten
doch Blutkörperchen und wahrscheinlich auch andere Zellen die
Elektrizität nicht oder doch kaum merklich! ... ‹ Oker-Blom,
der auf Anregung Ostwalds Versuche in dieser Richtung ausführte, fand, daß die elektrische Leitfähigkeit einer Lösung durch
nichtleitende suspendierte Körperchen eine mechanische Beeinträchtigung erfahre, die von der Leitfähigkeit der Lösung, von
der Korngröße der suspendierten Körperchen (Quarzpulver, Sand,
Blutkörperchen etc.) unabhängig ist, die aber von der Menge
und Anordnung beeinflußt wird‹ (s. H. J. Hamburger, S. 48).

Die Elektroden, an denen sich die neugebildeten Ionen
festsetzen, die nebstdem sekundäre Prozesse eingehen, werden
hierdurch chemisch verändert, sie werden polarisiert. Diese
derart verschieden veränderten Elektroden sind jetzt gegeneinander, wie verschiedene Metalle (vgl. weiter unten ›galvan.
Strom‹), elektromotorisch wirksam geworden; bringt man nun,
nachdem der früher einwirkende, sog. polarisierende Strom unterbrochen wurde, die polarisierten Elektroden in leitende Verbindung und stellt den Stromkreis her, so tritt ein neuer elektrischer Strom auf, der in seiner Intensität von der Größe der
Polarisation abhängig ist und die entgegengesetzte Richtung des ursprünglichen hat.

Der Polarisationsstrom aus einer polarisierten Zelle dauert
nur eine bestimmte Zeit hindurch, so lange, bis sich die chemische
Veränderung der Kathode und Anode vollkommen zurück bildete.

i) Ozonbildung.

§ 35. Der Ozon, welcher bereits dem holländischen Chemiker van Marum im Jahre 1779 bekannt[1] war und von

---

[1] Van Marum hat als Erster bemerkt, daß beim Übergange von
elektrischen Funken ein starker Geruch auftrete; er sprach von dem ›Geruch
der elektrischen Materie‹.

Schönbein u. a. genauer studiert und so benannt wurde, ist eine allotrope Modifikation des Sauerstoffs; während ein Sauerstoffmolekül aus zwei Atomen besteht, setzt sich ein Molekül des Ozon aus dreien zusammen; das dritte Atom wird leicht abgegeben, daher die stark oxydierende Wirkung des Ozons.

Ozon, der sich in der freien Atmosphäre findet und durch verschiedene chemische Prozesse erzeugt wird, bildet sich auch bei elektrischen Entladungen. Frémy und Becquerel schlugen für Ozon den Namen ›oxygène électrisé‹ vor. Die Luft, in welcher sich elektrische Entladungen durch längere Zeit (z. B. Minuten) abspielen, bekommt einen eigenartigen Geruch. Ein in eine Lösung von Jodkalium und Stärkekleister getauchtes weißes Papier wird bald blau, wenn in der Luft ozonisierter Sauerstoff vorhanden. (Schönbein.)

W. Siemens hat im Jahre 1857 einen Apparat, die sog. Ozonröhre, konstruiert, um Ozon in verhältnismäßig großen Mengen zu erzeugen.

Bei allen derartigen Apparaten, deren es heute viele gibt (cf. Technik), werden gewöhnlich Büschelentladungen derart erzeugt, daß zwei Metallflächen, welche in geringer Entfernung einander gegenüberstehen und nebstdem noch eine Isolierschicht zwischen sich haben, mit den Polen eines hochgespannten Wechselstromes verbunden sind. Im Luftraume zwischen der Isolierschicht und den Metallflächen entstehen lichtschwache Entladungen (sog. dunkle Entladung), welche zur Ozonisierung der Luft führen.

Betreffs des gebildeten Ozonquantums ist die Wirksamkeit dunkler Entladungen größer als die der wirklichen Funken.

B.
II. Elektrizitätsquellen.

1. Influenzmaschinen.

§ 36. Die der Franklinisation dienenden Elektrisiermaschinen beruhen auf dem Prinzip, daß gewisse Substanzen, wie Glas, Harz etc., durch Reibung elektische Eigenschaften bekommen und nebstdem auch auf ähnliche in der Nähe befindliche Stoffe influenzierend wirken.

Demgemäß sind die Elektrisiermaschinen in zwei Gruppen zu bringen:

a) Reibungselektrisiermaschinen,
b) Influenzmaschinen.

Für medizinische Zwecke sind die Influenzmaschinen bedeutend geeigneter.

Otto von Guericke hat bereits im Jahre 1670 die erste statische Maschine konstruiert. Eine Kugel aus Schwefel oder Glas, die um eine Eisenachse drehbar war, wurde zwischen den aufgelegten Händen eines Gehilfen gerieben.

Nairn ersetzte die Handflächen eines Gehilfen durch ein Kissen.

Außer der Maschine von van Marum verdient besonders die von Ramsden (1768) hervorgehoben zu werden, die man noch heute in französischen Laboratorien hier und da zu Versuchen heranzieht; dieselbe besteht aus einer zwischen einem Polsterpaar rotierenden Glasscheibe.

c) Verbesserte Typen.

Seit damals gab es viele Modifikationen und Verbesserungen dieser Elektrisiermaschinen, so von Carré, Charcot, Guimbal, Rebeyrotte, Bonetti-Truchot, M. Gaiffe, Albéric Roussel, A. Eulenburg u. a.

Doch von der großen Anzahl der Konstruktionen kommen heute vorwiegend zwei Typen, mehr oder weniger modifiziert, in Betracht:

1. Töpler-Holtz-Maschine,
2. Influenzmaschine nach Wimshurst.

Die Influenzmaschine nach Töpler-Holtz.

§ 37. Unabhängig voneinander haben Holtz und Töpler im Jahre 1865 die Influenz- oder die Elektrophormaschine erfunden. Die Maschine besteht aus zwei in geringem Abstand parallel nebeneinander angebrachten Glasscheiben; die eine ist fix, die andere um eine gemeinsame Achse drehbar.

Auf der festen Scheibe, und zwar auf jener der drehbaren Scheibe abgewandten Seite, sind zwei bogenförmige
Papierbelegungen, die einen Winkel von 60—90° einnehmen, angebracht. Die an diesen Belegungen
angebrachten Metallarme überragen
den Scheibenrand derart, daß ihre
Enden sich vor der rotierenden
Scheibe befinden; die Enden sind
mit Kontaktpinseln versehen.
Außer diesen Kontaktpinseln stehen
noch Saugkämme des Haupt-
konduktors und des Neben-
konduktors vor der drehbaren
Scheibe (Fig. 17).

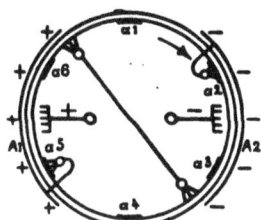

Fig. 17.

Diese letztere ist an ihrer Vorderfläche mit Stanniol-
belegungen und Kontaktknöpfen versehen, an welchen
die Kontaktpinsel anstreifen.

Der sich in dieser Maschine abspielende Prozeß wird von
Stintzing, wie folgt, geschildert:

›Bei fortgesetzter Rotation werden die beiden Papierbelege
+ und — mit entgegengesetzter Elektrizität mehr und mehr geladen, und durch die Einsauger strömt fortgesetzt positive,
bzw. negative Elektrizität ab. Verbindet man die beiden Einsauger miteinander leitend, so gleicht sich in der Leitung ein
Strom ab. Läßt man sie in Metallkugeln (Konduktoren) auslaufen, so sammelt sich in diesen freie Elektrizität von entgegengesetzten Vorzeichen mit zunehmender Spannung an. Bei nicht
zu großer Entfernung der Konduktoren voneinander tritt bei entsprechender Spannung Vereinigung der beiden Elektrizitäten
durch die Luft unter Funkenbildung ein. Bringt man in die Nähe
eines Konduktors einen anderen Körper, z. B. einen Finger, so
findet auf diesen ebenfalls Funkenentladung statt. Die maximale
Funkenlänge, die man zwischen den beiden Konduktoren erzielen
kann, gibt einen Maßstab für die durch die Influenzmaschine
erzielte Spannung. Diese schwankt aber bei ein und derselben
Maschine je nach der Geschwindigkeit der Umdrehungen und
dem Feuchtigkeitsgehalt der Luft. Denn feuchte Luft leitet
besser als trockene, und Wasserniederschläge aus der Luft
auf die Glasscheiben verringern die Isolierfähigkeit der
letzteren.‹

Influenzmaschine nach Wimshurst.

§ 38. Dieselbe ist anders konstruiert als die Maschine nach
Holtz. Sie enthält zwei in entgegengesetzter Richtung rotierende
Scheiben aus Glas oder Hartgummi, die von gleicher Größe sind
und eine gemeinsame Achse haben. Die Scheiben tragen auf
ihren Außenseiten zahlreiche Belege von Stanniolsegmenten,
welche bei der Rotation an die Kontaktpinseln (Ableitungen)
anstreifen.

Wie auf Fig. 18[1]) zu sehen ist, befindet sich vor jeder
Scheibe ein diametraler Nebenkonduktor, der die Kontaktpinseln trägt. Die Hauptkonduktoren
stehen in der Höhe der Umdrehungs-
achse und sind mit Spitzenkämmen
versehen, welche um den Rand beider
Scheiben herumgreifen und die erzeugte Elektrizität aufnehmen; von
da aus wird die Elektrizität fortgeleitet und den Verbrauchsapparaten
zugeführt.

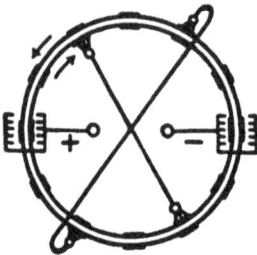

Es ist bis heute noch nicht
gelungen, eine befriedigende Erklärung für die Wirkungsweise dieser Maschine zu geben.

Fig. 18.

§ 39. Die Leistungsfähigkeit von Influenzmaschinen
beliebiger Konstruktion kann dadurch vermehrt werden, daß
die Maschinen statt nur mit einem Paar, mit einer größeren Anzahl von Scheiben konstruiert werden.

Bestimmung der Polarität. Bei den Influenz-
maschinen zeichnen sich die Hauptkonduktoren nicht wie die
Elektroden eines Elementes durch eine bestimmte resp. kon-
stante Polarität aus, es bleibt dem Zufall überlassen, welcher
Konduktor bei der Inbetriebsetzung der Maschine zum positiven
Pol wird.

Im dunklen Zimmer ist diese Unterscheidung leicht: am
Spitzenkamm des positiven Konduktors treten kleine Lichtpunkte
auf; der Kamm des negativen Konduktors schickt große bläuliche Lichtbündel gegen die Scheibe aus.

---

[1]) Diese und vorhergehende Figur beziehen sich auf Maschinen mit
konzentrischen Zylindern statt der parallelen Scheiben — aus Gründen der
leichteren Skizzierung.

Nähert man eine frei in der Hand gehaltene Geißler-Röhre dem positiven Pole, so zeigt sie auf der diesem Pole zugewendeten Seite Büschellicht, dagegen bei Annäherung an den negativen Pol Glimmlicht.

Bei Tageslicht läßt sich die Polarität der beiden Hauptkonduktoren leicht mit Hilfe einer Kerze ermitteln: Hält man eine brennende Kerze zwischen beide Konduktoren der rotierenden Maschine, so wird die Flamme verzerrt, die Spitze zeigt auf den negativen Pol.

d) Instandhaltung der Maschinen.

§ 40. Die Scheiben der Maschine sind vor Staubauflagerung und Feuchtigkeit zu bewahren; am zweckmäßigsten ist deshalb die Aufstellung der Maschine in einem staub- und luftdichten Glasgehäuse, dessen Innenluft durch Heizung oder durch chemische Mittel (Chlorkalzium etc.) trocken gehalten wird. Außerdem müssen die Scheiben, besonders die gefirnißten Glasscheiben von Zeit zu Zeit durch Abreiben eines mit Benzin getränkten Wollappens gereinigt werden.

Auf ähnliche Weise sind auch die anderen Bestandteile rein zu halten.

Da auch die Sonnenstrahlen eine nachteilige Wirkung (besonders auf Hartgummiteile) ausüben, so ist die Maschine in einem dunklen Raume aufzustellen oder mit dunklen Tüchern zu verhängen.

Schließlich ist es vorteilhaft, im Glasgehäuse ein Schälchen mit Leinöl aufzustellen, um der Bildung von Säureniederschlägen (Schwefelsäure aus der Luft, Salpetersäure aus dem Ozon etc.) entgegenzuwirken.

e) Kondensator.

§ 41. Der Kondensator ist ein Apparat, der zur Ansammlung größerer Elektrizitätsmengen dient. Er besteht im Wesen aus zwei sich nahe gegenüberstehenden Konduktoren, zwischen welchen sich eine isolierende Schicht — ein Dielektrikum — befindet. Ein mit einer Elektrizitätsquelle (z. B. Elektrisiermaschine) verbundener Konduktor könnte nur so lange Elektrizität aufnehmen, bis auf ihm dasselbe Potential herrschen würde wie auf der Maschine; durch die Influenzelektrizität im benachbarten (und durch Zwischenschicht getrennten) Konduktor wird ein Teil der zugeführten Elektrizität ›gebunden‹; das

Potential des Konduktors wird verringert, aber seine Kapazität gesteigert, d. h. er vermag von neuem Elektrizität aus der Elektrisiermaschine aufzunehmen. Bekannt sind die Franklinsche Tafel und die Leydener Flasche (1745 von Kleist in Cammin und von Cuneus in Leyden 1748 entdeckt).

Für gewisse Zwecke (z. B. Röntgeninduktorium) baut man Konduktoren in flacher Form. Als Isolierplatte wird dünnes Glas (1 mm) oder paraffiniertes Papier, Glimmer etc. benutzt. Der fertige Kondensator wird zwischen Holzbrettchen zusammengepreßt und mit Paraffin umgossen.

Ein solcher Kondensator wird passend als Fußplatte eines Induktionsapparates verwendet.

2. Galvanische Elemente.

§ 42. Die galvanischen Elemente dienen der elektrochemischen Stromerzeugung.

Das einfachste galvanische Element besteht aus einem mit einem flüssigen Elektrolyt gefüllten, runden oder viereckigen, zumeist gläsernen Gefäß, in welches zwei Metalle eintauchen.

Da im allgemeinen, wie oben bereits auseinandergesetzt, durch den chemischen Prozeß ein sog. Polarisationsstrom gebildet wird, welcher dem zu erzeugenden gegenüber von entgegengesetzter Richtung ist, so konstruiert man Elemente mit unpolarisierbaren Elektroden. Wir unterscheiden demnach:

Inkonstante Elemente (Tauchelemente) und
Konstante Elemente.

a) Inkonstante Elemente.

§ 43. Durch Polarisation nimmt die Stromstärke auf die Dauer ab; sie wird inkonstant. Die verschieden starke Abnutzung der Elektroden durch die Erregungsflüssigkeit rufen Stromschwankungen hervor.

Zum Schutze des Elementes dient eine Tauchvorrichtung, mittelst welcher ein Elementteil (Zink) nach dem Gebrauche aus der Säure herausgehoben werden kann. Trotzdem muß das Element nach einigen Monaten erneuert werden.

Selbst ein Ungeübter kann die Neufüllung der Elemente vornehmen, und wenn sie auch jahrelang nicht in Gebrauch waren, so lassen sich dieselben in $^1/_2$—1 Stunde instand setzen. Ein großer Vorteil für Ärzte, denen technische Bequemlichkeiten oft schwer erreichbar sind.

Die Säureelemente nehmen wenig Platz ein, sind leicht transportabel und billig; außerdem zeichnen sie sich durch sehr große elektromotorische Kraft (1,8 Volt) und einen sehr geringen inneren Widerstand aus.

Alle Säureelemente bestehen aus Kohle und Zink, die in eine Erregungsflüssigkeit von sehr verschiedener Zusammensetzung eingebracht werden.

In der medizinischen Praxis finden vorwiegend zwei Elemente Verwendung:

1. Kohle-Zink-Schwefelsäure-Element.

Die Flüssigkeit besteht aus 5 % Schwefelsäurelösung mit 30—40 g Hydrargyr. sulfur. pro Liter. Der Behälter ist aus Hartgummi.

2. Chromsäure-Element (Fig. 19), das die größte ärztliche Verbreitung hat. Kohle und Zink tauchen in eine Lösung folgender Zusammensetzung (Stintzing):

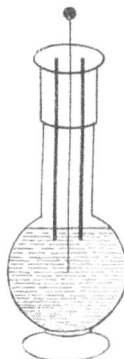

Fig. 19.

Kal. bichrom.	. . .	80,0
Aqu. font.	. . . . .	1000,0
Acid. sulfur	. . . .	100,0
Hydrarg. sulf.	. . .	20,0.

Der zwischen zwei Kohlenplatten stehende Zinkstab läßt sich heben und senken; es ist dies das ursprüngliche Grenetsche Tauchelement.

Beim Spamerelement wird der Zinkstab nach dem Gebrauche gänzlich entfernt und durch einen Gummipfropfen ersetzt.

b) Konstante Elemente.

§ 44. Die konstanten Elemente (solche ohne Stromschwankungen) beruhen auf dem Prinzipe, daß die an den Polen auftretenden Ionen entweder sofort chemisch unwirksam gemacht (Depolarisation) oder mechanisch entfernt werden. Für die Depolarisation benutzt man Salz- bzw. Säurelösungen oder Metalloxyde.

Die Elektroden tauchen in zwei verschiedenen Flüssigkeiten, die durch eine poröse Scheidewand getrennt sind, oder deren Vermischung durch verschiedenes spezifisches Gewicht verhindert wird.

Viel Verwendung in der Physik finden die Elemente von Daniel, Grove, Bunsen u. a.; diese müssen jedoch nach jedem Gebrauch auseinander genommen werden, was entschieden unbequem und nachteilig ist. Der Vorzug vor allen konstanten

4*

Elementen gebührt dem Leclanché-Element. Eine zweckmäßige Modifikation des Leclanché-Zink-Kohle-Braun-
steinelements stammt von Barbier.

Stintzing empfiehlt auf Grund seiner Erfahrungen das
Leclanché-Barbier-Element als das beste zur Verwendung für stationäre Apparate sowie zum Betriebe von Induktorien.

Das Leclanché-Element besteht aus einem aus Braun-
stein und Kohle gepreßten Zylinder, in dem sich ein Zinkstab
befindet; das Ganze steht in einer ca. 10%igen Salmiak- oder
Elektrogenlösung. Das Element ist außerordentlich dauerhaft, bequem nachzufüllen und liefert eine elektromotorische
Kraft von 1,48 Volt.

Hierher gehören auch die Leclanché-Trockenele-
mente; deren bequeme und in jeder Lage mögliche Trans-
portierung von großem Vorteil ist; auch ist es leicht, dieselben
zu reinigen. Dagegen aber lassen sich diese Elemente nach
gewisser Zeit nicht mehr reparieren und müssen durch neue
ersetzt werden.

Die in der Elektrotechnik vielfach benutzten Obach-
Trockenelemente scheinen in der Medizin bisher nicht erprobt worden zu sein.

c) Galvanische Batterien.

§ 45. Alle Elemente können zu Batterien zusammengestellt
werden; doch erweist sich die Benutzung von bestimmten Elementen zu ärztlichen Zwecken besonders vorteilhaft; maßgebend
hierfür ist die elektromotorische Kraft eines Elementes, sein
innerer Widerstand, die Notwendigkeit baldiger Nachfüllung,
der Preis der Batterie usw. So eignen sich die Leclanché- und
Trockenelemente am besten zur Galvanisation und zum
Betriebe von Induktionsapparaten.

Die meisten Batterien für Galvanisation kann man auch
für Elektrolyse (zu dermatologischen Zwecken) verwenden.
Für Galvanisation und Elektrolyse braucht man Ströme von
niedriger Stromstärke bis zu 0,05 Ampere i. e. 50 Milliampere.

Batterien für Kaustik müssen sich durch große Stromstärke auszeichnen; man arbeitet da mit Intensitäten bis 25 Ampere und darüber; die Stromspannung macht nur wenige Volt
(z. B. 2—4) aus. Elemente für solche Batterien müssen große

Elektrodenoberfläche haben (i. e. kleinen inneren Widerstand). Am häufigsten werden hierzu Chromsäure-Elemente benutzt.

Die galvanokaustischen Batterien mit vier und mehr Elementen können auch für Elektro-Endoskopie verwendet werden.

3. Akkumulatoren.

a) Allgemeines.

§ 46. Diese Elektrizitätsquelle, auch Sekundärbatterie genannt, muß erst selbst vor dem Gebrauche durch elektrischen Strom geladen werden. Es sind Stromsammler oder Stromspeiser, welche ähnlich wie Gasbehälter dazu dienen, gesammelte elektrische Energie an beliebigen Orten zur Verwendung zu bringen.

Planté hat im Jahre 1869 den ersten Akkumulator konstruiert, der von Faure, Volkmar u. a. wesentlich verbessert in verschiedenen Typen seither existiert.

Zwei entsprechend präparierte Bleiplatten sind in einem Gefäß, das mit verdünnter Schwefelsäure gefüllt ist, versenkt. Verbindet man die zwei Bleiplatten, die sich in der Flüssigkeit nicht berühren dürfen, mit dem positiven resp. negativen Pol einer Elektrizitätsquelle (Fig. 20 I) und läßt den Strom kreisen, so verändern sich die Platten chemisch; schaltet man den äußeren Strom aus und verbindet die beiden Platten untereinander (Fig. 20 II), so kreist jetzt ein elektrischer Strom, der eine dem Ladestrom entgegengesetzte Richtung hat.

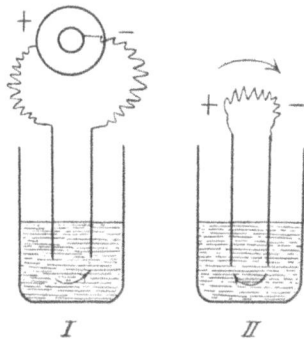

Fig. 20 (I u. II)

b) Ladung.

§ 47. Die Ladung beruht auf folgendem Prinzipe: Die in die Schwefelsäure versenkten Bleiplatten sind an ihrer Oberfläche mit Bleioxyd (PbO) bedeckt; durch Elektrolyse entsteht Sauerstoff (O), der zur positiven Elektrode geht und daselbst Bleisuperoxyd (PbO$_2$) bildet, während der am negativen Pol sich bildende Wasserstoff (H) dortselbst die Platte reduziert. Ist die Reduktion

vollendet, so entweicht der überschüssige Wasserstoff in Form
von zahlreichen Blasen: der Akkumulator »kocht«. Dies ist
auch das Zeichen, daß die Ladung beendet ist.

Ein vollgeladener Akkumulator hat eine normale Spannung
von etwa 2 Volt; da der innere Widerstand sehr gering ist, kann
man sehr hohe Stromintensitäten erzielen. Sobald beim Gebrauche die Spannung auf 1,8 Volt gesunken, ist eine Neu-
ladung erforderlich. Die Prüfung auf vorhandene Spannung
wird am besten mittels eines Voltmeters vorgenommen, welches
mit zwei Drähten an die Pole des Akkumulators respektive der
Batterie angeschlossen wird.

Die Lade- respektive Entladestärke ist von der Plattengröße
abhängig; im allgemeinen beträgt die Maximalstromstärke ca.
1 Ampere entsprechend jedem Quadratzentimeter
der positiven Bleiplatte.

Die Kapazität eines Akkumulators ist das Produkt aus
Entladungsstromstärke und Zeit; hat z. B. ein Akkumulator die
Kapazität von 24 Amperestunden, so kann er durch 24 Stunden
einen Strom von 1 Ampere oder durch eine Stunde einen Strom
von 24 Amperen usw. liefern.

Laden. Bei der Ladung muß immer der positive Pol der
Stromquelle mit dem positiven Pol des Akkumulators und der
negative der Quelle mit dem negativen des Akkumulators verbunden werden. Man verwendet Gleichstrom dazu, und zwar
aus Dynamomaschinen oder aus dem Leitungsnetz eines Elek-
trizitätswerks. Auch galvanische Elemente oder Thermosäulen
können im Notfalle dazu herangezogen werden. Je stärker der
Ladestrom, um so früher ist die Ladung beendet, doch wähle
man derartige Stromstärke, daß die Ladung in ca. 10 Stunden
beendet ist. Die Kapazität steigt, je niedriger die ladende Stromstärke ist. Sobald der Akkumulator zu »kochen« an-
fängt, ist die Ladung zu unterbrechen.

Auch wenn Akkumulatoren nicht benutzt werden, muß man
dieselben alle vier Wochen laden, weil Spannung verloren geht.

Die positiven Platten sind im allgemeinen braun, die
negativen grau; Charakteristikon der Polarität.

Will man hohe Spannung (z. B. für Galvanisation, Elektrolyse etc.) erreichen, so ist es nötig, falls mehrere Akkumu-
latorenzellen (Batterie) vorhanden sind, dieselben hintereinander (Serie) zu schalten; braucht man hohe Stromstärke
(Galvanokaustik, Endoskopie etc.), so schaltet man die Zellen
nebeneinander (parallel).

§ 48. Instandhaltung.

1. Die Akkumulatoren sind von Zeit zu Zeit auf ihre Spannung zu prüfen, da dieselbe nie unter 1,8 Volt sinken soll (Verringerung der Kapazität durch Bleisulfatbildung).

2. Alle vier Wochen Neuladen; wenn es ›kocht‹, Laden
beendet.

3. Vor Stößen bewahren, da die Bleigitter dadurch geschädigt
und durch abgesprengte Teile ein Kurzschluß ermöglicht wird.

4. Beim Laden identische Pole anschließen.

5. Das Säureniveau muß den oberen Plattenrand immer
um ca. 1 cm überragen.

6. Säuregehalt ist öfter mittels Aräometers nach Beaumé
zu messen (am Ende der Ladung ca. 25° Bé, nach der Entladung ca. 20° Bé).

Für medizinische Zwecke sind sog. Universalbatterien
in tragbaren Kasten montiert; man findet sein Auslangen mit
ca. 6 Zellen. Gegenüber den galvanischen Batterien zeichnen
sie sich durch hohe Stromstärke und hohe Konstanz aus,
so daß sie sich nicht nur für Galvanisation und Faradisation,
sondern besonders für Galvanokaustik und Elektro-Endoskopie
sehr eignen.

Die große Bedeutung dieser Stromquelle für die Röntgentechnik (die Möglichkeit, Röntgenaufnahmen z. B. auch auf
dem Schlachtfelde auszuführen!) wird weiter unten (s. Technik)
hervorgehoben.

4. Dynamomaschinen.

a) Konstruktion.

§ 49. Dynamomaschinen sind Elektrizitätsquellen, die durch
Umwandlung mechanischer Energie entstehen. Dieselben haben
durch die von Werner Siemens 1867 gemachte Entdeckung des
›dynamoelektrischen Prinzips‹ große Vervollkommnung erreicht.

Ursprünglich rotierte ein von Pacinotti (1860) und
Gramme (1871) erfundener Ringanker zwischen den Polen
eines Elektromagnetes. Der Eisenring war mit Drahtspulen
bewickelt, welche bei der Rotation von Kraftlinien des Elektromagnetes geschnitten wurden; dadurch entstand ein Induktionsstrom, dessen elektromotorische Kraft von der Zahl der durch-
schnittenen Kraftlinien, von der Zahl der Windungen, von der
Rotationsgeschwindigkeit etc. abhing. Die Feldmagnete mußten
von außen erregt werden.

Siemens Verdienst ist es, gezeigt zu haben, daß eine solche äußere Stromquelle für Erregung der Magnete entbehrlich ist. Rotiert ein Anker zwischen den Polen eines hufeisenförmigen Stücks Eisen, welches nicht magnetisiert worden war, so entstehen in den Wicklungen des Ankers Induktionsströme; leitet man diese ursprünglich schwachen Ströme in die Wicklung, von welcher das hufeisenförmige Eisenstück umgeben ist, so wird letzteres magnetisch (d. h. die Spur des natürlichen Magnetismus wird verstärkt), wodurch anderseits im Anker ein intensiverer Induktionsstrom verursacht wird; dies hat wieder ein stärkeres magnetisches Feld, stärkere Induktionswirkung usw. im Gefolge.

Um kontinuierlich fließenden Strom zu erzeugen, verwendet man viele ringförmig auf einem eisernen Ring angeordnete Spulen (mit Drahtwicklungen), verbindet Anfang und Ende der Spulenreihe (in der Wicklung) miteinander und leitet den Strom zu dem sog. Kollektor ab, welcher auf der Ringachse montiert ist. Die durch Rotation im magnetischen Felde entstehenden Induktionsströme werden zum Kollektor geleitet und von diesem mittels Metallbürsten abgenommen. Der Kollektor setzt sich aus vielen Metallplatten (sog. Strahlstücken) zusammen, die voneinander isoliert sind und gemeinschaftlich einen Zylinder bilden (Fig. 21).

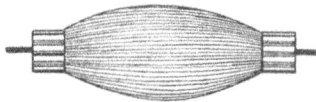
Fig. 21. Anker mit Kollektor.

Man unterscheidet Dynamomaschinen für Erzeugung von Gleich-, Wechsel- resp. Drehstrom. In der Medizin findet man mit den Gleichstrommaschinen sein Auslangen. Bezüglich der Konstruktion und ausführlichen Theorie der Stromerzeugung ist auf die einschlägigen Spezialwerke zu verweisen.

Wechselstrom- und Drehstrommaschinen, durch welche höhere Spannungen erzeugt werden, eignen sich für Arbeitsübertragung auf größere Entfernungen. [1]

---

[1] Die Allgemeine Elektrizitätsgesellschaft hat 1891 zum erstenmal die ganz besondere Verwendbarkeit des Wechselstromes für ferne Energieübertragung demonstriert. Die durch eine Turbine elektrisch nutzbar gemachte Energie des Neckarfalles bei Laufen führte man an Telegraphenmasten in drei 4 mm dünnen Kupferdrähten nach Frankfurt a. M., d. i. 175 km weit; dortselbst betrieb der elektrische Strom ein Pumpwerk eines 10 m hohen künstlichen Wasserfalles und speiste nebstdem 1000 Glühlampen. Die Stromspannung der Leitung betrug 14 000 Volt, die Stromstärke 4,3 Ampere. In Frankfurt a. M. wurde der Strom auf niedrigere Spannung und größere Stromstärke transformiert.

Zum Antriebe der Dynamomaschinen sind Benzin- und Spiritusmotoren, wie sie für Automobile Verwertung finden, sehr geeignet; wo Wasserkraft, z. B. Wasserleitung etc., vorhanden, da werden auch kleine Wassermotoren verwendbar sein. Der Verbrauch an Brennmaterialien ist ein sehr geringer. Für eine **Kilowattstunde** genügen durchschnittlich 0,675 kg Benzin oder 0,775 kg Spiritus; eine solche kleine Dynamomaschine hat eine Leistung bis 1,75 KW bei 65 Volt Spannung.

b) Elektromotoren.

§ 50. Jede Dynamomaschine kann auch als Motor laufen, d. h. durch äußere Zuleitung von elektrischem Strom leistet der Anker mittels Übertragung mechanische Arbeit. Die Wirkung der Elektromotoren beruht auf Elektromagnetismus: durch den von außen zugeleiteten elektrischen Strom entsteht starke magnetische Wirkung; am festen und drehbaren (Anker) Magnete entstehen Pole (Nord und Süd), die sich gegenseitig anziehen resp. abstoßen, wodurch der Anker in Bewegung gerät. Der rasche Wechsel der magnetischen Polarität wird dadurch erleichtert, daß die Magnete aus zahlreichen, dünnen, voneinander isolierten Eisenblechen oder feinen Drähten gebaut sind.

Je nach der Betriebsquelle gibt es Gleich-, Wechsel- und Drehstrommotoren.

Die Wechsel- und Drehstrommotoren, die sowohl als Einphasen- wie auch als Mehrphasenmotore konstruiert sind, bestehen aus einem Anker (Läufer oder Rotor) und den diesen umschließenden Ständer (Stator).

Einen Motor darf man nur mit entsprechendem Vorschaltwiderstand anlaufen lassen; es wird nämlich bei der Rotation des Elektromotors, der ja auch eine Dynamomaschine ist, in der Drahtwicklung des Ankers ein Strom erzeugt, der dem Betriebsstrom (von außen) entgegenwirkt; um diesen Strom zu überwinden, muß man anfangs eine höhere Stromstärke durch den Motor schicken. Zur Vermeidung einer verhängnisvollen Erhitzung des Ankers dient der Vorschaltwiderstand (Rheostat), welcher auszuschalten ist, sobald sich der Elektromotor in vollem Gang befindet.

Hemmvorrichtungen am Elektromotor.

Mitunter ist es wünschenswert, den Elektromotor resp. den von ihm angetriebenen Apparat (eine kreisförmige Säge, z. B. in der Chirurgie, Zahnheilkunde) momentan in Stillstand zu versetzen; dazu dient eine Vorrichtung, um einerseits den

Betriebsstrom sofort auszuschalten und anderseits den Motor selbst resp. dessen Wicklungen ›kurz‹ zu schließen. Nebst Ausschaltung aller Widerstände wird noch im Anker ein kräftiger Gegenstrom erzeugt und dadurch sofortiger Stillstand erzielt.

Verwendung.

Dynamomaschinen können für Galvanisation, Faradisation, Elektrolyse, Galvanokaustik und Röntgentechnik sowie zur Ladung von Akkumulatoren verwendet werden; die Elektromotoren dienen zum Betrieb von Influenzmaschinen, von chirurgischen Instrumenten (zum Bohren, Sägen, Trepanieren etc.), zum Betriebe von Massage- und zahntechnischen Apparaten, zu Harnzentrifugen, zu Ventilatoren, zum Betriebe von Dynamos etc.

c) Instandhaltung.

1. Vor Staub und Unreinheit schützen,
2. gut ölen,
3. vor Kurzschlüssen bewahren, die durch metallische Fremdkörper entstehen können.

5. Induktionsapparate.

a) Prinzip und Konstruktion.

§ 51. Diese Apparate sind ebensowenig wie die Akkumulatoren originäre Elektrizitätsquellen; sie müssen selbst früher mit Strom gespeist werden, bevor man ihnen elektrische Energie entnehmen kann.

Der weitverbreitete Induktionsapparat, der ärztlichen Zwecken dient, ist der Schlittenapparat von Du Bois-Reymond. Das Prinzip dieses Apparates bildet die Grundlage aller anderen Induktorien.

Allen diesen Apparaten ist gemeinsam:

1. ein aus dünnen weichen Eisendrähten bestehender zylindrischer Eisenkern,
2. eine diesen umgebende primäre Wicklung,
3. konzentrisch darüber eine sekundäre Wicklung,
4. ein Unterbrecher,
5. ein Betriebselement (Batterie etc.).

Die primäre Spule des kleinen für medizinische Zwecke verwendeten Induktionsapparates besteht gewöhnlich aus 100 bis 800 Windungen eines 0,5—1,0 mm dicken, mit Seide umsponnenen Kupferdrahtes.

Der Widerstand ist gewöhnlich klein, zwischen 1 und 5 Ohm schwankend, es wird deshalb schon durch 1—2 Elemente ein kräftiger Strom gewonnen.

Für die sekundäre Spule gebraucht man einen dünneren Draht, von ca. 0,1—0,2 mm in ungefähr 3000—10 000 Windungen und darüber; der Widerstand dieser Spule schwankt zwischen 100—900 Ohm. Die elektromotorische Kraft bewegt sich zwischen 10 und 300 Volt.

Die Regelung der elektromotorischen Kraft der primären Spule kann durch Verschieben des Eisenkernes vorgenommen werden; je mehr derselbe aus der Spule herausgezogen wird, um so mehr sinkt die EMK.

Die elektromotorische Kraft der Sekundärspule ist von der Lage des Eisenkernes und der der Sekundärspule abhängig; je mehr man die Sekundärspule am Schlittenapparat sich von der primären entfernen läßt, um so geringer ist die Spannung; ähnlich ist die Wirkung der Lageverschiebung des Eisenkernes.

Nur der Extrastrom, der aus der Primärspule bei den Klemmen PP (allgemeine Bezeichnung) abgenommen wird, hat eine um so höhere Spannung, je mehr man die Sekundärspule aus der primären auf dem Schlitten hinausschiebt.

Die Erklärung ist schon weiter oben gegeben.

Der Rollen- resp. Spulenabstand wird in Zentimetern resp. Millimetern gemessen.

Hydra-Elektrisierstab nennt die Firma P. Hartmann einen von ihr konstruierten Induktionsapparat, der leicht transportabel ist und in die Tasche gesteckt werden kann.

§ 52. Die Funkeninduktorien, die zum Röntgenisieren und zur D'Arsonvalisation in Anwendung kommen, sind prinzipiell ebenso wie die kleinen Induktorien gebaut, nur geben sie Ströme von vielen Hunderttausenden bis eine Million Volt (!) Spannung. Diese Apparate führen auch nach ihrem ersten Konstrukteur den Namen Ruhmkorffsche Induktoren oder schlechtweg Ruhmkorff.

Die große Leistungsfähigkeit dieser Apparate wird durch zwei Umstände erreicht:

    1. durch außerordentlich große Windungszahl der sekundären Spule,

    2. durch einen Kondensator (von Fizeau).

Bei einem relativ schwachen Induktor ist auf die Sekundärspule ein bis 7 km langer Draht aufgewickelt; die Drahtlänge eines mittelstarken Ruhmkorff beträgt bis 15 km, und starke

Induktoren sind mit einem Draht bis 160 km Länge in etwa
100 000 Windungen gewickelt.

Durch einen Kondensator wird die Wirksamkeit der
Induktoren wesentlich erhöht.

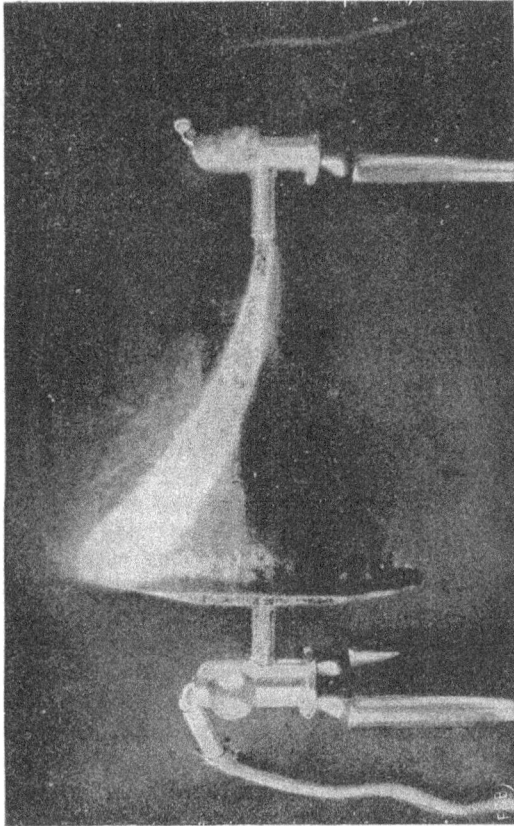

Fig. 22.
Funkenstrecke mit einem Instrumentarium (elektrolytischer
Unterbrecher) von Max Levy, Berlin (aus L. Freund).

Den früheren Auseinandersetzungen ist zu entnehmen,
daß der sekundäre Öffnungsstrom um so intensiver ist, je
schneller der primäre Strom unterbrochen wird; die Schnelligkeit
der Unterbrechung wird im allgemeinen durch den Öffnungs-

funken an der Unterbrechungsstelle (z. B. am Wagnerschen
Hammer) beeinträchtigt, und zwar in der Weise, daß der
Öffnungsfunke die Unterbrechungsstelle überbrückt und so den
primären Strom noch zum Teil kreisen läßt.

Diese Öffnungsfunken müssen daher beseitigt oder doch
mindestens abgeschwächt werden.

Dies erreicht man dadurch, daß man einen Kondensator
mit großer elektrischer Kapazität parallel zur Unterbrechungsstelle schaltet.

Ein solcher Kondensator, der sehr viel Elektrizität aufzunehmen imstande ist, wird an der Unterbrechungsstelle im
Momente der Stromöffnung die Spannung selbst aufnehmen
oder zumindest bedeutend herabsetzen.

Die Leistungsfähigkeit eines Ruhmkorff wird gewöhnlich nach der maximalen Länge der Funken angegeben,
die zwischen seinen Polen übergehen. Ein 6 cm-Induktor bedeutet eine Maximalfunkenlänge von 6 cm.

Einen Überblick über das Verhältnis zwischen Funkenlänge und der dazu nötigen Spannung des Sekundärstromes
ergibt folgende Tabelle (vgl. W. Guttmann S. 145):

Funkenlänge	10	20	30	40	50	60	70	80	90	Zentimeter
Spannung	107	156	183	220	267	323	387	473	618	TausendVolt

Nebst der Funkenlänge ist aber auch die von der Stromstärke abhängige Natur der Funken (dünn oder dick) bei Beurteilung eines Ruhmkorff in Betracht zu ziehen.

Der Entlader, resp. Funkenstrecke besteht aus
zwei Metallstäben, von denen einer in eine Spitze (Anode)
und der andere in eine Scheibe (Kathode) auslaufen; sie sind
mit den beiden Polen des Ruhmkorff verbunden. Die Funken
nehmen ihren Weg von der Spitze zu der Scheibe (Fig. 22).

Der Unterbrecher.

§ 53. Die Art und Weise, wie die Unterbrechungen des
primären Stromkreises sich abspielen, ist von großem Belang
für die Qualität und Quantität des Induktionsstromes; dessen
elektromotorische Kraft ist im allgemeinen in erster Linie von
der Schnelligkeit und Exaktheit der Unterbrechungen abhängig.

Besonders seit dem Aufblühen der Röntgentechnik wurde
der Konstruktion tadelloser Unterbrecher die größte Aufmerksamkeit geschenkt.

Für Gleichstrom und Wechselstrom baute man
verschiedene Typen, von denen die bekanntesten hervorgehoben
seien (vgl. Gocht S. 15 ff.)

I. Platinunterbrecher.

α) Neefsche (Wagnersche) Hammer.

β) Deprez unterbrecher.

2. Quecksilberwippen.

α) mit Tauchkontakt,

β) mit Strahlkontakt,

γ) mit Schleifkontakt.

3. Wechselstromunterbrecher.

α) Turbinenquecksilberunterbrecher,

β) Wechselstromgleichrichter (Kohl).

4. Wehneltunterbrecher.

I. Platinunterbrecher.

α) Der Neefsche oder Wagnersche Hammer (Fig. 23)
des in der ärztlichen Praxis am meisten verwendeten Induktoriums, des Du Bois-Reymondschen Schlittenapparates,
ist das einfachste Modell dieser Art.

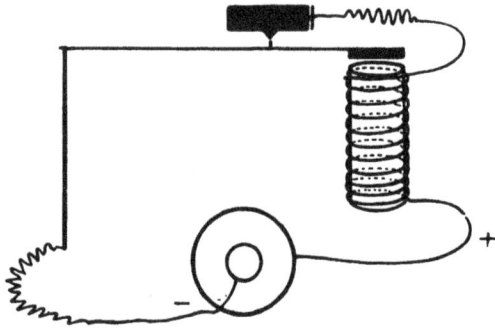

Fig. 23.

Wie Fig. 23 (Mittelstellung) zeigt, trägt eine Stahlfeder einen
eisernen Hammerkopf, der dem Pol eines Elektromagnetes gegen-
übersteht. Die Stahlfeder berührt eine platinierte Kontaktschraube
und schließt so den primären Strom; im selben Moment wird der
drahtumwickelte Eisenkern magnetisch und zieht den Hammer-

kopf an sich; dadurch ist der primäre Strom sogleich unterbrochen, der Hammerkopf, der vom Magneten losgelassen wurde,
federt zum Platinkontakt zurück; damit neuerlicher Stromschluß,
Magnetismus, und so geht das Spiel fort.

β) Der Deprezunterbrecher (Fig. 24) beruht auf
demselben Prinzipe. Statt der Hammerfeder wird da ein zwei-
armiger Eisenhebel benutzt, um die Hin- und Herbewegungen des
»Hammers« mittels der geringsten Kräfte zu erzielen; durch eine
Federschraube ist für innigeren Kontakt der Platinteile Sorge
getragen.

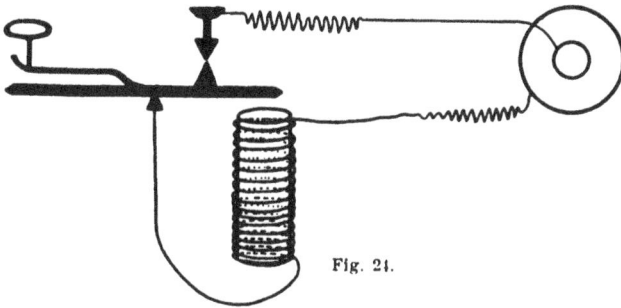

Fig. 24.

2. Quecksilberunterbrecher.

§ 54. Quecksilber oder eine amalgamierte Metallfläche
stellt einen Kontakt dar; der Zwischenraum im Momente der
Stromöffnung wird nicht durch Luft, sondern durch eine schlecht
leitende Flüssigkeit ausgefüllt, und zwar durch Petroleum, Alkohol etc. Die Kontaktgebung ist eine sichere und die Unterbrechung eine präzise.

Bei den neuesten Apparaten wird die Unterbrechung durch
einen Hilfsapparat, durch einen Elektromotor, ausgeführt.

α) Quecksilberunterbrecher mit Tauchkontakt.

Der primäre Stromkreis schließt und öffnet sich, indem ein
mit einem Platinansatz endigender Stift in Quecksilber eintaucht
und wieder heraussteigt. Dieses Heben und Senken des Kon-
taktstiftes wird entweder durch eine ähnliche Vorrichtung wie
beim Wagnerschen Hammer oder durch einen Elektromotor
ausgeführt. Auf einer vertikalen, drehbaren Scheibe des Motors
ist eine Führungsstange exzentrisch angebracht, die durch ein
Verbindungsstück mit der vertikalen Kontaktstange verbunden ist.

Durch den Elektromotor wird die Scheibe in beliebiger Geschwindigkeit in Rotation versetzt und durch obige Überragung
der Kontaktstift in das Quecksilber getaucht und herausgehoben.
Es gibt viele Modelle dieser Motorquecksilberunterbrecher mit
Tauchkontakt (Fig. 25).

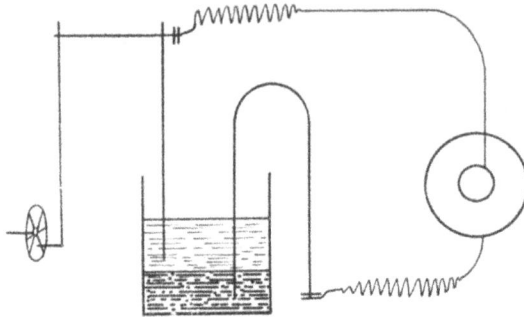

Fig. 25.

β) Quecksilberunterbrecher mit Strahlkontakt
(Turbinenunterbrecher).

Ein Quecksilberstrahl, der von einer rotierenden Pumpe
geliefert wird, streicht über leitende und nichtleitende Segmente
eines Zylinders oder Ringes hin und bewirkt Schluß und Öffnung
des Primärkreises. Ein im rechten Winkel abgebogenes Metall-
rohr taucht mit seinem vertikalen Schenkel in Quecksilber;
durch einen Elektromotor wird das Rohr in stark rotierende
Bewegung versetzt; das Quecksilber, das durch Zentrifugalkraft
angesaugt wird, spritzt zum horizontalen Schenkel heraus, der
in einer isolierenden Flüssigkeit steht. Der Quecksilberstrahl
streicht um einen Zylinder, der aus leitenden und nicht-
leitenden Teilen zusammengesetzt ist. Quecksilber und Zylinder
sind mit der Stromquelle verbunden. Die Zahl der Unterbrechungen kann in beliebiger Weise der Rotationsgeschwindigkeit des Elektromotors resp. der Metallröhre zufolge reguliert
werden.

Bei manchen Apparaten steht der Quecksilberstrahl ruhig,
und der Zylinder mit seinen Kontaktsegmenten wird in Umdrehung versetzt; es gibt bei diesen Motoren 15—1500 Unterbrechungen in der Sekunde.

γ) Quecksilberunterbrecher mit Schleifkontakt.

In einem Gefäß steht ein aus nichtleitendem Material bestehender Zylinder, der um eine zentrale leitende Achse
beweglich ist und den ein Elektro-
motor in Bewegung setzt. Auf
der Mantelfläche des Zylinders sind
zwei nach unten sich verjüngende
Kupferkontaktstücke montiert, die sich nicht
berühren, doch mit der Achse in leitender
Verbindung stehen. Bei der Rotation schleifen
die Kupferstücke an einem mittels Stiftes
befestigten Kupferklotz vorbei; zum innigeren
Kontakt dient Quecksilber, das vom Boden
des Gefäßes durch Schleuderbewegung an
die Berührungsstelle gebracht wird. (Fig. 26.)

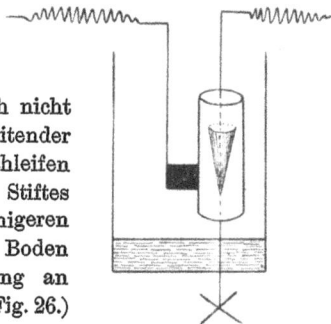

Die Achse des Zylinders (und seine

Fig. 26.

zwei Kupferplatten) und der Kupferklotz sind
mit den Polen des primären Stromkreises verbunden. Bei
einer Umdrehung des Zylinders werden zwei Stromöffnungen
resp. Unterbrechungen erzielt.

3. Wechselstromunterbrecher.

§ 55. Die Unterbrechungszahl ist nicht veränderlich, sondern
an die Periode des Wechsel- resp. Drehstromes gebunden. Da
nämlich der Wechselstrom kontinuierlich seine Richtung und
seine elektromotorische Kraft wechselt, so werden die Unterbrecher, sowohl Platin- als auch Quecksilberunterbrecher, derart
gebaut, daß die Stromschlüsse und Stromöffnungen stets in die
gleichen Perioden des Stromes fallen. Der Elektromotor, der
z. B. einen Turbinenquecksilberunterbrecher treibt, läuft synchron
mit den Perioden des Wechselstromes, d. h. die Tourenzahl des
Motors entspricht genau dem Rhythmus der Polwechsel.

4. Wehneltunterbrecher.

§ 56. Dem sog. elektrolytischen Unterbrecher, der Entdeckung von Dr. A. Wehnelt, hat besonders die Röntgentechnik
wesentliche Fortschritte zu verdanken. Der Wehneltunterbrecher besteht in seiner einfachsten Form aus einem mit
verdünnter Schwefelsäure gefüllten Becherglas, in welches zwei

Elektroden tauchen: eine breite Bleiplatte ist Kathode, als
Anode dient ein dünner in einer Glasröhre eingeschmolzener
Platinstift, der mit der Spitze in die Flüssigkeit hinein-
ragt (Fig. 27).

Dr. Wehnelt schreibt hierüber in seiner ersten Arbeit
(vgl. Gocht S. 23 ff.): ›Sendet man durch solche Zellen einen
elektrischen Strom, dessen Spannung wesentlich höher ist als
die entgegenwirkende Polarisations-
spannung, so treten die bekannten
Licht- und Wärmeerscheinungen an
derjenigen Elektrode auf, die die
kleinere Oberfläche besitzt.‹

›Die Erscheinung
besteht nicht aus einem
kontinuierlichen, son-
dern aus einem schnell
intermittierenden
Leuchten, und es ent-
steht dabei ein laut

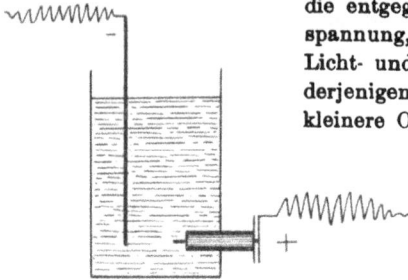

Fig. 27.

summendes Geräusch von mehr oder weniger bedeutender
Tonhöhe.‹

›Die Eigenartigkeit dieser Erscheinung gab Veranlassung,
zu untersuchen, welchen Charakter der elektrische Strom beim
Eintritt der Leuchterscheinungen annimmt.

Er könnte erstens derart intermittierend sein, daß er zwischen
zwei Intensitätsgrenzen hin und her schwankt, oder er könnte,
zweitens einem vollkommen unterbrochenen, als
zwischen Null- und Maximalwert schwankenden
Strom entsprechen.

Ist die zweite Annahme die richtige, findet also eine vollkommene Unterbrechung des Stromes statt, so müßte ein in den
Stromkreis geschaltetes Induktorium genau so funktionieren,
als wenn es mit einem beliebigen Unterbrecher ausgerüstet wäre.‹

Im Wehneltunterbrecher muß der Strom an der Platinspitze einen äußerst kleinen Querschnitt passieren; infolge Überwindung des großen Widerstandes entsteht viel Joulesche
Wärme, die Flüssigkeit wird in der Umgebung der Spitze zum
Sieden gebracht und in Dampf verwandelt; durch letzteren
wird der Strom unterbrochen, Joulesche Wärme und Dampfbildung hört augenblicklich auf, Stromschluß usw. Nebst der
Dampfbildung findet an der Platinspitze noch die durch Elektrolyse hervorgerufene Sauerstoffabscheidung statt.

Die raschere Zerstörung der Dampfhülle wird durch Funkenbildung eines kräftigen Extrastromes erzielt; zu diesem Behufe ist in den Stromkreis eine Rolle mit kräftiger Selbstinduktion eingeschaltet. Infolge der plötzlichen Abnahme der Stromstärke (durch eben besagte Dampfbildung) wird ein starker Öffnungsextrastrom erzeugt, der sich in Funkenform entladet; der Funke bringt die aus Knallgas und Sauerstoff bestehende Dampfhülle der Platinspitze zur Explosion, wodurch die Flüssigkeit wieder mit der Spitze in Berührung kommt; der Strom ist geschlossen, und so geht das Spiel fort.

»Mit diesem Zeitpunkt (d. i. wenn Platinspitze mit einem Mantel von Wasserdampf umgeben) ist der Maximalwert des Schließungsstromes, d. h. also die Öffnungsstromstärke erreicht, denn von jetzt ab wird der Strom wegen des außerordentlich großen Widerstandes jener Dampfhülle sehr rasch abnehmen.

Falls nun, wie dies bei den zahlreichen früheren Untersuchungen über derartige Zellen mit kleinen Elektroden stets der Fall war, keine Rolle mit Selbstinduktion im Stromkreise vorhanden ist, so sinkt die Stromstärke, nachdem sie einmal jene Dampfhülle erzeugt hat, ohne besondere Nebenerscheinungen gerade bis auf denjenigen Wert herab, welcher eben nötig ist, um diese Schichte kontinuierlich um den Draht herum aufrecht zu erhalten, ein Wert, der, wie wir durch besondere Versuche festgestellt haben, mit der Länge des Drahtes proportional geht, und welcher dann auch nahezu konstant beibehalten wird.

In unserem Falle dagegen, wo wir es im Stromkreise mit einer Rolle mit Selbstinduktion zu tun haben, wird bei jenem plötzlichen Abfall des Stromes an derjenigen Stelle des Stromkreises, von welcher die Unterbrechung ausgeht, d. h. also an der Anode der Wehneltschen Zelle, eine sehr hohe Spannung, eben diese schon erwähnte primäre »Öffnungsspannung« erzeugt, die dann den Wasserdampf, welcher den Platindraht der Anode umgibt, in seine Bestandteile, Wasserstoff im Sauerstoff, zersetzt, zwei Gase, die sich zunächst getrennt voneinander an den beiden Grenzschichten der Dampfhülle entwickeln, sich aber durch Diffusion schnell untereinander mischen und dann als Knallgas unter Einwirkung der sich unausgesetzt weiter entwickelnden Öffnungsspannung eine explosionsartige Verbindung eingehen, wodurch die gesamte, den Anodendraht umgebende Gashülle von demselben fortgeschleudert wird und der Strom also dann in sehr kurzer Zeit auf Null herabsinkt, ein Abfall,

dem wohl hauptsächlich die Induktionswirkung zuzuschreiben
ist. Nach Verlauf desselben tritt dann die Flüssigkeit aufs neue
an den Draht heran, und das Spiel kann von neuem beginnen.«

§ 57. Auf einem ähnlichen Prinzipe beruht der Unterbrecher nach Simon. Zwei gleichartige Elektroden tauchen
in dieselbe Flüssigkeit, sind aber durch ein Diaphragma aus
Porzellan, Glas etc. getrennt, in welchem sich eine oder mehrere
sehr dünne Öffnungen befinden, die der Strom passieren muß,
wobei sich derselbe, oben auseinandergesetzte, Prozeß abspielt.
Nur geschehen da die Unterbrechungen am Diaphragma, während
sie beim Wehneltunterbrecher an der Anode entstehen.

Beim W e h n e l t unterbrecher werden die Unterbrechungen
durch Elektrolyse und Wärmeentwicklung erzeugt, beim
Simonschen Apparat bildet sich die Blase nur durch Wärme.

Der Wehneltunterbrecher funktioniert am besten bei
Spannungen von 65—120 Volt; jener von Simon bei 150 bis
220 Volt.

Der Wehneltunterbrecher ist durch größte Leistungsfähigkeit ausgezeichnet und ist ein unentbehrliches Instrument
eines vollendeten Röntgenapparates.

6. Thermoelement.

a) Konstruktion.

§ 58. Zwei zusammengelötete Metallstäbe, z. B. Wismut und
Antimon, die an der Lötstelle erhitzt resp. abgekühlt werden, lassen
an ihren freien Enden elektromotorische Kraft erkennen. Geht
die Temperatur nicht zu hoch, so ist die elektromotorische Kraft
eines Thermoelements pro-
portional der Temperatur-
differenz der Lötstellen.

Fig. 28.

So beträgt die elektro-
motorische Kraft eines
solchen Elementes (z. B.
Neusilber und Eisen) für
1° Temperaturdifferenz
ca. 22 Milliontel Volt. Im
allgemeinen gibt ein sol-
ches Element nur 0,1 Volt
Stauung. Mit Rücksicht auf die außerordentlich geringe elektromotorische Kraft eines solchen Elementes kombiniert man viele

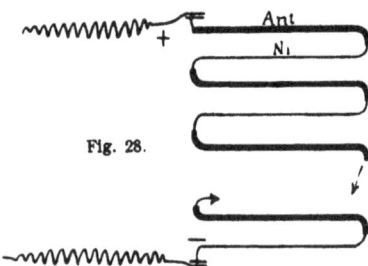

Elemente zu einer sog. Thermosäule oder thermoelektrischen Säule. Fig. 28 stellt ein Schema einer Kombination
mehrerer Thermoelemente dar.

b) Nobilische Thermosäule.

Die Nobilische Thermosäule ist aus etwa 30 Stäben von
Wismut und Antimon aufgebaut. Die einzelnen Stäbe sind
derart zusammengelötet, daß z. B. wie in Fig. 28 die paarigen
Stellen auf einer Seite (rechts) und die unpaarigen auf der
anderen Seite (links) zu liegen kommen. Die dem Strome dienenden Ableitungsklemmen sind mit dem ersten und letzten, differenten, Metallstab verbunden.

Behufs Stromerzeugung erwärmt man alle Lötstellen der
einen Seite, wobei die der anderen Seite in konstanter Temperatur erhalten werden müssen.

c) Gülchersche Thermosäule.

Die Gülchersche Thermosäule ist sehr leicht zu
handhaben und mit Gas heizbar. Sie besteht aus vielen in
Serie gestalteten Elementen aus Nickel und einer Antimonlegie-
rung; das Nickel erfüllt eine Doppelaufgabe, indem es zu
Röhrchen geformt wird, die zugleich als Gaszuleitungsröhren
dienen.

Eine solche Säule von 66 Elementen verbraucht in einer
Stunde 170 l Gas; ihre elektromotorische Kraft beträgt allerdings
nur 4 Volt; da sie jedoch einen sehr geringen inneren Widerstand (0,65 Ohm!) hat, so ist die gelieferte Stromstärke dennoch
ganz beträchtlich. An den Polklemmen ist eine Stromstärke von
etwa 6 Ampere! $\left(\frac{4}{0,65}\right)$. Es eignen sich deshalb derartige Apparate zum Laden kleiner Akkumulatoren, für Glühlampen von
geringer Spannung etc. Da jedoch ihr Nutzeffekt kaum mehr als
1 % beträgt, kommt diesen Elektrizitätsquellen kaum praktische
Bedeutung zu.

III. Hilfsapparate.

§ 59. Will der Arzt die vorhandenen Elektrizitätsquellen
in exakter Form benutzen, dieselben in präziser Weise an seinen
Patienten zur Applikation bringen, so bedarf er dazu gewisser
Hilfsapparate, wie da sind:

1. Voltmeter,
2. Amperemeter resp. Galvanometer,
3. Elektrischer Verbrauchsmesser,
4. Universalmeßbrücke,
5. Kurbelstromwähler (Kurbelkollektor),
6. Rheostat (Voltregulator),
7. Stromwechsler,
8. Leitschnüre,
9. Halter,
10. Applikationsinstrument.

1. Voltmeter.

Das Voltmeter wird mit den zwei
Klemmen der Stromquelle in Nebenschaltung
verbunden. Die magnetische Wirkung des
elektrischen Stromes dient der Konstruktion
dieses Apparates als Grundlage. Eine vom
Strom durchflossene Drahtspule übt ihre
Wirkung auf einen Eisenkern, der auf einem
Winkelhebel aufmontiert ist; je nachdem
der Eisenkern mehr oder weniger von der
Eisenspule angezogen wird, gerät der Winkelhebel in Bewegung, dessen längerer Arm
an einer Skala vorbeistreicht; an letzterer
ist die Stromspannung in Volt ablesbar.

Für genaue Messungen konstruiert man
sog. Präzisionsvoltmeter (System Deprez-
D'Arsonval bzw. Weston): in einem sehr
gleichmäßigen, magnetischen Felde bewegt sich eine feine, leichte
Drahtspule zwischen eisernen Polschuhen und einem Eisenkern.

Für diagnostische Zwecke dient das nach Dubois konstruierte Millivoltmeter, welches gleichzeitig mit einer
Elektrode montiert ist (Fig. 29).

Fig. 29.

2. Amperemeter.

Das Amperemeter, resp. Galvanometer, dient zur Messung der Stromstärke; es wird in die Hauptleitung eingeschaltet.

Für medizinisch praktische Zwecke kommt das Milliamperemeter in Betracht.

a) Edelmanns Einheitsgalvanometer.

R. Stintzing hält das Edelmannsche Einheitsgalvanometer für mustergültig und unübertroffen und hebt als dessen Vorzüge hervor:

1. Genügende Empfindlichkeit, 2. passender Meßumfang (0—50 MA), 3. aperiodische Schwankungen des Magneten, 4. gleicher Ausschlag nach beiden Seiten (bei beiden Stromesrichtungen) und leichte Beweglichkeit (vgl. weiter l. c. S. 266).

1. Unsere Galvanometer müssen so empfindlich sein, daß sie zu diagnostischen Zwecken in der Breite von 0—1 MA $^1/_{10}$ MA genau abzulesen, $^1/_{100}$ noch zu schätzen erlauben; in der Breite von 1—5 MA müssen $^1/_5$—$^1/_2$ MA, zwischen 5—10 MA $^1/_2$ MA gemessen werden können. Für therapeutische Maßnahmen genügen Instrumente, die zwischen 0—5 MA ebenfalls $^1/_2$ MA, zwischen 5—10 und darüber noch je 1 MA erkennen lassen.

2. Der Meßumfang muß von 0—20, womöglich bis 50 MA reichen. Da es unmöglich wäre, der unter 1. erwähnten Forderungen durch Aichung eines kleinen Halbkreises zu genügen, muß durch Anwendung von Zweigleitungen die Messung von bekannten Stromteilen ermöglicht werden. Zu diesem Zwecke hat Edelmann Nebenschließungen von bekannten Widerständen ($^1/_{10}$, $^1/_{100}$) angebracht. Durchläuft der volle Strom die Multiplikatorwindungen

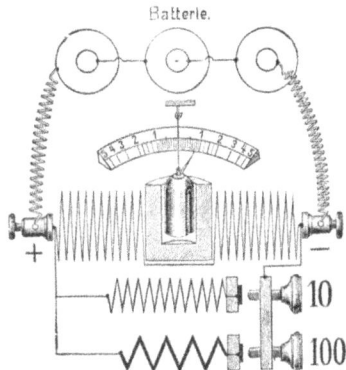

Fig. 30.

des Instrumentes, so gelten die auf der Skala angebrachten Werte. Wird eine Nebenschließung eingeschaltet, die dem zehnten oder hundertsten Teil des Multiplikatorwiderstandes entspricht, so geht nur $^1/_{10}$ bzw. $^1/_{100}$ des Gesamtstromes durch den Multipli-

kator und lenkt den Magneten dementsprechend weniger ab.
Um den Wert des durch den Körper fließenden Stromes zu
berechnen, muß demgemäß der am Instrument angezeigte Wert
mit 10 bzw. mit 100 multipliziert werden (vgl. das Schema Fig. 30).

3. Bei den früher gebräuchlichen Galvanometern pendelte
die Magnetnadel vermöge ihrer Trägheit längere Zeit hin und
her, bis sie zur Ruhe kam. Dieser Umstand erschwerte die Ablesung an und für sich. Dazu kam, daß in der Zeitdauer ihrer
Schwingungen der Widerstand im Körper Veränderungen erleiden
mußte, und daß der schließlich abgelesene Wert dem Anfangs-
wert nicht entsprach. Um diese störenden Schwingungen zu
beseitigen oder doch auf ein Minimum einzuschränken, umgab
Edelmann den Magneten mit einer Kupfermasse (sog. Dämpfung). In dieser werden während der Bewegungen des Magneten Ströme induziert, welche diesen alsbald in Ruhe bringen.

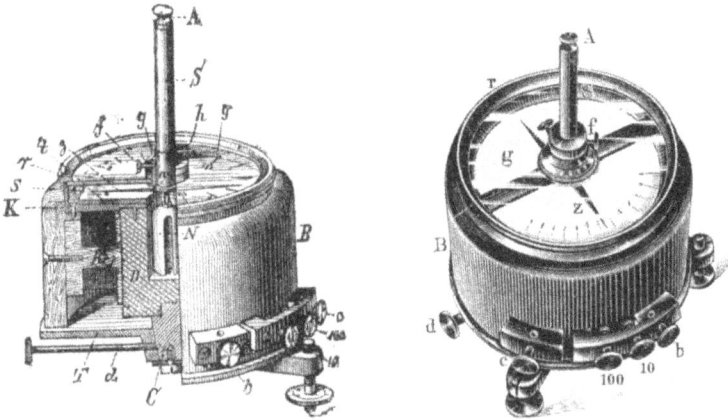

Fig. 31 u. 31a. Edelmannsche Horizontalgalvanometer.

4. Ein großes Hindernis für die Empfindlichkeit, d. h. die
Leichtbeweglichkeit der Magnete und ihrer Zeiger in den Galvanometern ist die Reibung. Diese ist an sog. Vertikalgalvano-
metern unvermeidlich; an seinem großen Horizontalgalvanometer hat Edelmann die Reibung vermieden oder wenigstens
auf ein konstantes Minimum gebracht, indem er den Magneten
an einem Kokonfaden aufhängte (auch die Beeinträchtigung
durch Torsion kann vermieden werden). Außer der tunlichst
leichten Bewegung ist durch Beseitigung der Reibung auch
Gleichheit der Ausschläge nach beiden Seiten gewährleistet.

Im folgenden soll das große Edelmannsche Horizontal-galvanometer (Fig. 31 und 31a) mit des Erfinders Worten beschrieben werden:

›Das Instrument besteht:

1. Aus einem Dreifuß T, durch welchen derselbe vermittelst einer kreuzweise über den Rand r der Bussole K gelegten Libelle horizontal gestellt werden kann. In diesem Dreifuße drehen sich um den Konus C (durch die Schraube d zu fixieren) die oberen Teile des Instrumentes wegen Einstellung des Zeigers z auf Null der Teilung und wegen Einstellung der Rollen parallel zum magnetischen Meridian.

2. Aus der Holzbüchse B, innerhalb welcher die glocken-förmige Magnetnadel N, der dicke kupferne Dämpfer D, die beider-seitigen Galvanometerrollen R sowie die Widerstandsrollen unter-gebracht sind. An dem Umfange sind noch die stromführenden Kleinschrauben b und c — wenn das Galvanometer gleichzeitig als Voltmeter dienen soll, ist noch eine ebensolche Kleinschraube angebracht — und die Schaltung 10 und 100 für die Empfind-lichkeit des Galvanometers.

3. Aus einer mit Glasplatte abgedeckten Büchse K, auf deren Boden sich eine Teilungsplatte t aus weißem Zelluloid befindet.

Von Wichtigkeit ist die Einrichtung der Fadensuspension. Die Galvanometernadel hängt an einem Bündel Kokonfäden (4 parallel genommen), welches in der Länge von etwa 80 mm im Innern der Suspensionsröhre S sich befindet. Dort ist es an eine Öse des Schraubenkopfes A eingeknüpft. In einer an die Glasplatte g angebrachten Büchse h läßt sich nun das Sus-pensionsrohr hoch und niedrig stellen. Wird die Suspensions-achse aus dem Galvanometer hervorgezogen, so ist die Galvano-meternadel frei beweglich; wird sie dagegen hinabgedrückt, so weit sie geht, d. h. bis sie mit ihrem untersten Rande auf dem Zeiger z aufsitzt und dadurch die Nadel gegen den Boden des Dämpfers gedrückt wird, so ist der Suspensionsfaden locker (ohne Belastung) und während des Transportes vom Instrumente gegen das Abreißen geschützt. In ihren erforderlichen Stellungen wird die Suspensionsröhre durch die Kleinschraube f gehalten. Auf der Büchse h (bei manchen Instrumenten auch auf der Glas-platte g) befindet sich eine Kreisteilung, welche die Stelle eines sog. Torsionskreises versieht ʻund vermittelst welcher man nach dem Lösen einer zweiten Schraube (oder wenn die Kreisteilung auf der Deckplatte sich befindet, nach dem Lösen der Überfangsschraube r) die Suspensionsröhre behufs Beseitigung der Torsion des Aufhängefadens um bestimmte Winkelbeträge und um die vertikale Achse drehen kann.

Aufstellung und Gebrauch des Einheitsgalvanometers. Man stellt das Galvanometer auf einer möglichst festen Unterlage (Fensterbrett, Konsol etc.) entfernt von größeren Eisenmassen und magnetischen Gegenständen auf, richtet dasselbe vermittelst der drei Fußschrauben entweder bloß nach dem Augenmaß oder besser durch eine in zwei Richtungen über die Teilungskapsel K gelegte Libelle horizontal, löst die Schraube f und zieht die Suspensionsröhre S soweit als notwendig in die Höhe, worauf die Nadel frei beweglich sein wird. Die Rückwirkung des kupfernen Dämpfers D auf die Bewegung der Nadel ist so stark, daß die Nadel immer ihren Stand ganz oder doch fast schwingungslos einnimmt. Nun zieht man die Schraube f wieder an und dreht im Dreifuße nach dem Lösen der Schraube d das Instrument, bis der Aluminiumzeiger z der Nadel über dem Nullpunkt der Teilung steht. Man sichert hierauf durch Anziehen der Schraube d diese Lage. Leitet man nunmehr einen Strom durch das Instrument, indem man die beiden Drähte eines Stromkreises in die Klemmschrauben b und c einschraubt, während die Schrauben 10 und 100 lose sind, so liest man auf der Teilung unter dem Zeiger z die Stromstärke in Milliampere ab.‹

Bei Stromstärken, welche den Zeiger über die Teilung hinausdrängen, ist die Schraube 10 bzw. 100 anzuziehen, wodurch der Ausschlag der Galvanometernadel sofort geringer wird; der abgelesene Wert ist dann mit 10 resp. mit 100 zu multiplizieren.

§ 60. Außer diesem Galvanometer stehen noch andere Typen in Verwendung:

> b) Taschengalvanometer (Edelmann) für transportable Apparate;
>
> c) Transportables aperiodisches Horizontal-Galvanometer (Reiniger, Gebbert & Schall).
>
> d) Großes Horizontalgalvanometer nach C. W. Müller.
>
> e) Aperiodisches Horizontalgalvanometer mit schwimmendem Anker (W. A. Hirschmann).
>
> f) Federgalvanometer nach Kohlrausch.
>
> g) Galvanometer nach Deprez-D'Arsonval.

Das Galvanometer (Fig. 32) nach Deprez-D'Arsonval kann in jeder Stellung, vertikal, horizontal und auch schief angewendet werden. Ein großer, kräftiger Magnet ist da fix, während die stromdurchflossene Spule beweglich ist. Besondere Vorteile werden geboten durch:

1. Große Empfindlichkeit des Instruments;

2. vollkommene Gleichmäßigkeit der Skalenteile, die sich nicht wie bei den anderen Apparaten an den Enden zusammendrängen;

3. starke Dämpfung, wodurch rasches und konstantes Einstellen des Zeigers erzielt wird.

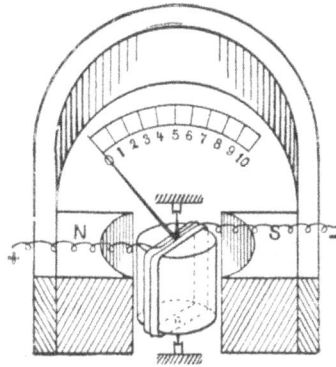

Fig. 32.

3. Elektrische Verbrauchsmesser (Stromuhren).

§ 61. Die Ärzte arbeiten vielfach mit Elektrizität, welche sie von auswärts, aus Elektrizitätszentralen beziehen. Die elektrischen Verbrauchsmesser dienen, ähnlich wie die Gasuhren, zur Konstatierung des konsumierten Elektrizitätsquantums. Es sind sog. Wattstunden- und Amperestundenzähler; man liest nämlich an kleinen Zifferblättern direkt den Stromverbrauch in Kilowattstunden oder in Amperestunden ab.

Die elektrischen Stromuhren sind zumeist nach zwei Systemen konstruiert:

a) Pendelzähler (System Aron),

b) rotierender Zähler (System Thomson).

Das Maß der verbrauchten Energie bestimmt man bei dem ersteren durch Beschleunigung eines Pendels durch den elektrischen Strom gegenüber einem stromlosen Pendel, und bei dem letzteren durch die Anzahl der Umdrehungen eines kleinen Motors in der Zeiteinheit.

4. Universalmeßbrücke.

§ 62. Der Apparat dient zu Widerstandsbestimmungen und beruht auf dem Prinzipe der Wheatstoneschen Brücke; diese Methode, die zu den genauesten und bequemsten zu zählen ist, gestattet, rasch experimentell den Widerstand eines jeden beliebigen Leiters und auch einer beliebigen Strecke auf dem menschlichen und tierischen Körper zu bestimmen.

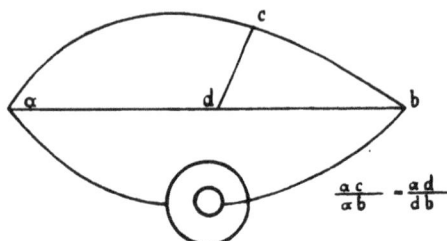

$$\frac{ac}{ab} = \frac{ad}{db}$$

Fig. 33.

In Fig. 33 sehen wir, wie der Strom durch eine Leitung, die in zwei Zweige geteilt ist, fließt; beide Zweige sind durch eine Brücke (cd) leitend miteinander verbunden; durch Verschieben der Brücke erzielt man, daß dieselbe von keinem Stromanteil passiert wird. Steht in der Brücke ein Galvanoskop, so wird in diesem Moment (infolge der Stromlosigkeit) kein Ausschlag zu konstatieren sein.

Die Verschiebung der Brücke geschieht durch einen Kontaktschlitten; ac ist gewöhnlich der zu suchende Widerstand, ab ist ein Normalwiderstand, gewöhnlich 1 Ohm; aus obiger Formel ergibt sich die weitere Berechnung.

F. Kohlrausch hat in die Brücke statt eines Galvanoskopes ein Telephon gebracht; ein derartiger Apparat, der durch Wechselströme beeinflußt wird und auch zu Widerstandsmessungen von Flüssigkeiten dient, wurde nach F. Kohlrauschs Methode zuerst von Hartmann & Braun in Frankfurt ausgeführt; er erhielt den Namen ›Universalmeßbrücke‹.

Die Universalmeßbrücke (Fig. 34) besteht aus einem nassen oder trockenen Element und einer Induktionsrolle zur Erzeugung von Wechselstrom; zwei Klemmen resp. Leitungsschnüre mit Elektroden dienen zur Einschaltung des zu messenden Widerstandes; an zwei anderen Klemmen ist ein Telephon angebracht, das man während der Verschiebung der Meßbrücke ans Ohr hält; sobald das Geräusch im Telephon verschwindet (d. h. am schwächsten wird, denn eine vollkommene Geräuschlosigkeit ist

kaum zu erzielen), ist die Messung beendet. Aus dem Widerstand der Brücke und dem Verhältnis der zwei ungleichen Teile
des Meßdrahtes (auf welchem die Brücke hin und her geschoben
wird) ist der gesuchte Widerstand leicht zu berechnen.

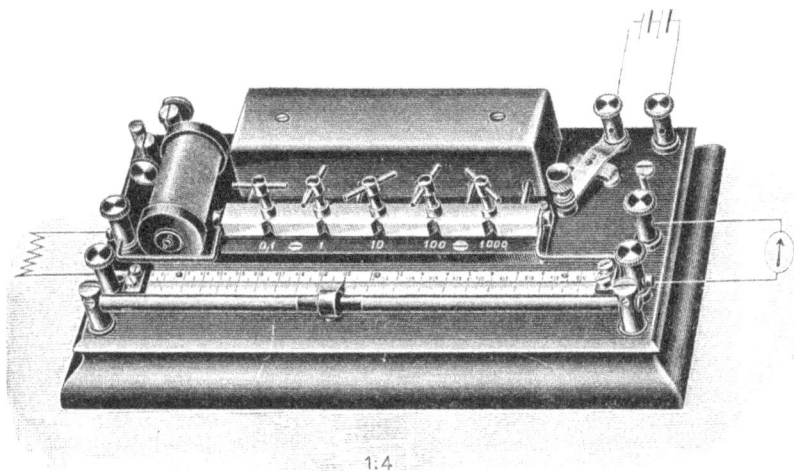

Fig. 34. Universalmeßbrücke.

Weniger zweckmäßig ist das Universalgalvanometer
von Siemens, welches nur für Messungen taugt, bei denen
keine Polarisationserscheinungen auftreten.

5. Stromwähler.

§ 63. Der Stromwähler, Kollektor, dient zur Regulierung der Stromstärke; derselbe stellt einen Kontakt vor, durch
dessen Verschiebung mehr oder weniger Elemente in den Stromkreis eingeschaltet werden. Wo statt der Elemente Strom von
äußeren Kraftzentralen Verwendung findet, schaltet man durch
Verschiebung des Stromwählers mehr oder weniger Vorschaltwiderstände ein und aus. Die Einrichtung muß eine derartige
sein, daß der Strom während der Schaltung nicht unterbrochen
wird. Man unterscheidet:

a) Stöpselkollektor,
b) Kurbelkollektor,
c) Doppelkollektor.

a) Der Stöpselkollektor, ein primitiver Metallklotz, wird bei den allereinfachsten Batterien verwendet: trotz seiner Einfachheit nimmt er Hand und Auge bei der Schaltung (Stöpselung) in Anspruch.

b) Der Kurbelstromwähler wird am meisten benutzt. Auf einer isolierten Platte aus Hartgummi, Ebonit etc. ist in Kreisform eine bestimmte Anzahl von runden, glattgeschliffenen Kontaktknöpfen; gewöhnlich entspricht deren Zahl der Anzahl der Batterieelemente. Im Mittelpunkte der Scheibe ist eine mit isolierendem Griffe versehene Metallkurbel drehbar befestigt; das äußere, glattgeschliffene Ende der Kurbel gleitet über den Metallknöpfen und schaltet bei ihrem Fortschreiten immer mehr Elemente ein. Die Knöpfe tragen zuweilen die Nummer des Elementes, mit welchem sie in leitender Verbindung stehen. Eine beliebige Anzahl von Elementen kann damit rasch und bequem ein- und ausgeschaltet werden.

c) Der Doppelkollektor (Fig. 35) hat zwei voneinander isolierte Kurbeln, die sich um eine gemeinsame Achse drehen; man will vermeiden, daß nur immer die ersten Elemente der Batterie in Verwendung kommen und viel rascher aufgebraucht werden als die letzten. Jeder Kurbel steht nur ein Halbkreis von Kontakten zur Verfügung.

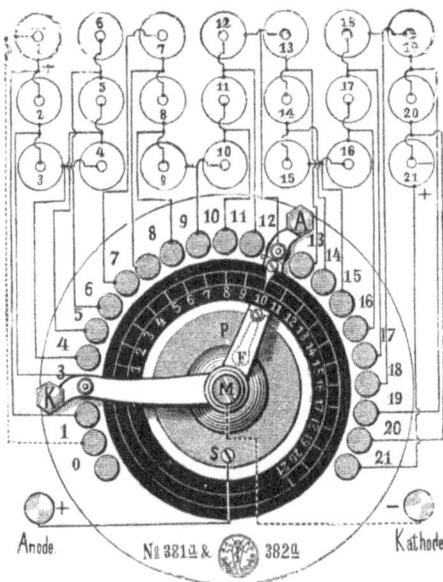

Fig. 35.

6. Rheostat.

§ 64. Ein Rheostat ist ein Widerstandsapparat, der zur Regulierung der Stromstärke dient; derselbe kann die Stromwähler ersetzen; für subtilere Regulierung empfiehlt es sich, beide Apparate zur Verfügung zu haben. Mit Hilfe des Rheostaten kann man den Strom ein- und ausschleichen lassen. Die Rheostaten werden gewöhnlich in die Hauptschaltung, und zwar in Serie (hintereinander) gelegt. Da die Rheostaten aus verschiedenem Material verfertigt werden, so unterscheidet man:

        a) Metallrheostaten,
        b) Graphitrheostaten,
        c) Flüssigkeitsrheostaten,
        d) Voltregulator,
        e) Kaolinrheostat nach Gärtner.

    a) Die Metallrheostaten sind wegen ihres unveränderlichen Widerstandes und der subtilen Graduierung allen anderen vorzuziehen. Sie stehen auch am meisten in Verwendung. Die Schaltung der Widerstände (Drähte aus Kupfer, Bronze, Rheotan etc.) geschieht entweder durch eine Kurbel oder durch einen Schieber. Danach unterscheidet man Kurbel- und Schieberrheostaten (Fig. 36). Je weiter die Kurbel resp. der Schieber vom Nullpunkt vorgeschoben wird, um so mehr Drähte werden in den Stromkreis eingeschaltet; jede Drahtlänge entspricht einem gewissen Widerstande, z. B. 10 Ohm.

Fig. 36.

    Der Schieberrheostat besteht aus einem feingewickelten Widerstandsdraht auf einem zylindrischen Isolationskörper. So viele Teile der Schieber vom Nullpunkte aus vorgeschoben wird, so viele Anteile der Windungen muß der Strom durchlaufen, der beim Nullpunkt eintritt und am Kontaktpunkt des Schiebers in letzteren weiterfließt. Ein derartiger Schieber-Drahtrheostat hat einen Widerstand von einigen tausend Ohm, die für praktische Zwecke vollkommen genügen. Es werden allerdings auch Rheostaten mit Widerständen bis 100 000 Ohm und darüber verfertigt.

    b) Der Graphitrheostat ist durch hohen Widerstand ausgezeichnet. Derselbe besteht aus zwei massiven Graphitstäben (Gärtner), die isoliert liegen, und auf denen ein Schieber mit einer Doppelfeder schleift. Auf einer Seite sind die Graphitstäbe mit der Stromquelle zu verbinden. Je mehr sich der

Metallschieber, der beide Stäbe berührt, von dieser Seite (Anfang) entfernt, um so mehr Widerstand ist eingeschaltet, um so
schwächer ist der Strom.

Ein Nachteil der Graphitrheostaten beruht darin, daß sie
keine große Belastung vertragen; ca. 80 MA können durchgeleitet
werden. Bei höheren Stromstärken erhitzt sich der Graphit zu
sehr und bekommt Sprünge.

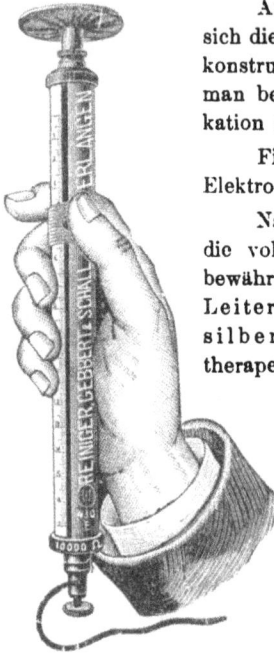

Auch als Elektrodenhalter lassen
sich die Graphit-Schieberrheostaten
konstruieren. Mittels des Daumens vermag
man bequem den Strom während der Applikation zu regulieren.

Fig. 37 stellt einen solchen Rheostat-
Elektrodenhalter dar.

Nach R. Stinzings Angaben leistet
die vollkommensten Dienste der nach den
bewährten Angaben Lewandowskis von
Leiter zusammengestellte Graphit-Queck-
silberrheostat; er eignet sich auch für
therapeutische und diagnostische Zwecke.

c) Flüssigkeitsrheostaten
bestehen zunächst aus einer unpolarisierbaren Flüssigkeitssäule in
einem isolierenden Gefäß, in welchem
ein Pol zumeist auf dem Boden des
Gefäßes fixiert ist, der andere kann
jenem mehr oder weniger genähert
werden. Die dazwischen bleibende
Flüssigkeitsschichte bildet den Widerstand. Die Größe des Widerstandes ist abhängig:

Fig. 37.

1. vom Leitungsvermögen der Flüssigkeit,

2. von der Dicke resp. Länge der durchströmten Flüssigkeitssäule,

3. von der Oberfläche der Elektroden.

Da sich die Polarisierbarkeit der Flüssigkeit schwer ver-
meiden läßt, wenngleich man auch dem Wasser depolarisierende
Substanzen, wie z. B. Chlorzink, beimischt, so ist wegen dieser
Inkonstanz die Verwendung dieser Rheostaten eine beschränkte.

Nach R. Stintzings u. a. Erfahrung ist der Flüssigkeitsrheo-
stat von A. Eulenburg (Fig. 38) sehr zweckentsprechend (cf.
R. Stinzing, S. 264):

›Der Hartgummibecher D wird mit Wasser gefüllt. Der
Strom, durch die Klemmen $+$ und $-$ eingeschaltet, muß die
im Behälter enthaltene Wassersäule
durchfließen. Der Widerstand der
letzteren wird durch Drehung des
Knopfes K nach rechts bzw. nach
links verkleinert oder vergrößert, indem dabei der Querschnitt des Wassers
verbreitert bzw. verkleinert wird.

Der beistehende Rheostat neuer
Form (Fig. 38) nimmt noch etwas mehr
Wasser auf als der frühere; als Elektroden sind zur Vermeidung der Oxydation Kohle und Platin benutzt. Die
Widerstände können von 100 000
bis 150 Ohm verschoben werden.

Der beschriebene Rheostat
ermöglicht ein völlig gleichmäßiges und langsames An- und
Abschwellen der Stromstärke und
erfüllt auch sonst alle Anforderungen der Praxis; er ist klein,
leicht, sehr einfach in der Handhabung und billig.‹

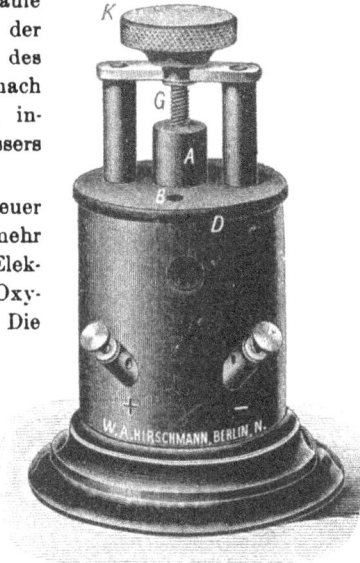

Fig. 38.

d) Voltregulator (Spannungsregulator, Span-
nungswähler) ist seinem Äußern nach einem Rheostaten,
und zwar Drahtrheostaten, ähnlich, seinem Wesen nach jedoch
von einem Rheostaten sehr verschieden. Bei den bisher besprochenen Rheostaten ist der vom Strom durchflossene Widerstand veränderlich; beim Voltregulator arbeitet man mit einem
konstanten Widerstand, nur wird die Regulierung und Abstufung
der Stromstärke dadurch bewirkt, daß der Nutzstromkreis als
Nebenschluß zu einem größeren oder kleineren Anteil dieses
unveränderlichen Widerstandes geschaltet wird.

Die Konstruktion und Handhabung des Voltregulators
gleicht jener des Drahtrheostaten. Er ist dadurch ausgezeichnet,
daß die Anschwellung der Spannung in sehr ›feiner‹ Abstufung
durchführbar ist.

Jellinek, Med. Anwendungen d. Elektrizität.   6

Die gewöhnlichen Voltregulatoren sind für Spannungen von 50 bis 80 Volt gebaut; stehen höhere *Spannungen* zur Verfügung, so müssen Vorschaltwiderstände (z. B. Glühlampen, Drähte etc.) herangezogen werden.

Der im Voltregulator nutzlos verbrauchte Strom ist nicht sehr groß; so beträgt z. B. bei einem Widerstand von 2000 Ohm und einer Klemmenspannung von 30 Volt der Stromverlust nur 15 Milliampere; dabei ist die Stromgraduierung (für Elektrisation, Elektrolyse, Endoskopie etc.) eine äußerst genaue.

7. Stromwechsler.

§ 65. Der Stromwechsler (Stromwender, Umschalter, Kommutator) ist eine Schaltvorrichtung, die rasch und leicht Änderungen der Stromrichtung resp. einen Polwechsel ermöglicht. Im Abschnitt der ›physiologischen Wirkungsweise‹ erfahren wir, daß die Pole sich durch verschiedene Wirkungen auszeichnen. Es ist ferner zweckmäßig, behufs starker Reizwirkung, die Pole rasch abwechseln zu lassen, ohne dabei den Strom zu unterbrechen.

Allgemein stehen zwei Typen im Gebrauch:

    a) Kommutator nach B r e n n e r,

    b) Kommutator System R e i n i g e r.

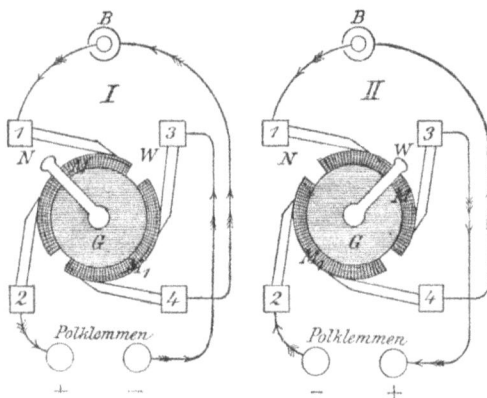

Fig. 39.

Der B r e n n e r s c h e K o m m u t a t o r (Fig. 39) besteht aus einer Hartgummischeibe, die mittels einer Kurbel drehbar ist. An der Peripherie dieser Scheibe sind zwei voneinander isolierte Kontaktschaltringe, auf welchen vier an einem Ende fixierte

Metallfedern schleifen. Der verschiedenen Stellung der Kurbel
gemäß bekommen die Federn neuen Kontakt, welcher dem Strom
seine Richtung weist. Näheres ist aus der Figur zu ersehen.

Der Stromkombinator ist eine Vorrichtung, um bei
kombinierten Batterien den galvanischen und faradischen Strom
rasch vertauschen zu können, ohne die Leitschnüre vorher abnehmen zu müssen.

Dr. de Watteville hat einen handlichen Apparat angegeben, um bequem einen solchen Stromwechsel vornehmen zu
können. Ähnlich wie beim Reinigerschen Kommutator besitzt

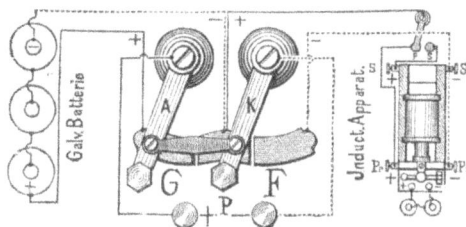

Fig. 40.
Stromwechsel und Stromkombinator (de Watteville).

er eine Doppelkurbel; steht diese auf *G,* so ist der galvanische
Strom eingeschaltet, bei *F* der faradische; stehen die Kurbeln
genau in der Mitte, dann vermag man beide Stromarten gleichzeitig abzunehmen (Galvanofaradisation) (Fig. 40).

8. Leitschnüre.

§ 66. Seidenumsponnene Kupferdrähte leiten von der
+ und — Klemme den Strom zur gewünschten Applikationsstelle. Die Enden der Drähte sind gewöhnlich blank und den
verschiedenen Zwecken entsprechend geformt. So sind dieselben
z. B. für Galvanisation einfache Stifte, für Galvanokaustik sind
die Enden glockenartig übereinander — mit entsprechender Isolierung — gestülpt usw. Die Enden werden in Klemmen, in
Haltern etc. befestigt.

Haltbarer und biegsamer sind die aus mehreren feinen
Drähten zusammengesetzten Leitschnüre. Zuweilen überzieht
man die Leitschnüre behufs exakterer Isolation und zum Schutz
vor Nässe, Säuren etc. mit einem Gummischlauch, doch entstehen dadurch so manche Nachteile, so daß man davon lieber
Abstand nimmt. Die Schnüre sind gewöhnlich 1 bis 2 m lang

6*

und mit verschiedenfarbigem Seidenfaden (rot und grün oder
braun und schwarz) umsponnen. Die Farbe dient zur Orientierung über die Polverbindung.

Für Galvanokaustik müssen die Leitschnüre besonders dick sein, um sich weder stark zu erwärmen, noch den
Strom zu sehr abzuschwächen. Ihr Widerstand soll nicht mehr
ٵا 0.02 Ohm ausmachen.

Fig. 41. Bleisicherung.

Für Endoskopie können die Schnüre bedeutend dünner
sein. Wenngleich dünne Schnüre einen höheren Widerstand
abgeben, so kann dieser mit Rücksicht auf den relativ hohen
Widerstand der Glühlämpchen vernachlässigt werden.

Fig. 42. Bleisicherung.

Die Leitungsschnüre für Kaustik sind zumeist in einem
Kabel — unter entsprechender Isolierung — vereinigt; die Handhabung ist dadurch, daß nur eine Schnur da ist, sehr vereinfacht.

Die Enden sind als Doppelsteckkontakt konstruiert und
lassen sich, wie jeder Anschluß, fest in der entsprechenden
Öffnung fixieren.

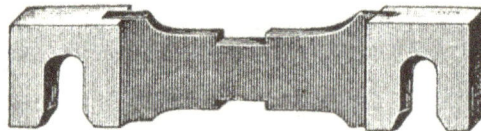

Fig. 43. Bleisicherung.

Bleisicherungen. § 67. Für Stromzuleitungen von auswärts, z. B. aus Kraftzentralen, sind besondere Kabel in Verwendung. Um gegen schädliche Erwärmung und Feuersgefahr

gesichert zu sein, verwendet man sog. Blei- resp. Schmelz-
sicherungen. An bestimmten Stellen der Leitung werden
Metallstreifen (Blei, Zink etc.), Fig. 41, 42, 43, eingeschaltet, die
infolge ihrer Größenverhältnisse und niederer Schmelzwärme
bei zu starker Belastung der Leitung sofort schmelzen und
derart den Strom unterbrechen. Damit das geschmolzene und
verdampfende Metall nicht zünde, sind die Sicherungen in
hohlen Porzellanstöpseln untergebracht.

9. Halter.

§ 68. Die Halter sind Handgriffe aus isolierendem Material; an einem Ende ist eine Klemme zur Aufnahme der Zu-
leitungsschnur, das andere Ende trägt ein Gewinde, an welchem
eine Elektrode, eine Schlinge etc. angeschraubt wird. Die Griffe,
gewöhnlich 7 bis 18 cm lang, müssen sehr handlich sein und
sind zumeist aus Holz gemacht. Manche Halter besitzen einen
Drücker oder eine Feder, um während der Untersuchung oder
Behandlung durch Druck des Zeigefingers den Strom zu schließen
und zu öffnen.

Weiter oben wurde erwähnt, daß manche Halter gleichzeitig mit
einem Rheostaten ausgerüstet sind, sog. Rheostatelektrodenhalter.

Die galvanokaustischen Zwecken dienenden Handgriffe
konstruiert man mit besonderer Sorgfalt: die Hand des Opera-
teurs soll nicht zu stark belastet sein, das Operationsfeld nicht
beeinträchtigt werden etc.

Die Griffe nach Schech haben größte Verbreitung gefunden. Andere Konstruktionen stammen von Sattler-Nieden,
Kuttner, Heryng etc.

IV. Applikationsinstrumente.

§ 69. Die Zahl der Apparate und Vorrichtungen, welche
der direkten Applikation der elektrischen Energie auf den
menschlichen Körper dienen, ist eine außerordentlich große.

Es ist im Interesse einer bequemen Orientierung gelegen,
wenn die Aufzählung der gangbarsten Applikationsinstrumente
vom Gesichtspunkt der verschiedenen Energieformen geschieht,
unter welchen die Elektrizität in der Medizin Verwendung findet.

So gibt es Applikationsinstrumente für:
1. Franklinisation,
2. Galvanisation,
3. Faradisation,
4. Elektromagnetisation,
5. Elektromechanik,
6. Elektrothermik und Elektrooptik,
7. Elektrochemie resp. Elektrolyse,
8. Diverses.

1. Franklinisation.

§. 70. Für die Behandlung mit Franklinisation ist zunächst ein Isolierschemel notwendig; als Material dazu kann Nußbaumholz, Glas, Hartgummi etc. verwendet werden. Der Isolierschemel muß so groß sein, daß eine Person bequem darauf Platz findet. Statt des Isolierschemels genügt es auch, eine Weich- oder Hartgummiplatte als isolierenden Bodenbelag zu verwenden; beliebt ist auch Linoleum.

Als Elektroden werden benutzt: einfache Spitzen, Scheiben mit Spitzen, Kugeln, kegelförmige Körper etc.

Fig. 44 ist die Franklinsche Brause, eine kreisförmige Scheibe mit zahlreichen, gedeckten Spitzen.

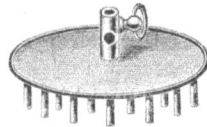

Fig. 44.

In Fig. 45 ist die Franklinsche Elektrode für Auge und Ohr (nach Dr. Hovorka) dargestellt.

Im Griffe ist dauernd ein Holzwiderstand eingeschaltet, um Funkenbildung zu vermeiden. Der Apparat besteht aus einem Mittelstück, einem biegsamen Gummischlauch. welches an beiden Enden mit Hartgummiansätzen montiert ist; die kürzere Armatur wird mit der Elektrizitätsquelle verbunden, an der längeren befindet sich ein Silberdraht mit Ansatz, der in den zu behandelnden Gehörgang gesteckt wird.

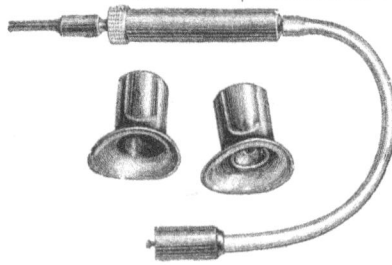

Fig. 45.

Will man das Auge elektrisieren, so bringt man mit dem längeren Ansatz einen Hohlzylinder aus Weichgummi in Verbindung, der sich bequem der Orbita anpassen läßt.

Um die Wirkung der Franklinisation bequem abstufen zu können, bedient man sich einer Elektrode mit verstellbarer Funkenstrecke; je größer die Funkenstrecke, um so intensiver ist die Wirkung.

2. Galvanisation.

§ 71. Die Elektroden (Rheophoren oder auch Stromgeber), welche direkt dem Körper angelegt werden, zeichnen sich durch sehr verschiedene Form und Größe aus. Verfertigt

Fig. 46.

sind dieselben zunächst aus Metall, und zwar aus Messing, Nickel, Britanniametall, Blei und auch aus Kohle. Die Metallelektroden sind zumeist an ihrer Berührungsfläche mit irgendeinem Stoffe (z. B. Leder oder Flanell, oder Schwamm und Moosplatten mit einem Leinwandüberzug etc.) überzogen, welcher mit Wasser oder physiologischer Kochsalzlösung usw. befeuchtet wird.

Der Form nach gibt es:
1. runde, flache Elektroden (Fig. 47),
2. rechteckige, flache Elektroden (Fig. 48),
3. kugel- oder knopfförmige Elektroden (Fig. 49),
4. Pinsel- und Bürstenelektroden (Fig. 50),
5. Massierrollenelektroden (Fig. 46),
6. Spezialelektroden.

Die verschiedenartige Größe der Elektroden ist einerseits für die Stromstärke und anderseits für die Stromdichte von Einfluß.

Je größer die verwendete Elektrode ist, um so kleiner ist ceteris paribus an dieser Stelle der Widerstand des menschlichen

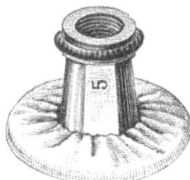

Fig. 47.

Körpers; die zur Anwendung kommende elektromotorische Kraft beträgt z. B. das Doppelte, wenn wir eine doppelt so große Elektrode wählen.

Je größer aber die Elektrodenfläche, desto größer ist der
Raum, auf welchem sich die eindringende Elektrizität verteilen
kann: die Stromfäden stehen um so dichter, je kleiner die Elektrode, d. h. die Stromdichte steht zum Querschnitt der Elektrode

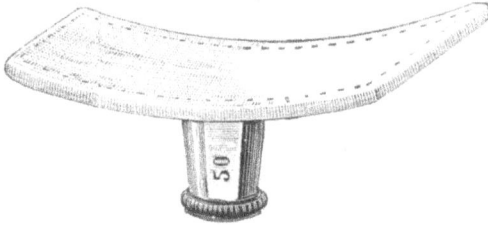

Fig. 48.   Fig. 49.

im umgekehrten Verhältnis. Damit ist auch ein Mittel gegeben,
an der Applikationsstelle mit demselben Strome einen größeren
oder kleineren Reiz ausüben zu können. Je kleinere Elektroden

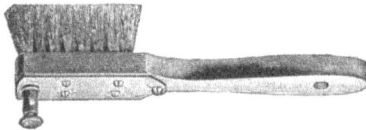

appliziert werden, um so
dichter sind die an der
Applikationsstelle ein-
dringenden Stromfäden an-
geordnet, und der ge-
Fig. 50.   wünschte Effekt wird da
um so intensiver sein.
Demgemäß unterscheidet man zwischen differenter (kleiner)
und indifferenter (großer) Elektrode; die erstere wird am
Ort der Wahl, d. h. dort, wo die elektrische Prüfung oder
Behandlung vorzunehmen ist, aufgesetzt, die große Elektrode an
einer anderen beliebigen[1]) Körperstelle.

α) **Normalelektrode.**

§ 72. Für genaue Untersuchungen ist Berücksichtigung
und Angabe der verwendeten Elektroden von großer Bedeutung,
dazu dienen die sog. Normalelektroden.

Die zur Bestimmung der motorischen Schwellwerte von
Stintzing eingeführte Elektrode hat einen Querschnitt von
3 cm².

---

[1]) Gewöhnlich wird die indifferente Elektrode ans Kreuzbein, auf der
Brust oder am Nacken fixiert. Aus mehrfachen Gründen ist es jedoch zu
empfehlen, von der Applikationsstelle des Nackens lieber abzusehen. Diese
Vorsichtsmaßregel soll besonders dort beherzigt werden, wo die elektromedi-
zinischen Apparate an Starkstromanlagen Anschluß gefunden haben.

Die Normalelektrode von v. Erb mißt 10 cm³ im Querschnitt. Andere Normalelektroden sind von G ä r t n e r , M ü l l e r u. a. angegeben worden.

β) Spezialelektroden.

§ 73. Bevor die Spezialelektroden beschrieben werden, seien noch einige von der gewöhnlichen Form abweichende, allerdings auch viel seltener in Verwendung stehende Elektroden erwähnt.

So z. B. kurze röhrenförmige Ansatzstücke als sog. H a n d - e l e k t r o d e n oder hohle M e s s i n g h a n d h a b e n ; ferner hemd- kragenartig geformte Elektroden für Applikation am Oberarm und Nacken (A. E u l e n b u r g): N a c k e n e l e k t r o d e .

Die u n p o l a r i s i e r b a r e E l e k t r o d e nach Prof. Dr. H i t z i g besteht aus einem kleinen Glasballon, der nach vorne (i. e. Applikationsstelle) durch eine poröse Tonkappe abgeschlossen ist und nach hinten mittels Schraube und Zinkstift mit dem Zuleitungskabel in Verbindung steht; der Glasballon ist mit Zink- sulfatlösung gefüllt.

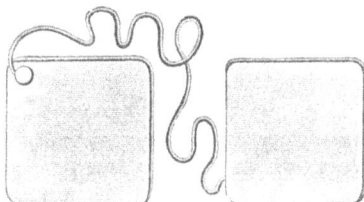

Fig. 51 ist ein Element nach C i n i s e l l i ; es be- steht aus einer Kupfer- und Zinkplatte von 10 × 10 cm Größe, die durch ein Leitungs- kabel verbunden und am bloßen Körper [1] getragen werden.

Fig. 51.

Nach S t i n t z i n g ist das Instrumentarium eines Elektro- therapeuten mit folgenden Größen und Formen genügend aus- gerüstet:

1. je eine runde, an der Oberfläche schwach konvexe Elektrode von 2, 3 und 5 cm Durchmesser.

2. zwei rechteckige Platten von je 12 : 6 cm Seitenlänge, gut biegsam;

3. eine kleinere, rechteckige Platte zur Applikation am Daumen tc. mit 5 : 8 cm Seitenlänge, ebenfalls biegsam;

---

[1] Dieser und ähnlicher Art sind die sog. Lebensgürtel, die in den meisten Tagesjournalen zum Verkauf angeboten und zur Behandlung aller möglichen und unmöglichen Leiden angepriesen werden. Die geheimnisvolle Kraft, die dem Gürtel innewohnen soll, kann vom t e c h n i s c h e n Standpunkt aus nur mit etwa $1/100$ — $1/10$ Milliampere bezeichnet werden

4. zwei große biegsame Platten für die Elektrisation des
   Magens, Bauches (und der Blase). Seitenlänge 25 : 16
   und 20 : 14 cm. Alle unter 1—4 genannten Rheophore
   müssen in erwähnter Weise zur Befeuchtung überzogen
   sein. Nur der Induktionsstrom wird zur Erzielung
   energischer, sensibler Reize auch trocken auf die Haut
   übergeleitet. Zu diesem Zwecke bedient man sich:

5. des elektrischen Pinsels.

Mit dieser engeren Auswahl k a n n man sich fast in allen
Fällen behelfen. N i c h t u n b e d i n g t n o t w e n d i g, a b e r
s e h r e m p f e h l e n s w e r t sind noch die folgenden:

6. Faustelektrode (nach E r b) und die große Fußplatte für
   allgemeine Faradisation,

7. elektrische Massierrolle,

8. Drahtbürste zur Faradisation,

9. nur für diagnostische Zwecke: E r b s Elektrode zur
   Prüfung der faradokutanen Sensibilität.

Die S p e z i a l e l e k t r o d e n dienen, wie schon der Name
andeutet, außerordentlichen Zwecken; es ist nicht die allgemeine
Decke, die als Applikationsstelle dient, sondern die besonderen
Organsysteme, wie z. B. das Auge, Ohr, der Kehlkopf etc. Demgemäß unterscheidet man Augen-, Ohren- etc. Elektroden.

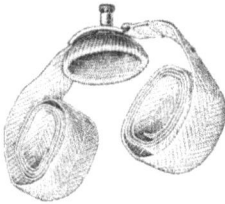

Die A u g e n e l e k t r o d e n bestehen zumeist aus einem muschel-
förmigen, mit Baumwollstoff überzogenen Stück, das nebst Klemm-
schraube noch mit zwei Bändern versehen ist, die zum Befestigen am Kopfe
dienen. Am meisten steht die Augenelektrode nach Prof. Dr. v. R e u ß in Verwendung (Fig. 52). Dieselbe dient zur
Behandlung des erkrankten Augapfels.

Fig. 52.

Zur Behandlung und Reizung der Augenmuskeln dient die
Augenelektrode nach Prof. Dr. A. E u l e n b u r g; sie besteht
aus einem ovalen Plattinplättchen mit leicht gebogenem Stiel
und Gewindeansatz. Statt der Platinplättchen verwendet man
zur Reizung der Augenmuskeln auch kleine vernickelte Oliven
an dünnen, biegsamen Stielen.

Die O h r e n e l e k t r o d e n bestehen aus einer ohrentrichter-
ähnlichen Elektrode, die entweder ganz oder nur teilweise aus
Metall gebaut ist. Die Ohrenelektrode nach Dr. R i c h t e r trägt
an einem flachen, rechtwinkelig gebogenen Griff einen Metall-
konus.

Andere Ohrenelektroden sind aus einem Hartgummitrichter
zusammengesetzt, in dessen Inneres ein leitender Platindraht
hineinragt (Fig. 53); oder man ver-
wendet einen an verschiebbaren Bougies in Drahtschlingen befestigten
Wattebausch (A. E u l e n b u r g).

Besondere Modelle für Elektrisation des Ohres wurden angegeben von B r e n n e r , K l e i n ,
U r b a n t s c h i t s c h , W e b e r -
L i e l , W i n k l e r etc.

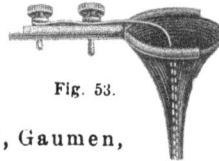

Fig. 53.

Spezialelektroden für Z u n g e , G a u m e n ,
N a s e und K e h l k o p f :

Dazu dienen zumeist knopfförmige Ansätze in
Form einer vernickelten Olive oder ein in einer
Platinschlinge bequem fixierbarer und auswechselbarer
Wattetampon (E u l e n b u r g). Die zuleitende Draht-
schlinge läuft in einem isolierten und biegsamen
Rohr aus.

Zur p e r k u t a n e n Elektrisation des Kehlkopfes
verwendet man auch die früher erwähnten knopfförmigen Elektroden oder die von T o b o l d t hierzu
besonders konstruierte Kehlkopfelektrode mit Binde,
(Fig. 54), Kehlkopfelektrode von L e i t e r .

Die Ö s o p h a g u s - und M a g e n e l e k t r o d e n
bestehen im allgemeinen aus einem Gummischlauch
mit einer eingeschlossenen Metallspirale, die in einen
dünnen Zapfen endigt; dieser wird mit einem in
Flüssigkeit getränkten Wattebausch umwickelt; dieselben dienen besonders zur Galvanisation des Ösophagus.

Die Magenelektroden tragen an ihrem Ende eine
Metallolive in einem durchlöcherten Hartgummiknopf;
die Zuleitung (z. B. ein elastischer versilberter Draht)

Fig. 54. ist in einem biegsamen Gummischlauch verlegt. Es
werden verschiedene Modelle nach B a r d e t , E i n h o r n , E w a l d ,
R o s e n h e i m , W e g e l e etc. gebaut.

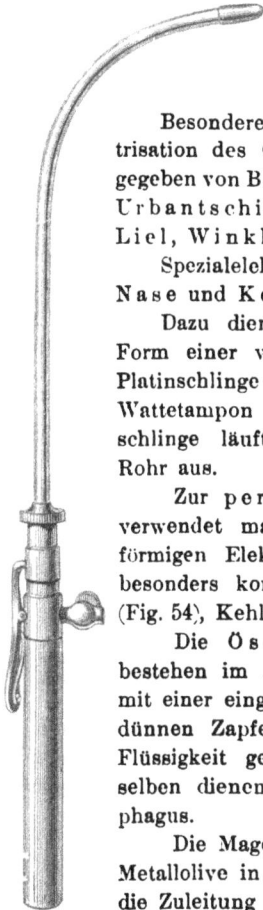

Die einfache Magenelektrode nach B a r d e t wird mit Hilfe
der L e u b e schen Magensonde eingeführt.

Fig. 55 stellt die Magenelektrode zum Verschlucken nach
Dr. E i n h o r n dar. In einer klaren, durchlöcherten Hartgummi-
kapsel, die der Patient verschlucken muß, steckt ein Metall-
knopf, der an einem biegsamen, durch
einen Gummischlauch markierten Draht
befestigt ist. Zur p e r k u t a n e n Elektrisation des Magens verwendet man
balken- und plattenförmige Elektroden
verschiedener Typen, z B. nach Prof.
Dr. v. Z i e m s s e n u. a. m.

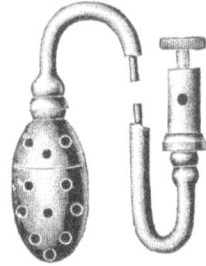

Die R e k t u m e l e k t r o -
d e n haben eine gerade oder
mehr gebogene Form ; es sind
stabförmige Körper, oft mit   Fig. 55.
Oliven oder Knopfansatz, die
entweder in ihrem ganzen Verlaufe oder nur an
der Spitze blank sind ; im letzteren Falle steckt der
S t i e l in einer isolierenden Hülse ; die Spitze kann
vernickelt[1] sein. Fig. 56 ist eine gerade Scheiden-
elektrode nach L e i t e r.

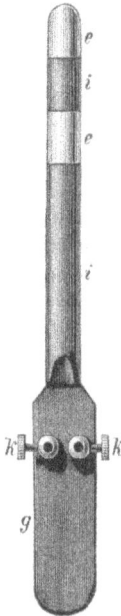

Die Rektumelektrode kann zuweilen gleichzeitig
zur Irrigation dienen ; es soll dadurch jegliche Ätzung
der Darmschleimhaut vermieden werden. Rektumelektroden mit Irrigation nach Prof. Dr. E w a l d sind ähnlich wie einfache Irrigationsapparate aus elastischer
Gummisonde mit Hartgummihahn zusammengesetzt.

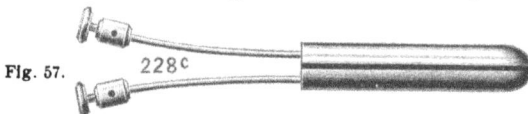

Fig. 57.   228c

Bei der b i p o l a r e n zylindrischen Rektumelektrode werden beide Pole im After appliziert ;
die beiden Elektroden sind auf einer isolierenden
Fig. 56.   Platte aufmontiert (Fig. 57).

---

[1]) Da bei all diesen Elektroden Polarisation stattfindet und nebstdem
bei den aus unedlen Metallen hergestellten Elektroden (am positiven Pol)
Oxydation auftritt, so soll man nur den negativen Pol auf Schleimhäuten
applizieren ; nur dort, wo die Elektroden nicht blank verwendet werden,
sondern mit einem Überzug (Leder, Leinwand etc.) versehen sind oder aus
Gold, Platin oder Kohle bestehen, kann man bei der Benutzung von der
Unterscheidung der Polarität vollkommen absehen.

Harnröhre-, Prostata- und Blasenelektroden sind lange (bis 26 cm), dünne und biegsame Stäbchen, die in einen Zapfen oder einen olivenförmigen Ansatz ausgehen; nur das periphere Ende ist blank; der Stiel durch Kautschukhülse isoliert.

Die Urethraelektrode nach Dr. Boudet wird gleichzeitig zur Irrigation benutzt. Das Gummibougie ist mit einem Fenster versehen und trägt innen eine Silberspirale; die Spülflüssigkeit vermittelt ähnlich wie bei der Afterelektrode mit Irrigation den Stromübergang.

Die Prostata-Massage-Elektroden bestehen aus einem kürzeren, abgebogenen Metallzapfen, der per rectum eingeführt wird.

Für Elektrisation des Scrotums sind ähnliche muschelförmige oder becherförmige (Zulzer) Ansatzstücke gebaut, wie sie oben für Augenbehandlung besprochen wurden.

Die Peniselektroden sind röhrenförmig, von verschiedenen Dimensionen und innen glatt poliert; außen isolierender Überzug.

Die Scheiden- und Uteruselektroden haben zumeist zylindrische Form und tragen einen aufschiebbaren Kautschukmantel.

Das Applikationsende ist entweder leicht konisch zugespitzt, oder mit einem kugelförmigen oder olivenförmigen Ansatz versehen; andere Modelle enden mit einer abnehmbaren, leitenden Schwammzange (Dr. Gueron).

Ähnlich wie die Rektumelektroden sind die Scheiden- und Uteruselektroden zuweilen ebenfalls bipolar (Apostoli) gebaut. Auf einem Hartgummizylinder ist am vorderen Ende ein runder, vernickelter Metallansatz und in Entfernung davon ein vernickelter Metallring aufmontiert; jedes Metallstück hat seine eigene leitende Verbindung mit der Plus- und Minusklemme.

Fig. 58 stellt eine von Leiter nach den Angaben von Dr. Kyri konstruierte Vaginalelektrode dar, die zu Diagnostik und Behandlung der Beckenmuskulatur bei Prolaps dient. Eine dünne mit Hartgummi überzogene Metallhohlschiene trägt an ihrem vorderen Ende einen blanken, leitend ver-

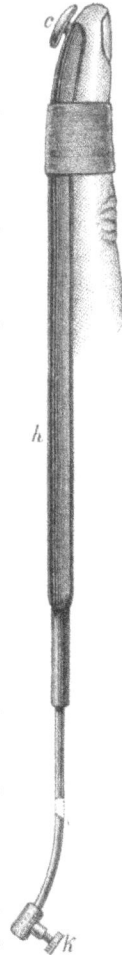

Fig. 58.

bundenen Elektrodenknopf (c); das andere Ende dient zum
Anschluß an das Leitungskabel. Der in die Hohlschiene ein-
gelegte Finger wird durch ein Gummiband festgehalten.

In der Gynäkoelektrotherapie wird vielfach als indifferente
Elektrode eine plastische Tonmasse benutzt. Apostoli wendet
als solche einen flachen, ca. 30 cm langen, 20 cm breiten und
1—2 cm dicken Kuchen an, der aus feinem mit lauem Wasser
und etwas Glyzerin durchgekneteten Modellierton besteht und in
feuchte Gaze eingeschlagen wird. Die dicke Tonplatte läßt sich
jeder beliebigen Körperstelle applizieren und verhindert trotz
intensiver Ströme Verletzungen (z. B. Blasenbildung etc.) der
Haut. Die Leitungsschnur wird mit Hilfe einer Metallplatten-
elektrode mit der Thonelektrode leitend verbunden.

γ) Hydroelektrische Bäder.

§ 74. Das Wasser ist ein bequemes und sehr geeignetes
Mittel, dem menschlichen Körper Strom zuzuführen. Die Haut
wird durch die Flüssigkeit leitungsfähiger, dadurch wird auch

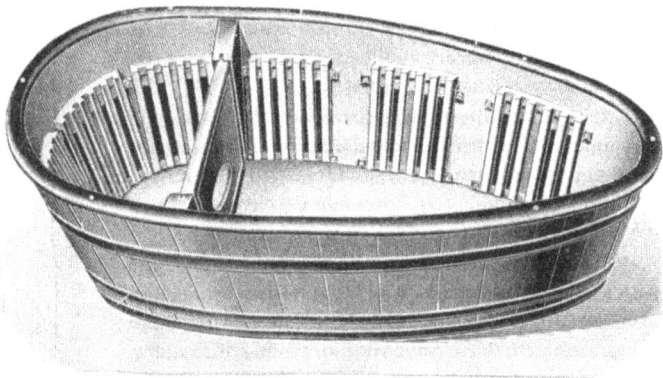

Fig. 59.

trotz beträchtlicher Stromstärke Schmerz und jedwede Ätzwirkung
vermieden. Diese Bäder ermöglichen ferner die Einverleibung
von Medikamenten auf kataphorischem Wege.

Es gibt:

1. monopolares Bad,
2. bipolares Bad,
3. Drei-, Vier- und Fünfzellenbad.

Beim monopolaren Bad wird eine entsprechend große und breite Elektrode in das Wasser getan; die andere außerhalb des Wassers befindliche Elektrode, die die Form einer Stange zu haben pflegt, berührt der Patient mit seinen Händen.

Das Bipolarbad (Fig. 59) ist in der Zweizelleneinrichtung nach Prof. Dr. Gärtner am meisten bekannt. Beide Pole führen in die durch ein Gummidiaphragma in zwei Zellen abgeteilte Badewanne. Das Diaphragma umfaßt den Körper des Badenden.

Das Vierzellenbad (System Dr. Schnee), Fig. 60, besteht aus vier kleinen Porzellanwannen, von denen je zwei mit einem Pol des Gleichstromes in Verbindung stehen. Der Patient sitzt und taucht seine Hände und Füße in die Gefäße. Die Stromrichtung läßt sich durch Parallel- und Hintereinanderschaltung vielfach variieren (vgl. Fig. 61.)

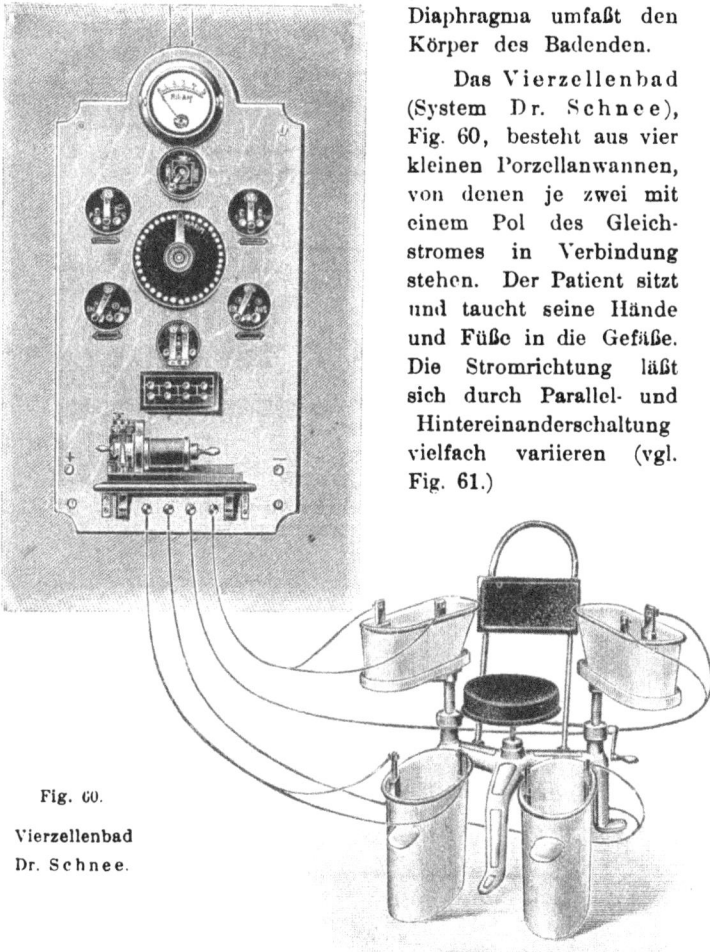

Fig. 60.

Vierzellenbad
Dr. Schnee.

Medikamente (z. B. Jod-Quecksilbersalze etc.), die in der
Badflüssigkeit aufgelöst sind, dringen auf dem Wege der Kataphorese in den Körper[1]) ein.

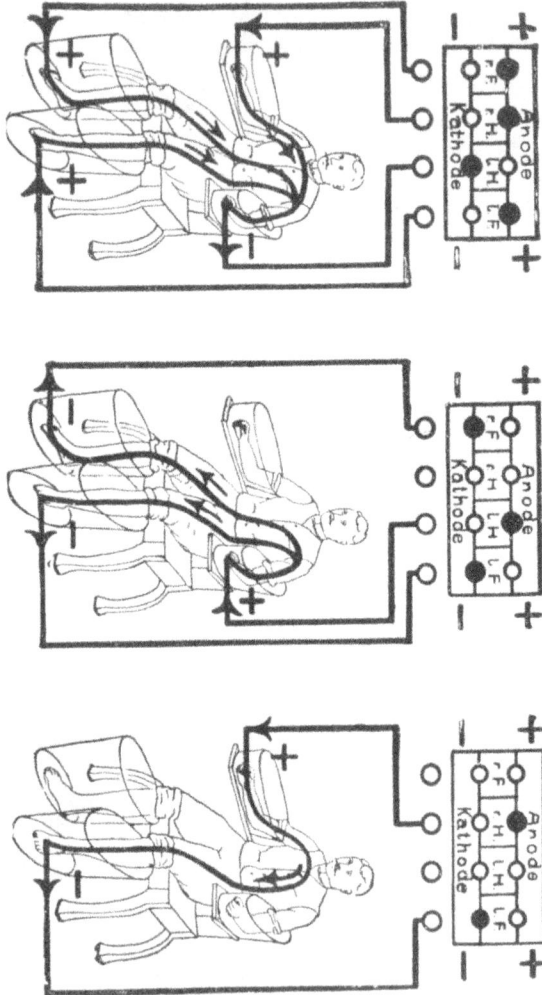

Fig. 61. Schematische Darstellungen der Stromanwendungsarten.

---

[1]) So vermag man z. B. schon nach einigen Minuten im Speichel des
derart mit einer Jodlösung behandelten Patienten das Jod nachzuweisen.

3. Faradisation.

§ 75. Die im vorhergehenden Abschnitte aufgezählten und zum Teile beschriebenen Elektroden, die für Galvanisation verwendet werden, dienen ebensogut der Faradisation. Mit Rücksicht darauf, daß bei Benutzung des Faradischen Stromes weder Polarisation noch Oxydation (am positiven Pole) auftritt, ist eine Auseinanderhaltung der Polarität[1]) nicht notwendig. Nur dort, wo der sogenannte Extrastrom zur Anwendung kommt, empfiehlt es sich, an der Unterscheidung festzuhalten.

An dieser Stelle soll noch ergänzend hinzugefügt werden, daß wir die Elektroden entweder selbst mittels eines Griffes an der gewünschten Stelle festhalten oder mit Hilfe von Bändern befestigen. Es gibt schließlich noch eine Art des Festhaltens der Elektroden, und geschieht dies mittels sog. Elektroden - fixateuren.

In Fig. 62 ist ein Elektrodenfixateur nach Prof. Dr. G ä r t n e r abgebildet. Eine Uhrfeder U preßt die an ihr fixierte Elektrode C an den Körper und dies um so intensiver, je mehr der Gurt G mit der Welle B durch Drehen des Zahnrads Z verkürzt wird. Das Band der Welle wird zurückgerollt, wenn die Spiralfeder S zurückgespannt wird.

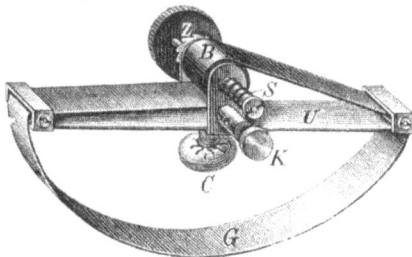

Fig. 62.

Der Elektrodenfixateur nach L e w a n d o w s k i ist einfacher konstruiert. Beide Apparate werden von L e i t e r in Wien hergestellt.

4. Elektromagnetisation.

§ 76. In einem am Stativ befestigten Elektromagneten wird durch Benutzung von Wechselstrom ein ›schnell in seiner Polarität wechselndes‹ Feld erzeugt. Bei 50 Polwechsel in der Sekunde wird das dem Körper gegenüberliegende Polende des Magneten 3000 mal (50 × 60) als Nordpol und ebensovielmal als Südpol in der Minute erregt.

---

[1]) Am raschesten mittels Phenolphthaleinpapier bestimmt: auf das ein wenig angefeuchtete Papier setzt man die Drahtenden der beiden Zuleitungskabel; am negativen Pol (Kathode) färbt sich das Papier rot.

Prof. H e r m a n n benutzte das durch Batterieströme und durch den Strom einer Gleichstromdynamo erzeugte magnetische Feld, das ›ruhende‹ Feld. Das ›schnell wechselnde‹ wurde erst vor wenigen Jahren von dem Schweizer Ingenieur E. K. M ü l l e r entdeckt.

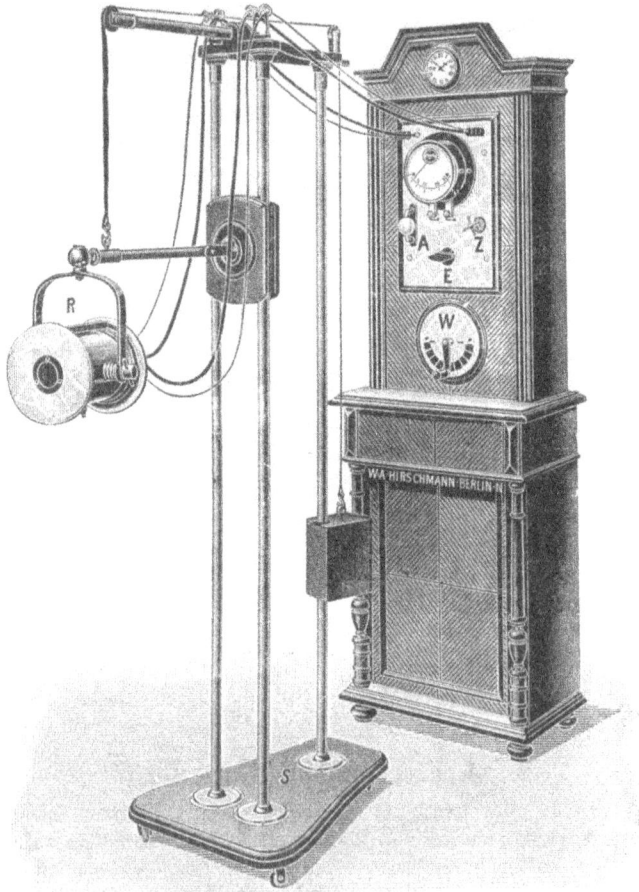

Fig. 63.

Für elektromagnetische Therapie werden verwendet:
1. Elektromagnet mit Wechselstrom (Fig. 63),
2. Elektromagnet mit Gleichstrom,
3. Augenelektromagnete.

Handaugenelektromagnet nach Prof. Dr. Hirschberg mit
vier verschiedenen Ansätzen (Fig. 64); bei 2—4 Volt Spannung
ist der Stromverbrauch 1—3 Ampere. Die Tragkraft macht $2^1/_2$
bis 3 kg aus.

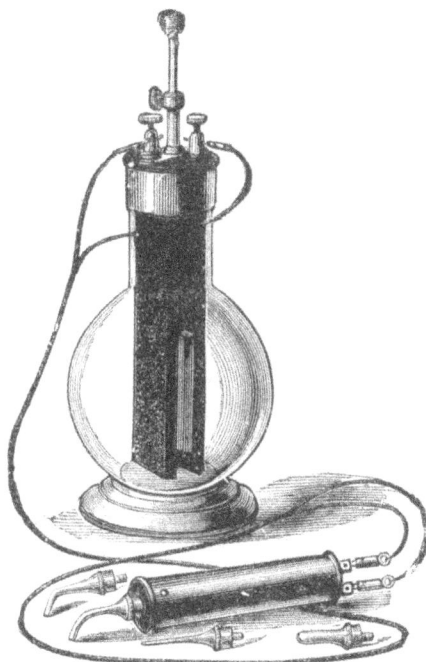

Fig. 64. Augenmagnet mit Flaschenelement.

Großer Augenelektromagnet nach Professor
Dr. Schlösser auf Universaldrehgestell; Tragkraft ca. 20 kg;
Stromverbrauch ca. 12—15 Ampere.

Am meisten steht in Verwendung der große Augenelektromagnet nach Prof. Dr. Haab. Derselbe besteht aus einem
schweren, an beiden Enden konisch zugespitzten Eisenstück, das
mit isoliertem Draht umwickelt und in seiner Achse bequem
drehbar ist. Die Tragkraft beträgt etwa 150 kg (Fig. 65).

Die Spitze des Elektromagneten wird dem Auge, in dem
sich der Eisensplitter befindet, so sehr als nur möglich nahe
gebracht. Ein Eisensplitter von 1 g Gewicht dem Magneten
auf 5 mm genähert, vermag 337 g zu tragen, auf Distanz von

7*

10 mm 173 g und auf Distanz von 15 mm noch 105 g. Diese nach G u i l l e m i n o t angeführten Zahlen repräsentieren Vergleichswerte der vom Elektromagneten ausgeübten Kraft.

Fig. 65.

Besondere Erwähnung gebührt dem n e u e n A u g e n - m a g n e t e n d e r U n i v e r s i t ä t s a u g e n k l i n i k i n B a s e l (s. Fig. 66).

Bei dem neuen Augenmagneten ist das Magneteisen im Gegensatze zu allen bisher üblichen Augenmagneten an den äußeren Umfang der Magnetwicklung gelegt, deren Öffnung so

groß ist, daß der Kopf und damit das Auge des Patienten innerhalb der Magnetwicklung gebracht werden kann, um dadurch:

1. die bei den bisher üblichen Augenmagnetkonstruktionen
   sehr großen Streuungsverluste (Fig. 68) auf das min-
   deste (Fig. 67) herabzudrücken und somit die spezifische
   Zugkraft auf den tief im Auge sitzenden Fremdkörper
   zu erhöhen;

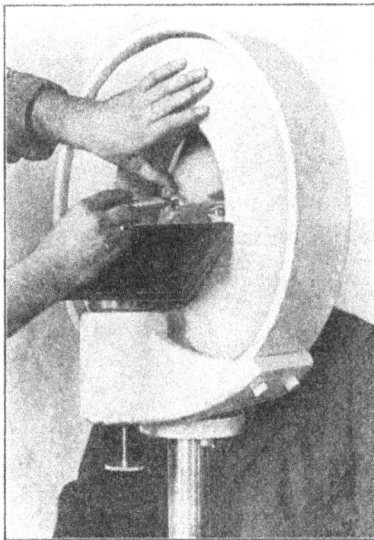

Fig. 66.

2. die Übersicht über das Operationsfeld zu wahren;

3. durch handliche eiserne Griffe zweckmäßig auf die
   Lockerung und Extraktion des Fremdkörpers einzu-
   wirken;

4. durch die Wahl dünnerer oder dickerer Griffel neben
   der Anwendung des Regulierwiderstandes die Zugkraft
   auf den Fremdkörper leicht und schnell zu ändern,
   um dadurch weitere Verletzungen des Auges zu verhüten;

5. in Fällen, wo die Griffel nicht ausreichen, das leicht
auswechselbare eiserne Horn anwenden zu können,
wodurch die höchst erreichbare magnetische Zugkraft
erzielt wird, ohne die Übersicht über das Operationsfeld zu verlieren;

Fig. 67.

6. nötigenfalls bei Anwendung stählerner Schneideinstru-
mente oder Sonden zugleich magnetisch auf den Fremdkörper einwirken zu können.

§ 77. »System Trüb« (eine Anwendungsform der elektromagnetischen Terapie) wurde in der Praxis zuerst als »System Eugen Konrad« (Permeaelektrizität) eingeführt; später

Fig. 68.

wurde es als das »Neuronsystem Dr. Breigern« propagiert. Die Hamburger Nervenärzte haben im Jahre 1901 dieses Verfahren für ein wissenschaftlich noch nicht genügend begründetes erklärt.

5. Elektromechanik.

§ 78. Die in diesen Abschnitt fallenden Apparate und Instrumente sind je nach dem verschiedenen Zwecke, dem dieselben dienen wollen, verschiedenartig gebaut; sie haben aber alle eines gemeinsam, daß sie nämlich durch Elektromotoren in Betrieb gesetzt werden.

Die Instrumente dieser Kategorie werden benutzt:

α) für chirurgische Operationen,

β) für Operationen in der Zahnheilkunde,

γ) für Massage und Mechanotherapie überhaupt,

δ) zu diversen anderen Zwecken, z. B. Zentrifugieren, Ventilation, in der Röntgenpraxis, zum Betriebe von Influenzmaschinen etc.

α) Chirurgische Instrumente.

In der Knochenchirurgie werden vorwiegend Bohrer, Trephinen, Fräsen und Sägen in Anwendung gezogen.

Die Bohrer teilt man ein in Spitzbohrer und Zentrumbohrer.

Die Spitzbohrer (Fig. 69) sind halbrund, haben wenig Reibung und arbeiten sehr rasch; z. B. zum Anbohren der Oberkieferhöhle etc.

Fig. 69. Spitzbohrer.

Ein Zentrumsbohrer ist in Fig. 70 dargestellt.

Fig. 70. Zentrumbohrer.

Die Trephinen (oder Kronensägen), die zumeist zur Abtragung von Leisten und Spiesen des Nasenseptums verwendet wurden, sind zylinderförmige Stahlröhren, die an ihrem vorderen

Fig. 71. Trephine.

Umfange gezähnt sind. An der Seite ist ein Längsschlitz vorhanden (Fig. 71), um mittels einer Hakenkurette den Bohrkern entfernen zu können. Nebst der einfachen Trephine gibt es

noch Trephinen mit (zentralem) Führungsstift, Trephinen
mit Schutzvorrichtung (Dr. Vohsen) und biegsame Trephinen (Dr. Suchanek); letztere zum Öffnen der Kieferhöhle
nach der Nase hin.

Fig. 72. Kugelfraise.

Die Fräsen sind kugelförmige Bohrer, die ähnlich wie
die der Zahnärzte gebaut sind. Sie dienen zur Ebnung von
kleinen Knochenvorsprüngen, zur Verrundung von scharfen
Ecken und Kanten etc. (Fig. 72).

Fig. 73. Breitspurfraisen.

Der Trepanationsfräser nach Dr. Sudeck hat statt des
kugelförmigen Bohrers einen zylindrischen, welcher vorne in ein
flaches, die Zahnung überragendes Knöpfchen übergeht. Das
Instrument dient zum Ausschneiden von Anteilen der Schädel-
decke (oder der Beckenknochen) etc. Zunächst werden mittels
des Vorbohrers zwei Löcher eingebohrt, die die Endpunkte der

zu schneidenden Kurve markieren. In eines dieser Löcher wird der Trepanationsfräser eingeführt, und indem man ihn kräftig hält, läßt man denselben in der gewünschten Richtung weiter rotieren. Das vordere Knöpfchen verhindert einerseits ein Herausgleiten, anderseits eine Verletzung der Gehirnhaut etc. Die Sägen teilt man ein in gerade und in Kreissägen.

Für die Benutzung der geraden (oder der hin- und hergehenden) Säge, sowie der Meißel (Dr. Bresgen) ist ein Exzenterstück erforderlich.

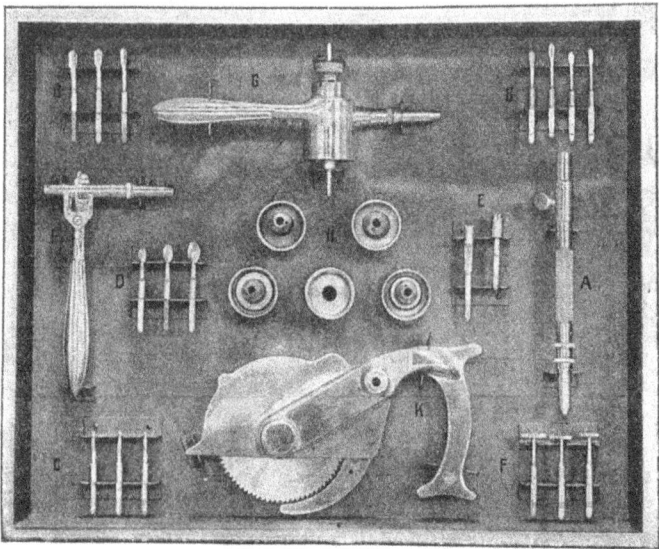

Fig. 74.

Erwähnung verdient u. a. noch die Vielfachpunkturnadel nach Prof. Dr. Lassar mit vergoldeten Spitzen; dieselbe dient zur Stichelung roter Nasen.

Ferner der rotierende Skarifikator nach Professor Dr. Nekam. Das Instrument besteht aus einem S-förmigen Messer von 1 cm Durchmesser, welches um eine zentrale Achse drehbar ist. Man bedient sich derselben zur Beseitigung von Narben, früher auch zur Behandlung von Lupus, Psoriasis, hartnäckigem chronischen Ekzem etc.

In Fig. 74 ist das Krönleinsche Instrumentarium für Trepanation, Resektion und Amputation dargestellt.

β) Zahnheilkunde.

Die in der Zahnheilkunde verwendeten Instrumente, sowohl zur Exkavation als zur Füllung, Polierung etc., werden heute ebenso wie die früher erwähnten chirurgischen Apparate durch Elektromotoren in Betrieb gesetzt. Es ist überflüssig zu erwähnen, daß hierdurch ein exakteres und bequemeres Arbeiten erzielt wird, und daß endlich last but not least eine wesentliche Zeitersparnis gewonnen wurde.

γ) Massage - Instrumente.

Man unterscheidet Instrumente für:

1. Rotiervibrationsmassage (Konkussoren),
2. Rollvibrationsmassage,
3. Klopfvibrationsmassage,
4. Stoßvibrationsmassage usw.

Fig. 75.

Die Konkussoren sind sehr verschieden gearbeitet; es gibt knopf-, platten- und rollenförmige Ansatzstücke, mit denen der kranke Körperteil in Berührung gebracht wird.

Fig. 75 stellt einen knopfförmigen Konkussor für Massage der Nasenflügel, Ohrmuschel etc. dar; eine konkave Erschütterungsrolle für die Wirbelsäule.

Große Verbreitung fand der Massageapparat ›Tremolo‹ mit regulierbarer Wirkung.

Der Motor samt dem Massageapparat ›Tremolo‹ ist in einem Holzkasten untergebracht (Fig. 76). Dieser Vibrationsapparat beruht darauf, daß ein in einem kugelförmigen Gehäuse exzentrisch angeordnetes Gewicht schnell zu rotieren beginnt; durch die exzentrische Lagerung des Gewichtes wird das kugelförmige Gehäuse in Vibration versetzt. Das vernickelte Gehäuse hat die Form einer äußerlich glatten Kugel. Der Antrieb geschieht mittels Elektromotors und biegsamer Welle. Die Regulierung geschieht während der Rotation, indem ein Ring in den Handgriff mehr oder weniger hineingeschraubt wird; eine ähnliche Wirkung erzielt man durch stärkeres oder schwächeres Aufdrücken der Kugel auf den betreffenden Körperteil.

Der neue Universal-Vibrator nach Dr. J. C. Johansen in Kopenhagen dient zur zirkulären oder Friktionsmassage, oder Effleurage zur Vibration, Tapotement etc.

Auch für Behandlung der erkrankten Schleimhäute, wie der Nase, der Ohrtube, der Harnröhre etc. werden mannigfache Typen von Massageapparaten verfertigt und immer mehr vervollkommnet.

Fig. 76. ca. ¹/₅ der natürl. Größe.

δ) Die diversen anderen Zwecken dienenden Elektromotoren lassen sich begreiflicherweise nicht alle aufzählen; es soll nur angedeutet werden, daß man sich derselben als Hilfsapparate zum Zentrifugieren, Ventilieren, zum Antriebe von Unterbrechern in der Röntgenpraxis), von Influenzmaschinen etc. bedient; ferner als Luftpumpen für Trommelfellvibrationsmassage, zur Erzeugung von Druckluft, zum Absaugen von Wasser, Eiter etc. aus Körperhöhlen u. dgl. m.

6. Galvanokaustik.

a) Platinbrenner.

§ 79. Die Platinbrenner, welche an die zuleitenden Kupferdrähte angelötet sind, haben die verschiedensten Formen, Längen
und Biegungen, je nach dem Zwecke, dem sie dienen sollen.
Aus beifolgenden Abbildungen erkennt man, daß es spitzige,
messerförmige, flache, hakenförmige, kugelförmige, schlingen-
förmige etc. Formen der Brennteile gibt (Fig. 77).

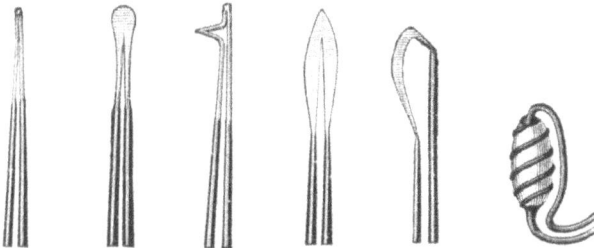

Fig. 77. Galvanokaustische Schlingen.

Zum Operieren in engen Höhlen (z B. Nase, Larynx etc.)
sind die Brenner gedeckt.

Die Brennteile stellt man aus Platin oder aus dem dauer-
hafteren, allerdings auch teureren Platiniridium her.

Die als Schlinge verwendeten Brennteile können auch
aus Stahl sein; die galvanokaustische Schlinge ist in den
sog. Ligaturröhren (= hartgezogenen Messingröhren) zu-
sammenzuschnüren.

Es werden besondere galvanokaustische Etuis zusammengestellt:

1. für Augen- und Ohrenoperationen,
2. für Nase, Rachen, Kehlkopf,
3. für Haut, Harnröhre und Prostata,
4. für Vagina, Uterus, Rektum.
5. Universaletui für alle Eventualitäten.

b) Diaphonoskopie.

§ 80. Zur Diaphanoskopie verwendet man einfache Glühlampen, die mit gewissen Schutzvorrichtungen (Glaskappen,
Wasserkühlung) etc. ausgestattet sein müssen.

Der Patient wird in einen verdunkelten Raum gebracht, und das Diaphanoskop z. B. in den Mund des Patienten gebracht, wenn die Oberkieferhöhlen durchleuchtet werden sollen; der Patient soll dabei den Mund so gut als möglich schließen.

Man verwendet Diaphanoskope zur Durchleuchtung zumeist der Oberkieferhöhlen (J a n s e n , Empyem), für Stirn- und Kehlkopf; ferner für Durchleuchtung der Harnröhre (L o h n s t e i n), des Hodens (Hydrokele), des Rektums und der hinteren Scheidewand (Rektovaginaldiaphanoskop).

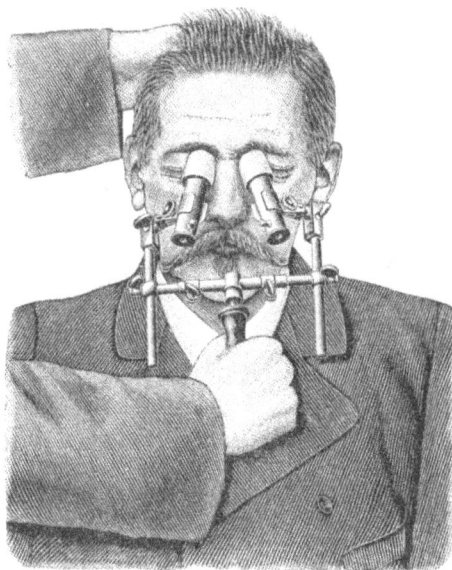

Fig. 78.

Das G a s t r o d i a p h a n o s k o p nach Dr. E i n h o r n besteht aus einem weichen Gummischlauch, dessen vorderes Ende mit dem Lampenträger und Glasschutzhülse montiert ist.

Fig. 78 zeigt das D o p p e l d i a p h a n o s k o p nach Dr. G e r b e r zur Durchleuchtung beider Stirnhöhlen.

c) Endoskopie.

§ 81. Die der Eudoskopie dienenden elektrischen Lichtquellen werden in zweierlei Weise zur Beleuchtung der menschlichen Körperhöhlen benutzt:

a) entweder wird das elektrische Licht einfach oder mit Hilfe
eines Reflektors oder Sammellinse in das Innere des betreffenden
Organs geworfen, z. B. in das Auge, Ohr, Nase, Rachen etc.

Dazu dienen:

1. einfache elektrische Handlampen (Fig. 79),
2. Handlampen mit Sammellinse,
3. elektrische Stativ- und Wandarmlampe,
4. Stirnlampe und Stirnreflektor;

b) oder man versenkt die elektrische Lichtquelle
direkt in die Tiefe der zu untersuchenden Leibeshöhle. Je
nach dem verschiedenen Organsystem unterscheidet man:

1. Nasenendoskop (Salpingoskop oder Antroskop),
2. Tracheoskop,
3. Bronchoskop,
4. Oesophagoskop,
5. Gastroskop,
6. Urethroskop,
7. Rektoskop (Rektoromanoskop (Fig. 80,
8. Vaginoskop,
9. Uteroskop,
10. Kystoskop,
11. Ureteren-Kystoskop,
12. Panelektroskop.

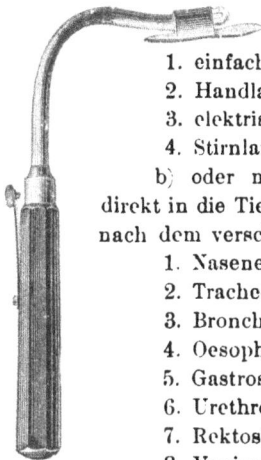

Fig. 79.
Handlampe
mit Zungen-
spatel.

Ad a). Die einfache elek-
trische Handlampe ist durch
eine an einem isolierenden Stoffe
befestigte Glühlampe dargestellt;
diese Lampen sind auch mit kon-

Fig. 80.
Rekto-
Romanoskop.

kavem Glasspiegel, mit vernickeltem Hohlspiegel,
mit Neusilber-Parabolreflektor etc. montiert. Die mit
Sammellinse versehenen Handlampen eignen sich
besonders für augenärztliche Zwecke.

Die Handlampen für Untersuchung des Mundes
und des Kehlkopfes sind mit Zungenspatel (zumeist
aus Hartgummi) versehen.

Die Stirnlampen und Stirnreflektoren werden mittels einer Stirnbinde, einer leicht federnden Kopfspange oder auch eines Kopfreifes aus Hartgummi getragen. Man benutzt sie vorwiegend zur Beleuchtung des Auges, des Ohres und der oberen Luftwege.

Ad b). Das Nasenendoskop (Salpingoskop oder Antroskop) nach Dr. Hirschmann und Prof. Valentin ist in seiner Konstruktion dem Kystoskop (vgl. unten) ähnlich, nur bedeutend kürzer. Der Apparat dient zur Untersuchung, wie schon der Namen andeutet, des mittleren Nasenganges und der Siebbeinzellen, sowie der Highmoreshöhle.

Das Tracheoskop, Bronchoskop und Oesophagosko (Fig. 81) sind einander in ihrer Konstruktion sehr ähnlich. Diese Apparate, sowie auch die meisten übrigen Endoskope beruhen fast ausschließlich auf der kombinierten Anwendung von Sammellinsen mit kleinen Spiegeln.

Das Panelektroskop kann durch Zusammenstellung mehrerer Spezialinstrumente und durch Benutzung des passenden Tubus für Untersuchung der meisten Körperhöhlen benutzt werden.

Das Kystoskop (Nitze, Casper etc.) ist für direkte Beleuchtung der Harnröhre eingerichtet. Zur Vergrößerung des Gesichtsfeldes dient ein Prisma und eine in der Seitenwand des Tubus vor dem Prisma angebrachte Linse.

Betreffs genauer Konstruktion der Endoskope sei auf die Spezialwerke von L. Casper, L. Ebstein, M. Einhorn, Grünfeld, Kilian, Krönig, E. Lang, M. Nitze, Schreiber, Wertheim etc. (vgl. Literaturverzeichnis) verwiesen.

Fig. 82 ist ein Irrigationskystoskop nach Prof. Dr. Nitze. Die zwei Hähne dienen zur Zuleitung und Ableitung von Spülflüssigkeiten. Es ist mit Prisma und optischem Apparat ausgestattet.

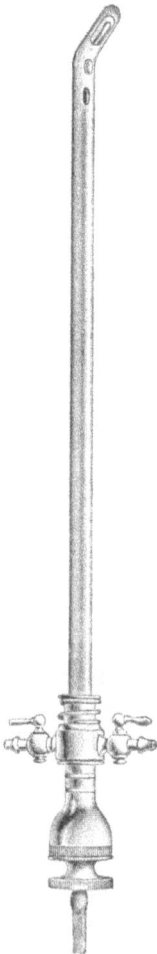

Fig. 81.

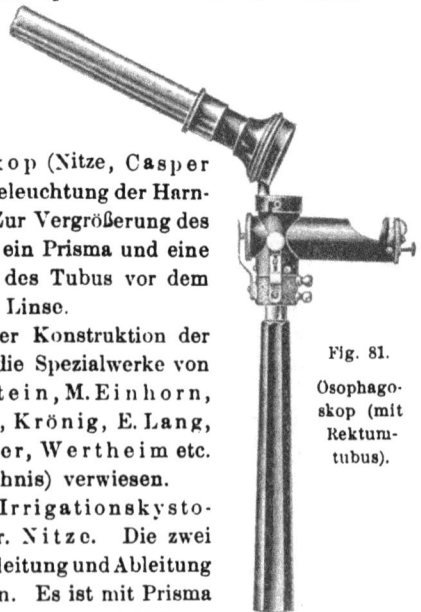

Osophagoskop (mit Rektumtubus).

Fig. 82.

d) Elektrische Lichtheilapparate.

Das elektrische Licht wird nicht nur zu diagnostischen Untersuchungen, sondern seit N. Finsen auch zu therapeutischen Zwecken verwendet. Es ist vorwiegend das elektrische Glühlicht und Bogenlicht[1]), welches in verschiedenen Modifikationen zu phototherapeutischen Zwecken herangezogen wird. Es kommen teils die Wärmestrahlen, teils die chemisch wirksamen Strahlen (durch die besonders das Bogenlicht ausgezeichnet ist) dafür in Betracht. Durch Kombination der Lichtquelle mit farbigen Gläsern, z. B. rot und blau, trachtet man bald den thermisch, bald den chemisch intensiveren Anteil des Spektrums in seiner Wirksamkeit zu erhöhen. Das Glühlicht kann an chemisch wirksamen Strahlen bereichert werden, wenn man den Kohlenfaden mit höherer Spannung brennen läßt als welche er verträgt; jedoch wird dadurch auch die Lebensdauer der Lampe verkürzt. Auch Bogenlampen werden öfters mit Hochspannung gespeist, wenn dadurch ein an chemischen Strahlen reicheres Licht erzielt werden soll.

α) Das elektrische Glühlicht

wird zu Teil- und Vollbädern verwendet.

Die Teillichtbäder benutzt man zur Bestrahlung von bestimmten Körperteilen, z. B. Arm, Bein, Kopf etc. Entweder sind die Glühlampen in Kasten montiert, in die der Patient das kranke Glied etc. hineinstecken muß, oder es sind die Glühlampen in kleinen, handlichen, muldenförmigen Gehäusen angebracht, die man bequem auf jede Körperstelle auflegen kann. Letztere Apparate eignen sich auch besonders für bettlägerige Patienten. Zur Verstärkung der Lichtwirkung sind die Glühlampen mit Reflektoren versehen.

Zum Zwecke eines elektrischen Rumpflichtbades wird ein halbzylinderförmiges Eisengestell über den im Bett liegenden Patienten gelegt und durch die Bettdecke abgedichtet.

Die elektrischen Vollichtbäder dienen zur Bestrahlung des ganzen Körpers mit Ausnahme des Kopfes; diese Bäder werden entweder als Sitz- oder Liegebäder appliziert.

---

[1]) Das Röntgenlicht wird in einem besonderen Abschnitt einer ausführlicheren Erörterung unterzogen.

Der bekannteste Apparat ist das Sitzlichtbad (Fig. 83);
es besteht aus einem großen, polyedrischen Kasten aus Holz,
dessen Innenwände mit Spiegeln oder weißen Glasplatten belegt
sind; letztere reflek-
tieren die Licht- und
Wärmestrahlen besser,
als es die Spiegel tun.
Nach oben hin hat der
Kasten eine Öffnung
für den Kopf und seit-
lich eine Tür, durch
die der Patient ein-
und austreten kann.
Rollschieber ermögli-
chen die Beobachtung
(z. B. auch Pulsfühlen)
des Patienten im Bade.
Wie schon früher er-
wähnt, sind auch bei
den Vollbädern Vor-
richtungen getroffen,
durch Vorschieben von
farbigen Gläsern rotes
und blaues Licht zu
erhalten. Ventila-
toren dienen zur Ab-
saugung der feuchten
Luft und Regulierung
der Temperatur.

Fig. 83.

β) Das Bogenlicht.

Das Bogenlicht ist außerordentlich reich an chemisch wirksamen Strahlen, von denen die blauen und violetten die bedeu-
tendsten sind. Man verwendet dieses Licht zu Teil- und
Gesamtbestrahlung. Da die Wärmestrahlung des Bogenlichts eine verhältnismäßig geringe ist, so wird besonders bei
Gesamtbestrahlung, wo man auch Wärmewirkung wünscht,
das Bogenlicht mit dem Glühlicht kombiniert. Behufs
Dosierung der Wirkung ist das Bogenlicht mit Reflektoren versehen; sowohl der Träger des Bogenlichts als auch der Reflektor
sind verstellbar. Die Gesamtbestrahlung geschieht demnach als:

1. einfaches Bogenlichtbad,
2. kombiniertes Bogenlicht-Glühlichtbad.

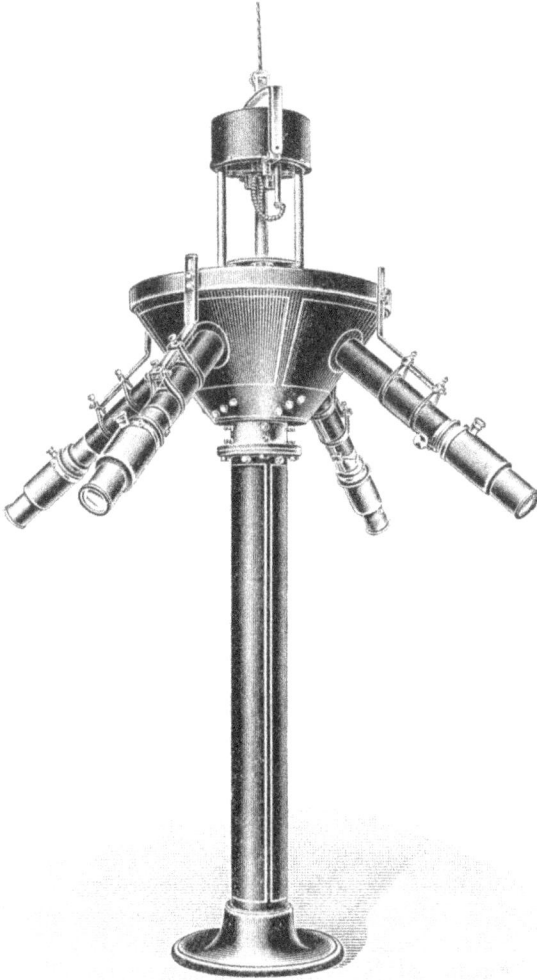

Fig. 84.

Die Teilbestrahlung mit Bogenlicht kann in ähnlicher
Weise wie mit Glühlichtapparaten ausgeführt werden; die für
lokale Behandlung bestimmten Bogenlampen sind von einem

8*

Metallmantel umschlossen und werden von einem leicht beweglichen Stativ getragen. Die Öffnung, durch welche die Lichtstrahlen austreten, kann auch durch farbige Glasscheiben (rot,
blau) zum Verschluß gebracht werden.

Die größte Bedeutung hat unter diesen Vorrichtungen für
Teilbestrahlung der Apparat zur Lupusbestrahlung nach Prof.
Dr. H. Finsen erlangt (Fig. 84). Das Licht wird mittels eines
fernrohrartigen Apparats mit Bergkristallinsen konzentriert. Bergkristallinsen lassen die chemisch wirksamen Strahlen passieren,
während Glaslinsen dieselben zum Teil absorbieren. Die Zwischen-
räume zwischen den einzelnen Linsen sind durch Wasser aus-
gefüllt, das, durch eine Kühlvorrichtung ständig erneuert, die
Wärmestrahlen womöglich vernichtet. Durch einen Zahntrieb
läßt sich der Brennpunkt der unteren Linse leicht einstellen.

Den kompendiösen Apparat trägt ein eisernes Bodengestell.

Die großen Apparate sind gewöhnlich mit vier Konzen-
tratoren versehen, so daß gleichzeitig vier Patienten behandelt
werden können.

Da der erwähnte Apparat nach Finsen ziemlich kost-
spielig ist, so konstruiert man nach diesem Prinzip andere
kleinere Instrumentarien. Das Instrumentarium nach
Finsen-Reyn, das aus einer schwächeren Bogenlampe (nur
20 Ampere gegen 60 bis 80 Ampere beim Finsen-Apparat) und
nur aus einem kleineren Konzentrator besteht. Der Apparat
steht auf einem fahrbaren Stativ.

Die der Behandlung auszusetzende Hautstelle muß möglichst blutleer gemacht werden; das Blut absorbiert nämlich zum
großen Teil die wirksamen Strahlen und behindert die Tiefenwirkung. Die Blutleere erzielt man durch Aufdrücken einer aus
zwei Bergkristallen gebildeten Kapsel, die ähnlich wie der Konzentrator mit einer Wasserkühlung versehen ist.

γ) Neue Eisenlampe nach Dr. Strebel.

Statt der Kohle benutzt man auswechselbare hohle Eisenelek-
troden, welche jedoch kontinuierlich mit durchlaufendem Wasser
gekühlt werden müssen. Strebel konstruierte diese Lampe, da
er erkannt hatte, daß der zwischen Metallen gebildete Voltabogen
als ungemein starke Lichtquelle für Ultraviolett zu gelten habe.

δ) Dermolampe.

Die vom dänischen Ingenieur Kjeldsen konstruierte
Lampe basiert auf demselben Prinzip; er legte ihr den Namen
»Dermo« bei.

Bei der Strebelschen Lampe wird durch Benutzung eines Hohlspiegels aus Magnalium konzentriertes Licht erhalten.

Neue Lichtgeneratoren erzielte Strebel, indem er für den Lichtbogen massive Eisenstäbe benutzte. Diese Stäbe werden in doppelwandige, von Wasser durchflossene Röhren eingelegt; diese Lampe ist dauerhafter und liefert ein konzen-

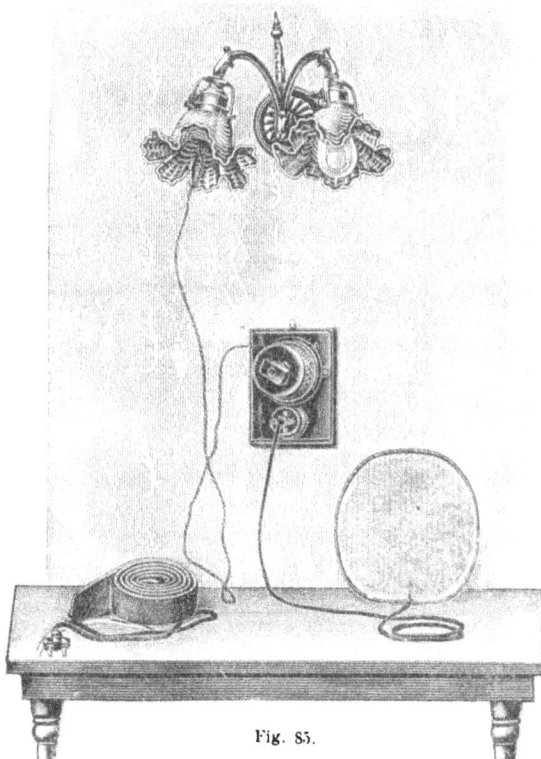

Fig. 85.

triertes Ultraviolett. Hierher gehört ferner: die Herstellung von Elektroden, die neben Ultraviolett auch viel Farbenstrahlen liefern: Mischung von ferrum reductum mit Kohle.

Ferner: Mittels Induktoren von 10 cm Schlagweite wird in luftleeren Räumen elektrisches Glimmlicht erzeugt. Das Licht ist absolut kalt und liefert vorwiegend Blau, Violett und etwas Ultraviolett.

Von Reiniger, Gebbert und Schall werden besondere Bogen-
lampenkohlen hergestellt, die direkt blaues und ultraviolettes
Licht liefern; es sind dies die Blau- und Ultraviolett-
kohlen für elektrische Lichtheilapparate. Diese
Kohlen sollen ohne Erhöhung der Wärmestrahlung um ca. 100 %
mehr chemische Strahlen aussenden.

e) Elektrothermische Apparate.

§ 83. Alle hieher gehörigen Apparate beruhen auf demselben Prinzip, daß ein auf Isolationskörpern spiralig gewundener

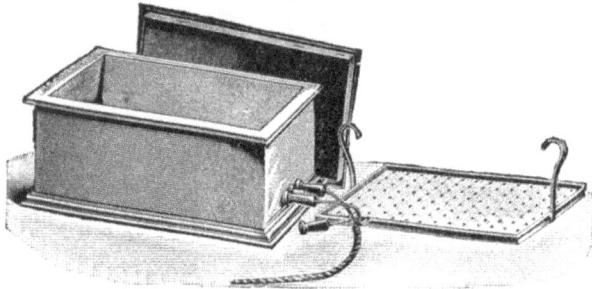

Fig. 86.

Widerstandsdraht oder ein mehr oder weniger breiter Streifen
aus Edelmetall durch den elektrischen Strom erhitzt wird. Viele

Fig. 87. Bettfußwärmer.

Behelfe der Krankenpflege erzielten dadurch eine große Vervollkommnung. Zu nennen wären:

α) elektrische Heißluftapparate und Heißluftbrenner,

β) elektrische Koch- und Sterilisierungsapparate (Fig. 86),

γ) elektrische Öfen,

δ) elektrische Thermophore (Fig. 87), Thermomatratzen,
Betten, Fußwärmer etc.

7. Elektrolytische Apparate.

§ 84. Die auf dem Prinzip der Elektrolyse (Bildung von Ionen) beruhenden Instrumente und Apparate dienen einerseits a) operativen Zwecken und zur perkutanen Introduktion von Medikamenten, anderseits werden damit b) Untersuchungen bestimmter Flüssigkeiten (z. B. Harn, Blut, Milch etc.) ausgeführt.

a) Operationsapparate.

ad a) Elektrolytische Instrumente. Es sind dies vorwiegend nadelförmige Instrumente [1]), die in das zu behandelnde Gewebe (z. B. Warze) eingeführt werden, um dortselbst die chemische Wirkung des galvanischen Stroms zur Entfaltung zu bringen.

Nebst Nadeln werden auch Lanzetten, Messerchen (z. B. bei Rectumstrikturen), Oliven (Ösophagusstenosen), Kohlesonden-Elektroden (für den Uterus nach Dr. Apostoli), schalenförmige Elektroden (für die portio uteri) u. v. a. zur Verwendung gebracht.

Im folgenden einige Abbildungen der gebräuchlichsten elektrolytischen Instrumente (Fig. 88, 89, 90, 91, 93, 94):

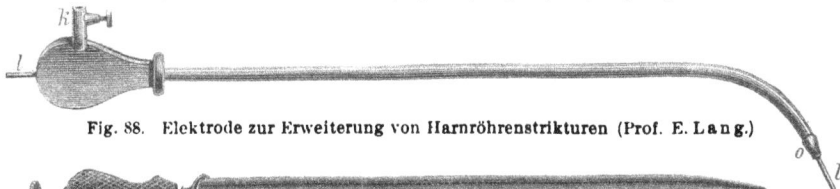

Fig. 88.   Elektrode zur Erweiterung von Harnröhrenstrikturen (Prof. E. Lang.)

Fig. 89.   Rektum-Strikturenelektrode.

b) Untersuchungsapparate.

ad b) Die Leitfähigkeit von Gewebsflüssigkeiten, wie des Harnes, Blutes usw., wird mittels des Apparates nach Dr. Loewenhardt bestimmt. Ganz kleine Mengen dieser Flüssigkeiten, etwa 1 ccm und darüber, genügen, um eine Messung zu

---

[1]) Die mit der Anode (positiver Pol) verbundene Nadel bringt infolge auftretender Säurebildung das Gewebe zur Koagulation (Blutstillung); es entsteht ein trockener Schorf. An der Kathode wird das Gewebe infolge von Basenbildung verflüssigt; es entsteht ein feuchter Schorf; die unter diesem Schorf entstehende Narbe ist zarter und in kosmetischer Hinsicht, wo dies möglich, zu bevorzugen. Für Operationen im Gesicht empfiehlt es sich ferner, Nadeln aus Edelmetall, am besten aus Gold zu benutzen.

ermöglichen. Löwenhardt machte darauf aufmerksam, daß der Harn der gesunden Niere durch höhere Leitfähigkeit ausgezeichnet ist.

Fig. 90. Doppelte Punkturnadel.

Der Apparat nach Dr. Gräupner dient zur Bestimmung der Ionen in Salzlösungen und Badeflüssigkeiten.

c) Kryoskopie.

§ 85. Die Kryoskopie wird nach dem Vorgang von Rüdorff u. a. in der Weise geübt, daß das Gefäß, in welchem sich die zu untersuchende Flüssigkeit befindet, in eine Kühlvorrichtung mit Kältemischung gebracht wird. In der Flüssig-

Fig. 91. Vielfachpunkturnadel (nach Prof. E. Lang).

keit ist ein Quecksilberthermometer mit feiner Teilung. Die Kältemischung wird umgerührt; sobald sich die Flüssigkeit in Eis umgewandelt, notiert man den Stand der Quecksilbersäule,

Fig. 92. Elektrolysenadel mit Halter (einfache Punkturnadel).

nachdem sich dieselbe stabilisiert hat. Vergleicht man den gefundenen Gefrierpunkt mit dem des destillierten Wassers (welches man auf dieselbe Weise zum Gefrieren bringt), so hat man die

Fig. 93. Kohlensondenelektrode für den Uterus (nach Dr. Apostoli).

gesuchte Gefrierpunktserniedrigung resp. Depression (Δ). Beckmann hat dem Apparat eine für die klinische Praxis zweckmäßige Form gegeben. Die Methode wurde zuerst von A. v. Korányi in die klinische Praxis eingeführt.

d) Kataphorese.

§ 86. Der auf diesem Prinzip beruhende Apparat, das Vierzellenbad, System nach Dr. Schnee, wurde früher oben, S. 95, besprochen.

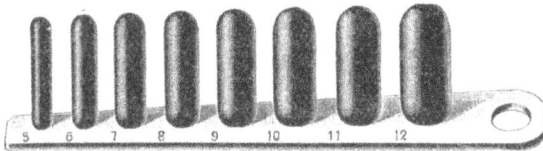

Fig. 94.

Zur mehr lokalisierten Einverleibung von Medikamentenlösungen baut man Spezialelek- troden für Kataphorese. Es sind dies kapsel- förmige Elektroden (Fig. 95), mit einer porösen Tonkappe abgeschlossen. Durch diese Kappe dringen die Flüssigkeitsteilchen der vorher in dieselbe eingebrachten Medikamentenlösung hindurch.

Fig. 95.

8. Diverse elektrische Apparate.

a) Säuglingsbett nach Pfaundler.

§ 87. Pfaundler hat auf der Deutschen Naturforscher- versammlung in Karlsbad (1904) einen Apparat demonstriert, der durch ein Läutwerk signalisiert, daß ein Säugling nicht mehr ›trocken‹ liegt. Zwischen zwei Metallnetzen, die mit den Elek- troden eines galvanischen Elements verbunden, liegt eine trockene Windel; sobald diese vom Kind, das auf den Metallnetzen liegt, naß gemacht wird, ist der Stromkreis geschlossen, und ein Läut- werk beginnt zu läuten (›Baby läutet‹).

b) Gehörprüfer (Akuometer).

Der elektrische Gehörprüfer nach Prof. Dr. Urban- tschitsch (und Breitung) ist mit einer Telephonmuschel versehen.

Der Akuometer (oder Akoumeter) von Cheval besteht aus drei gegeneinander verschiebbare Induktionsspulen, einer elektrischen Stimmgabel, einem Mikrophon, einer Glocke und

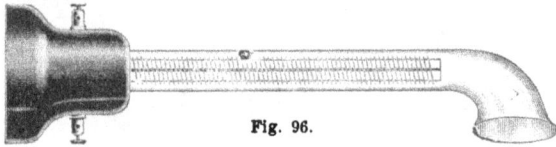

Fig. 96.

zwei Telephonmuscheln; letztere werden an die zu untersuchenden Ohren angelegt.

Elektrisches Ophthalmometer mit feststehendem Spiegel.

Fig. 97.

c) Ozoneurs.

Ozoninhalator oder lokale Franklinische Kataphorese-Elektrode (Fig. 96, 97). Derartige Apparate für Ozonerzeugung[1]), sog. Ozoneure, gibt es verschiedene Modelle; z. B. Ozoneurtype Houzeau-Oudin, nach Weill, nach M. Otto, Guilleminot usw.

d) Anschlußapparate.

Die in der Medizin in Verwendung stehenden elektrischen Apparate und Instrumente wurden bislang durch den von galvanischen Elementen gelieferten Strom in Betrieb gesetzt.

Die in steter Ausbreitung begriffene Starkstromtechnik ist schließlich auch bis in das Gebiet der Medizin vorgedrungen. Der elektrische Starkstrom findet in entsprechender Umwandlungsform auch da immer mehr Verwendung.

---

[1]) Nach den Mitteilungen nach Zacharias und Müsch konstruierte Jirotka einen Ozonapparat, der zum Sterilisieren von Wasser dienen soll. Büschelentladungen ozonisieren einen in das Wasser getriebenen Luftstrom.

Es werden sog. Anschlußapparate gebaut, die sich an Starkstromleitungen mit bestimmten Vorschaltwiderständen anschließen. In übersichtlicher Weise sind an den Anschluß-

Fig. 98. Stationärer Wandanschlußapparat.

apparaten Gruppen von Klemmen angebracht, denen wir bequem den Strom für Galvanisation, Faradisation, Endoskopie, Kaustik und Elektrolyse ent-nehmen können.

Die Anschlußapparate sind entweder fix als sog. Wand-tableaux (Fig. 98) oder trans-portabel (Fig. 99) auf kleinen Fahrstühlen montiert.

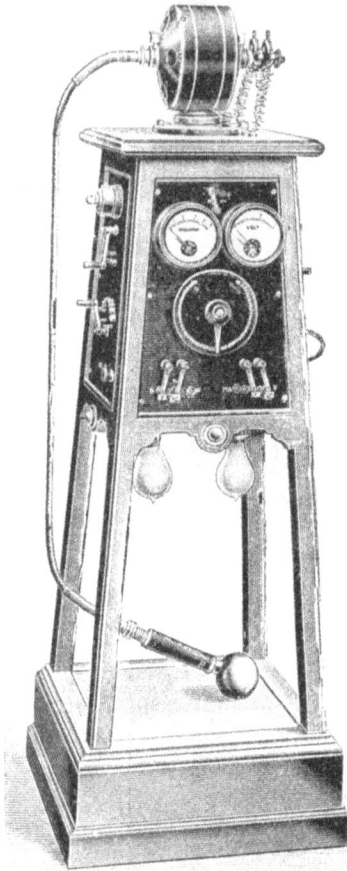

e) Blindenschriftapparat.

Jirotka (cf. Zacharias und Müsch) erfand einen Appa-rat, der zur Herstellung von Schriftwerken für Blinde dient (Blindenschriftapparat). Derselbe beruht auf dem Prinzip, daß hochgespannte Ströme sich auch dann entladen, wenn sich zwischen den Polen ein Isolier-körper (von nicht übermäßigem Widerstand) befindet. Als Wider-stand wird ein Papier benutzt; die durch einen kleinen Induktor erzeugten Funken schlagen durch das Papier Löcher, die von Blinden durch die Tastempfindung wahr-genommen werden. Ob diese neue Methode die alte Art der schriftlichen Verständigung, i. e. Durchstechen des Papiers mit Nadel, verdrängen wird, bleibt ab-zuwarten.

Fig. 99.
Universalapparat »Multiplex«.

V. Röntgentechnik.

§ 88. Zur Erzeugung von Röntgenstrahlen[1] braucht man:

1. Elektrizitätsquelle,
2. Unterbrecher,
3. Funkeninduktor,
4. Regulierwiderstand,
5. Röntgenröhre.

Die erzeugten Röntgenstrahlen benutzen wir entweder nur zur einfachen Durchleuchtung (Röntgenoskopie, Röntgenodiaskopie, Radioskopie, Aktinoskopie etc.) oder zur Anfertigung von photographischen Aufnahmen (Röntgenographie, Röntgendiagraphie, Radiographie, Orthodiagraphie etc.)

Die Röntgenoskopie wird mittels des Baryumplatincyanürschirmes ausgeführt.

Zur Röntgenographie dienen photographische Hilfsmittel (Platte, Fixierungsbad etc.).

1. Elektrizitätsquellen.

§ 89. Zum Betriebe von Röntgeninstrumentarien verwendet man:

a) Primärbatterien,
b) Akkumulatoren,
c) Gleichstrom,
d) Wechsel- und Drehstrom,
e) Influenzmaschine.

Primärbatterien, und zwar Chromsäureelemente, wendet man heute nur dort an, wo weder Akkumulatoren noch Anschluß an irgendeine Starkstromzentrale möglich ist. Wer auf Batterie-

---

[1] Bekannt ist es, daß den Röntgenstrahlen ähnliche Eigenschaften auch das Radium besitzt. Von Interesse dürfte es sein, zu erfahren, daß es Axman in Erfurt mit Hilfe der Firma Beyersdorf & Co. gelungen sein soll, eine plastische Masse, Radiophor genannt, herzustellen, welche dauernd radioaktiv gemacht werden kann. Dieser Körper ist derart widerstandsfähig, daß er sogar ein kürzeres Auskochen verträgt, ohne seine Eigenschaft einzubüßen. Die Zusammensetzung der Masse ist unbekannt. Axmans Angaben zufolge soll das Radiophor dem echten Radium sowohl betreffs der physikalischen als auch der physiologischen Eigenschaften nicht nachstehen. Durch den billigen Preis werden wohl die wünschenswerten Nachprüfungen nicht lange auf sich warten lassen.

126   V. Röntgentechnik.

betrieb angewiesen ist, wird für sein Instrumentarium einen Platin-
oder Quecksilberunterbrecher[1]) wählen.

Letztere Art der Unterbrecher ist auch bei Röntgeninstrumentarien zu verwenden, die durch Akkumulatoren betrieben werden.

Nach Gocht soll man für einen Induktor von 30 cm
Funkenlänge 10 Akkumulatorzellen, bei einem Induktor von
40 cm Funkenlänge 12 und bei einem solchen von 50 cm Funkenlänge mindestens 24 Zellen verwenden. Es werden noch heute
25 bis 30% der Röntgeneinrichtungen für Akkumulatorenbetrieb
geliefert (H. Gocht). Die Quecksilberunterbrecher zieht man
vorwiegend in ihren verbesserten Typen als Motorunterbrecher
mit Tauch-, mit Strahl- und mit Schleifkontakt beim Akkumulatorenbetrieb heran.

Die meisten Röntgenapparate sind an Gleichstrom-
lichtzentralen angeschlossen. Nach H. Gochts Angaben
arbeiten fast 60% aller Röntgeneinrichtungen mit Gleichstrom.
Das kann somit als die Normalanlage angesehen werden.

Als Unterbrecher benutzt man die verschiedenen Quecksilberunterbrecher und den Wehnelt-Unterbrecher.[2])

Auch Wechselstrom läßt sich zum Betriebe eines
Röntgeninstrumentariums verwenden; allerdings zieht man es
vor, sich in solchen Fällen des Wechselstrom-Gleichstrom-
umformers zu bedienen. 12% aller von deutschen Firmen gelieferten Röntgeneinrichtungen sind an Wechselstromzentralen
angeschlossen (Gocht). Für den Betrieb durch ein- oder mehr-
phasigen Wechselstrom (Drehstrom) benötigt man elektroly-ti-
schen, Turbinensynchron oder Gleidridte-Unterbrecher.

---

[1]) Weiter oben wurden die verschiedenen Typen der Unterbrecher und
deren Bedeutung besprochen.

[2]) Nicht zu verwechseln ist dies mit dem Ausdruck Röntgenein-
richtung mit Wehnelt. Es ist dies ein Instrumentarium, das nebst dem
Wehnelt-Unterbrecher ein Induktorium besitzt, welches mit einer Primär-
spule von »veränderlicher Selbstinduktion« ausgestattet ist. Nach
Wehnelts eingehenden Studien wurden von Walter in Hamburg derartige
Primärspulen mit dreistufiger Selbstinduktion gebaut. Die Veränderung der
Selbstinduktion ist von Einfluß auf die Funkenlänge, auf die Qualität der
Funken (dick, hell und blau oder dünn, büschelig, rotgelb), auf die Unterbrechungszahl etc. Zur Erzielung einer dreifachen Abstufung der Selbstinduktion sind um den Eisenkern vier selbständige, übereinandergelegte
Drahtlagen von gleicher Windungszahl gewickelt. Die acht Enden kann man
parallel oder hintereinander schalten, wodurch der Eisenkern verschieden
oft von Strom umkreist wird; der Selbstinduktionskoeffizient wird dreimal
geändert.

Schließlich seien als Stromquelle die Influenzelektrisiermaschinen erwähnt. Soweit es sich um dünne Körperteile handelt, kann man schon halbwegs befriedigende Resultate bekommen. Es haften jedoch diesen Maschinen (zumeist der Wimshurstmaschine) zu viele Nachteile an:

1. wechselnder Feuchtigkeitsgehalt,
2. viel Zeit und Mühe erforderlich für deren Instandhaltung,
3. zum Antrieb ein Motor notwendig,
4. zu geringe Spannung und Intensität. [1])

2. Unterbrecher.

§ 90. Die Bedeutung und der Wert der Unterbrecher wurde früher oben erörtert. Ergänzend hierzu sei bemerkt, daß die Öffnungsströme in der Induktionsrolle stärker sind als die Schließungsströme, weil letztere allmählich anschwellen. Der Unterschied der Spannung zwischen Öffnungs- und Schließungsstrom der Induktionsrolle ist ein so beträchtlicher, daß eigentlich »nur die viel höher gespannten Öffnungsströme, die ihren Ausgleich in langen Funken zwischen den Polklemmen nehmen, in Betracht kommen.«

Die im Induktorium erzielte Stromspannung beläuft sich etwa auf 100 000 Volt und darüber.

3. Funkeninduktor.

§ 91. Bei den meisten Röntgeneinrichtungen steht der Ruhmkorffsche Induktionsapparat im Gebrauch. Die Güte eines Induktionsapparates wird allgemein nach der von demselben gelieferten Funkenlänge bestimmt. Man spricht von einem Induktor mit 20, 30, 60 cm usw. Funkenlänge.

Gocht, Albers-Schönberg u. a. empfehlen einen recht großen Induktionsapparat zu wählen, wobei Gocht 50 cm als genügende obere Grenze bezeichnet.

Gocht erwähnt, daß als Hauptgründe für die Verwendung größerer Induktionsapparate auf der Naturforscherversammlung in Hamburg 1901 angeführt wurde:

»Der große Induktor braucht auch bei hochevakuierten harten Röhren nicht bis zu seinem Maximum beansprucht zu werden.

Der große Induktor gibt eine dem kleineren entsprechende Leistung bei Verwendung geringerer primärer Stromstärke.

---

[1]) Eine einfache Handaufnahme erfordert eine Expositionszeit von 10 Minuten!

Der große Induktor läßt, besonders wenn er mit veränderlicher Selbstinduktion ausgestattet ist, eine genauere detailliertere
Abpassung an das Röhrenmaterial zu.

Der große Induktor schont aus diesem letztgenannten Grunde
und anderen die Röhren mehr, sie werden nur langsam härter.

Der große Induktor nutzt die hochevakuierten harten, aber
noch brauchbare durchdringende Röntgenstrahlen liefernden
Röhren in höherem Grade aus.‹

Gocht bestätigt auf Grund von eigenen sorgfältigen Erfahrungen die oben angeführten Leitsätze, daß die größeren Induktorien — gemeint sind die mit voluminösem Bau und längerer
Funkenlänge — die brauchbarsten sind.

Gochts Angaben zufolge verteilen sich die im Gebrauche
stehenden Induktorien, ihrer Funkenlänge gemäß, folgendermaßen:

20—25 cm	Funkenlänge	22,5 %
30—35 cm	»	32,2 %
von 40 cm aufwärts	»	45,3 %.

4. Regulierapparat.

§ 92. Zur Regulierung des in den primären Stromkreis
eingeschalteten Widerstandes dient ein Rheostat. Man vermag dadurch leicht die jeweilig in Betrieb stehende Spannung
zu vergrößern oder zu verkleinern.

Es gibt mehrere Typen von Widerstandsapparaten, die
hierbei Verwendung finden. Am gebräuchlichsten sind die
Schieber- und Kurbelrheostaten.

Außer diesen allgemein bekannten Widerstandsapparaten
dienen noch folgende Mittel zur Regulierung des Induktors:

a) Änderung der primären Selbstinduktion vgl. S. 65 ff.:
   Röntgenvorrichtung mit Wehnelt,

b) Beeinflussung der Unterbrecherzahl und der Kontakt-
   dauer im Unterbrecher,

c) Regulierung mittels des Wehnelt-Unterbrechers, indem
   die Platinelektrode in ihrer Länge [1] verändert werden
   kann,

d) Reduktion der verwendeten Stromspannung.

---

[1] Da der Wehnelt-Unterbrecher gewöhnlich in einem abgelegenen Raum
zur Aufstellung kommt und ein oftmaliges Verlassen des Röntgenzimmers
behufs Regulierung unbequem wäre, so bringen Reiniger, Gebbert und Schall
Unterbrecher mit mehreren Platinelektroden (2—6) zur Ausführung, die jede
für sich auf gewünschte Länge gleich bei der Installation eingestellt werden.
Die Umschaltung geschieht mittels einer auf dem Schaltbrett angebrachten
Umschaltkurbel.

5. Röntgenröhre.

a) Allgemeines.

§ 93. Die einfache Röntgenröhre[1]) besteht aus einer nahezu luftleeren Glaskugel mit zwei zylindrischen Glasröhrenfortsätzen.

In einem Fortsatze ist die Hohlspiegelkathode aus Aluminium; in dem anderen die Planspiegelanode, die ebenfalls aus demselben Material gemacht ist.

Die Antikathode ragt in die Mitte der Kugel hinein und ist ein Planspiegel aus Platin; sie steht der Kathode in einem Winkel von 45° schräg gegenüber.

Die wirksamen Kathodenstrahlen gehen vom Hohlspiegel der Kathode aus und finden ihren Brennpunkt auf dem Platinblech der Antikathode. Nur wenn sich dieser Punkt auf dem Platinblech befindet, gibt die Röhre sog. Focusstrahlen und mithin gute Bilder; der Brennpunkt der Strahlen muß feststehen, er darf nicht »tanzen«.

Der übrige Anteil der Antikathode und ebenso die Röhrenwand sendet schwächere Strahlen aus, die den Namen Sekundärstrahlen oder auch vagabondierende Röntgenstrahlen führen.

Das Glas der Röhre soll gleichmäßig, jedoch nicht zu dick sein, damit die Focusstrahlen unbehindert passieren können.

Die meisten Röhren, die aus deutschem Kaliglas fabriziert sind, phosphoreszieren grün, die aus Bleiglas verfertigten leuchten blau auf.

Die Antikathode ist bei den meisten Röhren mit der Anode in leitender Verbindung; es erweist sich dies als zweckmäßiger, wenn auch der Grund nicht vollkommen aufgeklärt ist.

Stellen wir uns vor, es sei die Glaskugel durch eine parallel zur Antikathode gelegte Ebene in zwei Hälften geteilt, in die Kathodenhälfte, die vor der Antikathode liegt, und in die Anodenhälfte, welche dahinter, im Umkreise der Anode, sich befindet.

Läßt man den Strom passieren und allmählich ansteigen, so sieht man, wie die Kathodenhälfte immer heller wird, bis sie in gleichmäßigem, schönen grünen oder grünlichgelben Licht erstrahlt; die Anodenhälfte wurde auch heller, doch ist sie im Vergleich zur Kathodenhälfte als dunkel zu bezeichnen.

---

[1]) Die historische Entwicklung dieses Apparates ist im physikalischen Abschnitte skizzenhaft wiedergegeben.

Die Intensität des Lichtes wird mittels des später zu erwähnenden Fluoreszenzschirmes geprüft

Läßt man die Röhre durch mehrere Minuten leuchten, so wird der Brennpunkt auf dem Aluminiumblech, wo sich die Kathodenstrahlen sammeln, derart heiß, daß es zu glühen beginnt. Gute Röhren sollen das Platinblech nur im Umkreise von 1—2 mm erglühen lassen.

Bei Überlastung der Röhre wird diese punktförmige Stelle durchgebrannt.

An eine gute Röhre müssen wir nach G o c h t folgende Anforderungen stellen:

›Eine gute Röhre soll schon äußerlich daran erkenntlich sein, daß die helle Kathodenhälfte scharf von der dunklen Anodenhälfte beim Stromdurchgang getrennt erscheint, daß sie exakt geteilt ist. Das Fluoreszenzlicht in der Kathodenhälfte muß ganz gleichmäßig grün sein, ohne daß Ring- oder Fleckbildung an der Röhrenwand eintritt.

Eine gute Röhre muß einen möglichst kleinen, festliegenden Brennfleck haben und ein gleichmäßig intensives Röntgenlicht liefern, das gestattet, in der üblichen Schnelligkeit eine gute, das heißt scharfe und wohl differenzierte Aufnahme zu machen oder auf dem Fluoreszenzschirm ein gutes Durchleuchtungsbild zu entwerfen.

Eine gute Röhre muß von größter Haltbarkeit bei richtiger Handhabung sein und Ströme von hoher Spannung und Intensität vertragen, damit die ziemlich hohen Kosten durch die Möglichkeit eines sehr langen Gebrauches einigermaßen aufgewogen werden.‹

Man bezeichnet die Röntgenröhren als:

1. w e i c h,
2. h a r t

und mit den weiteren Merkmalen: s e h r   w e i c h   und   s e h r   h a r t. Diese Einteilung ist vom Grade der Luftleere abhängig.

Die Röntgenröhren werden bei starker Erhitzung durch Bunsenbrenner durch Passage eines sekundären Stromes evakuiert.

Ist eine Röhre außerordentlich stark evakuiert, so daß die Luftleere eine sehr bedeutende ist, dann sprechen wir von einer h a r t e n Röhre. Harte Röhren haben ein sehr starkes D u r c h - d r i n g u n g s v e r m ö g e n; mit anderen Worten, selbst die dicksten Knochen geben kaum noch einen Schatten, da die Strahlen einer harten Röhre sogar Metalle durchdringen.

Das Licht einer harten Röhre ist gewissermaßen zu hell, es läßt keine Kontraste erkennen.
Man muß jedoch unterscheiden, daß das Durchdringungsvermögen (Größe der Penetrationskraft) nicht identisch
ist mit der chemischen Wirkung der Röntgenstrahlen. Mit
anderen Worten: je härter eine Röhre ist, um so kleiner ist die
chemische Wirkung der Röntgenstrahlen. Es erhellt ohne weiteres,
daß man behufs photographischer Röntgenaufnahmen den
weichen Röhren den Vorzug geben wird.

Aus der Länge der Funkenstrecke, auf welche der Induktor
eingestellt sein muß, damit die Röhre schön und hell aufleuchte,
vermag man sich über den Härtegrad der Röhre ein Urteil
zu bilden.

Röhren, die erst durch Ströme von 20, 30 und 40 cm
Funkenlänge erregt werden, sind als harte zu bezeichnen.

Wie schon gesagt, decken sich Penetrationskraft und
chemische Kraft einer Röhre nicht. Nach Albers-Schönberg sind jene Strahlen die chemisch wirksamsten, die einer
Evakuierung von 5—30 cm Funkenlänge entsprechen.

Daß man trotzdem große Induktorien mit mehr als 30 cm
Funkenlänge beansprucht, hat seinen Grund darin, daß die Re-
gulierfähigkeit eines kleinen Apparates (der z. B. nur 30 cm
Funkenlänge hat) eine viel schwierigere ist, daß ferner die
Qualität der Funken von 30 cm eines kleinen Apparates eine
andere ist als die Funken von derselben Länge eines großen, daß
schließlich ein für große Funkenlänge gebauter Apparat bei Benutzung von nur 30 cm nicht überlastet wird.

Die Funkenlänge einer Röhre wird am Induktor ausprobiert.
Die beiden Enden der Induktionsrolle (i. e. sekundäre Spirale)
endigen in zwei Polklemmen. Mit diesen Ableitungsklemmen
der sekundären Wickelung ist einerseits mittels zweier Kabel
(sog. Hochspannungskabel) die Röntgenröhre in leitende
Verbindung gebracht, anderseits aber ist daran eine Vorrichtung
für Untersuchung der Funkenlänge (des Induktors) angebracht.
Es sind dies zwei senkrecht stehende Metallstäbe, von denen
einer eine runde Metallscheibe, der andere eine horizontal verschiebbare spitze Stange trägt.

Die Spitze der Stange kann der Scheibe nähergebracht oder
entfernt werden.

Die Stange mit der Spitze entspricht der Anode, die Scheibe
der Kathode. Läßt man den Apparat in Funktion treten und
ist die Distanz von Spitze und Scheibe nicht zu groß, so sieht

man die Funken in einem geschlossenen Bande von der
Spitze zur Scheibe übergehen. Die Funkenlänge kann man in
Zentimetern — die Stange ist mit einer solchen Teilung versehen — ablesen. Die maximale Distanz, bei welcher Funken
noch im geschlossenen Band übergehen, gibt uns Aufschluß
über die Leistungsfähigkeit des Induktoriums.

Die Röhre wird in der Art eingeschaltet, daß ihre Kathode
mit der Scheibe, die Anode mit der Spitze verbunden wird.

Die Funkenlänge der Röhre wird nun in der Weise ausprobiert, daß man Spitze und Scheibe, zwischen denen die
Funken im geschlossenen Band übergehen, allmählich so lange
auseinanderzieht, bis der Funkenüberschlag zwischen den letzteren aufhört und seinen Weg durch die Röhre nimmt: die
Röhre leuchtet auf.

Die Funkenlänge der Röhre ist mithin durch
die Distanz von Spitze und Scheibe, in Zentimetern ausgedrückt, bestimmt.

Höher evakuierte Röhren beanspruchen eine größere Funkenlänge; sie sind härter.

Niedrig evakuierte Röhren sind weicher; sie leuchten
schon bei kleiner Funkenlänge.

Jede Röhre verändert sich allmählich durch den längeren
Gebrauch; dieselbe wird endlich bald zu hart, bald zu weich.

Dieser Endeffekt ist von mehreren Umständen abhängig.

Infolge der sich wiederholenden Strompassage wird die
Evakuierung der Röhre ständig gesteigert (sog. Selbstevakuierung).

Das Vakuum wird verringert, d. h. die Röhre wird härter,
wenn die Röhre infolge langdauernder Inanspruchnahme zu sehr
erhitzt wurde.

Dazu kommt noch, daß sich von der Antikathode während
des Betriebes immer kleinste Platinteilchen loslösen und an der
Glaswand festsetzen; durch diese sich loslösenden Platinteilchen
werden Luftteilchen gebunden, so daß die Röhre immer leerer
und damit härter wird.

Wild und Gocht haben den Schließungsstrom als
Ursache der Erhöhung des Vakuums angesprochen.

»Leitet man den Strom des Induktors einige Augenblicke
in umgekehrter Richtung durch eine Röntgenröhre, macht also
die Anode zur Kathode, so findet man bei später richtiger
Schaltung das Licht der Röhre bedeutend durchdringender, die
Röhre ist härter geworden. Was also im Gebrauche nur lang-

sam erfolgt, hat man hier in einigen Augenblicken herbei-
geführt. Für beides nun läßt sich eine gemeinsame Ursache
finden.‹

›Die Induktionsströme sind Wechselströme, und was wir
Anode und Kathode nennen, bezieht sich nur auf den weit über-
wiegenden Öffnungsstrom. Der Schließungsstrom ist dem fast
nur in Betracht kommenden Öffnungsstrom entgegengesetzt,
macht also für einen Augenblick die Anode zur Kathode,
d. i., er hat dieselbe Wirkung, wodurch wir eben im Experiment
ein rasches Härterwerden der Röhre erzielten. Der Schließungsstrom ist demnach die Ursache der Erhöhung des Vakuums.
Da derselbe nur schwach ist, so wird durch seine Wirkung das
Hartwerden der Röhren im Gebrauche auch nur langsam, aber
unausbleiblich erfolgen.‹

b) Härteskala der Röntgenröhre.

§ 94. Zur Röntgenlichtmessung, zur zahlenmäßigen Feststellung der Penetrationskraft wurden verschiedene Apparate
konstruiert. Diese Apparate führen den Namen Aktinometer,
Skiameter. Gocht schlägt vor, diese Instrumente ›Licht-
messer‹, ›Röntgenlichtmesser‹ zu nennen.

Das erste derartige Instrument wurde von Biesalski in
Berlin konstruiert und von Reiniger, Gebbert & Schall zur Ausführung gebracht. Es besteht im wesentlichen aus viereckigen
Stanniolfolien, die in verschiedener Dicke und schachbrettartig
auf einem Pappendeckel aufgelegt sind. Im ganzen ist das Feld
in 36 Quadrate eingeteilt und von 1 an fortlaufend numeriert.
Jede Nummer entspricht der Zahl der auf dem betreffenden
Quadrate aufgeschichteten Stanniolblättchen; so sagt z. B. Nr. 9,
daß dieses Quadrat aus 9 Blättchen besteht usw. Die Quadrate
sind von einem Baryumplatincyanürschirm gedeckt. Die Numme-
rierung des letzten noch gerade durchstrahlten Stanniolfeldes
gibt uns einen Anhaltspunkt für den Härtegrad der Röhre; demgemäß spräche man von 36 Härtegraden der Röntgenröhre.

Diese Art der Härtebestimmung, die auch dem Apparat von
Bose zugrunde liegt, hat sich in der Praxis nicht bewährt.

Ähnliche Apparate sind weiters von Walter, Benoist
in Paris u. a. konstruiert worden.

Benoist machte sich bei der Konstruktion seiner Härte-
skala den Umstand zunutzen, daß sich die Durchlässigkeit des
Silbers gegenüber dem Lichte verschieden harter Röhren weniger

auffällig ändert als die Durchlässigkeit des Aluminium. An
der Peripherie einer 0,11 mm dicken Scheibe aus Silberblech
sind 12 Sektoren aus Aluminiumblech angebracht, deren Dicke
in arithmetischer Progression von 1 mm bis 12 mm anwächst.
Bei der Prüfung einer Röhre sucht man denjenigen Sektor auf,
der denselben Helligkeitsgrad wie die Silberscheibe aufweist.
Es gibt da 12 Härtegrade. Diese Skala wurde von W a l t e r
verbessert. Er verwendet nur 6 Aluminiumbleche, deren Dicke
nach einer arithmetischen Reihe zweiter Ordnung ansteigt.
Außerdem hat W a l t e r noch einen Bleischirm u n d ein Be-
obachtungsmetallrohr hinzugefügt. [1])

    W e h n e l t verbesserte das Radiometer von Benoist, indem
er dem Aluminium die Form eines Keiles gab.

    G o c h t hält die bisher verfertigten Röntgenlichtmesser
nicht für praktisch. Nach ihm ist die menschliche Hand das
beste Testobjekt [2]), weil sie groß ist und zwei Komponenten besitzt, Weichteile und Knochen, die eine rasche und bequeme
Beurteilung der Differenzierung ermöglichen. Knochen und
Weichteile sind durch verschiedene Absorptionsfähigkeit für
Röntgenstrahlen ausgezeichnet.

    Nach G o c h t muß eine praktische Skala folgende zwei
Fähigkeiten besitzen: ›Erstens nach Art der bisherigen Meßinstrumente das Durchdringungsvermögen festzustellen, zweitens
durch den Augenschein das Differenzierungsvermögen übereinander liegender Teile direkt und deutlich groß zu erkennen‹.

    In der Reihe der Röntgenlichtmesser sei endlich das sog.
C h i r o s k o p von K o h l erwähnt. Es besteht aus einem Leucht-
schirm, hinter welchem eine präparierte Skeletthand in einem
Kasten befestigt ist. Als Ersatz für die Fleischteile ist der Hand
eine Zinnfolie unterlegt.

    A l b e r s - S c h ö n e b e r g unterscheidet vier Grade des
Röhrenvakuums:

               1. hart,
               2. mittelweich,
               3. weich,
               4. sehr weich.

---

[1]) Die für den Handel bestimmten Härteskalen nach W a l t e r werden
im physikalischen Staatslaboratorium in Hamburg geprüft und erhalten ein
amtliches Attest.

[2]) G o c h t betont es besonders, daß er es nicht empfehle, in praxi die
Hand als Testobjekt zu benutzen. Dies sei ganz unstatthaft und unbedingt
zu vermeiden. Wie wir später erfahren, können dadurch ernste Hautläsionen
entstehen, sog. Röntgenverbrennungen.

Die harte Röhre. Bei dem Gebrauche einer harten
Röhre finden an den zuleitenden Drähten lebhafte Büschelentladungen unter erheblicher Ozonentwicklung statt. Der
Funken schlägt bisweilen um die Röhre herum oder über dieselbe hinweg. An der Anode bilden sich wandernde und heller
als die übrige Röhrenwandung fluoreszierende Flecke. Die
Fluoreszenz der Röhre ist relativ matt. Auf dem Baryum-Platin-
cyanürschirm erscheinen die Knochen der Handbilder hellgrau,
transparent, Handwurzelknochen sind deutlich voneinander zu
differenzieren; am Radius und an der Ulna, welche klar erscheinen, erkennt man Corticalis und Markhöhle. Eine solche
Röhre ist für röntgenographische Zwecke überhaupt unbrauchbar. [1]

Die mittelweiche Röhre. Man konstatiert keine oder
sehr geringe büschelförmige Entladungen der zuführenden Drähte.
Die Röhre erglänzt scharf geteilt in stetigem, ruhigem Fluoreszenzlicht, keine fluoreszierenden Flecken treten auf. Im Durchleuchtungsbild erscheinen die Knochen grauschwarz, die Handwurzelknochen lassen sich deutlich voneinander differenzieren.
An den Mittelhandknochen und Phalangen erkennt man Markhöhle und Corticalis.

Die weiche Röhre. Auf dem Durchleuchtungsbild erscheinen die Phalangen und Mittelhandknochen schwarz, die
Weichteile der Finger sind dunkel und kontrastieren scharf gegen
die übrigen Teile des Schirmes. Dieses Kontrastes wegen erscheint das Fluoreszenzlicht des letzteren besonders leuchtend.
Die Handwurzelknochen sind gar nicht, Radius und Ulna gut
voneinander zu differenzieren.

Die sehr weiche Röhre. Im Durchleuchtungsbild erscheinen die Handknochen tintenschwarz. Das Fluoreszenzlicht
hat einen Stich ins Blaue, oft stellt sich Anodenlicht ein.‹

---

[1] Es ist nicht zu leugnen, daß man mit einer solchen Röhre in etwa
15 Sekunden ein Becken, eine Hand sogar als Momentaufnahme machen
kann, indessen sind die Bilder meines Erachtens wegen Fehlens jeglichen
Kontrastes für die Diagnose unbrauchbar. Es sind eben im wahren
Sinne des Wortes nur Schattenbilder, denen die Plastik mangelt . . . . . .
Solche Röhren sollte man lediglich nur dann brauchen, wenn man
beispielsweise einen Fremdkörper suchen will, wobei es auf Knochen-
darstellungen nicht ankommt. Der Fehler dieser Röhren besteht, wie schon
besprochen, in ihrer Eigenschaft, außerordentliche Mengen von Sekundärstrahlen auszusenden.

c) Behandlung der Röhren.

§ 95. Die Röntgenröhre bedarf einer sehr sorgfältigen Behandlung. Das Einhängen derselben in den Induktor, das mittels der Karabiner des Hochspannungskabels geschieht, soll zart durchgeführt werden, ebenso das Einspannen der Röhre in das Holzstativ. Durch grobes Manipulieren erleidet die Röhre leicht Schaden. Da Temperatur und Feuchtigkeitsgehalt der Luft von Einfluß auf die Funktionstüchtigkeit der Röhre sind, so bewahre man die Röhre an gleichmäßig temperiertem Orte auf; mittlere Temperatur und Feuchtigkeitsgehalt ist am besten.

Die Röhre soll in einer mindestens 1 m großen Distanz entfernt vom Induktor ihre Aufstellung finden. Wichtig ist es, daß die Röhre ihrem Zustande entsprechend normal belastet werde; dabei ereignen sich zumeist zwei Fehler: entweder erhält die Röhre nicht die g e n ü g e n d e Belastung, oder sie wird ü b e r l a s t e t.

Erhält die Röhre die e r f o r d e r l i c h e g e n ü g e n d e Belastung, so gibt sie das beste Röntgenlicht; dies erkennt man äußerlich an der gleimäßigen Teilung der Röhre; die eine Hälfte leuchtet schön hell und grün und zeigt weder Flackern noch Fleckbildungen.

Ist die Röhre zu w e n i g b e l a s t e t, so ist die Differenzierung der beiden Röhrenhälften nicht ganz deutlich, dem Lichte fehlt somit auch die kräftige grüne Farbe. Die Unterbelastung erkennt man außerdem auch am Schirm; das Bild der Hand ist dunkel, sehr undeutliche Differenzierung von Knochen gegen die Weichteile. Die Korrektur der Unterbelastung geschieht durch Zufuhr von etwas mehr Strom im primären Stromkreis, durch Ausschalten von Widerstand, durch Schwächen der Selbstinduktion, durch Verlängerung des Anodenplatinstiftes beim W e h n e l t - Unterbrecher usw.

Die Ü b e r l a s t u n g ist weitaus der häufigste Fehler, der gemacht wird. Dies läßt sich bald erkennen, denn schon nach verhältnismäßig kurzer Zeit des Funktionierens erscheint der Platinspiegel der Antikathode in starker Rotglut; nebstdem ist das Fluoreszenzglühlicht grellgrün. Durch die starke Erhitzung der Antikathode und mithin der Röhre wird das Vakuum wesentlich verringert (d. h. die Röhre wird weicher), wodurch die Überlastung nur noch mehr steigt.

Arbeitet man mit einer derart überlasteten Röhre weiter, so stellt sich bald Weißglut des Platinbleches ein, und in diesem Zustande schmilzt das Blech im Zentrum des Brennflecks durch. In diesem Moment tritt ein lebhaftes Flackern und Knistern auf, die geschmolzenen Metallteilchen werden gegen die Glaswand nach vorne geschleudert, wo sie eingebrannt liegen bleiben.

Eine durchgebrannte Röhre kann man zu Röntgenaufnahmen kaum mehr verwenden.

Die Korrektur der Überlastung geschieht durch Verringerung der Stromstärke des primären Stromkreises, durch Einschalten von Widerständen, durch Erhöhung der Selbstinduktion, durch Verkürzung des Anodenplatinstiftes beim Wehnelt-Unterbrecher usw.

Trotz größter Vorsicht kann es sich ereignen, daß die Röntgenröhren, besonders die harten, durch verkehrten Funkenschlag geschädigt, d. h. durchschlagen werden. In einem solchen Falle verringert sich das Vakuum in sehr rapider Weise, und in wenigen Sekunden tritt in der Röhre ein blauviolettes Band auf. Bei genauer Untersuchung findet man in der Glaswand eine kleine Lücke oder einen Sprung. Eine solche Röhre ist vollkommen unbrauchbar.

d) Die Regulierung des Vakuums.

§ 96. Jede Röntgenröhre wird durch den Gebrauch allmählich immer härter; schließlich wird dieselbe so hart, daß der Funkenüberschlag nicht mehr durch die Röhre, sondern um dieselbe herum stattfindet. Läßt man eine solche Röhre eine Zeitlang außer Gebrauch, oder erwärmt man dieselbe langsam in einer Temperatur bis 200° C, indem man sie z. B. in einen Brutofen stellt, so läßt sich dieselbe auf eine beliebige Weichheit wieder zurückbringen; allerdings werden die Röhren nach längerem Gebrauche abermals hart.

Um aber die Röhre in ihrem Härtegrad bequem und sicher regulieren zu können und auch für längere Zeit dauerhaft zu erhalten, dazu wurden verschiedene Reguliervorrichtungen ersonnen:

α) Die widerspenstig gewordenen Röhren werden behufs Regenerierung von Albers-Schönberg in einem Trockensterilisator durch den Bunsenbrenner auf 190° bis 200° erwärmt.

Nach Erreichung der gewünschten Temperatur läßt man die Röhre gemäß ihrem jeweiligen Härtegrade $^1/_4$—$^1/_2$ Stunde im Ofen liegen. Wie schon erwähnt, ist der Erfolg von kurzer Dauer.

β) Eine schlecht leuchtende Röhre wird wieder brauchbar, wenn man den Kathodenröhrenfortsatz in seiner ganzen Ausdehnung bis zum Aluminiumspiegel mit einem 2 cm breiten Mullstreifen fest umwickelt. Der etwa 30 cm lange Mullstreifen muß jedoch vorher in Wasser getaucht und gut ausgedrückt werden. Das Mittel stammt von Hirschmann und wirkt nachhaltiger als das ersterwähnte. Andere verwenden statt des Mullstreifens ein mit Glyzerin besprengtes Holzrohr oder ein weiches Wachstuch.

γ) Eines der ältesten Mittel, das schon von Crookes angegeben wurde, besteht darin, daß man in ein Seitenröhrchen eine Substanz bringt, die bei ihrer Erwärmung Gas abgibt und derart das Vakuum verringert. Bei Abkühlung wird wieder ein Teil des Gases absorbiert. Ursprünglich verwendete man Ätzkali und Phosphor dazu.

Mittels eines Streichholzes oder einer Spiritusflamme erwärmte man das angeschmolzene Röhrchen, worauf sofort Gasbildung zustande kam. Der Nachteil dieser rasch wirkenden Methode bestand darin, daß es schwer war, das richtige Maß der Gasentwicklung zu treffen.

Exakter wurde die Regulierung, als man mittels des elektrischen Stromes die Erwärmung vornahm.

An manchen Röntgenröhren sind außen Metallspitzen angebracht, zwischen denen der Funkenüberschlag stattfindet, wenn der Durchgang durch die zu harte Röhre unmöglich ist. Bringt man eines der beiden Chemikalien in einen der zylinderförmigen Glasröhrenfortsätze, und läßt man den Strom zwischen den Spitzen, die man auf beliebige Distanz einstellen kann, hindurchgehen, so erwärmen die in dem zylinderförmigen Glasröhrenfortsatz entstehenden Strahlen den Phosphor oder das Kali; durch das sich entwickelnde Gas wird das Vakuum der Röhre erniedrigt; damit ist aber auch sofort der natürliche Weg für den Strom gegeben, die Röhre beginnt hell zu leuchten, der Stromübergang zwischen den Spitzen hört von selbst auf. Mithin ist auch der Gasentwicklung eine Grenze gesetzt.

δ) C. H. F. Müller hat unter Beibehaltung des oben auseinandergesetzten Prinzipes an Stelle der beiden Chemikalien eine kleine Marienglasplatte gesetzt. Die Marienglasplatte scheidet durch Erhitzen ebenfalls Gase ab, die aber dauernd

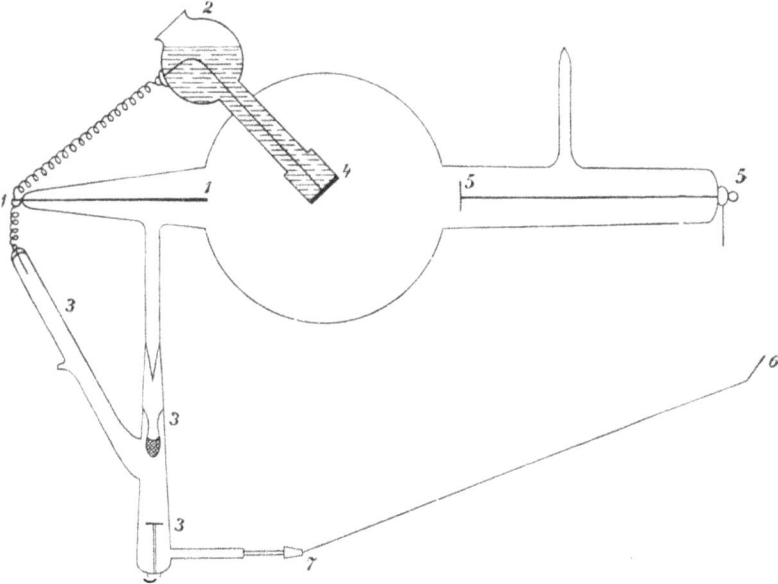

Fig. 100 Müllersche Röhre für hohe Beanspruchung.

ausgeschieden bleiben und nicht wieder nach kurzer Zeit gebunden werden, wie es bei Phosphor und Kali geschieht. Die Erniedrigung des Vakuums bleibt bestehen.

ε) Die ursprünglich in Frankreich angewendete Regulierung durch Osmose führte Gundelach auch in Deutschland ein. Der Kathodenröhrenfortsatz trägt einen kleinen zylindrischen Ansatz, in welchem ein nach außen hermetisch abgeschlossenes Platinröhrchen eingeschmolzen ist. Wird das Platinröhrchen mittels einer Gas- oder Spiritusflamme erwärmt, so diffundiert der Wasserstoff der Flamme durch das Platin in die Röntgenröhre hinein. Das Vakuum wird erniedrigt.

Es empfiehlt sich, die neu regulierte Röhre erst vollkommen erkalten zu lassen, bevor sie wieder gebraucht wird. Die Regulierung geschieht an der stromlosen Röhre. (Bei den früher erwähnten Methoden während der Strompassage.)

Das Platinröhrchen ist nach durchgeführter Regulierung mit einer Glaskappe zu bedecken.

ς) Regulierung nach der Methode der Voltohm·Elektrizitätsgesellschaft. Die Antikathode ist aus einem

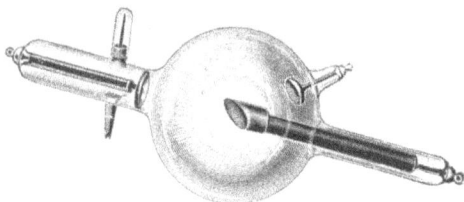

Fig. 101. Röhre nach Gundelach
(Antikathode aus lackiertem Eisenblock mit Platinspiegel).

starken, massigen Kupferklotz mit aufgelöteter Platinplatte gebaut, welcher infolge der Strompassage stark erhitzt und rotglühend wird; dabei findet Gasentwicklung statt.

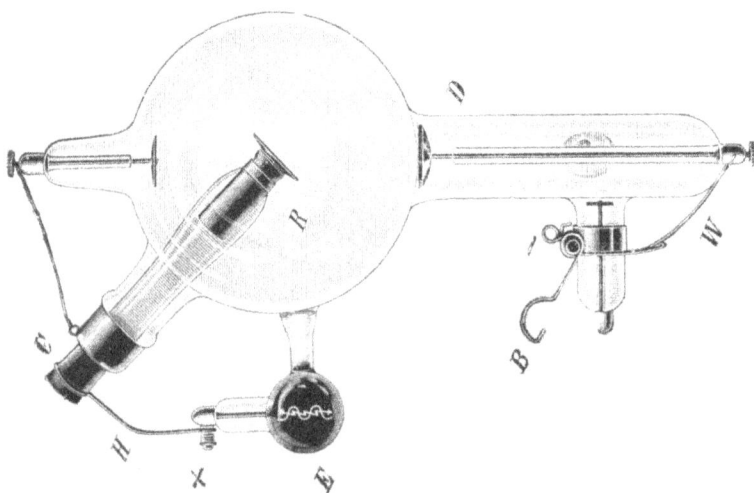

Fig. 102. Röntgenröhre mit Wasserfüllung (Hirschmann).

η) Durch ein feingearbeitetes Ventil wird der Röhre Luft von außen zugeführt. Es ist dies die Methode Levy-Hirschmann.

ϑ) Regulierung mit Vorrichtung zur auto-
matischen Einstellung auf konstantes Vakuum
(Reiniger, Gebbert & Schall). Diese Röhre besteht aus
einer Haupt- und Nebenröhre, die miteinander kommunizieren.
Die Nebenröhre enthält einen Stoff, welcher Gas abgibt, sobald
der Strom durch die Nebenröhre geleitet wird. Um diese Strompassage zu ermöglichen, besitzt die Nebenröhre einen beweglichen
Metallhebel, dessen freies Ende der Zuleitungsöse der Kathode
genähert werden kann.

Wird die Röhre während des Betriebs zu hart, so dringt
der Funkendurchschlag von der Kathodenstelle zu jenem Hebel
und durch die Nebenröhre weiter. Sobald die Röhre
wieder weicher geworden, nimmt die Elektrizität
ihren vorgeschriebenen Weg durch die Röhre.

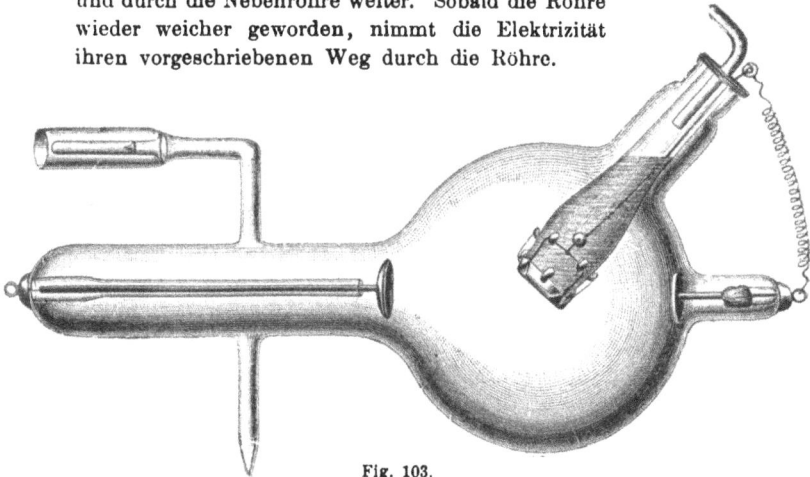

Fig. 103.

Kontraströhre mit Wasserfüllung (Dr. Levy).

In der Nebenröhre ist aber noch eine Metallspirale auf
einem Glasstabe aufgewickelt. Diese Spirale tritt in Aktion,
wenn man die Röhre härter machen will. Ist letzteres der Fall,
so verbindet man das positive Kabelende statt mit der Antikathode mit der besagten Metallspirale. Sobald der Strom die
Spirale durchfließt, so findet an der Oberfläche derselben eine
starke Metallzerstäubung statt, wodurch sich ein Teil des Gases
bindet. Das Vakuum der Röhre wird dadurch erhöht, die
Röhre wird also härter.

Diese Röhren mit sog. doppelter Regulierung sind
sehr leicht zu regulieren und fanden bereits große Verbreitung.

e) Dauerröhren (Röhren für starke Beanspruchung).

§ 97. Da es in erster Linie die Antikathode ist, welche durch allzulange Inanspruchnahme geschädigt wird, so waren die Bestrebungen dahin gerichtet, die Antikathode vor der allzu intensiven Erhitzung zu bewahren. Dies hat man bislang vorwiegend durch zwei verschiedene Mittel erzielt:

α) erstens hat man die Antikathode in ihrer Fläche und Masse vergrößert, um die am Brennpunkte auftretende Erhitzung auf eine große Umgebung fortzuleiten (Gundelach),

β) zweitens versuchte man eine Kühlung der Antikathode durch Wasser vorzunehmen (Walter).

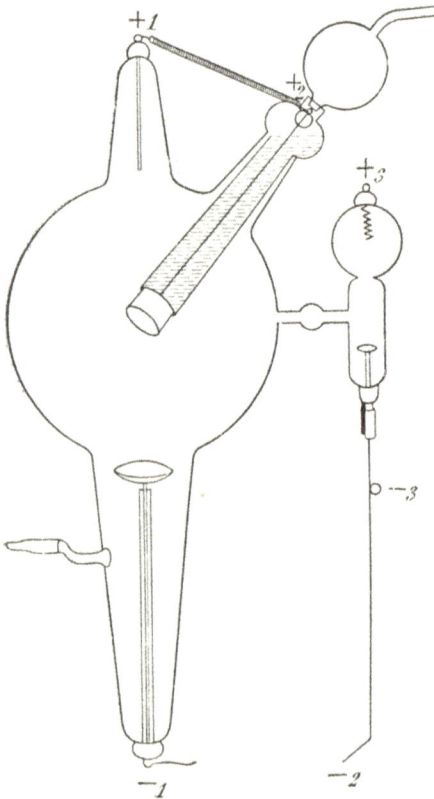

Fig. 104.

ad α). Die nach Gundelachs Angaben von der Voltohm-Elektrizitätsgesellschaft ausgeführte Antikathode aus einem massigen Kupferklotz mit aufmontierter Platinplatte wurde bereits erwähnt. Hirschmann fügte der Antikathode einen großen Metallschirm bei.

ad β). Die Antikathode (Platinblech) ist zum Boden eines röhrenförmigen Gefäßes gemacht, das gegen das Innere der Röhre zu allseitig hermetisch abgeschlossen sein muß. Das zylindrische Glasrohr ragt aus der Röntgenröhre hinaus und erweitert sich kugelförmig. In dieses Antikathodengefäß wird vor dem Gebrauch kaltes Wasser eingegossen. Aus der Fig. 104 erkennt man, daß die hintere Fläche der Antikathodenplatte mit dem

Wasser in Berührung steht. Wenn auch die Antikathodenplatte bei längerer Beanspruchung der Röhre derart erhitzt wird, daß das Wasser zu sieden beginnt, so ist es anderseits ohne weiters

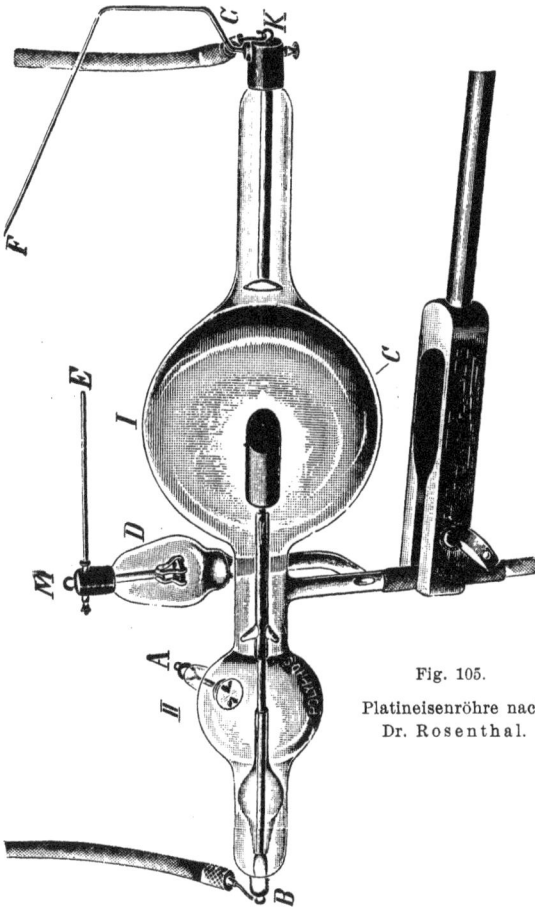

Fig. 105.

Platineisenröhre nach Dr. Rosenthal.

klar, daß die Antikathodenplatte keine besonders höhere Temperatur als das Wasser selbst annehmen kann; die Platte kann mithin nicht zur Rotglut kommen.

Durch dieses Prinzip erzielen wir erstens eine Schonung der Platte, zweitens werden nur minimale Platinteilchen verstaubt und mithin bleibt das Vakuum der Röhre länger konstant.

Nach Albers-Schönberg liegt der Schwerpunkt darin, daß »das Platingefäß, welches einerseits als Antikathode dient, anderseits den Boden des Glasgefäßes bildet, exakt in das letztere eingeschmolzen sein muß, weil es unbedingt erforderlich ist, daß das Wasser direkt die Rückseite des Antikathodenplatinblechs berührt, um so die Hitze, welche sich auf dem Blech entwickelt, abzuschwächen«.

Diese Röhren haben einen sehr scharfen Brennpunkt, einen sehr konstanten Härtegrad und zeichnen sich schließlich durch große Präzision der Bilder aus.

In der Medizin genügt es, eine Röhre eine halbe Stunde lang und darüber belasten zu können; für physikalische Zwecke dagegen verlangt z. B. Walter eine bis zehnstündige Tätigkeit von diesen Röhren! Die Kathodenstrahlen wandeln dabei $1/2$ l Wasser in Dampf um.

Da die beschriebenen Wasserkühlröhren in der Herstellung große Schwierigkeiten bieten, so sind sie sehr teuer.

Grunmach schlug vor, die Wasserkühlung auf einfachere Weise zu erreichen. Das gläserne

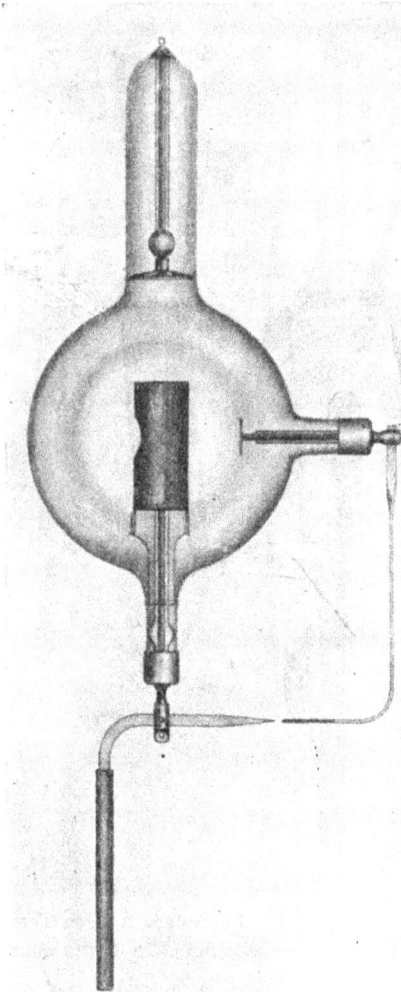

Fig. 106. Idealröhre (Laborator. Aschaffenburg.)

Wasserreservoir wird zugeschmolzen, mit Aluminium montiert
und dann der Hinterfläche der Antikathode angepaßt. Da die
Wasserfläche nicht in direkter Berührung mit dem Antikathoden-
blech steht — eine Glas und Aluminiumwand ist dazwischen —
so ist begreiflicherweise die Abkühlung derselben wesentlich
geringer als bei d i r e k t e r Kühlung.

Le v y in Berlin hat ein ähnliches Modell in den Handel
gebracht; hier schiebt man eine Porzellanplatte zwischen Wasser
und der Antikathode ein.

Zu den Dauerröhren gehört schließlich die g r o ß e G u n -
d e l a c h s c h e D a u e r r ö h r e. Diese Röhre hat einen außerordentlich großen Umfang, wodurch sie sich viel langsamer
erwärmt; die Hitze verteilt sich auf eine viel größere Fläche
der Glaswand, die Reflexion der Wärmestrahlen von dieser auf
die Antikathode wird geringer. Die Antikathode ist nicht verstärkt, sondern nur größer und hat flache Tellerform. Die Größe,
der Kugel soll jedoch Anlaß zur Bildung von Wechselströmen
geben, welche den Brennpunkt unruhig machen und mithin
undeutliche Bilder verursachen. A l b e r s - S c h ö n b e r g glaubt,
daß unter diesen Wechselströmen wohl der Schließungsfunken
zu verstehen sei. Schaltet man eine Ventilröhre oder Drossel-
röhre vor, so kann der Strom in einer Richtung in die große
Röhre eindringen. Die Ventilröhre (die eine kleine, einfache
Röntgenröhre ohne Antikathode darstellt) wird zwischen die
Kathode des Induktors und die Kathode der großen Röhre eingeschaltet und mit einem schwarzen Tuch umwickelt, um
deren schwache Lichterscheinungen zu kaschieren. Die große
G u n d e l a c h sche Röhre leuchtet heller und ruhiger.

6. Bleiblendenapparate.

§ 98. Frühzeitig wurde von W a l t e r darauf hingewiesen,
daß die eingangs erwähnten Sekundärstrahlen es sind, welche
die Röntgendurchleuchtungen und Aufnahmen zu undeutlichen,
ja mitunter zu mangelhaften machen.

Diese von der Glaswand ausgehende Sekundärstrahlung
sollte durch Blenden unschädlich gemacht werden. Aber auch
die Fokusstrahlen selbst sind nicht alle von gleicher Durch-
leuchtungskraft.

Die Röntgenstrahlen gehen vom Mittelpunkte des Platinspiegels geradlinig nach allen Richtungen aus und Röntgen
hat festgestellt, »daß die Bestrahlung einer über dem Platinspiegel als Mittelpunkt konstruiert gedachten Halbkugel fast bis
zum Rande derselben eine nahezu gleichmäßige ist.«

»Infolge der beschriebenen Intensitätsverteilung der X-
Strahlen müssen die Bilder, welche mit einer Lochcamera
— bzw. mit einem engen Spalt — von der Platinplatte, sei es

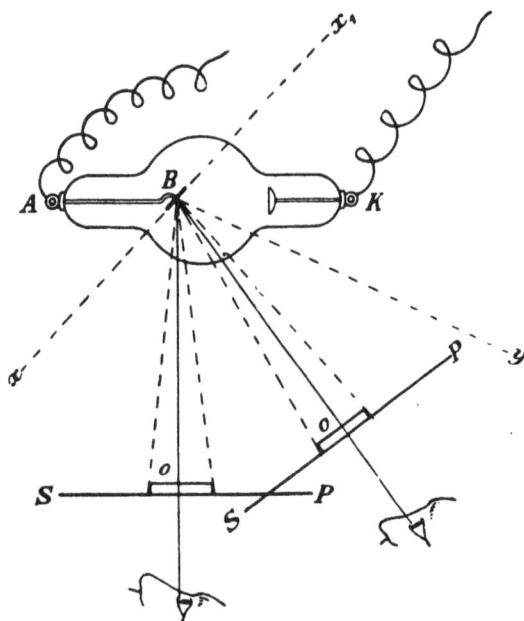

Fig. 107.

auf dem Fluoreszenzschirm oder auf der photographischen Platte,
erhalten wurden, um so intensiver sein, je größer der Winkel ist,
den die Platinplatte mit dem Schirm oder der photographischen
Platte bildet, vorausgesetzt, daß dieser Winkel 80° nicht über-
schreitet. Durch geeignete Vorrichtungen, welche gestatten, die
bei verschiedenen Winkeln mit derselben Entladungsröhre gleichzeitig erhaltenen Bilder miteinander zu vergleichen, konnte ich
diese Frage bestätigen.«

Gochts Handbuch ist Fig. 107 (s. S. 146 l. c.) entnommen; dieselbe zeigt uns die Ausbreitung der Röntgenstrahlen und die richtige Lage von Objekt und Platte resp. Schirm und Auge. Der Baryumplatincyanürschirm (resp. die photographische Platte) *SP* kann mit einer Fläche parallel oder auch nicht so zum Antikathodenspiegel aufgestellt sein, doch muß die Bedingung dabei

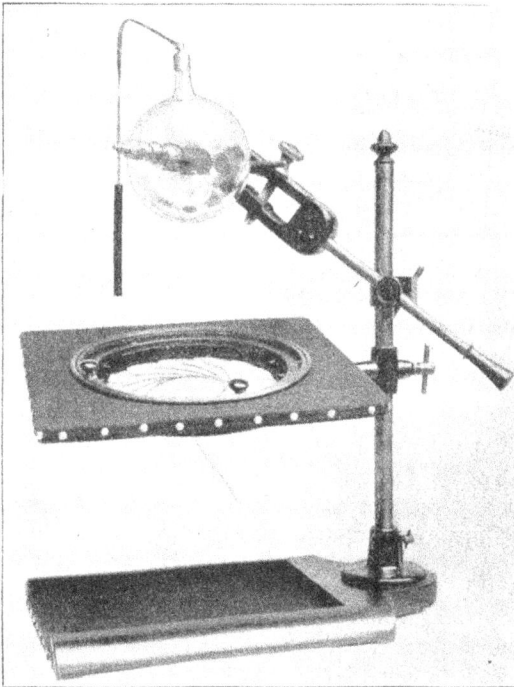

Fig. 108.
Universalblende nach Dr. Wiesner und Dessauer.

immer erfüllt sein, »daß sich die Mitte des Platinspiegels senkrecht über der Mitte der Platte und des darauf liegenden Objektes befindet.« Diese Senkrechte muß in ihrer weiteren Verlängerung das Auge des Beobachters treffen. Das Auge und das Objekt müssen sich in der Lichtachse befinden.

10*

Die Distanz zwischen dem zu durchleuchtenden Gegenstand und dem diesem aufliegenden Schirm resp. Platte muß
möglichst gering sein. Um lichtstarke Bilder zu bekommen, die
verschiedenen diffundierenden Strahlen, Nebenstrahlung etc.
fernzuhalten, fertigte man nach dem Vorschlage Röntgens
Bleiblenden an.

Der Engländer Charles Finley Easten umgab im
Jahre 1896 die Röntgenröhre mit einem Bleigehäuse, das nur
vorne eine kreisrunde Öffnung besaß.

Heute finden als Blenden allgemein 3 bis 5 mm dicke
Bleischeiben mit lochartigem Ausschnitt Verwendung (Fig. 108),
und zwar in zwei Modifikationen (s. S. 147):

a) Bleischeiben mit runder oder viereckiger
    Öffnung,
b) Irisblende mit runder oder viereckiger
    Öffnung.

Verschiedene Typen derartiger Blenden, die sich in der
Praxis sehr bewährten, wurden konstruiert von Albers-Schönberg, Dessauer, Gocht, Guilleminot, Levy, Holzknecht, Kienböck u. a. m.

Walter konstruierte eine unterhalb der Röhre unterzu-
bringende Blende in Form einer Bleikiste.

c) Die Kompressionsblende von Albers-Schön-
    berg.

Die Kompressionsblende[1] brachte den wichtigsten
Fortschritt auf dem Gebiete der Blendentechnik. Durch diese
Blende gelingt es, von allen Körperteilen gute Aufnahmen zu
machen.

Zur richtigen Fixation der Blenden, die ebenso wie Objekt
und Platte ihre richtige Stellung in der Lichtachse haben müssen,
dienen verschiedene Gestelle und Apparate. Darnach unterscheidet man:

α) Tischblende,
β) Wandarmblende,
γ) Schirmblende,
δ) Holzrahmenblende,
ε) Kompressionsblende usw.

---

[1] Der Name rührt davon her, weil das röhrenförmige Stück der Blende,
das sog. Kompressionsrohr, einen gewissen Druck auf den zu röntgenisieren-
den Körperteil ausüben soll. Bei Bauchaufnahmen werden die Eingeweide
stark komprimiert. Die Hauptaufgabe dieses Rohres besteht allerdings in
seinem vorzüglichen Blendvermögen, es ist eigentlich ein Abblendrohr.

Albers-Schönberg empfiehlt seine Kompressionsblende (Fig. 109), die allgemeine Anerkennung gefunden hat,
aus folgenden Gründen:

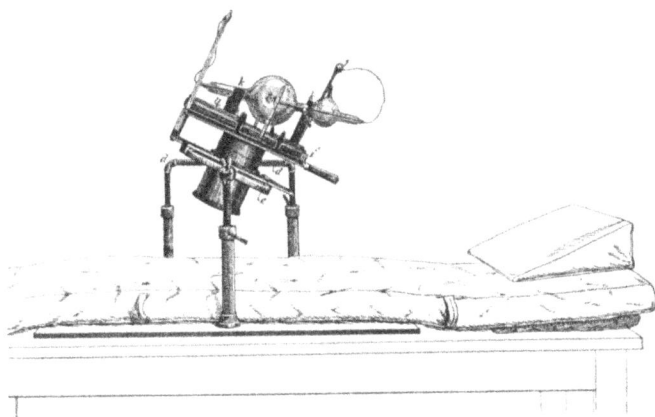

Fig. 109. Kompressionsblende nach Albers-Schönberg.

›Erstens: Sämtliche Untersucher werden Bilder herstellen,
welche alle unter den gleichen Bedingungen aufgenommen worden sind, denn die Stellung der Röntgenröhre ist ein- für alle-
mal die gleiche und ergibt sich ohne weiteres aus den Bildern
selbst, d. h. der für die Untersuchung in Betracht kommende
Körperteil befindet sich genau senkrecht unter dem Fokus der
Röhre.

Zweitens: Der Abstand der Röntgenröhre von der Körper
oberfläche ist bei allen Aufnahmen stets der gleiche.

Drittens: Alle Bilder haben die gleichen Größen, es sind
mithin nur zwei Plattenformate 13/18 und 18/24 nötig.

Viertens: Es findet eine Ersparung an Plattenmaterial in
der Weise statt, daß das Verwenden großer Formate nur noch
bei Übersichtnahmen in Betracht kommt.

Fünftens: Die höchste Schärfe der Struktur ist bei richtiger
Anwendung des Apparats und bei guter Auswahl der Röhre mit
absoluter Sicherheit zu erzielen.

Sechstens: Der zu untersuchende Körperteil wird derart
festgelegt, daß eine Verschiebung, sei es willkürlich oder unwill-
kürlich, fast ausgeschlossen erscheint.‹

Jüngst machte R. Freund eine vorläufige Mitteilung über
eine neue für Röntgenstrahlen undurchlässige biegsame Sonde.
Dieselbe besteht aus einem gummiartigen Stoff, der für Röntgenstrahlen undurchlässig
ist und kann zur Son-
dierung des Ösophagus,
des Rektums und der
Kontrolle des Röntgen-
bildes (Bestimmung von
Strikturen) angewendet
werden.

Fig. 110.

7. Schutz-
vorrichtungen.

§ 99. In Fig. 110
sind Apparate abge-
bildet, die zum Schutze
der verschiedenen Kör-
perteile dienen. Augen-
gläser aus Bleiglas,
Schürzen aus Gummi
mit Bleieinlagen und
ähnlichen Stoffen, die
für Röntgenstrahlen
schwer oder gar nicht
durchgängig sind. Man
bedient sich dieser
Vorrichtungen [1], um
den Patienten als auch
den Untersucher zu
schützen.

8. Ausführung einer Röntgenaufnahme.

§ 100. Die Röntgenstrahlen, die das zu untersuchende Organ,
z. B. die Hand, durchdrungen haben, läßt man auf eine photographische Platte fallen; dadurch erhält man eine Röntgenphotographie.

In der Praxis genügt oft eine einfache Durchleuchtung,
d. h. der Arzt soll sich durch direkten Augenschein über die
vorliegenden Verhältnisse orientieren.

---

[1] Belot (Paris) demonstrierte auf dem I. Internationalen Kongreß für
Physiotherapie neue Schutzapparate, wie Schürzen, Handschuhe etc.

Dazu dient der vielfach erwähnte F l u o r e s z e n z s c h i r m
(Baryumplatincyanür). Unter allen Substanzen, die durch Röntgenstrahlen zur Fluoreszenz gebracht werden, bewährt sich am
besten das Baryumplatincyanür, das gleich zu Anfang von
R ö n t g e n benutzt wurde. Dieses Salz wird in sehr feiner
Schicht auf ein Papierblatt gegossen und nach Eintrocknung
mit einem möglichst farblosen Lack überzogen. Das Papier ist
in einem Holzrahmen gespannt; eine durchsichtige, farblose Zellu-
loidplatte schützt die Schichtseite des Schirms vor Beschädigung.

In neuester Zeit sind manche Schirme mit einer starken
Bleiglasplatte statt mit Zelluloid versehen; Auge und Gesichtshaut des Arztes werden dadurch besser geschützt.

Ist man mit einem solchen Fluoreszenzschirm ausgerüstet,
so vermag man bequem und rasch Röntgenuntersuchungen
ausführen.

Die Anordnung und Aufstellung der Hilfsapparate, mittels
welcher wir eine Röntgenaufnahme machen, muß in bestimmter
Reihenfolge vorgenommen werden, und zwar wie folgt (vgl.
Fig. 111):

Röntgenröhre,
Blende,
Patient,
Schirm [1]),
Arzt.

9. Meßvorrichtungen.

§ 101. Da die Röntgenstrahlen von einem Punkte der
Antikathode in einem Emanationswinkel von etwa 80° sich
geradlinig ausbreiten, so werden die von diesen Strahlen durch-
drungenen Körper auf dem Fluoreszenzschirm eine Zentral-
projektion entwerfen. Die hiedurch verursachte Vergrößerung
der Schattenbilder (i. e. Projektionsbilder) wächst um so mehr,
je mehr sich der Schirm von der Lichtquelle entfernt.

Wollen wir uns aber über die wahre Form und Größe des
durchleuchteten Körpers orientieren, so bedarf es besonderer
Meßvorrichtungen. Alle diese Meßinstrumente beruhen auf dem
Prinzip der rechtwinkelig parallelprojektivischen Durchleuchtung.

L e v y - D o r n sprach bereits im Jahre 1899 aus, »daß nur
Untersuchungen bei p a r a l l e l u n d s e n k r e c h t einfallenden

---

[1]) Die Schichtseite des Schirms muß dem Arzte zugewendet sein.

Strahlen die Möglichkeit gewähren, uns über die topographischen
Schwierigkeiten und projektiven Verzerrungen ohne große Mühe
hinwegzuhelfen.‹

a) Orthodiagraph.

Moritz gebührt das große Verdienst, als erster einen
Apparat (Orthodiagraph) ersonnen zu haben, um beim
Röntgenverfahren aus dem Schattenbilde eines Gegenstandes
dessen wahre Größe zu ermitteln.

Mit dem Ausbau der Orthodiagraphie haben sich noch
Behn, Donath, Guilleminot, Holzknecht, Payn u. a.
beschäftigt.

Seit damals sind derartige Meßapparate (für welche Gocht
die Namen: Röntgenmeßapparat oder röntgenoskopi-
scher Meßapparat vorschlägt) in mannigfachen Formen zur
Ausführung gebracht worden, so von der Allgem. Elektr.-
Gesellschaft-Berlin, Hirschmann-Berlin, Kohl-Chem-
nitz, Reiniger-Gebbert u. Schall, Siemens & Halske,
Voltohm-Frankfurt a. M., Dessauer u. a.

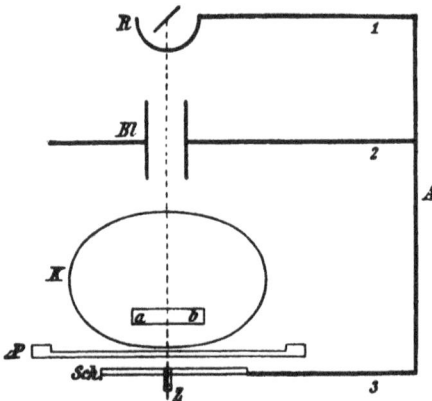

Fig. 111.

Das Prinzip eines
solchen Apparates ist
aus der dem Gocht-
schen Handbuch ent-
nommenen Fig. 111
und deren Erläuterung
leicht verständlich.
Durch A soll ein starrer
Metallrahmen skizziert
sein, mit welchem Rönt-
genröhre R, Blende B
und Schirm Sch in pa-
ralleler Anordnung un-
verrückbar verbunden
sind. Der Schirm ist
in der Mitte durch-
bohrt; hiedurch ragt senkrecht eine Zeichenvorrichtung Z. Der
menschliche Körper K und Zeichenpapier P kommen zwischen
Blende und Schirm.

Der Rahmen ist nach oben, unten und nach rechts, links
verschiebbar. Mit der Zeichenvorrichtung Z werden die Schatten
markiert.

b) Stereoskopaufnahmen.

§ 102. Prof. M a c h hat als erster im Jahre 1896 stereoskopische Aufnahmen von dünnen Objekten gemacht. Von
L e v y - D o r n wurde das Verfahren in die Praxis eingeführt.
Durch dieses Verfahren soll die Lagebestimmung von Fremdkörpern erleichtert werden; nebstdem gestattet es eine Orientierung über die räumliche Ausdehnung der durchleuchteten
Körper. Es gibt P r i s m e n - und L i n s e n s t e r e o s k o p e.

Zum Lokalisieren von Fremdkörpern dient ferner der
Apparat nach Dr. M a c k e n z i e - D a v i d s o n. Das Verfahren
besteht darin, daß man eine stereoskopische, photographische
Aufnahme des Körpers macht, in welchem der Fremdkörper
steckt; dabei benutzt man als Orientierung ein Fadenkreuz aus
Metall. Metalldrahtkreuz und das zu photographierende Objekt
legt man auf ein Trommelfell, an welchem ein viereckiger Ausschnitt des Aufnahmetisches abgedeckt ist.

10. Chromoradiometer nach Holzknecht.

§ 103. Dieser Apparat (Fig. 112) dient der exakten Messung
der Quantität der Röntgenstrahlen. Derselbe besteht aus einer
Standardskala und dem Reagenzkörper, der sich in einem Näpf-
chen befindet. Der Reagenzkörper ist eine farblose Masse eines

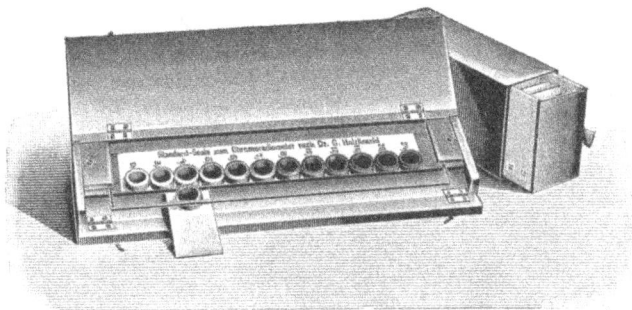

Fig. 112.

Salzes, welches sich durch Bestrahlung mit Röntgenlicht und
ebenso durch Becquerellicht verfärbt. Der Grad der Verfärbung,
der mit der Standardskala verglichen wird, gibt Aufschluß über
die Quantität der zur Einwirkung gekommenen Röntgenstrahlen.

Ähnliche Chromoradiometer, die alle auf demselben Prinzip beruhen — Verfärbung gewisser farbloser Salze unter dem Einflusse des Röntgenlichtes — wurden von L. Freund, Schwarz u. a. angegeben.

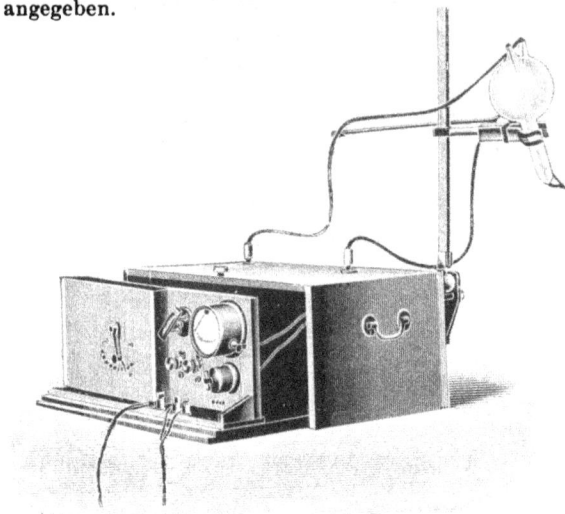

Fig. 113.　Transportable Röntgeneinrichtung ›Mediko‹.

Der Quantimeter von R. Kienbock beruht auf dem Prinzip, daß lichtempfindliches Papier um so mehr geschwärzt wird, je länger es den Röntgenstrahlen ausgesetzt ist. Der Farbenton wird mit einer empirisch angefertigten Skala verglichen.

11. Diverse Hilfsmittel.

§ 104. Zu einem gut eingerichteten Röntgeninstrumentarium gehören:

α) Dunkelzimmer,
β) Heizvorrichtung und elektrische Lichtschaltung,
γ) Untersuchungstisch [1]) mit Sandsäcken,
δ) Photographierraum,

---

[1]) Das Trochoskop von Holzknecht und Robinsohn ist ein radiologischer Universaltisch, der eine unter der Tischplatte postierte Röhre besitzt, welche während der Funktion durch äußere Handgriffe dirigierbar ist. Das zu durchleuchtende Objekt bleibt ruhig, die Röhre dagegen kann unter jeden beliebigen Punkt des Tisches gebracht werden.

Fig. 114.

Fig. 115.

ε) Schaukästen für photographische Platten,

ζ) Schrank für Platten und Plattenarchiv,

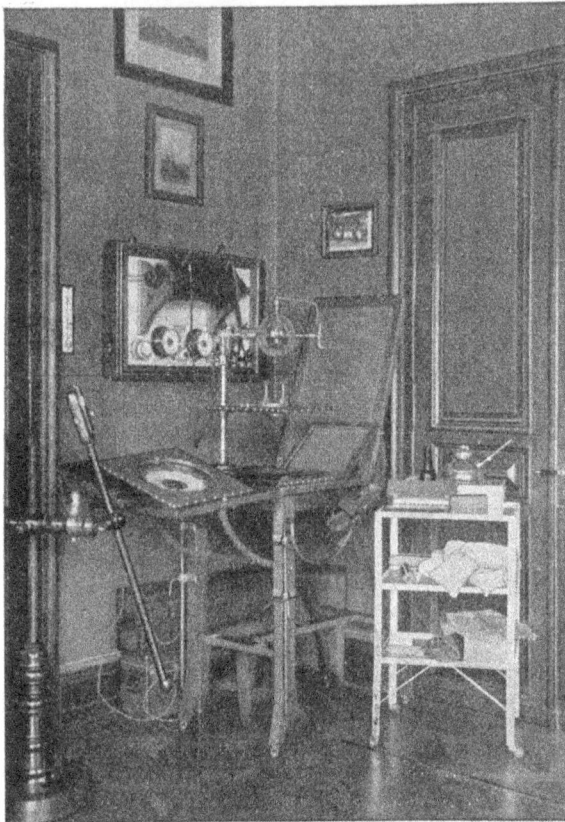

Fig. 116. Röntgenstation beim praktischen Arzt.

η) drei Serien von Bleinummern 0 bis 9 (zur Nume-
rierung der Platten während der photographischen
Aufnahmen),

ϑ) Schutzvorrichtungen für den Arzt (Bleiglasbrille etc.).

Die Figuren 113, 114, 115 zeigen uns bequem transportable
Röntgeninstrumentarien; Fig. 116 stellt ein einfaches Röntgen-
zimmer dar.

12. I. Röntgenkongreß 1905.

§ 105. Der Röntgenkongreß in Berlin im Jahre 1905 und
die damit verbundene Ausstellung brachte vielfache Vervollkommnung der Technik und des Röntgeninstrumentariums. Dem
Berichte, welchen Kienböck hierüber in der Wiener klinischen
Wochenschrift (Nr. 20, 1905) veröffentlicht hat, entnehmen wir
unter anderem folgendes:

›Holzknecht und Brauner teilten ihre höchst bemerkenswerten neuen Befunde bei radiologischer Diagnose des
Magenkarzinoms mit (Luft- und Wismutbreifüllung). Robinsohn und Werndorff teilten ihre Methode der Insufflation
der Gelenke mit Sauerstoff zu diagnostischen Zwecken mit: man
sieht nun im Radiogramm des Kniegelenks nicht bloß die Knochen,
sondern auch die Knöchelüberzüge, Menisci, Synovialis, Kreuz-
bänder und Gelenksrecessus deutlich — Luft zu injizieren wäre
gefährlich (Luftembolie und exitus!) . . . .

Kleine Induktoren finden keine Verwendung mehr, vielmehr in der Regel solche von 40 bis 60 cm Funkenstrecke;
ausnahmsweise wurden 100 und 120 cm - Apparate gebaut und
ausgestellt. Fahrbare Einrichtungen, mit eigener Stromerzeugung, wurden namentlich für Kriegszwecke hergestellt. Die
Primärspulen werden nach Walter in Abteilungen angefertigt,
die zur verschiedenen Schaltung, Veränderung der Selbstinduktion, Anpassung an verschiedene Härtegrade der Röhre und
Verhinderung des Schließungsstromes dienen. Wechsel- und
Drehstrom kann als Stromquelle benutzt werden. Als Unter-
brechungsvorrichtung des primären Stromkreises werden nicht
mehr Platinunterbrecher gebraucht, sondern Quecksilberstrahl-
unterbrecher der verschiedensten Konstruktionen und elektrolytische Unterbrecher nach Wehnelt oder Simon in mannigfachen Ausführungen und aus 3 bis 6 Zellen bestehend. . . . .
Die einfachen Röntgenröhren sind längst verlassen und haben
mannigfaltigen, höchst sinnreich regulierbaren Röhren Platz gemacht; zur Osmoregulierung des Vakuums ist die Salz-, Glimmer-
und Platinregulierung — letztere zur Härtung — getreten. . . . .
Für die Antikathode wird eine Metallegierung, das ›Tantal‹,
verwendet. . . . . Fahrbare Schalttische sind von praktischer
Wichtigkeit. . . . die Lagerungsvorrichtungen für stehende, sitzende
und liegende Kranke sind immer komplizierter, ... neue Fixier-
vorrichtungen von Albers-Schönberg, Robinsohn etc., . . .

Schutz- und Blendenvorrichtungen aus Blei, Bleiglas, Barytgummi und Wismutpasta. . . . . Die Doppelblende nach P a s c h e gestattet, große Radiogramme auch bei härterer Röhre kontrastreich zu gestalten. . . . .‹

Fig. 117. Röntgenanlage mit fahrbarem Induktor und getrennten Reguliertisch.

Nomenklatur in der Röntgenlehre.

§ 106. Auf dem R ö n t g e n k o n g r e ß in Berlin 1905 wurde folgende N o m e n k l a t u r festgesetzt:

Röntgenologie   = Röntgenlehre, Röntgenwissenschaft,
Röntgenoskopie   = Röntgendurchleuchtung,

Röntgenographie = Röntgenaufnahme :
           a) Röntgennegativ,
           b) Röntgenpositiv,
           c) Röntgendiapositiv,
Orthoröntgenographie,
Röntgentherapie = Röntgenbehandlung,
Röntgenisieren = mit Röntgenstrahlen behandeln.

C.
VI. Elektrophysiologie.

a) Allgemeines.

§ 107. Wenn auch die Elektrotherapie in ihrer heutigen Form zum großen Teil als empirische Heilkunde zu bezeichnen ist, so muß denn doch der praktische Elektrotherapeut, der zielbewußt vorgehen will, die wissenschaftlichen Ergebnisse der Elektrophysiologie stets im Auge behalten. Nur durch unausgesetzte Untersuchungen und experimentelle Forschungen auf diesem unendlichen Arbeitsgebiete wird es möglich sein, das Rätsel dieser wunderbaren Kraft zu lösen und deren Nutzanwendung[1]) auch erfolgreich zu gestalten.

Im folgenden soll einiges über die physiologischen Wirkungen der Elektrizität zur Erörterung kommen.

b) Physiologische Wirkungen der Elektrizität.

Der früher gewählten Einteilung gemäß seien in derselben Reihenfolge besprochen, betreffs ihrer p h y s i o l o g i s c h e n Wirkungen :

       1. die elektrostatische Elektrizität,
       2. der galvanische Strom,
       3. der faradische Strom,
       4. der Elektromagnetismus,
       5. die Elektrooptik.

---

[1]) Dies bezieht sich vorwiegend auf die ursprünglich mit dem Worte ›Elektrotherapie‹ bezeichnete elektrische Heilmethode; es ist dies die große Domäne der Nervenkrankheiten usw. Der große Fortschritt, den die Verwendung der elektrischen Energie in der Chirurgie, Endoskopie, Röntgenographie usw. bewirke, ist allgemein bekannt.

1. Die elektrostatische Elektrizität.

§ 108. Diese elektrische Energieform ist am längsten bekannt; trotzdem sind da die elektrophysiologischen Forschungen erst sehr jungen Datums. Es waren vorwiegend französische Autoren, welche sich mit dem Studium der elektrophysiologischen Wirkungen der statischen Elektrizität befaßten. In erster Linie wären zu nennen: D'Arsonval, Bordier, Charcot, Damian, A. Roussel, R. Vigouroux.

A. Roussel hat in allerjüngster Zeit in einer sehr lehrreichen Monographie alles Wissenswerte über Franklinisation zusammengetragen und nebstdem dies Werk durch seine eigenen, sehr beachtenswerten Erfahrungen bereichert. Dieser Schrift entstammen zum größten Teil die folgenden Ausführungen über die elektrophysiologischen Wirkungen der Franklinisation.

Damian veröffentlichte im Jahre 1892 eine größere Arbeit über die Zusammensetzung des Urins von Menschen, die längere Zeit der Franklinisation unterworfen wurden.

Ebenso wie R. Vigouroux kommt Damian zu dem Schlusse, das elektrostatische Luftbad bewirke eine vermehrte Ausscheidung von Harnsäure und Phosphaten. Diese Zunahme an Ausscheidungsstoffen soll eine Zeitlang die elektrostatische Behandlung überdauern. Bei den derart behandelten Menschen tritt ferner eine Temperatursteigerung um mehrere Zehntel ein.

Yoon stellte an sich selbst derartige Versuche an und konnte im großen und ganzen die erwähnten Resultate bestätigen.

Im Jahre 1892 teilt D'Arsonval in der Société de Biologie mit, die Menge der ausgeatmeten Kohlensäure nehme unter dem Einflusse der Franklinisation zu. Die Versuche wurden an Tieren ausgeführt, bei denen jede suggestive Wirkung, wie Roussel meint, ausgeschlossen sei.

Aber auch die zartere Einwirkung der elektrostatischen Elektrizität ruft physiologische Veränderungen hervor.

Bordier hat in einer der ›Académie des sciences‹ im Jahre 1895 vorgelegten Arbeit über Experimente berichtet, die er mit elektrischen Funken ausführte. Er hebt die vasomotorische Wirkung besonders der positiven Funken hervor. Die vom Funken getroffene Haut wird zunächst blaß, später rot. Eine Vasokonstriktion wird von einer Vasoparalyse abgelöst.

Der elektrische Funke übt auch auf den Muskel eine Wirkung aus. Die Muskelkontraktionen sind stärker, wenn der negative Funke zur Einwirkung kommt.

Die Kontraktion ist energischer, wenn der Körper des Menschen direkt (excitation immediate) getroffen wird; am stärksten, wenn die ›motorischen‹ Punkte getroffen werden.

Eine Einwirkung des Funkens durch die Kleidung hindurch (excitation médiate) ist bedeutend schwächer, allerdings läßt sich derart der gewünschte Effekt leichter lokalisieren; der Reiz breitet sich nicht auf die Umgebung aus. Muskeln, die auf andere elektrische Reize nicht reagieren, sollen durch den elektrischen Funken angesprochen werden.

B o r d i e r registrierte die Muskelreizungen resp. Kontraktionen mittels des M a r e y schen Myographen und fand, daß der positive Pol (bei indirekter Reizung) eine weniger heftige Kontraktion verursacht als der negative Pol. Dieser Autor ermittelte bei Untersuchung der Intensität einer Muskelzuckung durch verschieden lange Funken: die Größe der Zuckung sei direkt proportional dem Quadrate der Funkenlänge.

›La grandeur de la contraction musculaire est directement proportionelle au carré de la longueur des étincelles.‹

B o r d i e r fand ferner, die Größe der Zuckung sei um so intensiver, je größer der Durchmesser der den Funken liefernden Polkugel ist.

Außer der v a s o m o t o r i s c h e n und m o t o r i s c h e n Wirkung ruft der elektrische Funke noch einen s e n s i b l e n resp. s e n s o r i s c h e n und einen a l l g e m e i n e n Effekt hervor.

Der sensible Effekt wird in der Haut als Prickeln und Stechen empfunden. Der Optikus reagiert wie auf einen anderen heftigen Reiz.

Die A l l g e m e i n w i r k u n g soll sich in Erregung und Wärmegefühl manifestieren.

D e m e l e k t r i s c h e n W i n d spricht man eine beruhigende, s e d a t i v e Wirkung zu. Der negative Wind bewirkt eine viel intensivere lokale Temperaturherabsetzung als der positive. Die derart behandelte Stelle ist eine Zeitlang, auch noch nach der Einwirkung, mit einem Ozongeruch behaftet. Diese Ozonentwicklung, besonders durch negativen Wind, wird durch ein schönes Experiment von B o r d i e r illustriert:

›Si l'on prend comme réactif du papier ioduré amidonné qui brunit sous l'action de l'ozone formé, on constate que dans les mêmes conditions le souffle négatif produit une teinte moins

large mais plus foncée que le souffle positiv‹. Bordier maß
auch mittels eines Anemometers die Intensität des Windes
und fand ›vent négatif souffle plus fortement que le vent positif.‹
(cf. Bordier, Précis d'électrothérapie).

Der statische Wind hat nebst seiner sedativen Wirkung auf
schmerzhafte Stellen auch noch eine stimulierende auf die Vitalität der Gewebe. Mehrmals beobachtete man unter dem Einflusse des elektrischen Windes — Applikation auf den Kehlkopf — es bessere sich die Stimme eines Sängers.

Die physiologische Wirkung des elektrostatischen
Bades (Bain électrostatique) wird, wie folgt, beschrieben (cf.
Guilleminot):

1. Zunächst kommt es zu einer Vermehrung der Pulsschläge bis um 20%, die einige Stunden andauern
   kann;

2. eine ganz beträchtliche Blutdrucksteigerung, worin alle
   Experimentatoren übereinstimmen. Bordier berichtet
   über ein von Charcot ausgeführtes Experiment,
   durch welches diese Wirkung folgendermaßen erhärtet
   wurde: Ein Mann hatte eine Verletzung erlitten; nach
   einiger Zeit stand die Blutung; unter dem Einflusse
   des elektrostatischen Bades begann es neuerlich zu
   bluten;

3. eine leichte Temperatursteigerung (Vigouroux), besonders bei Anwendung des positiven Poles, die eine
   Zeitlang persistierte. Truchot gibt an, er vermochte
   noch unter dem Einflusse eines solchen Bades auch
   eine Zunahme der Muskelkraft, und zwar an sich
   selbst wahrzunehmen. Die Muskelkraft seiner rechten
   oberen Extremität ließ nach dem Bade am Dynamo-
   meter eine Zunahme von 2 kg erkennen.

4. Steigerung der inneren Verbrennungsvorgänge (com-
   bustions respiratoires d'Arsonval), die durch die Ozon-
   bildung bedingt sein soll. Die roten Blutkörperchen
   nehmen den Ozon leichter auf als den Sauerstoff der
   Luft.

5. Vermehrung der Harnabscheidung, wobei besonders
   die Menge der Harnsäure reichlicher zur Absonderung
   komme. (Truchot.)

Ähnlich wie Yvon haben Martre und Florence
die Wirkung des negativen Poles im besonderen auf

die Harnausscheidung studiert und gefunden, daß die abgegebene Menge von Harnstoff und Phosphaten geringer ist und daß das negative Bad ähnlich wirke, allerdings etwas schwächer wie die Hochfrequenzströme.

6. Die Allgemeinwirkung beruht in Beschleunigung der Funktionen des Verdauungstraktes, in einem Gefühl von Schläfrigkeit.

Roussel berichtet, daß Patienten, welche ein elektrostatisches Luftbad genommen hatten, nachher einen mächtigen Appetit bekamen.

Bekannt sind die interessanten Versuche von Berthelot[1]), der den Einfluß der statischen Elektrizität auf die Pflanzenzellen und das Pflanzenwachstum studierte.

Im Anschlusse daran erwähnt Roussel, daß auch die Gewitter einen gewissen Einfluß auf vorhandene Schäden des menschlichen Körpers haben. Je nach dem Grade unserer Nervosität verschlimmern sich gewisse krankhafte Zustände, besonders Schmerzen, unseres Körpers.

Auch die Vitalität von Bakterien soll sich zur Zeit von Gewittern erhöhen; man sieht, daß Milch, Suppe und andere gärungsfähige Substanzen verderben.

2. Franklinischer Strom.
(Courants de Morton ou Franklinisation Hertzienne.)

§ 109. Albert-Weil, Guilleminot, Roussel und andere französische Autoren rühmen die Wirkung dieses Stromes besonders auf die glatte Muskulatur. Die Mortonschen Ströme

---

[1]) Nebst Berthelot hat sich auch Selim Lemström in Helsingfors in ausgedehnter Weise mit derartigen Studien beschäftigt. Lemström vermochte den günstigen Einfluß der statischen Elektrizität auf das Pflanzenwachstum, was die Frühreife, Zuckergehalt etc. betrifft, nachzuweisen. Mit ähnlichen Beobachtungen ist E. von Neusser in Wien beschäftigt. — Das Werkchen von Lemström übersetzte Pringsheim ins Deutsche (vgl. Literaturverzeichnis). Jüngst hat sich in den Rheinlanden eine kleine Aktiengesellschaft m. b. H. gebildet, um in größerem Maßstabe den Einfluß der Elektrizität auf das Pflanzenwachstum erforschen zu lassen. — Ich selbst machte in Gesellschaft des Herrn Dr. W. Magdeburg (Schloß Nußberg-Eltville) in Westfalen eine eigenartige hierher gehörige Beobachtung. In der Deckenhöhle einer Tropfsteinhöhle in der Nähe von Iserlohn ist eine elektrische Lichtanlage installiert. In einem Stollen sah man in der nächsten Umgebung einer Glühlampe eine üppige Algenvegetation. An keiner anderen Stelle war eine Spur einer Vegetation zu finden. Ob das elektrische Licht oder der elektrische Strom oder eine energetische Umwandlungsform die Ursache der vereinzelten Vegetation war, läßt sich schwer entscheiden.

sollen in energischer Weise in die Tiefe eindringen und kräftige Peristaltik der Baucheingeweide hervorrufen. Der Stoffwechsel wird gesteigert.

Albert-Weil mißt diesem Strome eine ähnliche Wirkung wie den Hochfrequenzströmen bei und zwar in noch verstärkterer Weise. Man vermag mit diesem Strome eine ›tiefe Massage‹ auszuüben. Albert-Weil sagt hierüber:

›L'effluvation ou les étincelles produisent elles-mêmes une trémulation de la région traitée; elles déterminent en plus des phénomènes vasomoteurs, analgésiants et révulsifs; elles ont pour conséquences une rougeur de la partie qui leur a été soumise, une modification des sécrétions pathologiques suivie bientôt de leur arrêt, en même temps qu'une sédation des phénomènes réactionelles sensitifs dont l'affection est la cause.‹

Nicht nur die glatte Muskulatur, sondern auch die quergestreifte wird durch die Mortonströme zu energischer Kontraktion gebracht. Es gelingt, durch häufig wiederkehrende Entladungen (etwa 50 in der Sekunde), die getroffenen Muskelteile in schmerzlosen Tetanus zu versetzen.

3. Der galvanische Strom.

a) Allgemeines.

§ 110.   Das ebenso große wie interessante Gebiet der Elektrophysiologie basiert fast ausschließlich auf Untersuchungen und Forschungsergebnissen, die mittels des galvanischen Stromes gewonnen wurden. Die ersten Beobachtungen reichen bis in die Zeiten von Galvani und Alessandro Volta zurück.

Der galvanische Strom übt eine sehr komplizierte Wirkung auf den menschlichen Organismus aus. Die elektrische Energie tritt teils als solche in den animalischen Körper ein, teils wirkt sie in unbekannter energetischer Umwandlungsform auf die Gewebsanteile. So meint Biedermann, der von Du Bois-Reymond ausgesprochene Satz, daß galvanische Reizung nichts weiter sei als die erste Stufe zur Elektrolyse des reizbaren Gebildes, gelte noch gegenwärtig als die zutreffendste theoretische Definition der physiologischen Wirkungsweise des Stromes.

v. Bezold äußert sich, ›die erregende Wirkung des galvanischen Stromes sei in den chemischen Einwirkungen zu suchen, welche der Strom in dem von ihm durchflossenen Leiter hervorruft...‹

»Die elektrische Erregung wäre hiernach nichts anderes als eine bestimmte Form der chemischen Reizung, welcher Vorgang ebenso wie der Vorgang der Wasserstoffentwicklung während der Stromschließung am negativen Pol allein unmittelbar auftritt.«

Von Hermann wie auch von Hering wurde darauf hingewiesen, alle in den erregbaren, lebenden Substanzen sich abspielenden Prozesse seien in erster Linie als chemische anzusehen.

Bernstein versuchte es, alle galvanischen Erscheinungen an Muskeln und Nerven auf Grund der »elektrochemischen Molekulartheorie« zu erklären.

b) Einzelwirkungen des galvanischen Stromes.

§ 111. Ohne auf diese und noch andere ebenso lehrreiche Theorien eingehen zu können, wollen wir einfach die verschiedenen Arten der sich physiologisch geltend machenden Wirkungen des galvanischen Stromes skizzenhaft besprechen.

Wir unterscheiden:

1. erregende Wirkung,

2. modifizierende, erregbarkeitsändernde Wirkung,

3. erfrischende Wirkung,

4. elektrolytische Wirkung,

5. kataphorische Wirkung,

6. katalytische Wirkung.

Nicht bei jeder Einwirkung des galvanischen Stromes treten die genannten sechs Wirkungen auf; man ist in der Lage, nur die eine oder die andere beobachten zu können. Allerdings stehen dem Arzt und Naturforscher Mittel zu Gebote, nach Belieben irgend eine Wirkungsweise zu provozieren.

c) Wirkung auf die einzelnen Organsysteme.

§ 112. Zu berücksichtigen bleibt ferner, daß der galvanische Strom in den verschiedenen Organsystemen nicht die gleiche Wirkung entfaltet.

Der besseren Übersicht zuliebe empfiehlt es sich, die Wirkungen zu studieren, welche der galvanische Strom auf die einzelnen Organsysteme auszuüben imstande ist.

Wir beobachten hiehei:

1. die motorischen Nerven,
2. die sensiblen Nerven,
3. die vasomotorischen Nerven und Sympathicus,
4. die sekretorischen Nerven und Drüsen,
5. das Zentralnervensystem,
6. die Sinnesorgane,
7. die Brust- und Bauchorgane.

1. Die motorischen Nerven.

§ 113. An den motorischen Nerven beobachten wir zwei Wirkungen: die erregende, elektromotorische und die modifizierende, elektrotonische Wirkung.

Die elektromotorische Wirkung ist allgemein bekannt. Wird ein isolierter oder in situ befindlicher Nerv von galvanischem Strom durchleitet, so tritt in dem zugehörigen Muskel sofort eine Zuckung auf.

Du Bois-Reymond sprach den fundamentalen Satz aus, daß nicht der absolute Wert der Stromdichtigkeit, sondern die Dichtigkeitsschwankung erregend wirkt. »Erregend wirkt auf den motorischen Nerven nicht der absolute Wert der Stromdichtigkeit in einem bestimmten Augenblick, sondern nur die Veränderung dieses Wertes von einem Augenblick zum andern, d. h. nur Dichtigkeitsschwankungen, und zwar wirken diese um so intensiver, je größer sie in der Zeiteinheit sind, oder je schneller sie bei gleicher Größe vor sich gehen: am stärksten also beim plötzlichen Schließen und Öffnen des Stromes.«

Daraus ergibt sich, kontinuierlich fließende galvanische Ströme wirken nicht erregend und ebenso hat das allmähliche An- und Absteigen des Stromes (»Einschleichen« und »Ausschleichen«) nur geringe Wirkung. Nur durch das plötzliche Schließen und Öffnen erreicht man mittels des galvanischen Stromes die stärkste Wirkung.

Biedermann wies nach, daß bei stärkeren Strömen auch während der Strompassage der Nerv sich in einem Erregungszustande befinde und zuweilen sichtbare Reizwirkung verrate.

α) Pflügersches Zuckungsgesetz.

§ 114. Durch die bahnbrechenden Untersuchungen von E. Pflüger ist es gelungen, die näheren Beziehungen zwischen Strom, Nerven und Muskel zu erforschen.

Im Jahre 1859 hat P f l ü g e r ein Zuckungsgesetz[1]) aufgestellt. Pflüger arbeitete mit drei Stromesarten:

»Bei s c h w a c h e n Strömen tritt bei b e i d e n Stromesrichtungen n u r eine Schließungszuckung auf, keine Öffnungszuckung, und zwar ist die Zuckung bei der Schließung des aufsteigenden Stromes etwas stärker als bei der des absteigenden;

bei m i t t e l s t a r k e n Strömen treten bei beiden Stromesrichtungen sowohl Schließungszuckungen wie Öffnungszuckungen auf; aber die letzteren sind immer schwächer als die ersteren;

bei s e h r s t a r k e n Strömen endlich tritt beim aufsteigenden Strom n u r Öffnungs- und keine Schließungszuckung auf.«

Dieses Zuckungsgesetz, das am Tierpräparat erhoben wurde, läßt sich mit großen Modifikationen auch für den lebenden Menschen benutzen.

In Analogie dazu wurde von B r e n n e r, der eingehende Untersuchungen am Menschen ausführte, folgendes Zuckungsgesetz für klinische Untersuchungen aufgestellt. B r e n n e r unterscheidet ebenfalls die drei Stromqualitäten I, II, III; mit großen und kleinen Buchstaben sind stärkere und schwächere Zuckungen gekennzeichnet; ferner K = Kathode, A = Anode, S = Schließung, O = Öffnung, — = keine Zuckung, Te = Tetanus.

I.	K S z	A S —	A O —	K O —
II.	K S Z	A S z	A O z	K O —
III.	K S T e	A S Z	A O Z	K O z

Die Kathodenschließungszuckung (K S z) tritt zu allererst auf.

Nach S t i n t z i n g s eigenen Untersuchungen tritt von den Anodenzuckungen die A S Z in 72% früher auf als die A O Z, in 18% die letztere früher als die erstere, in 7% sind beide gleichzeitig, in 3% finden sich besondere Anomalien.

Daraus ergibt sich (S t i n t z i n g) die praktische Folgerung, daß man behufs Reizwirkung am Nerven die Kathodenschließung anwenden soll.

Unter den interessanten Erscheinungen des P f l ü g e r schen Zuckungsgesetzes ist für die Praxis folgende Tatsache die wichtigste: die R e i z w i r k u n g d e s g a l v a n i s c h e n S t r o m e s f i n d e t n u r a n d e n P o l e n s t a t t; die erregende Wirkung geht bei der Schließung n u r von der Kathode und bei der Öffnung n u r von der Anode aus.

---

[1]) Es sei hervorgehoben, daß dieses Zuckungsgesetz nur für den bloßgelegten und gut isolierten Nerven resp. Muskelnervenpräparat Geltung hat.

Aus dem Zuckungsgesetz sei weiters hervorgehoben, d i e
R e i z w i r k u n g d e r K a t h o d e ü b e r t r e f f e d i e d e r A n o d e.

B i e d e r m a n n fand, daß das ausschließliche Auftreten von
Schließungszuckungen bei elektrischer Reizung normaler Nerven
nur für schwache und mittelstarke Ströme Geltung finde. B i e d e r -
m a n n beobachtete bei seinen Versuchen fast ausnahmslos wirksame Öffnungserregung bei Anwendung eines D a n i e l l schen
Elementes nach Einschaltung einer Widerstandseinheit des
D u B o i s schen Rheochords, sowohl vor als nach der Trennung
vom Zentralorgan. ›Es stellte sich jedoch die bemerkenswerte
Tatsache heraus, daß unmittelbar nach Ablauf einer durch
starken Strom ausgelösten Öffnungszuckung auch das Verschwinden vorher nur bei Schließung wirksamer, schwacher
Ströme erregend wirkt, und zwar in fast gleichem Grade wie
die Öffnung des starken Stromes. Dieser Reizerfolg nimmt aber
schon nach kurzer Zeit an Größe ab und verschwindet, wenn
der Nerv hinreichend lebenskräftig war, nach wenigen Minuten
der Ruhe vollständig‹.

β) Bedeutung der Stromrichtung.

§ 115. Von den Physiologen wird außer auf den Charakter
des reizgebenden Poles großer Wert auf die S t r o m r i c h t u n g
gelegt: Liegt die Anode an zentraler Stelle des bloßpräparierten
Nerven und die Kathode peripherwärts, so spricht man von
a b s t e i g e n d e r Stromesrichtung. Wechseln die Pole ihre Stellen,
so wird der Nerv in a u f s t e i g e n d e r Richtung gereizt.

In dem von Weichteilen ganz umgebenen lebenden Nerven
gelingt es nicht, eine b e s t i m m t e R i c h t u n g d e s S t r o m e s
herzustellen.

Schon H e l m h o l t z spricht diesen Gedanken aus, daß bei
der perkutanen Stromesapplikation ein solcher Nerv von drei
bis vier wirksamen Stromesrichtungen getroffen wird. Wenn wir
Fig. 118 (s. S. 169) aus E r b s Elektrotherapie betrachten, so sehen
wir das unterhalb einer Elektrode gelegene Nervenstück von auf-
und absteigender, querdurchleiteter etc. Stromesrichtung getroffen.

E r b äußerte diesbezüglich: ›Wir sind also gänzlich außer-
stande, eine streng ›physiologische‹ Versuchsanordnung am
lebenden Menschen herzustellen; und speziell die Stromesrichtung, auf welche — mit Unrecht, wie mir scheint — von den
Physiologen so großer Wert gelegt wird, muß bei unseren Ver-

suchen ganz außer Rechnung bleiben; wir müssen darnach
streben, ein Zuckungsgesetz des lebenden motorischen Nerven
im unversehrten Körper ohne Rücksicht
auf die Stromesrichtung zu finden.‹

Auch S. Stricker hat durch
eine Reihe von eingehenden Experimenten zu beweisen versucht, daß
das Zuckungsgesetz nicht von der
Stromrichtung abhängig sei.

γ) Polare Untersuchungsmethode.

§ 116. Von Baierlacher und
Brenner wurde an Stelle der ›Stromrichtung‹ die Versuchsanordnung mit
›Polwirkung‹ in die Therapie eingeführt. Aus dieser sog. polaren Untersuchungsmethode hat Brenner in
konsequenter Weise die bis heute
noch geübte polare Methode der
Therapie entwickelt.

Diese Methode beruht darin, daß
man den Pol, mit welchem man den
Reiz ausüben will, direkt auf den
zu prüfenden Nerven aufsetzt, den
anderen Pol bringt man auf eine
andere recht entfernte Stelle. Der
Nerv wird von einer starken Stromdichte getroffen und wird bei ent-

Fig. 118.
(Abgeb. aus Erbs Elektro-
therapie, 2. Aufl., Fig. 16.)

sprechender Stromstärke sofort reagieren. Die reizgebende
Elektrode wurde als ›differente‹ Elektrode bezeichnet; die
andere ist die ›indifferente‹ Elektrode.

In praxi wird demnach die polare Untersuchungsmethode derart ausgeführt, daß man die ›differente‹ Elektrode, die man behufs Erzielung großer Stromdichte recht klein
wählt, mit dem zu untersuchenden Nervenabschnitt in möglichst
nahe Berührung bringt, die indifferente Elektrode dagegen —
man sucht dafür möglichst große Platten aus — setzt man auf
eine entfernte Körperstelle (z. B. Kreuzbein, Oberschenkel etc.)
auf. Mittels eines Stromwenders kann man die indifferente
Elektrode bald zur Anode, bald zur Kathode machen und bei
Schließung und Öffnung des Stroms die Untersuchungen ausführen.

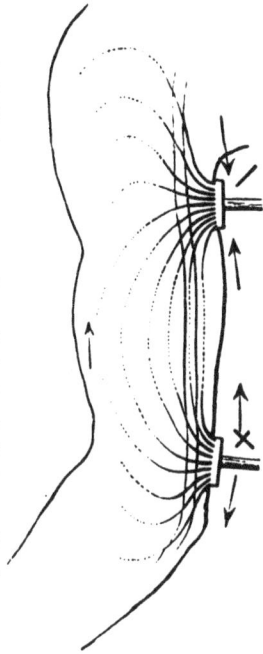

»Mit dieser Methode werden Sie nun an den meisten motorischen Nerven des lebenden Menschen mit Leichtigkeit und in ausgezeichneter Übereinstimmung mit den physiologischen Tatsachen den von B r e n n e r ausgesprochenen und bewiesenen Satz konstatieren können, daß die Kathode v o r - w i e g e n d Schließungserregung, die Anode v o r w i e g e n d Öffnungserregung setzt, daß also auch hier der Erregungsvorgang beim Schließen an der Kathode, beim Öffnen der Kette an der Anode stattfindet; Sie werden außerdem finden, daß die erregende Wirkung der Kathode erheblich größer ist als jene der Anode. Die Zuckungen sind dabei kurz, kräftig, blitzähnlich, so lange sie nicht in tonische Kontraktionen übergehen.«

Die mit Hilfe der polaren Untersuchungsmethode am Nerven des lebenden Menschen gemachten Beobachtungen lassen erkennen, daß auch hier d r e i S t u f e n d e s Z u c k u n g s g e s e t z e s zu unterscheiden seien.

Das galvanische Zuckungsgesetz des M u s k e l s scheint nach den Untersuchungen von B e z o l d, B i e d e r m a n n, E n g e l - m a n n und H e r i n g sich ganz analog wie das des motorischen Nerven zu verhalten.

Was die Reizung des Muskels der lebenden Menschen anbelangt, fand E r b, der Muskel antworte bei der Reizung mit beiden Polen nur mit einer Schließungszuckung; die Öffnungszuckung fehlte oder war nur ausnahmsweise zu erhalten.

δ) Veränderungen der Erregbarkeit. Die Entartungsreaktion.

§ 117. Die allgemeine Orientierung über diese Erregbarkeitsverhältnisse des motorischen Nerven ist ein sehr willkommener Behelf, wenn man erkennen soll, ob ein Nerv nicht mehr ein normales Verhalten zeigt.

Wir kommen damit zu den p a t h o l o g i s c h e n V e r - ä n d e r u n g e n d e r e l e k t r i s c h e n E r r e g b a r k e i t d e s m o t o r i s c h e n N e r v e n.

Die Kenntnis von diesen Veränderungen ist für jeden Elektrotherapeuten unerläßlich.

Ein ganzer Zyklus von q u a n t i t a t i v - q u a l i t a t i v e n E r r e g b a r k e i t s v e r ä n d e r u n g e n, die an erkrankten Nerven und Muskeln auftreten, wurde von E r b mit dem Namen E n t - a r t u n g s r e a k t i o n (Ea R) bezeichnet. Die Entartungsreaktion charakterisiert sich nach E r b »in der Hauptsache durch Abnahme und Verlust der faradischen und galvanischen Erregbarkeit der

Nerven und der faradischen Erregbarkeit der Muskeln, während
die galvanische Erregbarkeit der Muskeln erhalten bleibt, zeitweilig erheblich gesteigert und immer in einer ganz bestimmten
Art qualitativ verändert wird«.

Die quantitativ - qualitative Veränderung der Erregbarkeit
wurde von Baierlacher im Jahre 1859 entdeckt. Bernhardt, Brenner, Erb, Eulenburg, Kahler, Pick,
Schulz in Wien, v. Ziemssen u. a. studierten das Phänomen
in eingehender Weise, und Erb belegte dasselbe mit dem Namen
Entartungsreaktion.

Baierlacher fand in einem Fall von Facialislähmung
folgendes: die gelähmte Gesichtsmuskulatur reagierte auf den
faradischen Strom gar nicht, dagegen in gesteigertem Maße auf
galvanische Reizung. Die Erscheinung brachte man damals mit
der angeblich größeren Wirksamkeit des galvanischen Stromes
in Zusammenhang, dessen Wiedereinführung in die ärztliche
Praxis infolgedessen von Remak mit immer größerem Erfolge
propagiert wurde.

Die EaR.

Nach Erb unterscheidet man zwei Formen der Entartungsreaktion:

1. die komplette,
2. die partielle.

Bei der Untersuchung der Entartungsreaktion ist streng
darauf zu achten, daß der Ablauf der Erregbarkeitsveränderungen
in den Nerven und Muskeln ein ganz verschiedener ist; Nerv
und Muskel müssen ganz getrennt voneinander untersucht werden.

Komplette Entartungsreaktion: Der erkrankte
Nerv ist weder durch den galvanischen noch durch den faradischen Strom erregbar; der von diesem Nerven versorgte Muskel
ist unerregbar durch faradischen Strom; durch galvanische Reizung tritt im Muskel eine träge Zuckung auf, gewöhnlich bei
gesteigerter Erregbarkeit und Umkehr des Zuckungsgesetzes
derart, daß die Anodenschließungszuckung intensiver ist als die
Kathodenschließungszuckung. Nach dem Schema von Stintzing
sind die Verhältnisse leicht skizziert:

$$N \begin{cases} F - \\ G - \end{cases} \quad M \begin{cases} F - \\ G \text{ tr. Z.} \uparrow \text{ event. A S Z} > \text{K S Z.} \end{cases}$$

Partielle Entartungsreaktion: Es besteht nur ein
gradueller Unterschied betreffs der einzelnen Erregbarkeits-
erscheinungen. Um durch galvanische und faradische Ströme

Reaktionen zu erzielen, müssen stärkere Ströme verwendet
werden, da die Erregbarkeit sowohl des Nerven als auch des
Muskels mehr oder weniger herabgesetzt ist.

Nach dem Schema von Stintzing ergibt sich folgende
Darstellung:

$$N \begin{cases} F\downarrow \\ G\downarrow \end{cases} \quad M \begin{cases} F\downarrow \\ G\,tr.\,Z.\,\uparrow\,event.\,ASZ > KSZ. \end{cases}$$

Außer der partiellen Entartungsreaktion gibt es noch, wie
Stintzing feststellte, eine größere Anzahl von Varietäten, die
aber praktisch nicht von Bedeutung sind. Das wichtigste
Kennzeichen der EaR bleibt die träge, galvano-
muskuläre Zuckung (wurmförmige Kontraktionen).
Über die diesen Erscheinungen zugrunde liegenden anatomischen Veränderungen wird des Ausführlichen im Abschnitt
»Nervenkrankheiten« gesprochen. Kurze Erwähnung soll hier
nur noch die von Erb entdeckte Tatsache finden, daß Muskeln
mit Entartungsreaktion eine gesteigerte Erregbarkeit gegen
mechanische Reize zeigen. Schon ein leises Aufklopfen
mit dem Perkussionshammer oder mit dem Finger genügt, um
den Muskel zur deutlichen aber trägen Kontraktion zu
bringen.

Dubois hat zuerst darauf aufmerksam gemacht, daß für
quantitative Erregbarkeitsuntersuchungen die ganz dauernden
elektrischen Reize die geeignetsten seien. Dubois und Zanietowski schlugen hierzu die Verwendung von Kondensatoren
vor. Mann, der mit dieser Methode sehr eingehende Untersuchungen ausgeführt hat, kommt zu folgendem Schluß: »Die
Kondensatormethode ist nach den bisherigen Untersuchungen
geeigneter wie die üblichen Methoden, um ein genaues quanti-
tatives Maß für die Erregbarkeit der motorischen Nerven im
normalen und pathologischen Zustand zu gewinnen. Ihren Vorzug
verdankt sie im wesentlichen der Rapidität ihres Ablaufes, welche
es nicht zum Eintritt von elektrolytischen Vorgängen in der
Haut (Widerstandsveränderungen), sowie von Modifikationen von
Erregbarkeit kommen läßt und ferner dem Umstand, daß die
Größe der in Tätigkeit gesetzten Elektrizitätsmenge sich genau
und bequem dosieren und in absoluten Maßen ausdrücken
läßt.«

ε) Die elektrotonische Wirkung.

§ 118. Der galvanische Strom ruft im motorischen Nerven gewisse Veränderungen hervor, die sich derart äußern, daß ein solcher Nerv während des Fließens und nach dem Aufhören des Stromes auf äußere Reize anders reagiert als normal; die Erregbarkeit auf mechanische, thermische und auch elektrische Reize ist teils gesteigert, teils herabgesetzt.

Es ist das Verdienst Pflügers, dieses Gebiet der modi‐fizierenden, elektrotonischen Wirkungen des galvanischen Stroms nach allen Richtungen hin erschöpfend bearbeitet zu haben.

Durchfließt ein galvanischer (»polarisierender«) Strom einen motorischen Nerv in einer Längsrichtung, so wird die Erregbarkeit des Nerven besonders in der Umgebung der Pole verändert. An der Kathode und in ihrer nächsten Umgebung tritt eine Steigerung der Nervenerregbarkeit gegen mechanische, thermische und elektrische Reize auf, es macht sich der sog. Katelektrotonus geltend; an der Anode dagegen eine Herabsetzung der Erregbarkeit gegen die erwähnten Reize — Anelektrotonus.

Der Zustand des Elektrotonus wächst mit zunehmender Dauer und Intensität des polarisierenden Stroms und breitet sich über die ganze vom Strom durchflossene Nervenstrecke aus; die Erregbarkeitsänderung in der Umgebung der Pole klingt allmählich ab (in einer Kurve). Am sog. Indifferenzpunkt der polarisierten Strecke stoßen Kat- und Anelektrotonus aufeinander.

Wird der polarisierende Strom unterbrochen, so schlägt der Anelektrotonus (die negative Modifikation der Erregbarkeit) bald in eine sehr bedeutende positive Modifikation der Erregbarkeit um, die sehr rasch abklingt; an der Kathode dagegen entsteht nach kurzer, negativer Modifikation wieder energische, positive Modifikation (Steigerung) der Erregbarkeit, die allmählich dem normalen Verhalten wieder Platz macht. Es tritt demnach an beiden Polen eine Steigerung der Erregbarkeit ein, die eine kurze Zeit nach der Stromöffnung anhält. Althaus vermutet, die elektrotonische Wirkung bleibe nicht auf die galvanisierte Nervenstrecke beschränkt, sondern breite sich über das ganze Neuron aus.

Erb, Eulenburg, v. Ziemssen u. a. versuchten die elektrotonischen Eigenschaften des galvanischen Stroms auch am lebenden Menschen zu untersuchen. Die erzielten Forschungsergebnisse führten zu keiner Übereinstimmung; erst Waller und de Watteville, die mit verbesserten Methoden ihre

Untersuchungen ausführten, ist es gelungen, die Existenz der elektrotonischen Erscheinungen[1]) am lebenden Menschen in ähnlicher Weise wie am physiologischen Präparate über jeden Zweifel festzustellen.

Das Ergebnis der von Waller und de Watteville ausgeführten zahlreichen Versuche, die mit den von Erb angestellten übereinstimmten, entspricht vollkommen der physiologischen Elektrotonuslehre und lautet: ›Während des Fließens des galvanischen Stroms ist die (polare oder peripolare) Kathodenzone in einem Zustand gesteigerter, die (polare oder peripolare) Anodenzone in einem Zustand herabgesetzter Erregbarkeit. Nach dem Öffnen des polarisierenden Stroms bleibt an der Ka eine kurzdauernde Herabsetzung der Erregbarkeit zurück, die allmählich in eine lange dauernde Steigerung derselben übergeht; an der Anode tritt sofort ein erheblicher, langdauernder Erregbarkeitszuwachs ein.‹

Diese elektrotonischen Eigenschaften des galvanischen Stroms besitzen eine gewisse Bedeutung für die Galvanotherapie. Es ist weniger der während der Strompassage auftretende Elektrotonus, als vielmehr die nach Öffnung des Stroms an beiden Elektroden auftretenden Modifikationen, welche von praktischem Belang sind. Die Untersuchungen von Remak, Waller und de Watteville sprechen dafür, daß diese Erregbarkeitsänderungen auch in den Nerven von lebenden Menschen auftreten.

ad 3. Die erfrischende Wirkung.

§ 119. Haidenhain fand, daß ermüdete, durch lange elektrische Reize erschöpfte Muskeln durch besondere Stromeinwirkung wieder erregbar gemacht werden können. Bei unerregbar gemachten Muskeln ist durch längere Einwirkung des aufsteigenden galvanischen Stroms die Erregbarkeit wiedergekehrt; diese Erregbarkeitserhöhung betrifft aber nur die Öffnung des gleichgerichteten und die Schließung des entgegengesetzt gerichteten Stromes. Diese Erscheinung wird jedoch von den Physiologen zu den elektrotonischen gerechnet und der Wirkung der Voltaischen Alternativen gleichgesetzt. ›Ist nämlich der Strom längere Zeit in der gleichen Richtung geschlossen gewesen, so ist seine Erregbarkeit für die Öffnung

---

[1]) Sosnowski beschreibt im Zentralblatt für Physiologie Nr. 2, 1905, Versuche, welche beweisen sollen, daß beim Zustandekommen der elektrotonischen Ströme am Nerven die Polarisation nicht das Wesentliche sei.

des gleichgerichteten und für die Schließung des entgegengesetzt gerichteten Stroms erhöht; wiederholte Wendungen der Stromrichtung (in der Elektrotherapie jetzt allgemein kurz als ›Stromwendung‹ bezeichnet) rufen also eine erhebliche Steigerung der Zuckungsgröße resp. des Schließungstetanus hervor.‹ An den Nerven des lebenden Menschen erzielte man bisher eine derartige Wirkung nicht.

2. Die willkürlichen Muskeln.

§ 120. Das galvanische Zuckungsgesetz des Muskels steht nach den Untersuchungen von v. Bezold, Engelmann, Hering und Biedermann im allgemeinen in Übereinstimmung mit dem Zuckungsgesetz des motorischen Nerven: Schließung gibt nur an der Kathode, Öffnung an der Anode eine Zuckung usw.

Die früher viel umstrittene Frage, ob die Muskeln ihre eigene Irritabilität haben oder darin von den Nerven abhängig sind, wurde im Sinne der eigenen Muskelirritabilität entschieden.

Die Prüfung der direkten Muskelirritabilität beim lebenden Menschen stößt auf große Schwierigkeiten, da in unvermeidlicher Weise die allenthalben verbreiteten feinsten Nervenfaserverzweigungen getroffen werden. Erb prüfte die galvanische Reaktion der lebenden Muskeln und suchte dabei die Eintrittsstellen der motorischen Nerven zu vermeiden, indem er die langen und mächtigen Muskeln, z. B. Biceps brachii, Deltoideus, Vastus internus wählte. Der Muskel antwortete bei der Reizung mit beiden Polen nur mit einer Schließungszuckung; die Schliessungszuckung war kurz und kräftig, doch schien sie nicht so prompt und rasch zu sein wie bei der Reizung vom Nerv aus.

Erb fand ferner ein vom Nerven verschiedenes Verhalten des Muskels; die KaSZ war nicht viel größer als die AnSZ. Diese Tatsache bestätigte auch Jolly.

Die ›lokale Galvanisation‹ besteht in Reizung der Muskeln an den Eintrittsstellen der motorischen Nervenzweige im Muskel. Es müssen diese Eintrittsstellen (›motorischen Punkte‹) oder deren nächste Umgebung von den Elektroden getroffen werden.

3. Die sensiblen Nerven.

§ 121. Die sensiblen Hautnerven werden durch den galvanischen Strom erregt: man empfindet ein Prickeln und Brennen, das nicht nur bei Stromschwankung, sondern auch bei fließendem Strome sich einstellt und andauert. Dieses Prickeln und gleichmäßige Brennen steigert sich bis zur Schmerzempfindung, sobald die Intensität des Stroms zunimmt.

Die Ursache dieser Empfindung ist bislang noch nicht aufgeklärt. Man macht hauptsächlich zwei Umstände dafür verantwortlich: die an der Hautoberfläche hervorgerufene Elektrolyse und zweitens die direkte Stromwirkung selbst auf die empfindenden Apparate der Haut. Durch Tierversuche vermochte man bekanntlich den Tatsachen nicht näher zu kommen.

Pflüger fand, sein Zuckungsgesetz habe auch für die sensiblen Nerven Geltung. Er untersuchte am strychnierten Tiere die bei den Reizungen der sensiblen Nerven auftretenden Reflexe; letztere galten als Zeichen der sensiblen Reizung.

Erb wies am Menschen nach, die polare Untersuchungsmethode der sensiblen Nerven und deren Ergebnisse stimmen in geradezu frappanter Weise mit dem polaren motorischen Zuckungsgesetz überein.

Diese Übereinstimmung betrifft auch die elektronisierenden Wirkungen der sensiblen Nerven (Waller und de Watteville, Spanke). Die durch den galvanischen Strom hervorgerufene Empfindung bleibt nicht auf die Reizstelle beschränkt; sie dehnt sich vielmehr auf das ganze Verbreitungsgebiet des Nerven aus.

Die sensiblen Muskelnerven des Menschen sind nur unter außerordentlichen Bedingungen einer Untersuchung zugänglich, z. B. bei Operationen, Verletzungen etc. Jede Untersuchung ist mit einer Muskelkontraktion verbunden. Jede Muskelkontraktion erregt gewisse Empfindungen. Viel läßt sich darüber bislang nicht aussagen.

In erster Linie war es Duchenne, welcher über die ›elektromuskuläre Sensibilität‹ Untersuchungen anstellte. Duchenne bediente sich dabei des faradischen Stroms.

4. Die vasomotorischen Nerven und der Sympathikus.

§ 122. Es gelingt sehr leicht, sich von dem Einfluß des galvanischen Stroms auf die Gefäßnerven zu überzeugen. Die elektrisierte Hautstelle wird rot, was auf eine Gefäßerweiterung zurückzuführen ist. Ein ›Zuckungsgesetz der vasomotorischen Nerven‹ existiert nicht, doch so viel vermag man bei kurzdauernder galvanischer Reizung der Haut zu konstatieren, daß an beiden Polen zuerst Verengerung und dann eine Erweiterung der Gefäße eintritt. Diese Gefäßerweiterung, d. i. Rötung der Haut, tritt um so rascher ein, je stärker der Strom ist.

Przewoski gab an, bei Ka S trete eine Temperaturabnahme, bei An O hingegen eine Temperaturzunahme im Nervenbereiche auf. Wirkt der galvanische Strom längere Zeit, so pflegt es an der Kathode zur Exsudation mit Quaddelbildung zu kommen; an der Anode bilden sich kleine Knötchen.

Grützner hat durch ein für die Elektrotherapie wichtiges Experiment die vasodilatatorische Eigenschaft des galvanischen Stroms nachgewiesen: die Applikation eines galvanischen, in auf- oder absteigender Richtung kontinuierlich fließenden Stroms auf den Nervus ischiadicus eines Hundes ruft sofort ohne vorherige Verengerung eine Erweiterung der Gefäße [1] hervor. Damit war die vasodilatatorische Wirkung des galvanischen Stroms bewiesen. Eine hierhergehörige merkwürdige Beobachtung, die Erb an sich selbst gemacht hat, und die mit dem Grütznerschen Versuch in Zusammenhang steht, sei rezitiert:

---

[1] An dieser Stelle möchte ich Beobachtungen erwähnen, die ich an vom Blitz oder durch Starkströme getöteten Menschen anstellen konnte. Blitzgetroffene zeigen oftmals an jenen Körperstellen, die mit dem Blitz Kontakt bekommen hatten, große ödematöse Schwellungen. Bei einem vom Blitz getroffenen Knaben in Perersdorf in Niederösterreich, der eine Lähmung beider Beine erlitten hatte, war ein so intensives Ödem eines Fußes aufgetreten, daß der Stiefel nur durch mühsames Auftrennen der Nähte entfernt werden konnte.

Ein Pferd, um dessen linken Vorderfuß man ein blankes Kabel umwickelte, welches mit dem positiven Pole einer Stromquelle (Lichtleitung von 90 Volt Spannung) in Verbindung stand und zur Tötung des Tieres diente, trug während der tödlichen Strompassage ein außerordentlich starkes Ödem der Haut davon. Die abpräparierte Haut war ödematös gequollen und mehr als fünffach verdickt. Das Präparat befindet sich in dem neuen ›Museum für Elektropathologie‹ des gerichtlich-mediz. Instituts (Prof. Dr. A. Kolisko) in Wien.

›Zum Zwecke anderer Versuche hatte ich der Innenfläche meines linken Vorderarms durch zwei mittlere Elektroden stabile Ströme von 6 bis 12 Elementen in wechselnder Richtung, etwa 20 Minuten lang zugeführt. In der Umgebung der hinteren Elektrode erschien nur ein schmaler roter Hof; von der oberen Elektrode dagegen verbreitete sich die Röte nach dem Radialrande des Vorderarms hin und über diesen hinaus bis auf den Rücken des Vorderarms, in ziemlich großer Ausdehnung. Die nachfolgende Prüfung mit dem faradischen Strom ergab auf Grund der exzentrischen Empfindung, daß die gerötete Stelle dem Verbreitungsbezirk eines in den Bereich der oberen Elektrode gefallenen Hautnervenstämmchens entsprach. Die gerötete Stelle war von dem Strom selbst nicht direkt getroffen worden.‹

Die vasodilatatorische Wirkung kann, besonders nach intensiverer Stromapplikation, eine stunden-, ja tagelange Nachdauer haben.

Erb fand bei seinen Versuchen selbst nach 6 bis 10 Tagen noch bei gewissen Einwirkungen auf die Haut, z. B. nach dem Gebrauch eines Dampfbades, daß die Applikationsstellen sich wieder röten.

Der Sympathikus ist beim Menschen vorwiegend im Halsteile der Untersuchung zugänglich. Die bei der Galvanisation des Halssympathikus von verschiedenen Autoren erzielten Resultate zeigen jedoch sehr geringe Übereinstimmung.

Der Halssympathikus führt die Hauptmasse der Gefäßnerven für bestimmte Organe: für die Haut des Gesichts und des Schädels, teilweise auch für Gehirn und Auge usw. Der Sympathikus hat ferner Beziehungen zu den Bahnen der Schweißsekretion, der Pupillenerweiterung, zu den glatten Muskeln der Lider und Orbita, er enthält Fasern für die Herznerven usw.

Die tiefe Lage und schwere Treffbarkeit des Halssympathikus, ferner die allernächste Nähe des Vagus, der Karotis mit ihren Gefäßgeflechten, die Nervenplexus etc. machen es fast unmöglich, eine Sondergalvanisierung des Sympathikus vorzunehmen und eventuelle Resultate richtig zu beurteilen.

Die von R. Remak der Galvanisation des Sympathikus zugesprochene Bedeutung konnte bis heute nicht zur Geltung gebracht werden.

Verdiente Forscher wie R. Remak, Burkart, Benedikt, M. Meyer, Gerhardt, A. Eulenburg, Erb, v. Ziemssen, Watteville, Althaus, Przewoski, Seeligmüller, Moeli

u. a. opferten der Erforschung dieser wichtigen Frage Zeit und Mühe; trotzdem wurden keine Indikationen für die praktische Elektrotherapie gewonnen.

So fand Eulenburg bei Reizung des Sympathikus Veränderungen der Pupille, ferner Herabsetzung des Blutdrucks und der Pulsfrequenz; M. Meyer wieder Erhöhung der Wärme und Steigerung der Schweißsekretion in der gleichseitigen Hand. Erb sah in einem Falle von völligem Schwund des Sternocleidomastoideus, bei halber Anwendung der Kathode auf die Gegend des hier offenbar leichter erreichbaren Halssympathicus, Erweiterung der gleichseitigen Pupille und stärkere Rötung der Wange eintreten.

M. Meyer brachte die abnorme Röte und erhöhte Temperatur des einen Ohres bei einem Apoplektischen durch Galvanisation des Sympathikus zum Schwinden.

G. Fischer hält dafür, daß die Wirkung der perkutanen Sympathikusgalvanisation nur zum geringsten Teil dem Sympathikus, zum größeren Teil dagegen der Reizung des Vagus und der anderen in der Nähe befindlichen Nervenbahnen zuzusprechen sei.

Die Tierexperimente lieferten bisher auch keine besseren Befunde, als es die klinischen Beobachtungen zuwege brachten. Manche Physiologen konnten keinen Einfluß der Sympathikusreizung auf die Kopfgefäße und die Pupille wahrnehmen. Landois und Mosler dagegen beobachteten durch Reizung des bloßgelegten Nerven Erweiterung der Pupille, und zwar nur im Moment der Schließung und der Öffnung.

G. Fischer konnte dies bei einem Enthaupteten nicht konstatieren; es trat nach raschen Stromwendungen eine dauernde Erweiterung der Pupille ein.

5. Die sekretorischen Nerven und Drüsen.

§ 123. Die Elektrophysiologie der sekretorischen Nerven und Drüsen ist bisher für die praktische Elektrotherapie nicht von besonderem Belang.

Galvanisation quer durch die Wangen oder die Ohrengegend ruft bei den meisten Menschen vermehrte Speichelsekretion hervor; es ist jedoch noch unentschieden, ob dieselbe durch direkte Reizung der Chorda tympani oder der Geschmacksnerven oder anderer sensibler Nerven verursacht sei.

M. Meyer erzielte durch Galvanisation des Halssympathikus lokale Vermehrung der Schweißsekretion der betreffenden Gesichtshälfte und der gleichnamigen Hand.

Bickel teilte im Verein für innere Medizin in Berlin die Ergebnisse von Untersuchungen Freunds mit, durch welche der Einfluß des elektrischen Stroms auf die sekretorische Magensekretion geprüft werden sollte. Bei Hunden mit Pawlowscher Magenfistel wurde ein Pol teils direkt auf die Magenschleimhaut, teils auf die Bauchhaut appliziert. Bei leerem Magen wurde durch die elektrische Reizung stets nur ein schleimiges Sekret ohne Salzsäure produziert. Bei gefülltem Magen ließ sich eine Abnahme der Azidität konstatieren.

6. Das Zentralnervensystem.

§ 124. Das Zentralnervensystem des lebenden Menschen ist durch die perkutane Applikation des galvanischen Stroms erreichbar; diese Tatsache ist erst seit den epochemachenden Untersuchungen Hitzigs bekannt. Bis zu jener Zeit lieferten die elektrischen Untersuchungen sogar der bloßgelegten Gehirnhemisphären keine wesentlichen Resultate.

Erst als Hitzig durch Reizung der Rindencentra Muskelzuckungen der entgegengesetzten Körperhälfte auszulösen imstande war, nahm die Elektrophysiologie des Gehirns einen großen Aufschwung.

Hitzig (in Verbindung mit Fritsch) stellte vorerst an unversehrten Kaninchen Versuche an und fand bei Galvanisation des Kopfes eine eigenartige Augenbewegung auftreten. Dasselbe beobachtete er bei Menschen.

Benedikt und Remak kämpften mit klinischen Argumenten gegen die damals verbreitete Ansicht, das Gehirn sei infolge seiner Einhüllung für den galvanischen Strom nicht erreichbar. Durch Hitzigs Experimente und weitere Untersuchungen von Erb wurde diese Anschauung definitiv widerlegt.

Der galvanische Schwindel.

§ 125. Bei der Applikation des galvanischen Stroms, und zwar vorwiegend in querer Richtung (quer durch die Schläfen oder durch die processus mastoidei) treten eine ganze Reihe von Erscheinungen auf, die teils subjektiver, teils objektiver Natur sind.

Die nie fehlende Erscheinung ist der Schwindel; ferner Augenbewegungen, Benommenheit des Kopfes, drohende Ohnmacht, Üblichkeit und Erbrechen.

Der galvanische Schwindel wurde von Brenner und von Hitzig genauer studiert. Er besteht in Störung des Gleichgewichts, die in höheren Graden sogar das Umfallen des Betreffenden nach sich ziehen kann.

Zahlreiche Versuche ergaben das Gesetz, daß der galvanische Schwindel um so eher eintritt, je größer der Winkel ist, den die Verbindungslinie der am Schädel aufgesetzten Elektrode mit der Sagittalnaht bildet; also am stärksten bei Querdurchleitung, am schwächsten bei Längsdurchleitung. Die Schwindelempfindung tritt besonders bei Schließung und Öffnung (Brenner) des Stroms auf, dauert aber auch während der Strompassage an.

Über den galvanischen Schwindel[1]) wurden mehrere Hypothesen aufgestellt.

---

[1]) Hierher gehört auch das eigentümliche Verhalten einiger Wassertiere der galvanischen Reizung gegenüber. Elektrotropismus (Galvanotropismus) nennt man die Eigentümlichkeit gewisser im Wasser lebender Tiere, sich durch Einwirkung des galvanischen Stroms in Stellung und Richtung beeinflussen zu lassen. Hermann war der erste, der diese Eigenschaft an Kaulquappen und Fischembryonen studierte. Diese Erscheinungen wurden aber erst von Mach mit dem galvanischen Schwindel in Beziehung gebracht. Nach ihm haben L. Blasius, F. Schweizer und Löb der Erforschung dieser Erscheinung experimentelle Studien gewidmet; aus letzteren schien der Zusammenhang des Elektrotropismus mit anderen elektrophysiologischen Erscheinungen hervorzugehen. Den Resultaten dieser Untersuchungen ist zu entnehmen; Elektrotropismus ist bei vielen Wassertieren, besonders bei Fischen, nachweisbar, ferner die Wirkung des konstanten Stroms ist in erster Linie von dessen Richtung abhängig, schließlich der Elektrotropismus sowie der ihm verwandte galvanische Schwindel etc. sind durch die Dauer des galvanischen i. e. konstanten Stroms (und nicht durch die plötzliche Stromschwankung) bedingt. Von praktischem Belang ist die Annahme dieser Autoren, daß der »absteigende Strom« die Hirnfunktionen lähme. Die therapeutische Verwertung dieser »beruhigenden« Wirkung des absteigenden Stroms ist allerdings bislang nicht gelungen.

J. Breuer, welcher in allerletzter Zeit sehr eingehende Untersuchungen über Galvanotaxis an kleineren Knochenfischen (zumeist Gobio fluviatitis) ausgeführt, kommt zu folgenden Resultaten:

»Der transversal den Kopf durchfließende Strom beeinflußt Fische so, daß der Kopf sich der Anode zuwendet, Rumpf und Schwanz sich konkav nach der Anodenseite krümmen.

Eine ebensolche tonische Krümmung von Rumpf und Schwanz konkav zur Anode tritt auch ein, wenn diese dem Einflusse des Kopfes entzogen wird....« Bei einer bestimmten Polanordnung fand sich eine auffällige Erscheinung: »Der Fischschwanz wendet sich in ruhigem, gleichmäßigem Zuge der angenäherten Elektrode zu; er wendet sich von der genäherten Elektrode ab nach der anderen Seite, wenn es die Kathode ist.... Diese Zuwendung der Anode, Abwendung von der Kathode erfolgt beim unverletzten frischen Fische so sicher und präzise, daß man sie als ein verläßliches Mittel der Polbestimmung verwenden kann.« Breuer nennt sie die »Bussolenreaktion«.

Erb meint hierüber: ›Es ist wohl sicher, daß paarige Aufnahms- und Wahrnehmungsorgane im Gehirn vorhanden sind für die zur Erhaltung des Gleichgewichts des Körpers nötigen zentripetalen Eindrücke, und daß eine ceteris paribus gleiche Erregung der symmetrischen Organe dieser Art uns das Gefühl des Gleichgewichts und der Stabilität im Raum verleiht. Leitet man den galvanischen Strom quer durch den Kopf, so wird die eine Gehirnhälfte unter den Einfluß der Anode, die andere unter den der Kathode gebracht, also auf der einen Seite Anelektrotonus = Herabsetzung, auf der anderen Katelektrotonus = Steigerung der Erregbarkeit bewirkt. Bei gleichen zentripetalen Eindrücken auf beiden Seiten werden aber dann ungleiche Erregungsgrößen produziert, das Gleichgewicht zwischen beiden Seiten erscheint dadurch aufgehoben, so entstehen das Gefühl des Schwindels und der Schwankungen des Körpers zur Ausgleichung der vermeintlichen Gleichgewichtsstörung. Ob gerade die Bogengänge des Ohrlabyrinths, die bekanntlich in nahen Beziehungen zum Gleichgewicht des Körpers stehen, in erster Linie heranzuziehen sind, wie es Hinze will, oder ob dafür das Kleinhirn zunächst verantwortlich zu machen ist, wie Hitzig annimmt, wollen wir vorläufig noch dahingestellt sein lassen. Daß sie auch nicht indirekt durch die beim Galvanisieren des Kopfs eintretenden Veränderungen der Zirkulation im Gehirn entstehen, wie Löwenfeld meint, scheint mir auf der Hand zu liegen.‹

Charcot vermochte bei Hysterischen, die sich im Zustande der hypnotischen Lethargie befanden, durch Galvanisation des Schädels im Gebiete der motorischen Regionen Zuckungen der entgegengesetzten Körperseite hervorzurufen. Diese Zuckungen waren im wachen Zustande nicht auslösbar.

Das Rückenmark des Menschen ist ebenso wie das Gehirn durch perkutane Applikation galvanischen Stroms erreichbar. Durch die Untersuchungen von Erb, v. Ziemssen und Burkhardt wurde die früher gegenteilige Meinung widerlegt. Die Versuchsanordnung muß allerdings eine tadellose, und der Strom von hinreichender Intensität und Dichtigkeit sein.

Legt man große plattenförmige Elektroden auf den Rücken eines Menschen, leitet man hinreichend starke Ströme durch und führt Schließungen und Stromwendungen aus, so treten lebhafte Zuckungen in den von den Ischiadici versorgten Muskeln auf. Wie Erb meint, ein sicherer Beweis mindestens dafür, daß der Strom wenigstens bis in den Rückgratskanal gedrungen ist und die daselbst liegenden Nervenwurzeln erreicht hat.

Manche Autoren untersuchten die modifizierende, elektrotonische Wirkung des galvanischen Stroms auf das Rückenmark. Nobili, Matteucci, J. Ranke u. a. fanden, daß die Reflextätigkeit des Frosches gemindert oder ganz unterdrückt wurde, wenn der Strom das Rückenmark in beliebiger Richtung längs durchfließt.

Legros und Onimus konnten dies nur für den absteigend fließenden Strom bestätigen.

7. Die Sinnesorgane.

§ 126. Die Sinnesorgane sind durch den galvanischen Strom leicht zu erregen; sie antworten mit ihren spezifischen Empfindungen, z. B. das Auge mit Licht, das Ohr mit Gehörsempfindungen usw. Aus den weiteren Sätzen erfahren wir, bezüglich der Reaktionserscheinungen der Sinnesorgane herrscht eine Übereinstimmung mit denen der motorischen Nerven. Wenn man früher daran festhielt, die galvanischen Sinnesempfindungen seien von einer reflektorischen Trigeniumserregung abzuleiten, so bewiesen übereinstimmende Untersuchungen, daß es sich um direkte galvanische Erregung dieses oder jenes Sinnesorganes handelt.

α) Das Auge.

§ 127. Das Auge, die Retina resp. der Nervus opticus, reagiert äußerst leicht auf den galvanischen Strom. Legt man beide Elektroden auf die Wangen oder auf die Schläfen, so treten jedesmal bei Schließung und Öffnung des Stromes Lichtblitze auf, die das ganze Gesichtsfeld überziehen. Die hierzu verwendeten Ströme können ganz schwach sein.

Diese Erscheinungen waren schon Volta nicht unbekannt. Außer Volta stellten auch Ritter, Grappengiefser, Reinhold u. a., besonders Purkinje, derartige Beobachtungen an. Neuerdings studierten Brunner, Funke und ganz besonders Helmholtz diese galvanische Lichtempfindung.

Helmholtz führte sehr eingehende und vielfach modifizierte Versuche aus und teilte eine Reihe interessanter Tatsachen mit.

Helmholtz untersuchte auch die dauernde Wirkung eines gleichmäßig anhaltenden Stromes. Da man zu diesem Zwecke stärkere Ströme benötigte, so traf Helmholtz eine besondere Versuchsanordnung durch welche sowohl die Muskelzuckungen als auch die Schließungs- und Öffnungsblitze vermieden

werden sollten. Auf einem Tische befanden sich zwei mit
Pappe, die mit Salzwasser getränkt waren, umwickelte Metall-
zylinder, die mit den beiden Polen einer Daniellschen Batterie
von 12—24 Elementen in Verbindung standen. Der Experimentator,
der sich an den Tisch setzt, stemmt zunächst seine Stirne gegen
einen der Zylinder und berührt hierauf vorsichtig den anderen
Zylinder mit der Hand, wobei er mit einer größeren Handfläche
und mit wachsendem Druck denselben umklammert. Dadurch wird
die Strom s c h w a n k u n g sehr gering (»Stromeinschleichen«). In
ähnlicher Weise schaltet man sich vorsichtig aus. Legt man
dann den Kopf auf den anderen Zylinder, so ist die Stromrichtung gewechselt.

P u r k i n j e beschreibt die Licht- und Farbenempfindungen
sehr genau; so ergibt z. B. A n o d e a u f d e m A u g e u n d
S c h l i e ß u n g : »Wahrnehmung eines Lichtscheines, der sich
wie ein gelblicher Dunst über einen schwarzen Hintergrund zieht.
An der Eintrittstelle des Sehnerven eine hellviolette lichte Scheibe;
im Achsenpunkt des Auges ein rautenförmiger dunkler Fleck, mit
einem rautenförmigen gelblichen Lichtband umgeben, auf welches
ein finsterer Zwischenraum und noch ein etwas schwächer
leuchtendes gelbliches Rautenband folgt; die äußerste Peripherie
des Lichtfeldes hat einen schwachen lichtvioletten Schein.«

H e l m h o l t z sieht bei derselben Versuchsanordnung
folgendes: Bei schwachem Strom wird das dunkle Gesichtsfeld
der geschlossenen Augen heller als vorher und nimmt eine
weißlich-violette Farbe an; in dem erhellten Felde erscheint in
den ersten Augenblicken die Eintrittstelle des Sehnerven als
eine dunkle Kreisscheibe.

Bei sehr starken Strömen fand H e l m h o l t z »ein wildes
Durcheinanderwogen von Farben,« in dem keine Regel zu entdecken war.

E r b studierte an sich selbst die galvanische Lichtempfindung und fand: bei KaS im Zentrum eine glänzende gelbliche
Scheibe, von einem dunklen Hof umgeben, dabei wird das
Gesichtsfeld im ganzen dunkler, bei AnO die gleiche Empfindung; bei AnS ein blaßblaurotes Zentrum, von einem blaß-
rötlichen Hof umgeben, das Gesichtsfeld erscheint bei Fortdauer
des Stromes schwach erhellt; bei KaO dieselbe Farbenempfindung; einen deutlichen Unterschied zwischen Licht und
Farbenempfindung konnte ich nicht erkennen.

Dagegen hat N e f t e l, ebenso wie schon früher B r e n n e r,
neben Licht- auch Farbenempfindungen unterschieden.

Die auftretenden Farben- und Lichtempfindungen sind ebenso
wie die Farbenanordnungen bei den verschiedenen Experimentatoren außerordentlich verschieden; dagegen sollen bei ein und
derselben Versuchsperson die galvanischen Lichterscheinungen
immer dieselben bleiben.

Trotz sehr exakter Untersuchungen gelang es bis jetzt
nicht, zu eruieren, ob die galvanische Lichtempfindung durch
Reizung der Retina oder durch Reizung des Nervus opticus
in seinem Stamme oder der Nervenfaserschicht der Retina hervorgerufen wird.

β) Das Ohr.

§ 128. Brenner gebührt das Verdienst, systematische Untersuchungen des Gehörapparates mit Hilfe des galvanischen Stromes
durchgeführt zu haben, auf welchen alles bis heute Wissenswerte
aufgebaut ist. Es war allerdings schon zu Voltas Zeiten die
Aufmerksamkeit auf diesen Gegenstand gerichtet; doch erst
Brenner ist es gelungen, den Hörnerven mittels des galvanischen
Stromes mit Sicherheit zu erregen und das »Zuckungsgesetz
des nervösen Gehörapparates« aufzustellen.

Brenner war es, welcher auf Grund seiner klassischen
Forschungsergebnisse die Übereinstimmung dieses Zuckungsgesetzes mit dem motorischen Zuckungsgesetze beweisen konnte.

Brenners Angaben, der Nervus acusticus sei durch den
elektrischen Strom erreichbar und reagiere darauf mit Sicherheit
in gesetzmäßiger Weise, wurden durch die eingehenden Untersuchungen von Haagen, Erb, Hedinger, Hitzig, Erdmann, Eulenburg u. a. in überzeugender Weise bestätigt.

Es verdient hervorgehoben zu werden, daß es nicht leicht
gelingt, den Acusticus eines Gesunden galvanisch zu erregen;
bei Ohrenleidenden, deren Acusticus sich in einem gesteigerten
Erregbarkeitszustande befindet, tritt die Klangempfindung prompt
und gesetzmäßig auf.

Brenner wählte zwei Versuchsanordnungen, eine innere
und eine äußere. Entweder wurde ein dünner Draht, welcher
mit dem positiven und negativen Pol der Kette verbunden war,
in den mit Wasser gefüllten Gehörgang eingeführt, oder es
wird eine feuchte Schwammelektrode unmittelbar vor dem
Gehörgang auf die Haut gedrückt; die indifferente Elektrode
wird in größerer Entfernung von den Ohren auf dem Hinterkopf
oder der Brust, der Hand etc. aufgesetzt. — Es wurde versucht,
auch von der Tuba Eustachii aus (Brenner), den Hörnerven
und die Binnenmuskeln des Ohres zu reizen.

Bei mäßiger Stromstärke resultiert dann die einfache Formel, der normale Hörnerv gibt, mit der Kathode gereizt, nur einen Schließungsklang, dagegen mit der Anode gereizt nur einen kaum wahrnehmbaren Öffnungsklang.

Bei stärkeren Strömen gibt sowohl die Kathodenschließung wie Anodenöffnung eine gleichstarke Klangsensation. Der Charakter der galvanischen Gehörsempfindung wird als Pfeifen oder Zischen, Sausen, Summen etc. bezeichnet. Ist die Stromstärke intensiver, so sind die Sensationen auch von musikalischem Charakter.

Gut angestellte Versuche sollen regelmäßig einen echten musikalischen Klang hervorrufen, dessen Höhe der des Eigentones entspricht (Kieselbach).

Rosenthal vermutet, daß man bei gleichzeitiger schwacher Erregung sämtlicher Hörnervenfasern aus der Gesamtzahl der Töne immer nur denjenigen heraushört, dessen Höhe dem subjektiven Klingen entspricht. Es ist dies jener Ton, den man beim Ohrenklingen hört, und an welchen man am meisten gewöhnt ist.

Die vollständige Normalformel des Acusticus lautet folgendermaßen (Erb):

KaS Kl . . . . lautes Klingen,
KaD Kl $>$ . . . . Klingen abnehmend und verschwindend,
Ka O — . . . . nichts,
An S — . . . . nichts,
An D — . . . . nichts,
An O kl . . . . kurzes, schwaches Klingen.

Am leichtesten ist die KaS Kl (Kathodenschließungsklangsensation) hervorzurufen.

Die Normalformel des Acusticus ist ein wichtiger Beleg für das von den Physiologen gefundene Gesetz der differenten Polwirkung: nebstdem läßt es, wie schon oben hervorgehoben, die Übereinstimmung mit dem motorischen Zuckungsgesetz erkennen.

γ) Der galvanische Geschmack.

§ 129. Schon die ältesten Versuche zeigten, daß die galvanische Durchleitung der Zunge oder der Wangen und auch des Halses oder der Schläfen Geschmacksempfindungen im Gebiete der Zunge auslöse. Diese Tatsache kannte schon Volta. Von den ersten Galvanikern rührt die Beobachtung her, an den beiden Polen trete eine ungleiche Geschmacksempfindung auf.

Wird durch die Zunge ein schwacher galvanischer Strom geleitet, so empfindet man an der Anode einen säuerlichen, an der Kathode einen alkalischen Geschmack, wobei die anodische Empfindung immer intensiver ist. Wird der Strom gewendet, so tritt auch eine Umkehr der Geschmacksempfindungen an den Polen auf (Ritter).

Pfaff (1793) brachte die Verschiedenheit der Geschmacksempfindung mit der Verschiedenheit der Zuckungen der Muskeln und Nerven in Zusammenhang; diese Verschiedenheit sollte durch die Verteilung der Metalle auf der Zunge bedingt sein.

Vintschgau konnte Ritters Beobachtungen bestätigen, daß die vorwiegend säuerliche Empfindung an der Anode in eine schwach metallisch-salzige überging, wenn die Stromrichtung geändert wurde. Die an der Kathode auftretende Geschmacksempfindung bezeichnete Vintschgau als scharf, stechend, zusammenziehend, doch niemals als alkalisch. Die genaueren Untersuchungen ergaben auch: der anodische Geschmack ist lebhafter, von metallischem, laugenhaftem Charakter, zum Teil auch säuerlich, während der Geschmack auf seiten der Kathode bedeutend schwächer, scharf stechend, etwas salzig und zusammenziehend ist.

Laserstein stellte fest, betreffs des galvanischen Geschmackes gebe es individuelle Verschiedenheiten, und auch dasselbe Individuum empfinde zu verschiedenen Zeiten verschieden.

Der anodische Geschmack tritt auch schon bei den schwächsten Strömen hervor, da sein Schwellenwert niedriger liege als der der kathodischen Geschmacksempfindung.

Das Geschmacksorgan hat eine große spezifische Erregbarkeit für konstante Ströme; der Schwellenwert des Stromes für sauren (anodischen) Geschmack beträgt bei Anwendung von unpolarisierbaren Elektroden $1/_{156}$ Milliampere.

Die Geschmacksempfindung tritt nicht nur bei Schließung und Öffnung des Stromes auf, sondern auch die dauernde Stromeinwirkung ist von dem galvanischen Geschmack begleitet; allerdings wird die Geschmacksempfindung während der längerdauernden Strompassage schwächer und undeutlicher.

Die Ursache der Geschmacksempfindung ist bis heute noch nicht in befriedigender Weise aufgeklärt. Es werden vorwiegend zwei prinzipiell verschiedene Ansichten von den Autoren vertreten. Die einen behaupten, die Geschmacksempfindung rühre von einer unmittelbaren

Reizung der Geschmacksnerven durch den elektrischen Strom her. Nach dem Gesetze der spezifischen Energien muß jeder Sinnesnerv durch Reizung immer nur mit ein- und derselben **spezifischen Empfindung** antworten. Die **anderen** halten den elektrischen Geschmack als den Ausdruck der **elektrolytischen Zersetzung** der Mundflüssigkeit.

Die Mundflüssigkeit enthält Salze und Alkalien und läßt sich als Elektrolyt auffassen; infolge Durchleitung des elektrischen Stromes sollen die freien Säuren am positiven, die freien Alkalien an dem negativen Pol auftreten und solchermaßen die Geschmacksempfindungen hervorrufen.

Zu beachten ist dabei, die Geschmacksempfindung tritt auch dann auf, wenn unpolarisierbare Elektroden benutzt werden, oder auch wenn der Strom auf dem Wege anderer Elektrolyten der Zunge zugeleitet wird.

Derartige eingehende Versuche wurden schon von Volta, Monro und neuerdings von Rosenthal ausgeführt. Rosenthal ließ zwei Personen sich mit der Zungenspitze berühren, die eine leicht, mit feuchter Hand den positiven, die andere, ebenfalls mit feuchter Hand, den negativen Pol einer Kette: die erste Person hatte einen alkalischen, die zweite einen sauren Geschmack. In diesem Falle befinden sich beide Personen unter ganz gleichen Bedingungen bis auf die Richtung des Stromes in ihren Zungen, dieser ist in beiden entgegengesetzt, und beide haben entgegengesetzte Empfindungen, obgleich sich ihre Zungen berühren, und somit dieselbe kapillare Flüssigkeitsschicht, die eine wie die andere Zunge bedeckt. — Außerdem hat Rosenthal durch den Körper und durch die Zungenspitze den Strom einer aus 1—4 Elementen bestehenden Daniellschen Kette zirkulieren lassen, jedoch in der Art, daß beide Pole aus Zinkplatten bestanden und in zwei mit Zinkvitriol gefüllte Gefäßchen tauchten; diese standen durch heberförmige Rohre mit zwei anderen Gefäßen in Verbindung, von denen das eine mit gesättigter Kochsalzlösung, das andere mit destilliertem Wasser gefüllt war. Aus letzterem ragte ein ebenfalls mit destilliertem Wasser getränkter Fließpapierbausch hervor. Wurde nun die eine Hand in die Chlornatriumlösung getaucht und mit der Zungenspitze der Fließpapierbausch berührt, so ging der Strom entweder von der Zunge zum Bausch, oder umgekehrt, was man durch einen im Kreise befindlichen Stromwender in seiner Gewalt hatte. Auf dem Papierbausch wurde ein Stückchen rotes Lackmuspapier derart gelegt, daß die Zunge beide berührte. Das rote

Papier wird bei der Berührung mit der alkalischen Mundflüssigkeit schwach gebläut, das blaue bleibt unverändert. Beim Schließen des Stromes entsteht eine deutliche Geschmacksempfindung, aber die Farbe der beiden Papierchen bleibt unverändert, mag nun der Strom in der einen oder in der anderen Richtung hindurchgehen.« (Biedermann p. 612.) Rosenthal bewies durch seine Versuche, der galvanische Geschmack hänge nicht von der Elektrolyse, sondern von der spezifischen Nervenerregung ab.

Demgegenüber ist jedoch darauf hinzuweisen, daß Du Bois Reymond zeigte, an der Grenze ungleichartiger Elektrolyte bestehe Polarisation und hierbei können zuweilen auch Säure und Alkali auftreten (Hermann). Das Auftreten von Elektrolyse innerhalb des Zungengewebes wäre daher nicht unmöglich.

Gleichwohl meint Biedermann, die elektrolytische Theorie sei nicht haltbar, wie insbesondere die Resultate der elektrischen Erregung anderer Sinnesorgane, sowie die gegensinnigen Nachempfindungen nach Öffnung des Stromes bei Reizung der Zunge beweisen.

Die Versuche von Laserstein, Hermann u. a. (Kokainisierung der Zunge und darauffolgende Geschmacksprüfung) zeigten insofern Übereinstimmung, daß der elektrische Geschmack ausschließlich auf der Durchströmung der Endorgane oder der letzten in die Schleimhaut ausstrahlenden Nervenendigungen basiert sei.

δ) Die Geruchsnerven.

§ 130. E. Aronsohn führte Eigenversuche behufs Reizung der Geruchsnerven aus und fand, der Nervus olfactorius lasse ein analoges Verhalten wie der Nervus acusticus erkennen. Aronsohn leitete in die mit physiologischer Kochsalzlösung — Temperatur 38° C — gefüllte Nase eine eichelförmige Nasenelektrode ein; die andere Elektrode wurde an die Stirne gelegt; er überzeugte sich, daß eine ganz spezifische Geruchsempfindung nur bei Kathodenschließung und Anodenöffnung auftrete; bei An O war die Empfindung schwächer. Die Erregung machte sich schon bei $^1/_{10}$ Milliampere geltend.

8. Die Brustorgane.

§ 131. Die Brustorgane des lebendigen Menschen wurden bisher nur in sehr vereinzelten Fällen in bezug auf ihre elektrische Erregbarkeit untersucht.

Brenner gelang es, bei bestimmten Applikationen der
Elektroden am Rücken und Halse des Menschen Husten·
bewegungen auszulösen; dieselben leiteten sich mit einem
Kitzelgefühl im Rachen ein.

Beeinflussung der Herztätigkeit.

Es würde den Rahmen dieses Buches weit überschreiten,
wollten wir die großen und grundlegenden Arbeiten über Reizung
der Vagus- und Sympathikusfasern erörtern, von welch letzteren
das Herz in seiner Tätigkeit reguliert wird.

Allbekannt ist die Tatsache, die Reizung des Nervus vagus
zieht eine Verlangsamung resp. Hemmung der Herzaktion nach
sich und Sympathikusreizung führt zu einer beschleunigten Herz·
tätigkeit.

Direkte Reizungen des menschlichen Herzens auszuführen
gelang es nur in den allerwenigsten Fällen. v. Ziemssen
teilte eine interessante Beobachtung über direkte Reizung des
Herzens mit. v. Ziemssen konnte bei einer Patientin, welcher
durch Operation die vordere Brustwand reseriert worden war
— das freiliegende Herz war nur von der Haut bedeckt —
durch starke galvanische Ströme einen direkten Einfluß auf
Frequenz, Rhythmus und Energie der Herztätigkeit nehmen. Durch
starken, kontinuierlich fließenden Strom ließ sich eine Beschleunigung der Herztätigkeit hervorrufen; durch häufige Stromes-
wendung, rascher oder langsamer ausgeführt, trat eine beliebig
hohe Vermehrung der Pulsschläge ein.   Eine Verlangsamung
der Herztätigkeit war dagegen nicht mit Promptheit zu erzielen.

E. Herbst, Dixon Manon, die an gesunden und herz-
kranken Menschen ähnliche Herzreizungen vornahmen, konnten
keine positiven Resultate erzielen.

Die Muskulatur des Ösophagus läßt sich durch Applikation einer Elektrode von innen leicht zur Verkürzung bringen;
wegen der unmittelbaren Nähe der Vagi ist allerdings große
Vorsicht geboten.

9. Die Bauchorgane.

§ 132. Die Bauchorgane, zum großen Teile aus glatten
Muskelfasern zusammengesetzt, sind der elektrischen Reizung
zugänglicher als die Brustorgane.   Allerdings ist es vorwiegend
der faradische Strom, dem ein Erfolg zuzusprechen ist.

Die muskulöse Wandung des Magendarmtraktes
reagiert auf perkutane Applikation des galvanischen Stromes;

man vermag dabei im allgemeinen zu beobachten, daß die Bewegungen den motorischen Erregungsgesetzen folgen. Die ausgelöste Bewegung, Darmperistaltik, bleibt auf die Reizstelle nicht beschränkt, sie pflanzt sich von der ursprünglichen Erregungsstelle in trägen Kontraktionen auf die nachbarlichen Darmpartien fort.

Die künstlich erregte Peristaltik überdauert eine Zeitlang die Stromeinwirkung.

Bei Menschen mit sehr dünnen und schlaffen Bauchdecken oder mit großen Leistenhernien gelingt es zuweilen, die elektrische Peristaltik genau zu verfolgen; es entstehen deutlich sichtbare peristaltische Darmbewegungen, die mitunter recht heftig sind und von Gurren und Plätschern begleitet werden.

Bäumler und v. Ziemssen suchten die Intensität der Kontraktionen durch Manometerversuche am Magen zu erforschen.

v. Ziemssen fand, der Pylorus sei sowohl auf galvanischem wie faradischem Strom erregbar.

Die Reizung des Magendarmkanales des lebenden Menschen wird derart ausgeführt, daß man eine Elektrode am Rücken und die andere an der gewünschten Stelle, die erregt werden soll, aufsetzt; diese Elektrode hält man entweder während der ganzen Dauer der Strompassage an der betreffenden Stelle unverändert ruhig (stabil) oder man bewegt sie langsam hin und her.

Um intensivere Reize zu erzeugen, setzt man eine Elektrode der Bauchwand auf und führt die andere in den Magen oder in den Mastdarm ein. Wegen der drohenden Elektrolyse ist zu diesen Untersuchungen der faradische Strom geeigneter.

Anknüpfend an die Elektrophysiologie des Magendarmtraktes sei hinzugefügt, daß es gelingt, durch galvanischen Strom Schlingbewegungen auszulösen. Setzt man die Anode in den Nacken und streicht mit der Kathode über die Seitenflächen der Kehlkopfgegend, so ruft jede Kathodenschließung eine intensive Schluckbewegung hervor. Bei Selbstversuchen hat man die Empfindung, als stecke ein Bissen im Rachen, der einen zum Schlucken reizt. Der Strom muß eine gewisse Intensität besitzen, etwa die von 16 Elementen.

Brenner fand, die Schlingbewegungen, die er durch KaS und AnO hervorrufen konnte, entsprechen dem motorischen Zuckungsgesetz.

Erb glaubt, die Schlingbewegungen seien als Reflexvorgang aufzufassen, der durch Reizung der sensiblen Larynx- und Pharynxnerven ausgelöst werde. In einem Falle konnte Erb nachweisen, daß es nicht die Reizung des M. hypoglossus ist, die den Schlingakt verursacht. Die neueren Erfahrungen über den Schluckmechanismus (Steiner, Kronecker) stimmen mit Erbs Auffassung überein.

Die Elektrophysiologie der Leber liegt noch im argen; dagegen soll es gelingen, die Gallenblase und die geschwollene Milz (Milztumor) zu leichten Kontraktionen zu bringen.

Ähnlich wie betreffs der Leber sind auch die elektrophysiologischen Einwirkungen auf die Nieren, Ureteren, Hoden, Vasa deferentia des lebenden Menschen unbekannt.

Die Harnblase ist durch perkutane und innere Applikation des galvanischen Stromes zu mehr oder minder intensiven Kontraktionen zu bringen. Der faradische Strom erweist sich als zuverlässiger und wirksamer.

Bayer versuchte den normalen Uterus durch den galvanischen Strom zu reizen; eine sondenförmige Elektrode im Cervix, die andere plattenförmige im Kreuz oder über der Symphyse. Nur in wenigen Fällen zeigte die Sondenbewegung bei Kathodenschließung eine träge Kontraktion an. Die Sonde macht dabei unregelmäßige, langsame Pendelbewegung und wird manchmal aus dem Uterus ausgetrieben.

Bayer teilt des weiteren mit, der galvanische Strom stelle ein sicheres wehenerregendes Mittel für den schwangeren Uterus vor. Er konnte normale, ausgiebige Wehen hervorrufen, wenn er die Kathode in den Cervix führte und die Anode auf den Fundus legte und einen Strom von 12 bis 16 Elementen wählte. Sowohl der schwangere als auch der kreißende Uterus wurde durch eine derartige, 10—15 Minuten dauernde Stromeinwirkung zu regelmäßigen, intensiven Wehen gebracht.

E. Bumm, der auch gravide Kaninchen der galvanischen Reizung unterwarf, vermochte derartige Resultate nicht zu erzielen; es traten nur schwache, unsichere Kontraktionen auf. Die Reizung mittels faradischen Stromes blieb erfolglos. Die direkte Reizung der uterinen Nervenstämme von der Vagina aus ist nicht gelungen, die in der Vagina auftretenden elektrolytischen Erscheinungen sind ein großes Hindernis für eine genaue Untersuchungsmethode.

c) Die elektrolytische Wirkung des galvanischen Stromes.

§ 133. Die elektrolytische Wirkung des galvanischen Stromes ist an der Körperoberfläche des menschlichen und tierischen Organismus in exakter Weise nachweisbar. Den früheren Erörterungen im technischen Teile dieses Buches entnehmen wir: an der Anode treten s a u r e Ionen und an der Kathode a l k a - l i s c h e Ionen[1]) auf.

Ioneneiweißverbindungen.

»Par action secondaire ces 0,238 de Na et 0,372 de Cl forment 0,412 de Na O H et 0,383 de H Cl. Ce sont ces 0,412 de NaO H et 0,383 de H Cl par coulomb qui escarrifient les tissus et donnent à la c a t h o d e une escarre molle peu rétractile, escarre de la s o u d e; et à l'a n o d e une escarre plus dure, plus rétractile, escarre des a c i d e s.« (G u i l l e m i n o t.)

Ein sehr interessantes Experiment von L e d u c wird als Beweis angeführt, daß die neugebildeten Ionen nicht auf der Körperoberfläche liegen bleiben, sondern in die Tiefe des Organismus eindringen; es wurden zwei Kaninchen derart h i n t e r - e i n a n d e r (en série) geschaltet, und zwei elektrolytische Elektroden verwendet, daß der galvanische Strom (60 — 100 Milliampere) auf dem Wege der glattrasierten Flanken die Kaninchen nacheinander passierte.

Auf die Flanke des einen Kaninchens wurde eine mit schwefelsaurem Strychnin, auf die des anderen eine mit Cyankali gefüllte elektrolytische Elektrode aufgesetzt. Die Tiere gingen nur bei b e s t i m m t e r Polanordnung zu grunde.

»Deux lapins étant placés en série dans le même circuit de telle sorte que le courant entre par une anode électrolytique de sulfate de strychnine à 2 p. 100 dans le premier, en sorte par une cathode d'eau pure, rentre dans le second par une anode d'eau pure et en sorte par une cathode de cyanure de potassium (les électrodes étant d'ailleurs appliquées sur les flancs rasés des animaux), on observe vite (1 à 20 avec un

---

[1]) L o e b hält dafür, daß die Metallionen mit im Muskel vorhandenen Proteïden Verbindungen bilden, welche ähnlich wie die verschiedenen Seifen eine ungleiche Löslichkeit im Wasser haben.
L o e b wies, ebenso wie auch W. P a u l i, die große Bedeutung solcher Ioneneiweißverbindungen für das Leben nach; bei Ersatz eines Iones durch ein anderes ändern sich die Eigenschaften der lebenden Zelle in hohem Maße.

courant de 60 à 100 mA) que le premier lapin présente une
exagération des réflexes, il tresaille au moindre bruit, puis est
secoué par des convulsions tétanique et meurt: signes de l'intoxication strychnique; le second se raidit, brusquement, tombe
inerte et meurt: signes de l'intoxication cyanique.

Si l'on inverse le courant, c'est-à-dire que l'on emploie le
sulfate de strychnine à la cathode et le cyanure de potassium
à l'anode, aucun des deux animaux n'est incommodé.« (Guilleminot.)

Die an der Hautoberfläche gebildeten Ionen dringen durch
die Drüsenöffnungen in die Haut ein. Mittels farbiger Lösungen
vermochte man den Weg der Ionen zu verfolgen.

Veränderungen der Haut.

§ 134. Die Haut wird an den Einwirkungsstellen verändert, anfangs rötet sie sich nur, doch bei längerer Einwirkung
entsteht Blasen- und Schorfbildung. Die Anode gibt einen harten,
trockenen Schorf, während sich das Gewebe unter der Kathode
mehr verflüssigt.

Die Anwesenheit der verschiedenen Ionen, wofern elektrolytische Elektroden benutzt werden, ist von modifizierendem
Einflusse auf diese Veränderungen.

Die schweren Metalle, wie Kupfer, Zink etc., bereiten
Schmerzen und koagulieren das Gewebe, während Gold, Silber
und auch Blei weniger schmerzhaft sind. Das Kathion H und
das Anion O H sind sehr schmerzhaft und zerstören die Gewebe
in intensiver Weise.

Die Elektrolyse, welche sich an der Körperoberfläche abspielt, wurde eingehend studiert. Über die elektrolytischen Vorgänge aber, die sich innerhalb der Gewebe, innerhalb des
Organismus abspielen, welche Veränderungen dadurch hervorgerufen werden usw., darüber befinden wir uns bis heute noch
ganz im unklaren.

Es steht zu erwarten, daß diese Prozesse auch mit den
Vorgängen des Stoffwechsels in Beziehung treten, doch auch
darüber ist bislang nichts bekannt.

Diesbezüglich ist ein Versuch sehr lehrreich, welchen
Drechsel ausführte. Es glückte Drechsel, aus Lösungen
von carbaminsaurem Ammon durch Elektrolyse Harnstoff
zu erzeugen; ein vielverheißender Anfang zu der Aufgabe,
welche der Elektrizität bei der Wiederherstellung gestörter ani-
malischer Funktionstüchtigkeit dereinst zufallen dürfte!

d) Die Kataphorese.

§ 135. Die kataphorische Wirkung des galvanischen Stromes beruht in einer Fortbewegung, besser in einem Transport von Flüssigkeiten en masse von dem positiven zum negativen Pol ($\varkappa\alpha\tau\dot\alpha$ = hinunter, $\varphi\epsilon\rho\epsilon\iota\nu$ = tragen). Verbindet man zwei mit einer nicht kolloiden Flüssigkeit erfüllte Gefäße, welche durch eine gemeinsame poröse Zwischenwand voneinander getrennt sind, mit den Polen einer galvanischen Batterie und läßt den Strom kreisen, so wird ein Teil der Flüssigkeit aus dem positiven Gefäß in das negative transportiert.

In vereinzelten Versuchen (z. B. wenn man colloide Flüssigkeiten verwendet) findet ein umgekehrter Transport zur Anode statt; ebenso wird auch Oxyhämoglobin, Eisenhydrat etc. zur Anode fortgeschafft.

Im allgemeinen gilt, daß die basischen Substanzen der Kataphorese, die sauren der Anaphorese unterworfen sind.

Remak versuchte, gewisse Erscheinungen durch direkte Kataphorese zu erklären, z. B. das Eingesunkensein und die Blutleere der Haut unter der Anode, die Quaddelbildung unter der Kathode.

Durch folgendes Experiment sind diese Volumsschwankungen besonders schön demonstriert: Ruft man in einer bestimmten Hautregion künstliche Blutleere hervor und appliziert daselbst die beiden Elektroden, so merkt man, wie die unter der Anode gelegene Stelle immer mehr einsinkt und dünner wird, während die Kathodenstelle voller und dicker wird. Die unterbrochene Zirkulation verhindert den kontinuierlichen Gewebssäfteaustausch, und das Phänomen wird dadurch deutlicher.

Man versuchte, die kataphorische Wirkung des galvanischen Stromes zur perkutanen Einführung von Medikamenten zu verwenden.

Nachdem v. Bruns experimentell nachgewiesen hatte, daß es gelingt, Jodkalium auf diese Weise dem lebenden und toten Körper einzuverleiben, wurden weitere derartige Beobachtungen von Munk, Ehrmann, Gärtner u. a. mitgeteilt.

Munk hat auf Grund von sorgfältigen Versuchen eine sehr zweckmäßige Methode zur perkutanen Medikamenteneinverleibung ersonnen: Zwei Duboissche Zuleitungsröhren, die mit Tonpfropfen abgeschlossen sind, setzt man auf den zu behandelnden Körperteil auf, die einzuverleibende konzentrierte

Medikamentenlösung wird in die Zuleitungsröhren eingefüllt
und mit derselben auch die Tonpfropfen befeuchtet; man läßt
den Gleichstrom einer Batterie von 10—18 Elementen $^1/_4$ bis
$^3/_4$ Stunden kreisen, wobei man alle 10—15 Minuten eine Stromwendung vornimmt.

Die Änderung der Stromrichtung bewirkt, daß der Flüssig-
keits- resp. Lösungstransport nach beiden Richtungen hin stattfindet, wodurch eine Verlangsamung der Kataphorese verhindert wird.

Munk hat auf diese Weise Tieren Strychnin und Menschen
Chinin und Jodkalium und andere Substanzen einverleibt; nach
einigen Minuten waren diese Substanzen im Sputum und Harn
nachweisbar.

Für therapeutische Zwecke muß man berücksichtigen, daß
die einzuverleibende Substanz eigentlich nur in geringen Spuren
eindringt.

Es ergibt sich daraus die praktische Folgerung: man ver-
wende zu dieser Therapie nur sehr wirksame, schon in kleinsten
Dosen reaktionerzeugende Substanzen, und zweitens: man erzielt
eher eine allgemeine als lokale Wirkung. Die Substanzen
dringen nämlich sehr stark in die Tiefe, dafür aber kommen
sie rasch in die Blutgefäße und den allgemeinen Kreislauf.

e) Die Katalyse.

§ 136. Den Namen führte Remak ein; es wurden darunter die Hauptwirkungen des galvanischen Stromes subsummiert,
die man als direkte und indirekte bezeichnet. Eine nähere
Definition dieser Wirkungen des galvanischen Stromes ist bis
heute nicht gelungen.

Remak hielt dafür, daß es die elektromotorischen, elektrotonischen u. a. Eigenschaften des Stromes allein nicht sein
können, welche Heilwirkungen hervorrufen. Er glaubte vielmehr,
der galvanische Strom verursache in den Nerven und den Geweben überhaupt bleibende Veränderungen, die mit der molekularen, chemischen und histologischen Zusammensetzung der
Gewebe in Beziehung treten.

Soweit diese Wirkung in den erkrankten Geweben selbst
(z. B. Entzündung, Blutextravasat, Neuritis etc.) durch Änderung
der Osmose, der molekularen Konstitution etc. sich geltend
macht, sprach Remak von direkter Wirkung; insofern aber

als diese Wirkung durch Beeinflussung der allgemeinen Zirkulation bedingt war, zeichnete er sie als indirekte, katalytische
Wirkung.

Noch heute spricht man diesen sog. katalytischen, aber
nicht näher definierbaren Wirkungen des galvanischen Stromes
in der Therapie große Bedeutung zu.

Erb meint, wir können den Begriff der katalytischen
Wirkungen nicht entbehren, so wenig auch dieser kurze, nichts
präjudizierende Ausdruck sichergestellt ist. Erb sagt hierüber:

»Remak faßt unter diesem Namen zusammen: Zunächst
die von dem elektrischen Strom bewirkte Erweiterung der Blut-
und Lymphgefäße, die dadurch erleichterte Blut- und Säfte-
zirkulation und gesteigerte Resorption; eine gesteigerte Imbibi-
tionsfähigkeit der Gewebe, erhöhte osmotische Vorgänge und
durch beides herbeigeführte Volumszunahme (besonders der
Muskeln), weiterhin die durch Erregung oder Beruhigung der
Nerven in diesen selbst und in den von ihnen beherrschten
Teilen herbeigeführten Änderungen des Stoffwechsels
und der Ernährung, ferner die durch elektrolytische Vorgänge bewirkte Änderung der molekularen Anordnung
der Gewebe, ihrer Ernährungsfähigkeit und Ernährungstätig-
keit, endlich die Folgen und Wirkungen des mechanischen
Transportes von Flüssigkeiten von einem Pol zum andern.«

Diesen zum größten Teil theoretischen Erwägungen fehlt
bisher die experimentelle Basis.

Remak hat allerdings mit einschlägigen Experimenten
begonnen. So erzeugte Remak in Froschschenkeln durch
labile Galvanisation eine Blutfülle derselben.

Die von Remak, Bollinger, v. Ziemssen und Erb
beschriebenen Veränderungen der Haut beim Galvanisieren sind
nach Erbs Dafürhalten »sehr gewichtige Tatsachen zugunsten
der katalytischen Wirkungen.«

Von besonderer Bedeutung für die katalytischen Wirkungen
ist nach Erb der Nachweis der vasomotorischen Wirkungen der galvanischen Ströme. In dieser Beziehung ist von
Wichtigkeit die von Grützner und von Erb gemachte Beobachtung über die gefäßerweiternde Wirkung der Stromesdauer,
wenn der Strom bei seiner Passage sich in einen Nervenstamm
fortpflanzt. (Erb hielt die Elektrode an der Innenseite des
Vorderarmes, die auftretende Rötung breitete sich im Verlaufe
eines Hautnerven streifenförmig auch auf die Dorsalseite des
Vorderarmes aus.)

Ferner gehört hierher die Erweiterung der Muskel-
gefäße bei Reizung der motorischen Nerven, die Gefäß-
reflexe, die Veränderung des Blutkreislaufes durch Reizung
der sensiblen Nerven, schließlich die feineren elektrolytischen Vorgänge in den Geweben (sog. innere Polarisation[1]), die man ebenfalls nur vermutet, und deren Existenz
durch das früher erwähnte Experiment von Drechsel (elektrolytische Harnstoffbildung) und die von Munk ausgeführte
kataphorische Medikamenteneinverleibung zumindest sehr wahrscheinlich wird.

Der faradische Strom.

§ 137. Der faradische Strom, der ähnlich wie der Extrastrom aus einer Reihe von steilen Stromstößen besteht und sich
deshalb durch große Dichtigkeitsschwankungen auszeichnet,
kommt in seiner physiologischen Wirkungsweise einer rasch aufeinander folgenden Reihe von Schließungen und Öffnungen
des konstanten Stromes gleich. Der faradische Strom übt daher
eine besonders kräftige Reizwirkung aus, auf welche der motorische Nerv und der Muskel mit einer tetanischen
Kontraktion antworten.

Die näheren Bedingungen der faradischen Muskel- und
Nervenreizung sind bisher nicht bekannt; im allgemeinen kann
man sagen, die einzelnen Induktionsströme wirken nur
wie Stromschließungen.

Wird die Reizelektrode der Eintrittsstelle des Nerven-
zweiges im Muskel genähert oder dieselbe direkt getroffen, so
wird die Reaktion um so prompter. Das ist die von Duchenne
zuerst ausgebildete Methode der lokalen Faradisation der
Muskeln (»motorische Punkte«), welche dann Remak und
v. Ziemssen in methodischer Weise ausbauten.

Debédat studierte die Faradisation der Muskeln in eingehender Weise und fand, eine methodisch geübte Faradisation

---

[1] Bei der elektrolytischen Behandlung von Schädelbasisfibromen —
die beiden die Pole bildenden Stahlnadeln werden mit ca. 1—2 cm Abstand
in die Geschwulst hineingestoßen — beobachtete M. Ruprecht, daß nach
völliger Ausschaltung des Stromes die Nadel des Galvanometers nicht auf 0
stehen blieb, sondern um einige Zehntel MA nach entgegengesetzter Richtung ausschlug. Nach Ruprechts Meinung wird bei der elektrolytischen
Zersetzung chemische Energie durch Polarisation aufgespeichert, die sich
genau wie beim Akkumulator wieder in elektrischen Strom umsetzt; es würde
also in der Zuleitung, soweit dieselbe geschlossen ist, ein vom Tumor aus-
gehender Eigenstrom kreisen.

der Muskeln habe den Effekt einer lokalen Gymnastik; die Muskelelemente entwickeln sich kräftiger.

Debédat bediente sich des rhythmischen faradischen Stromes, d. h. eines Stromes, der in regelmäßigen Phasen unterbrochen wurde. So konnte er an Kaninchen, deren hintere Extremitäten durch etwa 20 Applikationen von je 4 Minuten behandelt worden waren, eine Volums- und Gewichtszunahme, und zwar der behandelten Extremitäten, konstatieren; bei manchen Versuchstieren betrug die Zunahme bis 50% des Normalen. Die histologische Untersuchung ergab, daß die Muskelzellen und nicht das interstitielle Gewebe die Volumszunahme bedingt hatten.

Wurden dagegen die Kaninchen bis zur muskulären Erschöpfung faradisiert, so trat das Gegenteil ein; Volums- und Gewichtsabnahme der Muskulatur der behandelten Extremität. Die histologische Untersuchung ließ Atrophie und stellenweise körnige Degeneration der Muskelfasern erkennen.

v. Ziemssen hat die Wärmesteigerung im faradisierten Muskel des lebenden Menschen nachgewiesen; es ist dies der Ausdruck gesteigerter Stoffwechselvorgänge.

Um die Faradisation in der Heilkunde in zweckmäßiger Form, i. e. rhythmisch üben zu können, dafür hat Bergonié einen besonderen Apparat (Dispositiv de Bergonié pour la faradisation rhythmée) ersonnen. Dieser Apparat gestattet eine Faradisation von derartiger Intensität, die allmählich zu einem gewissen Maximum ansteigt, eine Zeitlang darin verharrt und allmählich auf Null abfällt; dies wiederholt sich rhythmisch mehrere Male. Dieses allmähliche Ansteigen und Fallen wird dadurch bewerkstelligt, daß in den sekundären Stromkreis ein rotierender Rheostat (mit allmählich auf- und absteigendem Widerstand) eingeschaltet ist.

Die sensiblen Nerven werden durch den faradischen Strom in heftiger Weise erregt. Bei größerer Stromintensität tritt außer heftigem stechenden und brennenden Gefühl auch Schmerzempfindung auf.

Die vasomotorischen Nerven, besonders der Haut, werden in ähnlicher Weise leicht gereizt.

Die nach Faradisation auftretende Hautröte führt sich auf Reizung der Gefäßnerven mit konsekutiver Erweiterung der Blutgefäße zurück. Wird die Haut mit feuchten Elektroden faradisiert, so sind die Rötungserscheinungen weniger stark ausgesprochen; zuweilen tritt früher ein Erblassen der Haut, cutis anserina, auf.

Fig. 119.

Bei Anwendung des faradischen Pinsels (Fig. 119) wird die anfängliche Hautbläße sehr rasch von einer intensiven Rötung abgelöst.

Faradisation des Halssympathicus von Tieren führte zu verschiedenen, nicht immer übereinstimmenden Erscheinungen: Erweiterung der gleichseitigen Pupille, Erweiterung der Lidspalte, leichtes Hervortreten des Bulbus[1]), ferner Beschleunigung der Herztätigkeit, Erweiterung der Blutgefäße der betreffenden Kopfhälfte usw.

Betreffs der Wirkung des faradischen Stromes auf die sekretorischen Nerven wäre zu erwähnen, daß Adamkiewicz mitteilte, es sei ihm gelungen, durch kräftige Reizung des Nervus tibialis in der Kniekehle eine lebhafte Schweißsekretion am Fuße (Sohle, Zehen und Fußränder) hervorzurufen. Er fand ferner Schweißsekretion in der Handfläche bei Reizung des Nervus ulnaris, im Gesicht bei Reizung des Facialis, überhaupt an jeder Körperstelle, die durch faradischen Pinsel gereizt wurde.

Das Zentralnervensystem und die Sinnesorgane lassen sich durch faradischen Strom reizen; es gibt aber nicht derart markante und spezifische Empfindungen (z. B. galvanischer Schwindel etc.), wie sie durch Applikation des galvanischen Stromes hervorgerufen werden.

Die Gehirnrinde ist sowohl durch galvanischen als faradischen Strom erregbar. Die Erregung der ›motorischen Zentren‹ führt prompt zu Muskelzuckungen auf der entgegengesetzten Körperseite.

Die Bauchorgane, besonders der Magendarmtrakt, sind faradischen Erregungen sehr zugänglich.

Gerhardt erzielte durch perkutane Faradisation Kontraktionen der durch Icterus catarrhalis stark ausgedehnten Gallenblase; Stromesapplikation in der Gegend der Gallenblase.

Chvostek, Berger, Botkin, Skorczewski, Popow u. a. faradisierten chronische Milztumoren, deren Volumen dadurch (teils direkt, teils reflektorisch) bedeutend verringert wurde.

---

[1]) Bekannt ist die Symptomentrias bei Menschen mit angeborener Sympathikusparese: Enophthalmus, Verengerung der Lidspalte und der Pupille.

E r b bewahrt diesen Beobachtungen gegenüber Skeptizismus.

Die Magen- und Darmmuskulatur wird zur Peristaltik durch den faradischen Strom intensiver angeregt als durch den galvanischen.

S c h l i e p , der durch Manometerversuche den mechanischen Effekt der Faradisation des Magens messen wollte, merkte, daß das Wasser infolge der Faradisation rasch aus dem Magen verschwunden war.

Faradisation des Darmes [1]) führt oftmals zu Defäkation, besonders wenn der Mastdarm als eine Applikationsstelle gewählt wurde.

Ganz besonders hervorgehoben zu werden verdient die von E r b vermerkte Tatsache, eine S c h l i n g b e w e g u n g sei beim Menschen durch faradischen Strom auf keinerlei W e i s e z u e r z i e l e n (durch galvanischen Strom erreichbar).

E. B u m m rief Kontraktionen des graviden Kaninchenuterus hervor, allerdings nur dann, wenn eine Elektrode bis in den Uterus eingeführt wurde.

Zum Schlusse sei hervorgehoben: bei allen Behandlungsformen, welche die Applikation einer Elektrode auf dieser oder jener Schleimhaut notwendig machen, ist der faradische Strom wegen mangelnder elektrolytischer Eigenschaften dem galvanischen vorzuziehen. Ausgenommen sind allerdings jene Fälle, in denen Elektrolyse bezweckt wird.

Der galvanofaradische Strom (courant de Watteville).

§ 138. Der physiologische Effekt dieses Stromes beruht in heftigeren Muskelkontraktionen; außerdem soll durch periodische Anwendung dieses Stromes die behandelte Muskulatur sich sehr rasch und in ansehnlicher Weise entwickeln.

B o r d i e r konstatierte nach zweimonatlicher Behandlung (rhythmische Applikation mittels des Dispositiv von B e r g o n i é) eine enorme Volumszunahme des behandelten Armes und Vorderarmes. Die Behandlung bestand in 10 Minuten dauernden Sitzungen, die dreimal wöchentlich wiederholt wurden.

G u i l l e m i n o t empfiehlt diese Behandlungsmethode für Kranke mit Lähmungen, Myopathia und mit atonischen Magendarmzuständen.

---

[1]) Die Muskulatur des G a u m e n s und des R a c h e n s ist faradisch erregbar.

Sinusoidalströme.

§ 139. Die Sinusoidalströme[1]) haben nach G u i l l e m i n o t eine dreifache physiologische Wirkungsweise:

1. auf die willkürliche und glatte Muskulatur,
2. elektrolytisch,
3. allgemein.

Die w i l l k ü r l i c h e M u s k u l a t u r bringt man zur Kontraktion, wenn sich die Ströme durch eine gewisse Frequenz auszeichnen; unterhalb einer gewissen Anzahl von Alternationen (z. B. 20) sind die Ströme wirkungslos. Die besten Reaktionen erzielt man bei einer Periodenzahl von 20—150 Alternationen. Die glatte Muskulatur reagiert intensiver.

Trotz ihrer wechselnden Stromrichtung zeichnen sich die Sinusoidalströme durch e l e k t r o l y t i s c h e Eigenschaften aus, wie die Arbeiten von A y r t o n , P e r r y , M a n e u v r i e r , C h a p u i s , L a b a t u t dartun. Je geringer die Periodenzahl, um so intensiver die elektrolytische Wirkung.

L a b a t u t wies mittels dieser Ströme das Eindringen des Pilocarpin-Ions nach.

Die A l l g e m e i n w i r k u n g — der ganze Körper wird diesen Strömen ausgesetzt — besteht nach den eingehenden Versuchen D ' A r s o n v a l s in einer Beschleunigung der Stoffwechselvorgänge, in einer Zunahme der Atmungskapazität; die roten Blutkörperchen absorbieren um 20 % mehr Oxyhämoglobin als normal; ebenso ist die Menge der im Harn ausgeschiedenen organischen Substanzen vermehrt.

Die Hochfrequenzströme (Tesla - D'Arsonvalströme).

§ 140. Die Applikation dieser Ströme geschieht entweder l o k a l durch Berührung gewisser Elektroden oder a l l g e m e i n auf dem Wege der Autokonduktion, d. i. durch Fernwirkung. In letzterem Falle befindet sich der zu behandelnde Körper oder Körperabschnitt inmitten eines oszillierenden Elektrizitätsfeldes.

---

[1]) M. B e r n h a r d t wies nach, daß die magnetelektrischen und sinusoidalen Ströme die gleichen seien; dieselben unterscheiden sich von den durch die gewöhnlichen Induktorien erzeugten durch die relative Langsamkeit des Entstehens und Vergehens, sowie durch die Gleichartigkeit der Schließungs- und Öffnungsinduktionsströme. Die magnetelektrischen Ströme werden wegen ihrer ausgeprägten elektrolytischen Wirksamkeit von M. B e r n - h a r d t zur Behandlung von verschiedenen Herzaffektionen und Stoffwechselstörungen empfohlen.

Die physiologische Wirkung auf die M u s k e l n und das motorische N e r v e n s y s t e m ist nicht kontrollierbar. Trotz direkten Stromüberganges tritt keine Muskelkontraktion ein.

Die s e n s i b l e n Nerven dagegen sollen durch diese Ströme in dem Sinne erregt werden, daß A n ä s t h e s i e eintritt. Die Beeinflussung der vasomotorischen Nervenfasern ist aus der Veränderung des Blutdrucks, aus der Hautrötung und stellenweise Schweißbildung zu erkennen.

Die Wirkungen der Hochspannungsentladungen auf das Gefäßsystem sind in Fig. 120 zu erkennen.

Nebstdem sind A l l g e m e i n w i r k u n g e n vorhanden, die D ' A r s o n v a l zuerst beobachtet und beschrieben hat und die seitdem Gegenstand eifriger Studien geworden sind.

Z e i c h e n e r k l ä r u n g :

vi = Vakuolenbildung in den Zellen der Intima;

vm = Vakuolenbildung in den Zellen der Media.

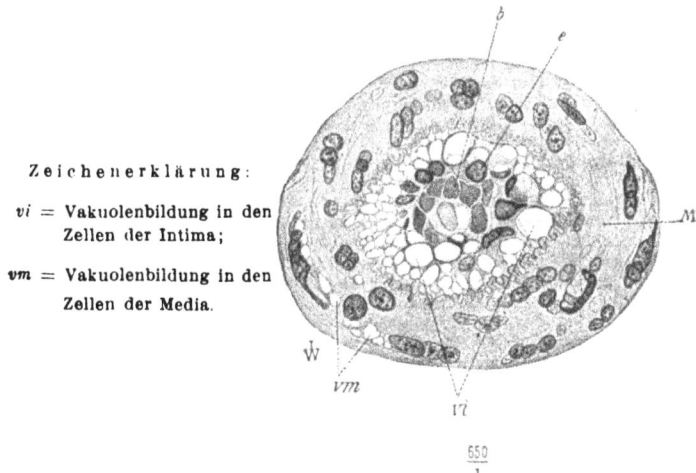

Fig. 120.
Veränderungen der Arterienwand durch Einwirkung von elektrischen Hochspannungsentladungen (aus L. F r e u n d , Radiotherapie).

D ' A r s o n v a l , der diese Ströme in die Therapie eingeführt hat, glaubte anfangs, die Hochfrequenzströme dringen bei ihrer Applikation gar nicht in das Innere des menschlichen Körpers ein, sondern breiten sich vielmehr auf der Körperoberfläche aus. Weitere Versuche zeigten aber, daß nur metallische Leiter die Elektrizität an der Oberfläche leiten, während Leiter zweiter Ordnung, das sind Elektrolyten, von den Hochfrequenzströmen auch in ihrem Innern durchflossen werden. D ' A r s o n v a l experi-

mentierte mit Hilfe eines Zylinders, der mit physiologischer
Kochsalzlösung gefüllt war und fand, daß bei Einwirkung der
Hochfrequenzströme in allen Abschnitten der Flüssigkeit gleiche
Stromintensität vorhanden ist. [1])

In Ergänzung zu dieser Untersuchung ist ein von M a r a -
g l i a n o ausgeführtes Experiment zu erwähnen: Eine Glühlampe,
welche in den Thoraxraum eines Hundes gebracht wurde, und
deren Pole mit zwei kleinen Metallplatten in Verbindung stand,
die an beiden gegenüberliegenden Pleurastellen fixiert worden
waren, leuchtete auf, sobald der Hund der allgemeinen D'Arsonvalisation unterworfen wurde.

---

[1]) Arch. de Physiologie normal et pathol. M. Brown Séquard Bd. XXV,
1893, p. 789. M. le Dr D'Arsonval répète les principales, expériences par les-
quelles il a demontré les remarquables propriétés physiologiques des courants
électriques à hautes frequences. . . . L'appareil instrumental se compose, en
principe, d'une machine à courrants alternatifs, industrielle, absorbant
4 chevaux. Cette énergie électrique sous forme de courants alternatifs à
b a s s e f r e q u e n c e, et foudroyanté, même pour de puissants animaux,
la période étant seulement de 60 alternances par seconde. A fait voire, que
ce même courant étant porté . . . à une frequence variant de 50 000 à 125 000
alternances par seconde environ, jouit des propriétés suivantes I.) il donne
des étincelles très chaudes et très bruyants de 15 à 20 centimètre de longueur;
II.) il port au blanc ébluissement dix à douze lampes à incandescence absorbant 1 ampère sous 125 volts. Il ne s'agit pas là des phénomènes de fluores-
cence signalé par M. T e s l a mais bien d'une véritable incandescence mont-
rant que l'énergie qui passe à travers les lampes est considérable: 125 volts
× 12 × 1 ampère = 1500 watts, plus de deux chevaux. III.) Ce courant si
puissant, qui serait foudroyant si sa fréquence tombait à 100 par seconde
par exemple, n'agit ni sur la sensibilité ni sur la motricité. D'A r s o n v a l le
démontre par cette expérience croissante deux personnes touchant les p ô l e s
de l'appareil d'une main tandis que les lamps sont tenues par la main restée
libre. Le courant passe ainsi à travers les deux personnes pour parcourir les
deux lampes. On voit alors les lampes s'allumer au blanc eblouissant, sans
que les patients éprouvent une sensation quelconque.

p. 790, IV.) Ce courant agit sur les nerfs vasomoteurs en provoquant
une puissante dilatation vasculaire . . . ce même courant appliqué d'une cer-
taine façon amène de l'analgésie de la peau et des nuques au point de
pénétration (Dis. Oudin et Cruet).

V.) Enfin, à cause de la fréquence, ce courant jouit de propriétés
inductrics remarquables. Le circuit faisant un seul tour, si on approche un
second circuit semblable, contenant une lampe à incandescence, le courant
engendré suffit pour l'allumer. Le corps vivant lui-même peut remplacer le
circuit metallique induit. A., le démontre en faisant tenir d'une personne
les deux prises de courant à une lampe à incandescence. Cette personne
arrondit le bras en cercle et embrasse dans leur intervalle le circuit inducteur
traversé par le courant, à haute fréquence; aussitôt la lampe s'allume, mont-
rant que le circuit formé par le bras est le siège d'un courant induit très
puissant qui n'est nullement senti. De là un nouveau procédé d ' é l e c t r i -
s a t i o n à d i s t a n c e ou par a u t o i n d u c t i o n comme l'a appelé l'auteur.
Ce procédé d'électrisation permet d'agir sur les organismes le plus ténus,
puisqu'ils sont eux-même le siège du courant, qui est ainsi rigoureusement
moléculaire. A., en collaboration avec W. C h a r r i n, a montré, que ce genre
de courants agissait puissamment sur le monde des êtres unicellulaires.

Daß das neuromuskuläre und zum größten Teil auch das neurosensible Organsystem durch die Hochfrequenzströme unerregbar zu sein scheinen, dafür wurde noch eine andere Theorie aufgestellt: Ebenso wie der Nervus opticus und Nervus acusticus nur auf Reize antwortet, deren Wellen von ganz bestimmter Schwingungszahl sein müssen, ebensowenig reagieren die motorischen und sensiblen Nerven auf Erregungen, die nicht Bewegungswellen von ganz bestimmter Periodenzahl darstellen.

›De même que le nerf optique ne répond qu'aux excitations dont la période est inférieure à 728 billions par seconde (violet) et supérieure à 497 billions (rouge), de même que le nerf acoustique ne répond aussi qu'à des vibrations comprises entre 32 et 60000 environ par seconde, de même les nerfs de la sensibilité générale et les nerfs moteurs ne répondent qu'à des excitations dont la période est inférieure à 10000 environ par seconde. Ce serait donc simplement par suite d'un défaut d'adaption à une période donnée que la réponse des systèmes neuro-moteur ou neuro-sensitif n'aurait pas lieu.‹ (Guilleminot.)

Die physiologische Wirkung der Hochfrequenzströme auf die Gefäßnerven bezeichnet D'Arsonval mit dem von Brown Sequard gewählten Ausdruck ›inhibition‹. Auf diese Wirkung der Inhibition der Gefäßnerven führt D'Arsonval die Erniedrigung des Blutdrucks zurück.

D'Arsonval hat die Druckveränderungen an Hunden mittels Manometer, die in die Karotis eingeführt worden waren, gemessen. Sofort nach Beginn der Elektrisation sinkt die Quecksilbersäule um einige Zentimeter; bald aber nimmt der Gefäßtonus zu, und der Blutdruck steigt. Im Gegensatze zur allgemeinen D'Arsonvalisation sollen einzelne Funkenschläge der Hochfrequenzströme spastische Erscheinungen im Bereiche der glatten Muskelfasern hervorrufen; daher auch Blutdrucksteigerungen, die, von Moutier gemessen, eine Differenz um 4 bis 8 cm erkennen ließ; die Funkeneinwirkung geschah in der Gegend der Wirbelsäule.

Die allgemeinen physiologischen Wirkungen der länger dauernden D'Arsonvalisation zerfällt in folgende Einzelwirkungen (Guilleminot):

1. Wirkung auf den Gasaustausch (échanges respiratoires),
2. Wirkung auf die tierische Wärmebildung (thermogénèse animale),
3. Wirkung auf die Harnabsonderung (secretion urinaire).

Die Wirkung auf die Atmung zeigt sich äußerlich in Zunahme und Vertiefung der Atemzüge (D'Arsonval), ebenso in der Menge der ausgeschiedenen Kohlensäure. D'Arsonval hat diese vermehrte Ausscheidung der Kohlensäure in seiner eigenen Exspirationsluft gemessen; unter dem Einflusse der Autokonduktion atmete er selbst im Laufe einer Stunde 17 bis 37 Liter Kohlensäure aus.

D'Arsonval fand ferner bei Versuchstieren, daß während des Experiments der Gewichtsverlust größer sei als unter gewöhnlichen Umständen, so z. B. bei einem Meerschweinchen im Verlaufe von 16 Stunden 30 g statt 6, und bei einem Kaninchen 48 g statt 23.

Tripet und Guillaume wollen durch Experimente des weiteren gefunden haben: die Hochfrequenzströme bedingen eine beschleunigte Reduktion des aufgenommenen Oxyhämoglobins, besonders bei schlechtgenährten Menschen.

Bezüglich der animalen Thermogenese konstatierte D'Arsonval mittels des Anemokalorimeters, die abgegebene Wärmemenge verdopple sich nahezu unter dem Einflusse dieser Elektrisation.

D'Arsonvals Untersuchungsergebnisse wurden von Bordier und Lecomte, ferner von Bonniot bestätigt.

Die Harnabsonderung läßt eine Vermehrung der Extraktivstoffe, besonders des Harnstoffs, und eine gesteigerte Giftigkeit (toxicité urinaire) erkennen.

Apostoli und Berlioz kommen auf Grund eingehender klinischer Beobachtung zu dem Schlusse, daß die Menge des ausgeschiedenen Harnstoffs und der Harnsäure im normalen Verhältnis (1 : 40) bestehen bleibt; ebenso soll es sich mit den Phosphaten und Uraten verhalten. Mit Rücksicht auf die vermehrte Ausscheidung von Phosphaten und Uraten, deren Mengen dabei im normalen Verhältnis zueinander bestehen bleiben, soll den Untersuchungen von Réale und v. Renzi (expériences sur le dosage de l'acide oxyproteïque) zufolge die D'Arsonvalisation von günstigem Einflusse für Diabetiker sein. Diese Autoren halten dafür, daß diese vermehrte Ausscheidung auf den Einfluß der Hochfrequenzströme auf die Nucleine als die Quelle des Zuckers hinweise.

Diese Experimente wiederholten später Dénoyès, Martre und Rouvière. Sie untersuchten den Harn

1. gewichtsanalytisch (Dosages chimiques),
2. auf Giftigkeit (épreuves de toxicité),
3. kryoskopisch (Détermination du point du congélation).

Die H a r n m e n g e ist vermehrt, ebenso der ausgeschiedene Harnstoff, die Harnsäure, überhaupt die gesamte Stickstoffmenge; auch die Phosphate, Sulfate und Chloride geben eine Zunahme gegen die Norm zu erkennen.

Die T o x i z i t ä t (coefficient urotoxique) des Harns ist gesteigert. ›Il y a une augmentation du coefficient urotoxique et diminution du nombre de molécules élaborées moyennes nécessaires pour tuer un kilogramm d'animal (cf. à ce sujet B o u c h a r d ›Troubles préalables de la nutrition‹, Tr. de pathologie t. III.). Cette dernière observation a une grande importance puisqu'elle montre que l'augmentation de la toxicité est due, en partie du moins, à une augmentation de la qualité toxique de la molécule, et non à une augmentation du nombre des molécules toxiques.‹

Der G e f r i e r p u n k t des Harns erscheint erniedrigt; D ' A r s o n v a l und C h a r r i n studierten ferner den Einfluß der Hochfrequenzströme auf Mikroben, und zwar auf den Bacillus pyocyaneus und das Diphtherietoxin; B o n o m e, V i o l a und C a s c i a n i beobachteten die Wirkung dieser Ströme auf das Wachstum des Streptokokkus und Staphylokokkus usw.

Im allgemeinen ergaben diese Untersuchungen, daß das Wachstum dieser Mikroorganismen[1]) unter der Einwirkung der Hochfrequenzströme bis zu einem gewissen Grade gehemmt werde.

Elektromagnetismus.

§ 141. Die physiologischen Wirkungen der elektromagnetischen Kraftlinien schweben noch sehr im dunkeln. D ' A r s o n v a l teilte im Jahre 1882 (Soc. de Biologie, 22 avril 1882) mit, die alkoholische Gärung gehe innerhalb eines magnetischen Kraftfeldes langsamer als normal vor sich.

D u b o i s, M i c h a e l i s u. a. machten ähnliche Beobachtungen.

H e r m a n n, welchem damals im Jahre 1888 nur das magnetische Gleichstromfeld zur Verfügung stand, vermochte bei seinen Versuchen eine physiologische Wirkung des magnetischen Feldes nicht nachzuweisen.

---

[1]) In Wien hat L. F r e u n d den Einfluß der Ruhmkorff-Entladungen auf verschiedene Bakterienarten studiert. Die Untersuchungen wurden im Institut des Prof. Dr. A. W e i c h s e l b a u m ausgeführt.

Hermann arbeitete mit dem ›ruhenden‹ Feld, welches durch Batterieströme oder durch den Strom einer Gleichstrom-Dynamomaschine erzeugt wird. Dieses ›ruhende‹ Feld des Gleichstrommagneten unterscheidet sich in seinen Wirkungen nicht qualitativ von dem Magnetfeld des bekannten Mineral- oder Stahlmagneten.

Bei Verwendung des verschwindenden Feldes (d. i. Öffnung des Stromkreises) erzielte Hermann zuweilen Zuckungen des Nervenpräparates, die er mit in diesem Präparate (durch Öffnung) induzierten Strömen in Zusammenhang brachte.

Physiologische Beobachtungen. [1]

§ 142. Seit den ersten Untersuchungen sind jedoch Beobachtungen mitgeteilt worden, die das Interesse für diese Frage neuerdings weckten.

B. Danilewsky konstatierte ein Zucken des Frosch-schenkels in der Nähe starker Dynamomaschinen.

B. Beer berichtete in der k. k. Gesellschaft der Ärzte in Wien über subjektive Lichterscheinungen in der Nähe eines Elektromagneten:

›Die Erscheinung repräsentierte sich bei mir bei Annäherung der seitlichen Augenregion an den Elektromagneten in einer Distanz von 2 cm bei Benutzung mittelstarker Ströme (15 Ampere) in der Weise, daß ich in der Mitte des Gesichtsfeldes eine hier und da dasselbe durchfahrende Helligkeitsveränderung [2] bemerkte, wie sie beim Ansehen einer von einem flackernden Lichte beleuchteten Fläche zu beobachten ist. Am Rande des scharf sichtbaren Gesichtsfeldes waren aber flimmernde Wellenzüge zu beobachten, die sich bei Augenbewegungen verschärften und besonders deutlich wurden, wenn ich an nahe am Auge liegenden Objekträndern vorüber sah, welch letztere dann so erschienen, als ob sich an ihnen eine farblose oszillierende optische Beugungserscheinung abspielen würde. Bei stärkerer Annäherung der Augengegend an die den Elektromagneten bedeckende ca. 1 cm dicke Steinplatte wurde das Flimmern etwas intensiver, und die flimmernden Streifen wurden

---

[1] An dieser Stelle sei kurz erwähnt, daß ich bei jugendlichen Elektrizitätsarbeitern, die im Bereich von elektromagnetischen Kraftfeldern arbeiten, einen mehr oder minder auffälligen Arteriarigor konstatieren konnte. Näheres vgl. »Elektropathologie«. F. Enke. 1903.

[2] Hervorragende Naturforscher (z. B. der Wiener Chemiker Baron Reichenbach, der Pariser Neurologe Luys) schrieben den Magnetpolen starker Magnete die Emission einer objektiv sichtbaren Lichterscheinung zu.

auch bei Benutzung höherer Stromstärken (bis 30 Ampere) deutlicher, zahlreicher und schoben sich scheinbar mehr gegen das
Feld des deutlichen Sehens vor.‹

Es ist ferner von Interesse, die Arbeiten von E. K. Müller
(Ingenieur in Zürich) ins Auge zu fassen, die der Erforschung
dieser Frage gewidmet wurden.

E. K. Müller teilte seine reiche, vieljährige Erfahrung
unter anderem auf dem II. Internationalen Elektrologenkongreß
in Bern (1903) mit. Er arbeitete vorwiegend mit dem durch
Wechselströme induzierten magnetischen Feld. Dieses Magnetfeld ist zum Unterschied vom Gleichstromfeld (›ruhendes‹
Feld‹) in steter Bewegung und in ständigem polaren Wechsel;
es ist sozusagen ein ›lebendiges‹ Kraftfeld.

Die physiologischen Wirkungen dieses wechselnden Magnetfeldes will Müller als spezifisch magnetische bezeichnet
wissen. Die erwähnte Muskelzuckung, die Lichterscheinung und
die weiter unten zu erörternden ›magnetochemischen‹ Eigenschaften sind nach Müller als rein magnetischer-physio-
logischer Einfluß zu deuten.

E. K. Müller wurde durch die Erwägung, ob es nicht
möglich wäre, diese umstrittenen induzierten elektromotorischen
Kräfte oder Ströme in Flüssigkeiten durch Beeinflussung tätiger
physikalischer Kräfte nachzuweisen, zum Studium der Einwirkung des magnetischen Feldes auf auskristallisierende leitende
Flüssigkeiten geführt. Die Untersuchungen wurden im ruhenden und polarisch wechselndem Felde angestellt.

Bei diesen Versuchen war eine deutliche Einwirkung des
Wechselfeldes (Exposition von Lösungen metallischer Salze und
Harnstofflösung) zu beobachten, ›ein symmetrisch ordnender Einfluß auf die Lagerung und Gruppierung der Kristalle‹; zuweilen
versagten die Versuche vollkommen.

In einer derartigen Versuchsflüssigkeit fand E. K. Müller
einmal an der Oberfläche ganz merkwürdige, schneeweiße, haar-
abschnittähnliche Stäbchen von 5 bis 8 mm Länge in $^1/_2$ bis
1 mm Dicke schwimmen, die ein merkwürdiges Verhalten zeigten.
Die chemische Untersuchung, von Prof. Barbieri in Zürich
ausgeführt, war bis damals resultatlos. Generalarzt Dr. Kuz-
nitzky hat über Abscheidung derartiger Körperchen in anderen
Versuchsflüssigkeiten im Dezember 1902 Mitteilung gemacht.

Müller berichtete über seine diesbezüglichen Untersuchungen, denen er die Kenntnis einer neuen Eigenschaft der

magnetischen Energie — die magnetochemische Eigenschaft —
entnehmen will, wie folgt:

»Eine Gelegenheitsbeobachtung erregte in auffallender Weise
meine Aufmerksamkeit: Auf der Oberfläche des mit chemisch
reiner Schwefelsäure leitend gemachten Seewassers (Trinkwasser)
in dem tags zuvor exponierten Glasgefäße zeigten sich schwim-
mende Körperchen in Gestalt von Dutzender schneeweißer haar-
abschnittähnlicher Stäbchen von 5 bis 8 mm Länge und $^1/_2$ bis
1 mm Dicke. Diese Beobachtung mit der Tätigkeit des Wechsel-
stromfeldes in Zusammenhang zu bringen, dazu hatte ich zuvor
keine Ursache, und ich betrachtete diese Körper als zufällig und
während meiner Abwesenheit in die Flüssigkeit geratene Un-
reinigkeiten, entfernte daraufhin diese mit der Flüssigkeit selbst,
um sie durch eine neue Konzentration für die Wiederholung
früherer Versuche zu ersetzen. Neuerdings resultatloses Arbeiten.
Folgenden Tag hatte ich die Überraschung, im Versuchsgefäß
eine neue Ernte dieser Art Stäbchen auf der Flüssigkeitsober-
fläche zu entdecken. Und gleichzeitig erinnerte ich mich an
die wiederholte Beobachtung, daß ich ja beim Ausgießen der
Versuchsflüssigkeiten ein graues, pulverförmiges Depot bemerkt
hatte. Allerdings hatte ich davon weitere Notiz nicht genommen.
Beim genaueren Betrachten der stäbchenförmigen Flüssigkeits-
ausscheidung — um eine Ausscheidung müßte es sich hier
handeln — fiel mir zunächst die seltsame Tatsache auf, daß die
Stäbchen, selbst beim Bewegen der Flüssigkeit, mit ihren Be-
rührungspunkten gegenseitig, je zwei oder drei Stück, aneinander
haften blieben, und ferner war auffallend, daß an jeder Stelle,
wo sie mit einem Kupferdraht berührt wurden, augenblicklich
ein Bruch des Stäbchens erfolgte. Die ganze Stäbchengruppe
bildete einen in der Mitte des Gefäßes schwimmenden Kranz
und anscheinend wurden die Körperchen vom Rande des Glases
nach der Mitte desselben abstoßend beeinflußt. Beim Eintauchen
eines Bruchstückes einer Ebonitzange in die verdünnte Schwefelsäure erfolgte rasche Bewegung der Körperchen gegen das ein-
tauchende Ebonitstück und ein Haftenbleiben an diesem, ähnlich dem elektrischen Papieranziehen mit dem elektrisch erregten
Glasstab. Die nun mit Hilfe des Ebonitstücks unverletzt heraus-
geholten Stäbchen zeigten unter dem Mikroskop vollkommen
zylindrischen Querschnitt, scharf abgeschnittene Enden und eine
Art körniger Struktur, in der eine stark mechanische Spannung
zu liegen schien. Jede Berührung mit Metall hatte, wie oben
bemerkt, einen sofortigen Bruch an der Kontaktstelle zur Folge,

und doch zeigten sie anderen Stoffen, z. B. dem Fingernagel
gegenüber, wieder eine verhältnismäßig geringe Empfindlichkeit.
Über die Natur dieser sonderbaren Ausscheidungen ist mir
selbst nichts Genaueres bekannt.... Über meine Versuche mit
organischen Flüssigkeiten werde ich später in ausführlicher
Weise Mitteilung zu machen haben. Inzwischen sei nur erwähnt,
daß ich unter 40 in Reagenzgläsern exponierten Flüssigkeiten
im Wechselfelde und bei bestimmter Exposition sehr deutliche
Einwirkungen, Aus- und Abscheidungen und Veränderungen
anderer Art beobachten konnte. Hierüber hat bereits Generalarzt Dr. K u z n i t z k y im Dezember vorigen Jahres in der Ärztlichen Rundschau (München) vorgängige Mitteilung gemacht.‹

E. K. M ü l l e r sieht in der Mitteilung von K u z n i t z k y ,
es trete nach einer einzigen Bestrahlung von ca. 20 Minuten
Dauer eine Vermehrung des Oxyhämoglobingehalts beim lebenden Menschen auf, eine Bestätigung seiner Annahme, daß dem
magnetischen Felde eine c h e m i s c h e Eigenschaft innewohne.

E. K. M ü l l e r faßt die bisher vorliegenden Beobachtungs-
ergebnisse betreffs der magneto-physiologischen Wirkungen in
drei Punkten zusammen:

1. Die durch magnetische Felder in Flüssigkeiten und
   organischen Körpern induzierten elektrischen Ströme
   existieren nicht.

2. Organische, lebende Körper werden durch magnetische
   Kraft beeinflußt.

3. Die magnetische Kraft übt auf anorganische und organische Lösungen und Flüssigkeiten einen eigenartigen,
   bisher nicht näher definierbaren Einfluß aus.

Auch Ingenieur J o h a n n e s Z a c h a r i a s (Charlottenburg)
hat seit Jahren der Erforschung der einschlägigen Frage ausgedehnte Arbeiten gewidmet.

Wie dem auch sei, für die p r a k t i s c h e Medizin ist die
›P e r m e a - E l e k t r o t h e r a p i e‹ oder, besser gesagt, die ›E l e k -
t r o m a g n e t i s c h e T h e r a p i e‹ bis heute vollkommen belanglos, insofern man nicht suggestive und ähnliche Wirkungen[1]
in Betracht zieht.

---

[1] Daß die äußerst ›zarten Beziehungen‹ des Magnetismus zur Medizin
oftmals zur Basis von Wunderkuren u. dgl. gemacht werden, ist eine leider
allzubekannte Tatsache.

Elektromechanik.

§ 143. Die mechanische Umwandlungsform der elektrischen Energie findet bei operativen Eingriffen und Massage Benutzung.

Die physiologischen Wirkungen der elektromechanischen Massage sind allgemein bekannt.

Die Vibrationsmassage hebt die lokale Zirkulation und begünstigt den Austausch der Gewebssäfte, wodurch Extravasate u. dgl. leichter resorbiert werden. Die Vibrationsmassage (auch ›Sismotherapie‹ nach Jayle und L. de Lacroix) bringt zuweilen auch Anästhesie der behandelten Stelle hervor.

Die Allgemeinwirkung der Sismotherapie vermag jedermann zu beurteilen, wer eine Wagen- oder besonders Eisenbahnfahrt zurückgelegt hat.

Elektrische Licht- und Wärmestrahlung.

§ 144. Es würde den Rahmen dieses Werkchens weit überschreiten, wenn wir alle Arten elektrischer Strahlungen (z. B. Teslalicht etc.) hier besprechen wollten. Aus diesem Grunde sollen nur die physiologischen Eigenschaften des elektrischen Glüh- und Bogenlichts und schließlich die der Röntgenstrahlen in möglichster Kürze reproduziert werden.

Diese drei Formen elektrischer Strahlung zeichnen sich durch a) Licht- (chem.) und b) Wärmeeigenschaften aus, welche imstande sind, markante physiologische Veränderungen hervorzurufen. Ihre therapeutische Verwendung stiftete bisher großen Segen.

Das elektrische Glühlicht und zumal das Bogenlicht ist sehr reich an chemisch wirksamen Strahlen. Jedes Lichtspektrum besteht bekanntlich aus sieben Farbenstrahlen (Newton), die, vom schwächeren zum stärkeren Lichtbrechungsindex fortschreitend, die Reihenfolge von Rot, Orange usw. bis Violett aufweisen. Jenseits des roten Anteils des Spektrums sind noch unsichtbare sog. Wärmestrahlen (ultrarot), jenseits von Violett sind stark chemisch wirksame Strahlen (ultraviolett) vorhanden.

Die Wärmewirkung der elektrischen Strahlung wird zu lokalen und allgemeinen Lichtbädern und in der Galvanokaustik benutzt.

Die Lichtbäder beruhen eigentlich auf der kombinierten Licht- und Wärmewirkung der elektrischen Strahlung.

Die physiologische Wirkung eines elektrischen Lichtbades[1]) setzt sich aus mehreren Faktoren zusammen: Es tritt eine Vasodilatation der Hautgefäße ein; die Haut rötet sich. Dauert die Einwirkung eines Lichtbades länger, so kommt es zu starker Schweißbildung. Der Charakter des abgesonderten Schweißes ist ein anderer als im normalen Zustande. Es kommen viele Fettsubstanzen zur Ausscheidung und bei gewissen Kranken, die z. B. Quecksilber in größeren Mengen gebraucht hatten, gelingt es, Spuren des Präparats im Schweiß nachzuweisen (J. Tonta); ebenso aber andere, frühere per os oder subkutan eingeführte Substanzen.

Die Temperatur eines solchen Lichtbades, in welchem Vorsorge für den Abzug der feuchten Luft getroffen sein muß, kann die Temperatur bis über 200° C (bis 240°!) steigen, ohne daß dadurch eine Gefahr entstünde. Die beruhigende, sedative Wirkung warmer Bäder ist bekannt.

Im übrigen sind die elektrischen Lichtbäder betreffs noch anderer Wirkungen (z. B. Erweiterung der Lymphbahnen, Beschleunigung des Pulsschlags etc.) den gewöhnlichen warmen oder heißen Bädern (Wasser- oder Dampfbädern) an die Seite zu stellen. Bezüglich des elektrischen Thermophors ist nichts Besonderes hervorzuheben.

Auch der Galvanokauter unterscheidet sich nicht fundamental von dem gewöhnlichen Thermokauter (Paquelin) in bezug auf seine physiologische und therapeutische Wirkungsweise. Die Konstruktion des Galvanokauters, die Art seiner Erhitzung gestatten dessen Anwendung (z. B. in der Tiefe), wo der gewöhnliche Thermokauter gefahrlos und bequem nicht benutzt werden kann. Verbindet man mit dem Galvanokauter ein Amperemeter, so kann man aus der Anzahl der fließenden Ampere auf das Vorhandensein von Rot- oder Weißglut resp. Überlastung schließen, auch wenn man den glühenden Draht nicht sieht; dies ist z. B. nötig, wenn man den Galvanokauter in Höhlen, Fisteln etc. einführt.

Der Galvanokauter bewährt sich besonders bei Blutstillung (Koagulation) und bei blutloser Durchtrennung von Geweben.

§ 145. Der Bedeutung des Lichtes wurde seit jeher gewürdigt. Die Phototherapie, so jung auch der Name, ist so alt wie die Medizin. Schon Hippokrates, Celsus, Herodot u. a.

---

[1]) Da zum Betriebe dieser Apparate Starkströme verwendet werden und so manche Konstruktion — zumal bei sehr billigen Apparaten — gewisse Gefahrenrisken in sich schließt, so ist es wünschenswert, daß auch die Ärzte die Technik solcher Apparate, z. B. die Stromzuleitungsverhältnisse etc., beherrschen.

priesen den günstigen Einfluß der Sonnenstrahlen, deren Anwendung zur Stärkung der Muskulatur, ferner bei Lähmungen, gegen Ischias, gegen Hypochondrie usw. empfohlen wurde.

Zu Ende des 18. Jahrhunderts betrieb man an der Universität in Göttingen Studien über den nützlichen und schädlichen Einfluß des Lichts auf den menschlichen Körper.

Edwards und Moleschott zeigten den Einfluß des Lichts auf tierische Stoffwechselvorgänge, und daß die Aufnahme des Sauerstoffs und die Ausscheidung der Kohlensäure vermehrt werde.

N. Finsen gebührt das große Verdienst, die physiologischen Eigenschaften des Sonnenlichts und der elektrischen Lichtquellen klargelegt und die ›Lichttherapie‹ begründet zu haben. Finsens Schüler, Bang, Bie, Forchhammer, Ehlers u. v. a. und in Frankreich besonders Foveau de Courmelles trugen zur raschen Verbreitung der neuen Lehre viel bei, welche heute allgemein praktische Anwendung gefunden.

Das gewöhnliche Licht besteht aus den bekannten sieben Spektralfarben resp. Strahlen. Jeder Strahl ist durch Schwingungen einer bestimmten Wellenlänge ausgezeichnet. Dem Buche von Guilleminot sind darüber folgende Daten zu entnehmen:

Violett	392 bis 428 μ
Indigo	434 › 449 ›
Blau	457 › 500 ›
Grün	500 › 544 ›
Gelb	562 › 583 ›
Orange	600 › 660 ›
Rot	663 › 698 ›

Diesseits von 392 μ ist Ultraviolett und jenseits von 698 μ ist Ultrarot, die beide nicht wahrnehmbar für die Retina sind.

Die physiologische Wirkung der einzelnen Strahlen des Spektrums ist eine sehr verschiedene.

Der chemische Anteil des Spektrums (Blau, Violett und Ultraviolett) besitzt die Eigenschaft, seine Wirkungen nicht nur an der Oberfläche der Haut, sondern auch in der Tiefe zu entfalten: stärkere Gefäßinjektion und gesteigerter Stoffwechsel.

Bouchard, der auf seinen Arm den violetten Anteil des Spektrums mittels einer Linse einwirken ließ, sah bereits nach 30 Sekunden eine Blase auftreten. Der blaue Anteil des Spektrums hat in derselben Zeit nur eine intensive Rötung verursacht. Das rote Licht erwies sich als ganz wirkungslos.

Guilleminot beschreibt den Versuch wie folgt: »A une époque où l'on ne parlait pas de photothérapie, M. Bouchard a étudié l'action sur les téguments des différents faisceaux du spectre. En exposant son bras pendant 30 secondes au foyer d'une lentille placée sur les divers faisceaux du spectre décomposé par un prisme, il observa les phénomènes suivants:

Les rayons rouges ne produisent aucun effet;
Les rayons jaunes produisent une légère cuisson;
Les rayons verts un érythème léger;
Les rayons bleus de la cuisson et de l'érythème;
Les rayons violets une vraie phlyctène.«

Außer Rötung resp. Blasenbildung rufen die chemisch wirksamen Strahlen Pigmentation hervor. Bekannt sind die im Sommer bei manchen Leuten auftretenden Epheliden.

Die Tiefenwirkung der chemischen Strahlen wird durch die Blutflüssigkeit behindert; es sind nicht alle Körper für die Lichtstrahlen gleich gut passierbar. Finsen kam auf die Idee, dieses Hindernis dadurch auszuschalten, indem er an der gewünschten Stelle die Haut durch Kompression blutleer machte.

Die beschleunigende und verstärkende Wirkung der chemischen Lichtstrahlen auf den Lebensprozeß der zelligen Elemente studierte Finsen an den Pusteln von Variolakranken. Im Jahre 1892 teilte Finsen die Tatsache mit, daß die Eiterbildung und destruktiver Zerfall der Variolapusteln und spätere Narbenbildung vorwiegend durch den violetten Anteil des Spektrums bedingt sei, und daß dies durch Anwendung des roten Lichts zu verhindern ist.

Das rote Licht nach Finsen wird heute zur Behandlung von Kranken mit Variola, Varizellen und auch Scharlach allgemein mit befriedigendem Erfolg [1]) verwendet.

Die violetten Strahlen sollen Hämoglobinzunahme der roten Blutkörperchen und Hebung der Gesamternährung bewirken.

---

[1]) An dieser Stelle sei erwähnt, daß der um die Phototherapie sehr verdiente Foveau de Courmelles zwei Jahre später bei einem schweren Falle von Blattern, die das ganze Gesicht, Brust und Bauch befallen hatten, vollkommene Verfinsterung des Krankenzimmers mit schönem Erfolge zur Anwendung brachte. Schon zu Beginn der neunziger Jahre hat dieser Forscher die Bedeutung des elektrischen Lichts für die Therapie erkannt. So empfahl er anfangs des roten, später des weißen elektrischen Lichts l'action fortifiante. Im Jahre 1899 pries Foveau de Courmelles die »Heliotherapie« und im Jahre 1900 verwendete er die Röntgenstrahlen zu Karzinombehandlung. Foveau de Courmelles hat eine Reihe wertvoller Apparate nach eigenen Systemen für Lichttherapie konstruieren lassen.

Experimente haben dargetan, daß Blau, Violett, kurzweg der chemische Anteil des Spektrums, die Entwicklung von Larven besonders begünstigen; durch Grün und besonders Rot wird dagegen die Entwicklung sehr gehemmt. Béclard hat diesbezüglich bereits im Jahre 1858 an den Eiern von musca carnaria Versuche ausgeführt; andere Forscher an Froscheiern u. ä. m.

Die Experimente von Mme Rogovine im Laboratorium von M. Richer zeigten, die Gärung (évolution du ferment loctique) werde durch blaue und violette Strahlen außerordentlich begünstigt, während schon grüne Strahlen hemmenden Einfluß entwickeln. Die grünen Strahlen scheinen ähnlich den roten zu wirken.

Während man früher die roten und ultravioletten Strahlen als ein für das tierische und vegetabilische Leben unentbehrliches Agens hielt, bewiesen die Versuche und Beobachtungen der letzten Jahre, daß diese biologische Eigenschaft den blauen, violetten und ultravioletten Strahlen zuzusprechen sind.

Die violetten und ultravioletten Strahlen haben ferner eine stark bakterizide Wirkung; die roten Strahlen dagegen lassen keinerlei Einfluß auf die Entwicklung und das Wachstum der Mikroorganismen erkennen.

Um die bakterizide Eigenschaft der chemischen Strahlen des elektrischen Lichts bequem benutzen zu können, konstruierte man sondenförmige Instrumente, die sich in der Nase, Hals, ferner Blase und Mastdarm einführen lassen und dort die gewünschte Wirkung zur Entfaltung bringen. Es ist dies die Behandlung mit sog. kaltem Licht. Ewald u. a. verwendeten diese Lichtart auch als Analgetikum bei Myalgien und Neuralgien.

Um die Bedeutung der physiologischen Wirksamkeit des an chemischen Strahlen reichen Lichts für die tierische und vegetabilische Welt noch weiter einzuführen, seien einige Versuche reproduziert.

Godneff führte Kaninchen kleine mit Silberchlorid gefüllte Röhrchen unter die Haut; einen Teil der Tiere ließ er im freien Licht, die anderen sperrte er in einen dunklen Käfig; bei den ersteren war das Silberchlorid in einigen Tagen zersetzt.

Tonta impfte Versuchstiere mit Tuberkelbazillen und setzte einen Teil der Tiere dem kalten Licht, die anderen der Finsternis aus. Die Tiere im kalten Licht lebten länger, da die chemischen Strahlen von ungünstigem Einflusse auf die inokulierten Bazillen gewesen sein sollen.

A d u c c o ließ mehrere Tauben verhungern, um den Einfluß des Lichts auf den Stoffwechsel zu studieren. Die im dunklen Raume versperrten Tiere starben nach 14 Tagen, die im freien Licht lebenden erst am 24. Tage.

O n i m u s in Frankreich hüllte Weinreben in ein sehr dünnes, schwarzes Tuch; die Weintrauben kamen nicht zur Reife.

S i e m e n s erzielte im Jahre 1880 durch Einwirkung des an chemischen Strahlen äußerst reichen Bogenlichts auf Pflanzen eine starke Chlorophyllentwicklung in den Blättern; die Früchte dieser Pflanzen gediehen größer und waren von besserem Geschmack.

Auf dem I. Internationalen Kongreß für Physiotherapie (Lüttich 1905) berichtete A l l a r d (Paris), daß er die Eigenschaften der gewöhnlichen Glühlicht- und Dowsinglampen, des roten und des Bogenlichts untersucht habe; es zeigte sich, daß Dowsinglampen und rotes Licht weniger chemische Strahlen enthalten, daß Glühlampen am meisten das Schwitzen befördern, und das Bogenlicht eine beruhigende Wirkung äußere. Das Dowsinglicht sei durch Tiefenwirkung ausgezeichnet.

Röntgenlicht.

§ 146. Die Kenntnis der physiologischen Wirkungen des Röntgenlichtes gilt noch lange nicht als abgeschlossen. Die auf diesem Gebiete tätigen Forscher bereichern unser Wissen ununterbrochen mit neuen Beobachtungen und Tatsachen. Am frühesten bekannt waren die Einwirkungen der Röntgenstrahlen auf die oberflächlichen Gebilde, auf die Haut. Die hier folgenden Ausführungen sind vorwiegend G o c h t s Handbuch der Röntgenlehre entnommen.

Röntgens Beobachtungen.

§ 147. Bezüglich des Einflusses der Röntgenstrahlen auf die Retina sagte R ö n t g e n in seiner ersten Veröffentlichung: »Die Retina des Auges ist für unsere Strahlen unempfindlich; das dicht an den Entladungsapparat herangebrachte Auge bemerkt nicht, wiewohl nach den gemachten Erfahrungen die im Auge enthaltenen Medien für die Strahlen durchgängig genug sein müssen.«

Doch bald darauf hat R ö n t g e n die sorgfältigen Untersuchungsergebnisse von G. B r a n d e s und E. D o r n bestätigt, daß die X-Strahlen in der Netzhaut des Auges einen Lichtreiz auslösen können.

Spätere Beobachtungen anderer Autoren.

§ 148. G. B r a n d e s und E. D o r n fanden, daß Strahlen von genügend harten Röntgenröhren sowohl im normalen als auch im anormalen (z. B. linsenlosen) Augen eine Lichtempfindung auf der Retina hervorrufen. Diese Untersucher konstatierten ferner, die X - Strahlen erregen direkt und nicht durch Vermittelung einer Fluoreszenz die Retina.

v. C h a l u p e c k ý beobachtete im Jahre 1897 eine Reizung der vorderen Augenmedien, die nach 13 stündiger Bestrahlung eingetreten war; starke Konjunktivitis mit hartnäckiger Pupillenverengerung. Spätere Beobachter berichteten auch über Sehstörungen und Linsentrübungen.

T a r k a n o f f will durch Bestrahlung der Großhirnhemisphäre von Fröschen deren Reflexerregbarkeit herabgesetzt haben. Mit Strychnin vergiftete Frösche sollen während der Bestrahlung weitergelebt haben, während die Kontrolltiere sofort zugrunde gingen.

T a r k a n o f f teilte des ferneren mit, daß die Haut von bestrahlten Fröschen sehr dunkel wurde, nachdem man diese wieder ins Wasser brachte.

Z u n t z und S c h u m b u r g, welche die Erregung der nervösen Zentren durch Röntgenstrahlen untersuchten, vermochten die erwähnten Befunde nicht zu konstatieren.

W a l s h sah merkwürdige Allgemeinerscheinungen bei zwei röntgenisierten Patienten auftreten: die Bestrahlung des Schädels führte einmal zu Kopfschmerzen, Schwindel, Benommenheit, Erbrechen und Durchfall; ein anderer Patient erkrankte mit Magenschmerzen, Erbrechen und Durchfall, allerdings immer nur dann, wenn die ganze Magengegend nicht durch eine Bleiblende geschützt worden war.

O u d i n, B a r t h é l e m y und D a r i e r berichteten über analoge Beobachtungen.

G u é n i s s e t und G a s t o n S e g u y beobachteten schwere Herzstörungen bei oftmals durchleuchteten Personen.

O u d i n, B a r t h é l e m y und D a r i e r sahen Lähmungserscheinungen bei Vierfüßlern auftreten, deren Hinterfüße zunächst befallen wurden; in einigen Tagen jedoch entstanden allgemeine Lähmungen.

O u d i n hat darüber auch beim II. Internationalen elektrologischen Kongreß in Bern berichtet:

>A propos des accidents généraux nous ne devons pas
négliger de rappeler la paraplégie que nous avons observée,
Barthélemy, Darier et moi, chez un des nombreux animaux que
nous avons exposés aux rayons X. Il s'agit d'un cobaye qui,
dix jours après une séance d'une heure, fut pris d'affaiblissement
progressif des membres postérieurs. En cinq ou six jours la
paraplégie était complète. Et ce fut seulement huit jours plus
tard que commença la radiodermite des régions fessières gauche
et lombaire, aujourd'hui, plus de deux ans après le début de
ces accidents, la paraplégie persiste encore.‹

Mlle. Ogus teilt in ihrer These eine analoge Beobachtung
mit; ein Meerschweinchen, dessen Wirbelsäule längere Zeit
bestrahlt worden war, trug eine Lähmung aller Extremitäten
davon; die Erscheinungen gingen zurück. Bei anderen drei
derart behandelten Tieren traten nur nervöse Störungen auf,
ohne daß es bis zu Lähmungen gekommen wäre.

Veränderungen der Haut.

§ 148. Die Veränderungen der Haut sind unter den
physiologischen Wirkungen der Röntgenstrahlen am meisten
bekannt und am besten studiert. Seit dem Jahre 1900 ist auch
die Zahl der nicht beabsichtigten Hautalterierungen in Abnahme
begriffen.

Oudin, Barthélemy und Darier, ferner Kienböck,
Holzknecht, Schiff, Freund, Gocht, Hahn, Scholtz
u. a. erwarben sich große Verdienste um die Erforschung der
Röntgendermatitis (Radiodermite).

Da man anfangs die physiologischen Wirkungen der
Röntgenstrahlen nicht kannte und die Untersucher ihre Hände
als Testobjekte für die Beurteilung der Röhrenqualitäten benutzten,
so waren es vielfach die Untersucher selbst, die schwere Hautaffektionen davontrugen.

Die Hautveränderungen begannen mit Erythem und
Rötungen, dazu gesellten sich Ulzerationen, Rhagaden, Haarausfall, Veränderungen an den Nägeln usw.

Albers-Schönberg zitiert einen derartigen Unglücks-
fall, welcher einem mit der Röntgenfabrikation beschäftigten
Techniker zugestoßen ist. Dieser Techniker hatte seit Jahren
seine Hand als Testobjekt benutzt. Er erlitt eine schwere
Ulzeration des Handrückens, die chronisch wurde und auf deren
Grund sich ein Hautcancroid entwickelte. Metastasen in den
benachbarten Lymphdrüsen indizierten die Exartikulation der

ganzen Extremität im Schultergelenk. K ü m m e l berichtete ausführlich auf dem Chirurgenkongreß (1903) über diesen Fall. Zu
den weiteren Hautveränderungen gehören Warzenbildungen,
bleibende Teleangichtasien und Hautatrophien.

Oudin, Barthélemy und Darier (Paris) unterschieden
1897 folgende Formen der Hautveränderungen (Radiodermite):

>1. Akute Folgen: Röte, Schmerz, Schwellung, Vesikeln,
Phlyktänen, Abschuppung, Blasenbildung und sogar
Verbrennung mit schließlicher Vernarbung.

2. Chronische Folgen: Dermitis, Verdickung, Verlust der
Elastizität, der Sensibilität, Abschuppung usw.

3. Ausfall der Kopf- und Barthaare, der Nägel.

Die Veränderungen der Haut-Dermitis oder Dermatitis nach
X-Strahlen weisen folgende Eigenschaften auf:

1. Sie sind geringfügig oder ernst, oberflächlich oder tief,
je nach ihrem Sitz und der Konstruktion des betreffenden Patienten. Sie lassen sich in mehrfacher Beziehung mit den anderen Verbrennungen elektrischen
Ursprunges vergleichen.

2. Sie treten erst spät in die Erscheinung. Die durch die
Röntgenstrahlen verursachten Entzündungen treten
nicht unmittelbar nach der Bestrahlung auf; sie lassen
sich zu ihrer Entwicklung meistens Zeit und erscheinen
in der Regel erst mehrere Wochen nach der letzten
Sitzung.

3. An ihrer Erscheinungsweise sind die Entzündungen
charakterisiert:

a) durch Reizung; auf die Rötung (Erythem) folgt zuweilen Entzündung der Haut,

b) durch Verfärbung der Haut oder durch Bildung
dunkler, bräunlicher Flecken,

c) durch Exfoliation der Epidermis (einfache Abschuppung),

d) durch Ausschlagselemente. Bildung von Vesikeln
nach vorausgegangener Hyperämie, von Phlyktänen
mit und ohne Eiter oder Exsudat,

e) durch Schwellung der Hautgewebe,

f) durch Brandschorf. Dieser ist bald mit Schmerz
verbunden, bald auch nicht, immer aber dauerte es
lange, bis der Schorf sich abstieß,

g) durch Ulzerationen.

4. Die Hautveränderungen sind schmerzhaft; vermehrte Empfindlichkeit, Spannen, Brennen, Schmerz, Neuralgie.

5. Verlauf und Heilung nehmen lange Zeit in Anspruch. Mehrfache solche Verbrennungen verleihen der Haut eine dunklere Färbung, sie wird dann auch fältig, schuppig usw.‹

Mit diesen Darstellungen stimmten die Beobachtungen von Gocht u. a. im allgemeinen überein.

Gocht konstatierte, die Veränderungen der Haut spiele sich schmerzlos ab; bei chronischen Fällen war nur spannendes Gefühl vorhanden.

Bei einem zehnjährigen Mädchen sah Gocht nach mehrmaliger Beckenaufnahme eine schmerzhafte Schwellung der Leistendrüsen der bestrahlten Seite auftreten, die schnell wieder verging.

Bei einem Patienten, der wegen lupus faciei eine Zeitlang bestrahlt wurde, sah Gocht ein eigenartiges Phänomen sich entwickeln. ›Während das Gesicht desselben im allgemeinen ein gelbbraunes, durch Sommersprossen geflecktes Aussehen hatte, zeigte die ganze, von Röntgenstrahlen lange getroffene rechte Gesichtspartie eine bläuliche, rosaweiße Farbe und fühlte sich zarter und weicher als die sonstige Gesichtshaut an. Man sah die feinsten Blutgefäße deutlich durchschimmern. An der Grenze dieses Bezirkes fand sich eine zwei Finger breite Zone, in der das Pigment dicht zusammengedrängt lag; es reihte sich Sommersprosse an Sommersprosse und gerade am dichtesten und größten direkt an der Peripherie der eigenartig gebleichten Gesichtspartie, nach außen zu sich etwas aufhellend. Die Gestalt dieses Fleckes war kreisrund. Die vordere Grenze dieser entpigmentierten Gesichtspartie lag auf der rechten Nasenseite. Da der Patient stets seitlich von der Röhre saß, so wurde die an der Grenze von Wange und Nase gelegene Partie, desgleichen die rechte Seite der Oberlippe nicht senkrecht von den Strahlen getroffen, sondern die Strahlen kamen hierhin mehr parallel. Infolgedessen hat auch nicht eine so intensive Einwirkung stattgefunden; die Haut behielt ihr normales Gepräge. Wir betonen dies besonders, weil man den Befund gegen die Annahme, daß die hochgespannten elektrischen Ströme die Veranlassung zu den Hautveränderungen sind, ins Feld führen kann.‹

Gocht betont die individuell verschiedene Wirkung der Röntgenstrahlen.

Charakterisierung der Hautveränderungen.

§ 150. In Übereinstimmung mit Kienböck, Holzknecht, Schiff, L. Freund, Hahn, Scholz und anderen
unterscheidet Gocht:

> 1. akute und
> 2. chronische Hautveränderungen.

Bezüglich der näheren Charakterisierung hält sich Gocht
an die nachfolgenden Ausführungen Kienböcks:

›Wenn wir zunächst die Grade der akuten Röntgendermatitis, welche durch eine intensive Bestrahlung oder eine
beschränkte Zahl von bald aufeinanderfolgenden Expositionen
erzeugt wird, aufzählen, müssen wir eine erste Stufe aufstellen, welche sich im wesentlichen durch vollständiges Effluvium
der Haare ohne begleitende, äußerlich sichtbare Entzündungserscheinungen charakterisiert. Darauf folgen als zweiter Grad
die gewöhnlichen Erscheinungen von Entzündung, Hyperämie,
Temperaturerhöhung und Infiltration der ganzen Haut (Cutis
und Epidermis) und Jucken; als dritter Grad Dermatitis
bullosa mit Durchtränkung und Zerklüftung der Epidermis zu
Blasen, verbunden mit heftigen Schmerzen. Wenn die Abhebung
der Oberhaut in großem Umfange stattfindet, liegen die untersten
Zellagen derselben und auch die Papillen selbst in großen Strecken
bloß (Exfoliation, Exkoriation), und es erfolgt eine katarrhalische,
epitheliale Eiterung, wobei einige wenige Papillen partiell zerstört
werden. Die vierte Stufe wird durch Dermatitis gangraenosa
dargestellt; es werden dabei große Abschnitte der Cutis en
masse zerstört, und es resultiert ein ulcus.

Es soll nun der Verlauf der Erscheinungen bei
der akuten Röntgendermatitis etwas eingehender geschildert
werden. Während der Einwirkung der Strahlen treten auf der
Hautoberfläche keine Veränderungen auf; die Durchleuchtung
wird nicht einmal empfunden. (Auch nach einigen Stunden
werden nur ausnahmsweise Rötung und eigentümliche subjektive
Empfindung, leichtes Jucken oder Spannen beobachtet; die
geringfügigen Symptome schwinden gewöhnlich auch nach
wenigen Stunden wieder und dürften nicht immer durch die
Röntgenstrahlen hervorgerufen sein.) In der Regel folgt auf
ein Exposition eine langdauernde vollkommene Latenz. Meist etwa
12 bis 16 Tage, zuweilen noch später, nach einer intensiven
Bestrahlung beginnt, wenn es sich um den ersten Grad

handelt, ohne oberflächliche sichtbare Zeichen von Entzündung und ohne Vorboten, eine Lockerung der Haare und schreitet innerhalb weniger Tage bis zum vollständigen Ausfall fort. Einige Zeit hindurch erscheint dann die Haut glatt und kahl, fast ohne sonstiges abnormes Aussehen, insbesonders ohne Schwellung und Rötung, aber zuweilen mit stärkerer Pigmentierung. Nach Ablauf mehrerer (meist 6—8) Wochen beginnt eine allmähliche Rückkehr der Haut zur Norm, die Epidermis erhält ihre normale lichtere Färbung und ihre Poren wieder, und die Haare wachsen nach 6—8 Wochen allmählich nach. Einige Monate, etwa 3—4, nach dem Beginn der Erscheinungen tritt v o l l s t ä n d i g e R e s t i t u t i o n des normalen Zustandes ein.

In anderen Fällen, nämlich nach stärkerer Exposition, wächst (nach etwas kürzerem Latenzstadium) die akute Röntgendermatitis bis zu den Symptomen von leichter Schwellung, diffuser oder fleckiger, zuerst hell- dann dunkelroter Hyperämie und Jucken an (z w e i t e r G r a d), die akuten Erscheinungen dauern wenige Tage an, worauf vollständiger Haarausfall erfolgt, dann zeigt sich eine zunehmende Braunfärbung der Haut und endlich Schuppung der Epidermis, wobei mehr oder weniger dunkelbraune Schuppen von verschiedenem Umfange abgestoßen werden. Nachher erscheint die Epidermis durch einige Wochen auffallend zart, glatt, leicht gefärbt und kahl, endlich tritt aber wieder vollständige Restitution des normalen Zustandes ein. Nur ausnahmsweise bleibt Hyperpigmentation zurück.

Bei Röntgendermatitis d r i t t e n G r a d e s — mit Blasenbildung oder sogar umfangreicher Exfoliation — gehen die nach dem Inkubationsstadium auftretenden heftigen Erscheinungen erst nach Ablauf von 1—2 Wochen zurück, ebenso die oft ungemein heftigen Schmerzen, die schon während der Infiltration und vor Abhebung der Epidermis zu Blasen auftreten.

Nach Aufhören der nervösen oder eitrigen Sekretion vollzieht sich in der Regel eine nicht vollkommene Heilung, indem der Nachwuchs der Haare unvollständig oder gar nicht erfolgt und Pigmentveränderungen und Teleangiektasien in fleckiger Anordnung d a u e r n d z u r ü c k b l e i b e n: A t r o p h i e der Cutis und Pupillen mit zarten Narben.

Die Röntgendermatitis des v i e r t e n u n d s c h w e r s t e n G r a d e s, die in flächenhafter, trockener Nekrose des Gewebes von mißfarbigem Aussehen besteht, ist von noch längerer Dauer; nach dem ein- bis zweiwöchentlichen Latenzstadium erscheint die Haut braun, zuweilen fast schwarz, dann wird die Demarkation sichtbar, und je nach Umfang und Tiefe der Zerstörung braucht das nach Abstoßung des Schorfes entstehende, anfangs reichlich sezernierende Geschwür unter Bildung von Granulation und Epithelialisierung in Inseln und vom Rande her einige Wochen zur Verheilung — unter Narbenbildung —, oder es bleibt ein torpides Ulcus durch viele Monate, selbst über ein Jahr bestehen. Schmerzen können dabei vollständig fehlen.

So wie bei der besprochenen schweren Atrophie kommen auch bei der Vernarbung nach Röntgendermatitis häufig bedeutende Teleangiektasien und Pigmentanomalien vor. So werden Überpigmentierung, Pigmentschwund oder Pigmentverschiebung beobachtet. (Die letzte Veränderung wurde z. B. von G o c h t mitgeteilt.) Hier handelt es sich um persistierende, e c h t e Pigmentanomalien zum Unterschiede von den früher genannten vorübergehenden Braunfärbungen der Haut.

Außer der nun besprochenen akuten Röntgendermatitis gibt es auch eine **chronische**. Sie könnte als eine e i g e n t ü m l i c h e D y s t r o p h i e   d e r   H a u t bezeichnet werden und entsteht allmählich durch Bestrahlungen, die innerhalb eines größeren Zeitraumes wiederholt werden, sei es z. B. in ganz vereinzelten Sitzungen oder bei zeitlich getrennten kurzen Serien von Expositionen, oder bei oftmaligen, durch viele Monate hindurch mehrmals täglich gegebenen, sehr geringen Bestrahlungen. Im letzteren Falle wird die spät — wenn nicht oft plötzlich — erscheinende, chronisch verlaufende Hautaffektion auf ›kumulative Wirkung‹ zurückgeführt. Dem G r a d e nach läßt sich bei der chronischen Röntgendermatitis unterscheiden: 1. ein Zustand, der sich fast nur durch Atrophie der Haarpapillen, also durch Mangel des Haarwuchses — A l o p e c i e — und Atrophie der Hautdrüsen auszeichnet. Diese Veränderung kann eine bleibende sein — es läßt sich dies schon heutzutage behaupten — und stellt dann gegebenenfalls einen idealen Erfolg einer Behandlung gegen Hypertrichosis dar. Allerdings treten noch andere auf geringe Hautatrophie zu beziehende Erscheinungen hinzu, welche bei bedeutender Ausbildung den zweiten Zustand kennzeichnen: Verdünnung der Haut mit leichter Runzelung derselben, also eine auf die ganze Cutis ausgebreitete A t r o p h i e. Es kann sich aber auch mehr eine D y s t r o p h i e der Haut und Verdünnung der Oberhaut entwickeln, mit stärkerer Ausprägung der normalen Falten und Hyperpigmentation infolge dauernder Relaxation der Blutgefäßwände; diese Veränderung geht aus dem

›Erythème radiographique des mains‹ hervor und wird ungemein häufig an der Streckseite der Hände von Fachleuten beobachtet, die sich mit der Fabrikation von Röntgenapparaten und Röhren, mit dem physikalischen Studium der Strahlen, mit der Anwendung des Verfahrens in der Medizin und zu Demonstrationszwecken beschäftigen. Nicht nur ist die Haut des Handrückens verdickt und von braunrotem Aussehen, sondern es sind auch die Härchen spärlich und atrophisch und durch Störungen in der Matrix der Nägel erscheinen diese verändert, sie sind bräunlich, flacher, stärker gerifft und rissig, der Nagelfalz ist mit verhornten, sich vorne unten dem Rand des Nagels, seitlich und rückwärts über den Nagel verschiebenden Epidermismassen angefüllt. Ferner ist die Haut sehr leicht mechanisch verwundbar und zeigt bei Einwirkung von Kälte, z. B. im kalten Wasser und an kalten Wintertagen [1]) eine noch bedeutendere Gefäßlähmung (›Röntgenhaut‹).

Der dritte und schwerste Grad der chronischen Veränderung nach Röntgenbestrahlung besteht im Absterben von Hautpartien; es entsteht allmählich ein Geschwür, dasselbe vergrößert sich — jedoch nicht über die Grenzen der Bestrahlung hinaus — langsam nach den Seiten und der Tiefe hin, auch kann die Destruktion über das subkutane Gewebe hinausgreifen. So trat bei einem Fachkollegen nach jahrelanger Beschäftigung durch die oft und oft wiederholte Prüfung des Röntgenlichtes endlich auf der Streckseite der rechten Hand ein großes torpides Ulcus auf, das mit einer Zerstörung von Sehnen und Gelenksbändern einherging und nun schon mehr als ein Jahr keine Neigung zur Regression zeigt. Diesen durch Röntgenlicht entstehenden Ulzerationen ist Torpidität und Progression in die Tiefe eigentümlich.‹

Die Entstehungsursache der geschilderten Hautveränderungen nach Bestrahlung mit Röntgenstrahlen sucht man durch verschiedene Annahmen zu deuten. Die einen wollten alle

---

[1]) Zu der hier von Kienböck hervorgehobenen Gefäßlähmung der Hautgefäße an kalten Wintertagen möchte ich eine Eigenbeobachtung hinzufügen. Als Assistent der II. med. Abteilung im Wiedener Krankenhause röntgenisiere ich öfters interne Krankheitsfälle zu diagnostischen Zwecken (vgl. Fig. 122 ff.). Im letzten Winter fiel es mir auf, daß meine Finger nach öfterem Röntgenisieren, sobald ich auf die Straße trat, auffällig rot und eigentümlich dick wurden, besonders in den Fingerbeeren und am Daumenballen; ich verspürte ein Kriebeln und Brennen und ein unangenehmes Spannungsgefühl der Haut; meine Tastempfindung war herabgesetzt. Der Zustand dauerte $^1/_2$—$^3/_4$ Stunden, kam durch einige Tage wieder, um dann spurlos zu verschwinden.

Erscheinungen nur durch den Übertritt hochgespannter Elektrizität erklären; andere wieder machen die Strahlen des Röntgenlichtes dafür verantwortlich. Diese letztere Theorie ist heute die allgemein gangbare.

Im Jahre 1897 schrieb Gocht diesbezüglich:

›Wie auf der photographischen[1]) Platte, so rufen die Röntgenstrahlen möglicherweise chemische Veränderungen im Gewebe, in den Blutgefäßwandungen hervor, die ihrerseits zu den für die Entzündung charakteristischen Ausschwitzungen aus dem Blute führen.‹

Die meisten Röntgenforscher sehen heute in den Röntgenstrahlen selbst das die Haut affizierende Agens. Die hervorgerufenen Hautveränderungen sind ähnlich denen, welche durch Sonnenstich (Erythema solare) und durch Finsenlicht entstehen.

Oudin drückte diese allgemeine herrschende Ansicht am II. Internationalen elektrologischen Kongreß in Bern folgendermaßen aus:

›En résumé, à notre avis, ces sont les rayons X seuls qui interviennent, à l'exclusion de toute action électrique, pour produire les lésions radiologiques.

Ils agissent sur l'épiderme comme les rayons chimiques du spectre; les lésions qu'ils y provoquent sont comparables au coup de soleil ou à la dermatite de Finsen.‹

D.

VII. Diagnostik.

§ 151. Die Elektrizität wird in der praktischen Medizin zu diagnostischen und therapeutischen Zwecken verwendet. Während jedoch früher nur der galvanische und faradische Strom und nebstdem noch die statische Elektrizität ein Hilfsmittel der Elektrodiagnostik und Elektrotherapie darstellten, so werden heute noch alle anderen Umwandlungsformen der elek-

---

[1]) Bordier, Gallmard (Lyon) eruierten, daß den Röntgenstrahlen eine dauernde Wirkung auf Platincyanür, Fehlingsche, Indigo- und Jodlösung abgeht.

trischen Energie (z. B. Galvanokaustik, Elektrolyse. elektrische Lichtquellen, Röntgenstrahlen etc.) in der Untersuchungstechnik und zu Heilzwecken herangezogen. Soweit diese neueren elektrischen Energieformen mitinbegriffen sind, empfiehlt es sich, von einer Elektrodiagnostik und einer Elektrotherapie im weiteren Sinne des Wortes[1]) zu sprechen.

Im folgenden sollen zunächst die Regeln und das Verfahren der Elektrodiagnostik erörtert werden. Es gehören hierher vorwiegend die mit Hilfe des galvanischen und faradischen Stromes geübten Untersuchungsmethoden. Im Anhange des speziellen Teiles werden die neueren Untersuchungsmethoden, die sich des elektrischen Lichtes (Endoskopie) und der Röntgenstrahlen bedienen, besprochen.

Zunächst einiges über die Allgemeine und Schmerzempfindlichkeit der Haut und den sog. Muskelsinn; wir lesen hierüber in M. Bernhardts ›Erkrankungen der peripheren Nerven‹ folgendes:

›Neben den einfachen Methoden der Berührung der Haut mit dem Finger, dem Kopf einer Nadel, einem Tuschpinsel, ist für die Feststellung der Allgemeinempfindlichkeit der Haut schon vor Jahren zuerst von Leyden und nach ihm von mir der Induktionsstrom in Anwendung gezogen worden. Man prüft die Empfindlichkeit der Haut für den elektrischen Reiz dadurch, daß man in stets gleichem Abstand von ¹/₈ cm die Spitzen eines oben isolierten kupfernen Zirkels, welcher mit den Polen der sekundären Spirale eines Induktionsapparates verbunden ist, auf verschiedene Punkte der Haut aufsetzt und jedesmal den Rollenabstand notiert, sobald die Versuchsperson angibt, das eigentümliche Gefühl von Zingern und Ziehen zu verspüren, welches bei elektrischer Reizung der Haut sich einstellt.

In der beifolgenden Tabelle bedeutet also die Zahl 17,5 neben dem Wort ›Zungenspitze‹, daß bei der Mehrzahl der Menschen die sekundäre Rolle von der primären 175 mm entfernt sein konnte, ohne daß sich bei derselben an der Zungenspitze das eben erwähnte eigentümliche Gefühl verlor, während an der Beugefläche der Nagelphalanx (31) die Rollen bis zu 11,5 cm einander genähert werden müssen, um die gleiche Empfindung hervorzurufen.

---

[1]) Es dürfte zweckmäßiger sein, statt dieses zusammengesetzten Ausdruckes die Bezeichnungen ›Elektrizitätsdiagnostik‹ und ›Elektrizitätstherapie‹ zu wählen. Die ursprüngliche Terminologie erscheint dadurch nicht tangiert und eine Verwechslung dadurch kaum möglich.

A. Allgemeine Empfindlichkeit der Haut für den elektrischen Reiz.		B. Schmerzempfindlichkeit der Haut für den elektrischen Reiz.	
1. Zungenspitze	17,5	1. Zungenspitze	14,12
2. Gaumen	16,7	2. Lider	14,2
3. Nasenspitze	15,7	3. Gaumen	13,9
4. Augenlider	15,2	4. Zahnfleisch	13,0
5. Zahnfleisch	15,2	5. Nasenspitze	13,0
6. Zungenrücken	15,2	6. Nicht rote Lippen	13,0
7. Rote Lippen	15,1	7. Untere Stirn	12,6
8. Wange	14,8	8. Rote Lippen	12,5
9. Nicht roter Teil der Lippen	14,5	9. Wange	12,5
10. Stirn	14,4	10. Hinterhaupt	12,0
11. Akromion	13,7	11. Hals unter dem Kiefer	11,8
12. Brustbein	13,0	12. Oberste Rückenwirbel	11,7
13. Nackenwirbel	13,0	13. Rückenmitte	11,6
14. Rückenwirbel (oben)	12,8	14. Nackenwirbel	11,5
15. Oberarm	12,8	15. Brustbein	11,4
16. Gesäß	12,8	16. Os sacrum	11,25
17. Rückenwirbel (Mitte)	12,7	17. Lendengegend	11,2
18. Am Hinterhaupt	12,7	18. Akromion	11,25
19. Lendengegend	12,7	19. Gesäß	11,1
20. Hals am Unterkiefer	12,7	20. Zungenrücken	10,8
21. Unterarm	12,6	21. Scheitel	10,2
22. Scheitel	12,5	22. Unterschenkel	10,2
23. Os sacrum	12,35	23. Oberschenkel	10,2
24. Oberschenkel	12,30	24. Oberarm	10,1
25. Dors. I. Phal.	12,0	25. Handrücken	9,9
26. Fußrücken	12,0	26. Kniescheibe	9,8
27. Dors. II. Phal.	11,75	27. Dors. I. Phal.	9,7
28. Dors. capit. oss. metac.	11,6	28. Unterarm	9,3
29. Handrücken	11,6	29. Dors. capit. oss. metac.	9,2
30. Unterschenkel	11,5	30. Fußrücken	9,2
31. Nagelglied (Vola)	11,5	31. Rücken der Nagelphalanx	9,0
32. Nagelglied (Rücken)	11,3	32. Rücken des zweiten Fingergliedes	8,7
33. Kniescheibe	11,3	33. Vola des Nagelgliedes	8,4
34. Vola capit. oss. metac.	10,9	34. Mittelhand des Daumens	8,0
35. Zehenspitze	10,6		

36. Vola der Mittelphalanx 10,5	35. Vola der II. Phal. .	7,9
37. Handteller 10,5	36. Vola capit. oss. metac.	7,6
38. Mittelhand des Daumens 10,5	37. Handfläche	7,5
39. Plantarfläche oss. I. metatarsi 10,2	38. Zehenspitze . . .	6,5
	39. Planta oss. metat. I.	4,0

Wenn weiter in der oben beschriebenen Weise beide
Spitzen des kupfernen Zirkels auf eine Hautstelle stehen, und
man nähert die sekundäre Spirale, von einer Entfernung aus-
gehend, in welcher noch gar nichts empfunden wird, ganz allmählich der primären, so kommt zunächst der Zeitpunkt, wo
die Versuchsperson angibt, das Gefühl des Ziehens und Bebens
zu verspüren, was auf keine Weise schmerzhaft ist. Bei weiterer
Annäherung der sekundären Spirale an die primäre und zunehmender Verringerung des Abstandes kommt ein Moment,
in welchem die Versuchsperson lebhaften Schmerz empfindet
und ausspricht. Der in diesem Zeitpunkt abgelesene Rollenabstand gibt für die betreffende Hautstelle den Maßstab ihrer
Schmerzempfindlichkeit für den elektrischen Reiz ab.

In den beiden Tabellen (A für die allgemeine Empfindlichkeit der Haut für den elektrischen Reiz, und B für die Schmerzempfindlichkeit der Haut für den elektrischen Reiz) sind die
Werte für die letztere Tabelle natürlich etwas niedriger als die
für die elektrokutane Sensibilität, stehen aber in demselben
Verhältnis zu einander wie die der Tabelle A.

Je nach der Stärke des induzierenden Stromes und der
Konstruktion des Induktionsapparates werden also die absoluten
Zahlenwerte für die einzelnen Regionen schwanken, das Verhältnis der Empfindlichkeit aber in den einzelnen Bezirken
immer ein gleiches bleiben. So können neun Zonen ausge-
sondert werden, welche jede um etwa $1/_2$ cm Rollenabstand
voneinander verschieden folgendermaßen etwa, zu benennen
wären:

I. Zungenzone = 16,6 (d. h. bei den nach obiger Methode
zu untersuchenden Personen konnte die sekundäre
Rolle von der primären 16,6 cm entfernt sein, ohne
daß sich bei denselben an der Zungenspitze das nun
schon öfter erwähnte eigentümliche Gefühl verlor),
Zungenspitze 17,5, Gaumen 16,7, Nasenspitze 15,7 cm.

II. Antlitzzone = 15,05 (Augenlider, Zahnfleisch 15,2, rote
    Lippen 15,1, Wange 14,8).

III. Stirnzone = 14,45 (nicht roter Teil der Lippen 14,5,
    Stirn 14,4).

IV. Schulterzone = 13,7.

V. Rumpfzone = 12,8 (Oberarmzone), Brustbein und
    Nackenwirbel 13,0, Rückenwirbel (oben), Oberarm,
    Gesäß 12,8, Rücken (Mitte), Hinterhaupt, Lenden-
    gegend, Hals am Unterkiefer 12,7, Vorderarm 12,6,
    Scheitel 12,5).

VI. Oberschenkelzone = 12,21 (Os sacrum 12,35, Ober-
    schenkel 12,3, Rücken der I. Phalanx, Fußrücken 12,0).

VII. Handzone = 11,6 (Unterschenkelzone), Rücken, II. Pha-
    lanx 11,75, Dors. cap. oss. metac. und Handrücken 11,6,
    Unterschenkel 11,5, Nagelglied (Vola) 11,5.

VIII. Kniescheibenzone = 11,1 (Kniescheibe 11,3, Nagel-
    glied (Dorsum) 11,3, Vola cap. oss. metac, 10,9).

IX. Zehenzone = 10,45 (Zehenspitze 10,6, Vola der Mittel-
    phalanx 10,5, Vola manus 10,5, Mittelhand des Daumens
    10,5, Planta ossis I. metat. 10,2).

In der Benennung der einzelnen Zonen wird natürlich
eine gewisse Willkür obwalten; es ist aber offenbar gleichgültig, ob Zone V Rumpf- oder Oberarmzone heißt, oder ob man
Zone VII statt Handzone etwa lieber Unterschenkelzone nennt,
wenn man sich nur klar ist, daß viele Hautstellen, die sowohl
dem Rumpf wie den oberen oder den unteren Extremitäten ange-
hören, nahezu identische Zahlen bei der Untersuchung ergeben.

	Zonen	Allgemeine Empfindlichkeit der Haut für den elektrischen Reiz	Schmerz-empfindlichkeit der Haut für den elektrischen Reiz
I.	Zungenzone	16,6	13,67
II.	Antlitzzone	15,05	13,05
III.	Stirnzone	14,45	12,8
IV.	Schulterzone	13,7	11,25
V.	Rumpfzone	12,8	11,08
VI.	Oberschenkelzone . .	12,21	9,91
VII.	Handzone	11,6	9,28
VIII.	Kniescheibenzone . .	11,1	8,8
IX.	Zehenzone	10,45	6,78

Wenn einmal von den Ärzten oder wenigstens von den
Neurologen allgemein von den Faradimetern Gebrauch gemacht
werden wird, welche die Stärke auch der Induktionsströme in
absoluten Einheiten angeben, dann wird die eben beschriebene
Methode auch mehr den Anforderungen an Exaktheit entsprechen als zurzeit. Das relatize Verhältnis zwischen der
Allgemeinempfindlichkeit der Haut für den elektrischen Reiz
und der Schmerzempfindlichkeit derselben für diese Erregung
wird man ja auch, an verschiedenen Orten und mit verschiedenen
Apparaten prüfend, stets entsprechend finden können; exakter
noch würden derartige Untersuchungen ausfallen, und den absoluten Werten annähernde Sicherheit würde erzielt werden
können, sobald man sich darüber einigte, stets dieselben Induktionsapparate[1]) und dieselbe elektromotorische Kraft von bestimmter Intensität zu benutzen . . . . ‹

›Im Anschluß an das eben Besprochene wollen wir hier nur
kurz auf eine Tatsache hinweisen, welche neuerdings A. W e s t-
p h a l bei seinen Untersuchungen über die elektrischen Erregbarkeitsverhältnisse des peripherischen Nervensystems des Menschen im jugendlichen Zustand etc. gefunden und hervorgehoben
hat. Neugeborene und Kinder bis zur dritten Lebenswoche hin
sind gegen sehr starke elektrische Ströme vollkommen unempfindlich. Faradische und galvanische (sehr starke) Ströme, welche
Erwachsenen lebhafte Schmerzen verursachen, werden von
solchen Kindern gut ertragen, was sich teils wohl aus der
mangelhaften anatomischen Ausbildung der Zentralorgane, teils
aber auch durch den (noch unvollkommenen) anatomischen Bau
der peripherischen Nerven erklärt.

Zum Schlusse sei noch hier erwähnt, daß P f l ü g e r wie
für die motorischen Nerven, so auch für die sensiblen sein
Zuckungsgesetz gültig gefunden hat. Gemäß der zentralen Lage
der reagierenden Organe (des Gehirns und des Rückenmarks)
im Gegensatz zu der peripherischen Lage der Endorgane (motorischer Nerven (der Muskeln) tritt aber z. B. bei sehr starken
aufsteigenden Strömen nur bei Schließung des Stromes Empfindung (oder reflektorische Zuckung) ein, nicht bei der Öffnung,
und umgekehrt erfolgen die Reaktionen bei der absteigenden
Richtung. Schwache Ströme bringen nur bei Stromesschluß,

---

[1]) Bestimmte Drahtlänge und bekannte Drahtdicke mit bekanntem
Widerstande für die Windungen der primären und sekundären Spirale, gleiche
Anzahl der Unterbrechungen in der Sekunde.

mittelstarke bei beliebiger Stromesrichtung Öffnungs- sowohl wie
Schlußreflexzuckungen hervor. Ist der elektrische Pinsel mit
dem negativen Pol eines konstanten Stromes verbunden, so wird
der Hautnerv unvergleichlich viel schneller und intensiver erregt, als wenn er mit der Anode verbunden war.

Prüft man (nach Erb) mit dem galvanischen Strom die
Reaktion sensibler Nerven am lebenden Menschen, so findet
man nicht allein an der Ansatzstelle der differenten Elektrode,
sondern auch im Verbreitungsbezirk der sensiblen Hautnerven
des unter der Elektrode befindlichen Nervenstammes, daß die
Ka vorwiegend Schließungs-, die A vorwiegend Öffnungsreaktion
gibt, und daß die erregende Wirkung der Ka bedeutend über-
wiegt. Zuerst tritt KaS-Empfindung ein (an Intensität während
KaD abnehmend), dann eine schwächere AO-Empfindung, ihr
folgt die AS-Sensation, erst bei noch gesteigerter Stromstärke
in eine AD-Empfindung übergehend: erst spät tritt nach KaD
eine KaO-Sensation ein. Derartige ›exzentrische‹ Empfindungen
können übrigens auch durch mechanische Reize (Druck auf den
Nervenstamm oder größere Zweige) ausgelöst werden, wie dies
durch die allgemein bekannte Erfahrung bei zufälligem Stoß
oder Druck auf den N. ulnaris am Ellenbogen genügend illustriert wird.

Anhangsweise erwähnen wir hier kurz die Tatsache, daß
wir die Meinung Notnagels: die elektrokutane Sensibilität
sei in der Mittellinie des Körpers stumpfer als an den seitlichen
Partien, nicht haben bestätigen können. Ebensowenig stellte
sich speziell bei den Untersuchungen über die elektrokutane
Sensibilität und die Schmerzempfindung durch den elektrischen
Reiz eine Differenz zugunsten oder ungunsten einer Körperhälfte heraus: Die Resultate blieben sich für die rechte wie für
die linke Seite gleich.

In bezug auf die Verwertung der elektrokutanen Sensibilitätsprüfung in der Pathologie ist zu bemerken, daß die oben
angegebenen Methoden sehr wohl geeignet sind, zur Prüfung
der mannigfachen im Verlaufe der verschiedensten Affektionen
des Hirns, Rückenmarks und der peripherischen Nerven oder
allgemeiner Neurosen beobachteten Sensibilitätsanomalien der
Haut. Hier handelt es sich wohl vorwiegend um die Konstatierung etwaiger abnorm erhöhter oder herabgesetzter Empfindlichkeit: feinere Untersuchungen über das Verhältnis der
elektrokutanen Sensibilitätsverhältnisse zu dem Verhalten der
anderen Empfindungsqualitäten oder etwaiger Differenzen im

Verhalten der allgemeinen elektrocutanen Sensibilität zur elektrokutanen Schmerzempfindung bei einer und derselben Affektion
fehlen noch zurzeit. In neuester Zeit fand Nestel, daß in
manchen krankhaften Zuständen, besonders aber bei Tabes die
Schmerzempfindung der Haut an der Anode eine größere sei
als unter der Kathode, ein Verhältnis, das im Laufe einer elektrischen Kur, bzw. mit der Besserung der Krankheitssymptome
wieder schwinden und dem normalen Platz machen kann.

Bei seinen Tabeskranken, welche mannigfache Sensibilitätsstörungen darboten, fand auch Mendelsohn häufiger abnorme
Reaktionen: Die A O E (Anodenöffnungsempfindung) war größer
als die Ka S E, andere Kranke wieder fühlten bei A O gar nichts.
Außerdem unterschied sich die Anodenempfindung öfter nicht
nur in der Intensität, sondern auch der Qualität von der Ka-
thodenempfindung (A S — Brennen, Ka S — Stechen).

Der Vollständigkeit wegen erwähnen wir auch noch die
Untersuchungen Gerhardts über die elektrische Reaktion der
Hautnerven bei Herpes zoster. Es fanden sich Fälle mit völlig
normalem Verhalten der elektrischen Erregbarkeit, solche mit
einfacher Verminderung oder Erhöhung der faradischen oder
der galvanischen Erregbarkeit. In einzelnen Fällen zeigte sich
deutlich eine für den faradischen Strom verminderte, für den
galvanischen gesteigerte Erregbarkeit der sensiblen Hautnerven;
zugleich war der Effekt der Anodenschließung in einem Falle
dem der Kathodenschließung gleich geworden, in einem sogar
stärker. Schließlich sei hier noch der Untersuchungen J. Hoff-
manns »über das Verhalten der sensiblen Nerven bei der
Tetanie« gedacht, welcher fand, daß die elektrische Erregbarkeit
derselben bei dieser Krankheit erheblich gesteigert ist.

Neben der eben besprochenen Untersuchung der verschiedenen Qualitäten des Empfindungsvermögens der Haut hat
man nun auch die Sensibilität der tiefer gelegenen Teile, des
Periosts, der Knochen, der Gelenke, Faszien, Sehnen und vor
allem der Muskeln zu prüfen.

Was nun zunächst letztere betrifft, so kann man an ihnen,
ähnlich wie an der Haut, zwischen Allgemeinempfindungen derselben und solchen unterscheiden, welche etwa dem Tastsinn
der Haut vergleichbar, dem Individiuum ermöglichen, sich über
bestimmte Stellungen seiner Glieder, Lageveränderungen und
Kraftäußerungen derselben Rechenschaft zu geben.

Es ist hier nicht der Ort, auf die den Anatomen und Physiologen besonders interessierenden Fragen über die sensiblen

Nerven der tiefer liegenden Gebilde, wie des Periosts, der Sehnen, Gelenke und der Muskeln selbst näher einzugehen, um so weniger, als derartige Fragen, obgleich sie natürlich auch den Kliniker und den Nervenarzt speziell interessieren, doch in der Besprechung einer Pathologie gerade der peripherischen Nerven entschieden in den Hintergrund treten.

Als Allgemeingefühle der Muskeln sind schon von den frühesten Beobachtern dieser Zustände die Empfindungen der Müdigkeit nach wiederholten Zusammenziehungen, des Zerschlagenseins beim Beginn oder im Verlauf fieberhafter Krankheiten, des Schmerzes nach länger andauernden tonischen Kontraktionen (Wadenkrämpfen) aufgefaßt worden. Eine besondere Stellung unter diesen Allgemeinempfindungen der Muskeln nimmt die Wahrnehmung der durch äußere Reize, speziell durch die Elektrizität, bewirkten Kontraktionen der Muskelsubstanz ein, die elektromuskuläre Sensibilität. Diese Sensibilité électro-musculaire (Duchenne) kann bestehen, auch wenn durch eine Erkrankung (z. B. bei Hysterischen) die Empfindlichkeit der Haut verloren gegangen ist, oder wenn, wie dies Duchenne gezeigt hat, die Muskeln zufällig durch eine Verletzung ihrer Hautdecke beraubt worden waren. Je nach der Stärke des Stromes kann sich diese elektromuskuläre Sensibilität zu einer wirklichen elektromuskulären Schmerzempfindung steigern. Gegen einfachen Druck mittels der Hand sind gesunde Muskeln nur wenig empfindlich: hütet man sich vor Verwechslungen mit den Schmerzen, welche bei derartigen Versuchen durch das Kneifen mitgefaßter Hautfalten entstehen, so findet man den wahren Druckschmerz der Muskulatur nur dann, wenn eine entzündliche Veränderung derselben vorliegt.

Mit dem Worte ›Muskelsinn‹ in seiner engeren Bedeutung wird eine Reihe von Erscheinungen zusammengefaßt, an deren Zustandekommen zwar der Muskel selbst beteiligt ist, mehr aber noch verschiedene andere Organe, ohne welche dieser Muskelsinn sich wohl kaum betätigen könnte.

Hierher gehört zunächst das Gefühl für die Lage und Stellung der Glieder, über welche der Gesunde auch bei geschlossenen Augen wohl unterrichtet ist.

Man kann bei der Prüfung des zu Untersuchenden (nachdem man seine Augen verbunden) mit seinen Fingern vorher bezeichnete Gliedabschnitte berühren lassen oder ihm aufgeben, die an einer seiner Extremitäten passiv herbeigeführte Stellung mit der anderen nachzuahmen.

Man kann zweitens den Kranken daraufhin prüfen, ob er die richtige Schätzung des Grades und der Ausdehnung der seinen Gliedern durch Bewegung derselben in den Gelenken passiv gegebenen Stellungsveränderungen ausführen kann.

Diese Bewegungsempfindungen, z. B. bei Streckung und Beugung an den Fingergelenken, wodurch die von Rauber namentlich in der Nähe der Gelenke und im Periost gelegenen Vaterschen Körperchen einem Druck ausgesetzt werden, vermitteln das Gefühl, welches wir von den wechselnden Stellungen unserer Glieder haben, und welches neben dem alsbald zu besprechenden Kraftsinn als eine besondere Kategorie des sog. Muskelsinns bezeichnet wird.« (Vgl. M. Bernhardt, Die Erkrankungen der peripherischen Nerven, S. 102 ff. und 108 ff.)

§ 152. Im Interesse einer raschen Orientierung dürfte die Besprechung der Elektrodiagnostik in folgender Einteilung gelegen sein:

I. Allgemeine Regeln:

1. Untersuchungsmethoden;

    a) polare Methode,

    b) Prüfung der quantitativen Erregbarkeit,

    c) Prüfung der qualitativen Erregbarkeit;

2. Gang der Untersuchung.

II. Spezielle Untersuchung:

1. Muskeln und Nerven,

    a) Zuckungsgesetz (Du Bois Reymond-Pflüger) motor. Punkte,

    b) Entartungsreaktion (Erb),

        α) komplett,

        β) inkomplett,

        γ) Anhang zur EaR,

        δ) seltenere Formen von quantitativer und qualitativer Veränderung der Erregbarkeit,

2. elektrokutane Sensibilität,

3. Widerstand der Haut,

4. Sinnesorgane,

5. Anhang, neuere Untersuchungsmethoden, besonders Röntgendiagnostik.

1. Allgemeine Regeln.

§ 153. Die Untersuchung der motorischen Nerven und Muskeln bildet die Hauptaufgabe des Elektrodiagnostikers; aus diesem Grunde ist es notwendig, den Patienten eine solche Stellung einnehmen zu lassen, daß die zu untersuchenden Muskeln vollkommen entspannt sind. Am zweckmäßigsten ist es, wenn der untersuchende Arzt sich so vor den Patienten hinstellt oder setzt, daß Patient und elektrische Hilfsapparate in gutem Licht sind. Der Patient selbst sitzt oder liegt in bequemer Lage während der ganzen Untersuchung. Patient und elektrische Appa. rate müssen für den Arzt bequem zugänglich sein.

Die elektrische Untersuchung bezweckt einen genau bemessenen Reiz auf eine ganz bestimmte Stelle, sei es ein Nerv oder ein Muskel, einwirken zu lassen und den Effekt zu beobachten; es handelt sich also um zwei Dinge: zunächst um Lokalisierung des Reizes, zweitens um Konstatierung, ob und welche Reaktion vorhanden ist. Da uns zwei Elektroden zur Verfügung stehen, so erreichen wir die gewünschte Lokalisierung, indem wir zwei verschieden große Elektroden benutzen. Eine dieser Elektroden soll einen möglichst kleinen Querschnitt besitzen, um große Stromdichte $\left(\dfrac{J}{Q}\right)$ zu geben; diese sog. Reizelektrode, resp. differente Elektrode, setzen wir der zu untersuchenden Stelle auf. Die zweite Elektrode, sog. indifferente, die einen unvergleichlich größeren Querschnitt und mithin geringere Stromdichte hat, wird an entfernter Stelle aufgesetzt. Als entfernte Stelle wird gewöhnlich das Sternum, der Rücken, die Kreuzbeingegend, manchmal auch der Nacken gewählt. Letztere Stelle wähle man jedoch nur in Ausnahmsfällen; trotz geringerer Stromdichte kann der eindringende Strom die nahe Medulla, die spinalen Nervenwurzeln und Sinnesorgane in sehr ungewünschter Weise beeinflussen und üble Zufälle hervorrufen.

Erb meint, das Sternum sei aus anatomischen und physikalischen Gründen der beste Platz für die indifferente Elektrode; es liege in der Mittellinie des Körpers und der Strom findet von hier aus symmetrische Ausbreitung im Körper; nach beiden Seiten die gleichen Wege, die gleichen Widerstände. Die Sternalgegend ist ferner für Stromeinwirkung ziemlich unempfindlich, der Strom verliert in den nahen Muskelmassen des Schultergürtels bald seine Dichtigkeit.

Wenn man die indifferente Elektrode nicht fixiert, so kann der assistierende Patient selbst dieselbe am bequemsten am Sternum festhalten.

Der Arzt soll immer mit einer differenten Elektrode von bestimmtem Querschnitt arbeiten; nur wenn er immer an der Untersuchungsstelle dieselbe Stromdichtigkeit zur Anwendung brachte, sind die Untersuchungsergebnisse von gewissem Vergleichswert. Zu diesem Zwecke bedient man sich entweder der Normalelektrode von Erb, die 10 qcm im Querschnitt hat, oder der Normalelektrode von Stintzing, die kleiner ist (3 qcm) und z. B. für Untersuchungen im Gesicht, der Mm. interossei etc. verwendet wird.

Eine weitere Regel ist, bei den verschiedenen Untersuchungen die Elektroden mit womöglich gleichem Drucke der Körperstelle anzulegen; große Druckschwankungen sind imstande, mitunter auch auffällige Differenzen der Untersuchungsergebnisse (z. B. wenn man mehrmals an derselben Stelle untersucht hat, oder wenn zwei Untersucher mit denselben Apparaten arbeiten und ihre Resultate vergleichen) hervorzubringen.

Erst wenn die Elektroden lege artis plaziert sind, schalte man den prüfenden Strom ein; man beginnt natürlich mit dem schwächsten Strom, den man nach Bedarf allmählich ansteigen läßt.

Um gewünschte Stromunterbrechungen rasch und bequem ausführen zu können, dazu wählt man als Reizelektroden eine Unterbrecherelektrode. Der Arzt, welcher mit dieser Elektrode den Patienten an der zu untersuchenden ›lokalisierten‹ Stelle berührt, vermag leicht mittels seines Daumens oder des Zeigefingers den Strom ein- und auszuschalten.

Es empfiehlt sich, eine elektrische Untersuchung mit dem faradischen Strom zu beginnen; der faradische Strom hat keinen besonderen Einfluß auf den Leitungswiderstand der Haut; beginnt man dagegen mit dem galvanischen, so wird der Leitungswiderstand der Haut herabgesetzt, wodurch genaue Messungen im weiteren Verlaufe der Untersuchung nicht mehr gemacht werden können. Der Beginn der Reizung mit dem faradischen Strom ist zweitens auch deshalb vorzuziehen, weil der faradische Strom deutlichere und länger dauernde Muskelzuckungen hervorruft, wodurch wir rascher darüber orientiert sind, welchen Nerven oder Muskel wir vor uns haben, und wo dessen erregbarster Punkt ist. Auch beim faradischen Strom beginne man mit der kleinsten Stromstärke.

Hat man den Punkt gefunden, von dem aus der Nerv und Muskel am leichtesten und gleichzeitig am intensivsten zu reizen ist, d. i. von dem aus die stärkste Muskelzuckung auftritt, so soll die Reizelektrode während der ganzen Untersuchung ihre Stelle auf dem ›erregbarsten Punkt‹ beibehalten. Es ist gut, die Stelle mit dermographischem Stift zu bezeichnen.

'Die elektrodiagnostische Untersuchung kann erst nach Auffindung des erregbarsten Punktes vorgenommen werden.

Als zweites Postulat gilt das Konstatieren, das Sehen der Minimalzuckung und das Erkennen der Zuckungsform (ob träg, ob wurmförmig, blitzartig usw).

Die Minimalzuckung ist jene, die wir durch den schwächsten Strom eben noch hervorrufen können.

Die Elektroden befeuchte man gut vor der Untersuchung; möglichst mit warmem Wasser oder Salzwasser. Bei Benutzung des faradischen Pinsels oder der Metallnadeln zur Untersuchung der kutanen Sensibilität ist dies nicht notwendig.

Als letzte Regel in diesem Abschnitte sei hervorgehoben, daß es von Vorteil ist, die Prüfung jedesmal auf der gesunden Seite zu beginnen.

Man gewinnt dadurch rasch ein Urteil über das individuelle Verhalten, erkennt eventuelle Anomalien und wird Störungen geringgradiger Natur nur schwer übersehen.

2. Untersuchungsmethoden.

a) Die polare Untersuchungsmethode.

§ 154. Die polare Untersuchungsmethode beruht darin, daß zur jeweiligen Reizung nur ein Pol, die sog. Reizelektrode, die differente Elektrode Benutzung findet. Diese Reizelektrode setzt man der Stelle auf, wo die Reaktion vorhergerufen werden soll. Wie schon erwähnt, dienen dazu die Normalelektroden von Erb und Stintzing. Es sei erwähnt, daß die polare Methode auch in der Therapie Verwendung findet; es beruht dies auf den physiologischen Untersuchungsergebnissen des Anelektrotonus und Katelektrotonus.

Bei der polaren Methode kann man die Wirkung des galvanischen Stromes am positiven und negativen Pol getrennt prüfen.

b) Prüfung der quantitativen Erregbarkeit.

§ 155. Je nachdem, ob man sich zur Untersuchung dieser oder jener Stromart bedient, spricht man von einer q u a n t i - t a t i v e n   f a r a d i s c h e n   u n d   g a l v a n i s c h e n   E r r e g b a r - k e i t der Muskeln und motorischen Nerven.

Die quantitative Erregbarkeit eines Nerven oder Muskels ist durch die H ö h e   d e r   M i n i m a l z u c k u n g gegeben. Diese Minimalzuckung, die erste, eben sichtbare Zuckung ist auch bei Anwendung derselben Stromstärke für verschiedene Muskeln und Nerven eines und desselben Individuums eine ver-schiedene; sogar an den verschiedenen Stellen desselben Muskels resp. Nerven entsteht unter sonst gleichen Verhältnissen nicht immer dieselbe Muskelzuckung. Die Differenzen werden größer, sobald die Minimalzuckungen sogar verschiedener Personen untersucht werden; allerdings bewegen sich diese Schwankungen bei normalen Individuen innerhalb bestimmter Grenzen.

Die Minimalzuckung ist der Maßstab für die Beurteilung, ob ein Muskel oder ein Nerv normale Erregbarkeit besitzt oder nicht. Die Erregbarkeit ist erhöht, wenn die Minimalzuckung schon bei geringerer Stromstärke (als normal) auftritt; je größer dagegen die zur Auslösung der Minimalzuckung nötige Strom-stärke sein muß, um so mehr ist die quantitative Erregbarkeit des untersuchten Muskels oder Nerven herabgesetzt.

Bevor wir auf das M a ß zu sprechen kommen, durch welches erhöhte oder herabgesetzte Erregbarkeit ausgedrückt wird, wollen wir vorwegnehmen, daß der Leitungswiderstand der Haut bei Untersuchung dieser Verhältnisse stets berücksichtigt werden muß. — Durch einen erhöhten Leitungswiderstand der Haut kann unter Umständen Herabsetzung der Erregbarkeit vor-getäuscht werden: in einem solchen Falle tritt die Minimal-zuckung erst bei größerer Stromstärke auf; ein Teil der ver-mehrten Stromspannung wird zur Überwindung des größeren Widerstandes der Haut verbraucht, was man fälschlich mit einer vermeintlichen Herabminderung der quantitativen Erregbarkeit (i. e. des Muskels oder des Nerven) in ursächlichen Zusammen-hang bringen könnte. Weitere Anomalien, die zu Irrtümern Anlaß geben, werden weiter unten besprochen.

W i e   o r i e n t i e r e n   w i r   u n s   d a r ü b e r ,   o b   e i n M u s k e l   o d e r   N e r v   n o r m a l e   E r r e g b a r k e i t   b e - s i t z t   o d e r   n i c h t ?

Dazu dienen zwei Methoden:

α) Vergleichsuntersuchung.

Sind die Muskeln und Nerven der einen Körperhälfte eines Menschen normal, so benutzen wir diese gesunde Seite als Vergleichsobjekt; wir vergleichen die Minimalzuckung des kranken Muskels oder Nerven mit der Zuckung auf der gesunden Seite.

β) Stintzingsche Tabellen.

Ist eine solche Vergleichsuntersuchung nicht durchführbar, z. B. bei doppelseitiger Erkrankung etc., so zieht man den Vergleich mit anderen, gesunden Individuen heran. Am einfachsten und bequemsten ist es, sich gewisser empirisch bestimmter Vergleichswerte zu bedienen, so z. B. der Stintzingschen Tabellen.

Stintzing hat eine große Zahl Gesunder auf Erregbarkeit der Körpermuskeln und Nerven untersucht; aus den erhaltenen Resultaten bezüglich der Stärke der Minimalzuckungen hat Stintzing die Durchschnitts- und Mittelmaße berechnet und in Tabellen angeordnet.

Durch Vergleich mit diesen Tabellen können wir erfahren, ob der von uns an einem Patienten erhobene Erregbarkeitsbefund normal ist oder nicht.

Wie T. Kohn hervorhebt, sind bei Benutzung der Stintzingschen Tabellen drei Umstände zu berücksichtigen:

1. die Stintzingschen Werte der faradischen Erregbarkeit sind nicht ohne weiteres vergleichbar, da sie keine absoluten Maße sind; es sind Millimeter des Rollenabstandes, der nur für Stintzings Apparat gültig ist;

2. die Werte der galvanischen Erregbarkeit sind zwar absolute Maße, doch halten sie sich in sehr weiten Grenzen (z. B. N. peroneus, galvanische Erregbarkeit 0,2—2,0 MA);

3. die bei Kindern in den ersten Lebenswochen gefundenen Werte gehen gewöhnlich für beide Ströme über die Stintzingschen Maximalwerte erheblich hinaus (C. Westphal, A. Westphal).

Zwei dieser Stintzingschen Tabellen mögen hier folgen:

Stintzingsche Tabellen.

a) Faradische Erregbarkeitsskala der Nerven.

Nerven	untere Grenz-werte	obere Grenz-werte	Mittelwerte
N. accessorius . . .	145	130	137.5
N. musculocutan . . .	145	125	135
N. mentalis	140	125	132.5
N. frontalis	137	120	128.5
N. gygomat.	135	115	125
N. median.	135	110	122.5
N. facial.	132	110	121
N. ulnar. I	140	120	130
N. » II	130	107	118.5
N. peron.	127	103	115
N. crur.	120	103	111.5
N. tibial.	120	95	107.5
N. radial.	120	90	105

b) Galvanische Erregbarkeitsskala der Nerven.

Nerven	untere Grenz-werte	obere Grenz-werte	Mittelwerte
N. musculocutan . . .	0.05	0.28	0.17
N. accessor.	0.10	0.44	0.27
N. ulnar. I	0.20	0.90	0.55
N. » II	0.60	2.60	1.60
N. peron.	0.20	2.00	1.10
N. median	0.30	1.50	0.90
N. radial.	0.90	2.70	1.80
N. facial.	1.00	2.50	1.75

usw.

γ) Erbsche Methode.

Eine dritte ältere Methode stammt von Erb.

Erb fand, die Nervenstämme an verschiedenen Körperstellen desselben Individuums (die Untersuchungen bezogen sich vorwiegend auf den Ramus frontalis des Nervus facialis, den Nervus accessorius, ulnaris und peroneus) zeigten in bezug auf ihre Erregbarkeit ein gewisses konstantes Verhältnis. Gröbere Abweichungen des einen oder des anderen Nervenpaares von diesem relativen Verhalten, welches bei Gesunden als ziemlich konstant sich herausstellte, wurden als pathologisch betrachtet; der Nerv, dessen Erregbarkeit diese Verschiebung verursachte, war als krank anzusehen.

›Die Untersuchungsmethode hat den Zweck, die Erregbarkeit der Nervenstämme an verschiedenen Stellen des Körpers (Kopf, Rumpf, obere und untere Extremität) festzustellen, dieselbe dann untereinander zu vergleichen und ihr relatives Verhalten bei Gesunden zu ermitteln. In der Tat stellt sich denn auch ein ziemlich konstantes r e l a t i v e s Verhalten der vier Hauptkörperabschnitte (resp. der hier untersuchten einzelnen Nervenpaare) zu einander heraus, so daß gröbere Abweichungen des einen oder anderen dieser Nervenpaare von diesem r e l a - t i v e n Verhalten als pathologisch betrachtet werden können. Man hat -somit die Möglichkeit, bei partiellen Erkrankungen (z. B. nur der beiden unteren oder nur der beiden oberen Extremitäten) durch die ausschließliche Untersuchung des kranken Individuums selbst etwa vorhandene pathologische Veränderungen der Erregbarkeit zu erkennen (E r b)‹.

Um die Untersuchungstechnik besonders exakt zu gestalten, hat G. G ä r t n e r neue Vorrichtungen für die Meßmethode in Vorschlag gebracht: fixierte Elektrode, ganz kurze Stromschliessungen durch Pendelvorrichtung, Ablesung an der Spiegelbussole.

In der Praxis bürgerte sich diese Methode nicht ein. Man bedient sich der einfacheren, allerdings weniger genauen Methoden.

Die übliche Untersuchung wird mittels des f a r a d i s c h e n Apparates — Messung des Rollenabstandes — und mittels des galvanischen Stromes — Ablesung am Galvanometer — ausgeführt.

Die f a r a d i s c h e U n t e r s u c h u n g : Man untersucht in sorgfältiger Weise, bei welchem Rollenabstand — derselbe ist so groß als nur möglich zu wählen — eine minimale Muskelkontraktion eintritt, der Versuch wird wiederholt und der Rollenabstand notiert. Sind symmetrische Teile des Individuums vorhanden, die außerdem gesund sind, so genügt dieselbe Untersuchung (Minimalkontraktion) auf dieser Seite, um zu erfahren, ob der Rollenabstand der gleiche ist. Eine Differenz läßt sich nicht immer für die Diagnose von pathologischen Verhältnissen verwerten. Wie schon früher erwähnt, muß der Leitungswiderstand der Haut an beiden zu untersuchenden Stellen gemessen werden. Außerdem ist zu bedenken, daß es schon in der Norm viele anatomische Varianten gibt; ferner pflegen unter pathologischen Verhältnissen die erregbarsten Punkte ihre Lage zu ändern, schließlich kann es geschehen, z. B. bei Atrophie der Vorderarmmuskeln, daß tiefer lagernde Muskeln oberflächlich zu liegen kommen.

Diese Eventualitäten müssen berücksichtigt werden, sollen nicht Vergleichsuntersuchungen der kranken und gesunden Seite zu Irrtümern Anlaß geben.

Am einfachsten ist dasVerfahren, wenn man die gefundenen Werte mit den Maßen der Stintzingschen Tabellen vergleicht.

Aus geringen Abweichungen der Maße sind immer nur Wahrscheinlichkeitsschlüsse gestattet.

Die galvanische Untersuchung: Das Maß der quantitativen Erregbarkeit bestimmte man früher durch Angabe der Zahl der eingeschalteten Elemente oder der Widerstände in einem eingeschalteten Rheostaten. Heute wird allgemein die quantitative galvanische Erregbarkeit in Milliampere ausgedrückt.

Es ist wohl überflüssig, hervorzuheben, daß die ermittelten Zahlen nur dann Vergleichswert besitzen, wenn man die Untersuchungen mit derselben Elektrode (Normalelektrode), in genau derselben Weise, in derselben anatomischen Lagerung, mit demselben Grad von Druck der Elektrodenapplikation ausführt.

Ebenso wie bei der faradischen Untersuchung spielt auch hier der Leitungswiderstand der Haut eine Rolle.

Die Untersuchung wird ausgeführt, indem man die Reizelektrode auf die zu untersuchende Stelle aufsetzt — man wählt dazu die Kathode — und bei möglichst schwachem Strom beobachte man, wann die erste Minimalzuckung, hier die erste Kathodenschließungszuckung (K S Z) auftritt. Man lasse durch kurze, rasche Kathodenschließung die Zuckung wiederholen und beobachte im selben Momente die Ablenkung der Galvanometernadel. Die Zahl der Milliampere wird notiert.

Bei Benutzung von galvanischem Strom kann die Untersuchung der quantitativen Erregbarkeit noch in weiterer Modifikation ausgeführt werden: man steigert die Stromstärke allmählich und beobachtet den Moment, wann kurze, blitzähnliche, rasch aufeinanderfolgende Schließungszuckungen in einen Kathodenschließungstetanus (Ka S Te) übergehen. Die hierbei gefundene Stromstärke ist größer als die erste. Auch diese Zahl kann bei genaueren Prüfungen zum Vergleich herangezogen werden.

Nach Erb lassen auch gesunde, symmetrische Nerven bei der vergleichenden Untersuchung geringe Differenzen ihrer Erregbarkeit erkennen.

Die meisten oberflächlich gelegenen Nerven des gesunden Körpers geben die erste Ka S Z bei einer Stromstärke, die zwischen

16*

0,5 und 2,0 MA (Normalelektrode) resp. zwischen 0,05 und 0,2
absoluter Stromdichte[1]) liegt, KaST dagegen erst bei Stromstärken, die zwischen 4,0 und 10,0 MA resp. 0,4 bis 1,0 absoluter
Stromdichtigkeit schwanken (Erb).

Die von Erb erhobenen Maße für die Erregbarkeits-
bestimmungen für die vier Nervenpaare bei gesunden Männern
sind in folgender Tabelle enthalten:

Gesunde Männer. 38 resp. 24 Jahre alt.

Nerven	Auftreten der ersten KaSZ bei	Auftreten der ersten KaDZ > (Tet) bei
Nerv. frontal. dexter	1,4 MA	8,0 MA
» » sin.	1,2 MA	8,0 MA
Nerv. accessor. dexter	0,5 MA	4,0 MA
» » sin.	0,5 MA	4,0 MA
Nerv. ulnar. dexter	0,4 MA	6,0 MA
» » sin.	0,4 MA	5,5 MA
Nerv. peron. dexter . . , . .	1,5 MA	7,0 MA
» » sin.	1,5 MA	7,0 MA

Der Nervus frontalis zeigt öfters ein wechselndes Verhalten
und auch in ganz gesunden Fällen sind größere Abweichungen
von den hier ermittelten Maßen nicht selten; dagegen zeigen
die drei übrigen Nervenpaare ein ziemlich konstantes Verhalten.

Sowohl die Nerven als auch die Muskeln werden mit Hilfe
des galvanischen Stromes unter Benutzung der Maße der obigen
Tabelle untersucht; fügt man noch die faradische Untersuchung
hinzu, so kann man bei einiger Übung in $^1/_4$—$^1/_2$ Stunde über
die quantitative Erregbarkeit des Muskelnervensystems orientiert sein.

---

[1]) Die absolute Dichtigkeit wird bekanntlich aus der Intensität und
dem Querschnitt (in cm²) der Elektrode berechnet $\left(\dfrac{J}{D}\right)$; da die Erbsche
Normalelektrode 10 cm² mißt, so ist die Stromdichtigkeit bei 0,5 Milliampere
gleich 0,5 : 10 oder 0,05.

c) Prüfung der qualitativen Erregbarkeit.

§ 156. Außer der Bestimmung der quantitativen Erregbarkeit ist für die Beurteilung des Zustandes des geprüften Nerven
resp. Muskels ferner wichtig, die Form der Zuckung zu
studieren. Es muß bestimmt werden, ob die Zuckungen in der
richtigen Reihenfolge auftreten, ob ihre Form, ihre Dauer und
ihr Verlauf nicht verändert sind, ob dieselben rasch (blitzartig)
oder träge ablaufen. Zur Untersuchung bedient man sich dabei
des faradischen und galvanischen Stromes.

Die Form der faradischen Zuckung.

Die auf faradische Reizung entstehende Muskelzuckung ist
tetanisch, d. h. während der Dauer des Stromschlusses erfolgt
eine rasche kräftige Kontraktion des Muskels, die aus vielen
aneinandergereihten Einzelzuckungen besteht. Wenn auch die
Reizung mittels des faradischen Stromes in raschen, kurzen
Stromschlüssen erfolgt, so müssen wir berücksichtigen, daß der
sekundäre Induktionsstrom aus sehr vielen rasch aufeinanderfolgenden Einzelströmen besteht; jeder derselben ruft für sich
einen Reiz hervor, diese laufen rasch[1]) ab, summieren sich, und
die Folge davon ist ein Tetanus.

Die Form der galvanischen Zuckung.

Wird der gesunde Muskel direkt oder indirekt (vom Nerven
aus) mittels des konstanten Stromes gereizt, so kontrahiert er
sich ›blitzartig‹: die Zuckung entsteht sofort im Moment der
Stromschließung oder Öffnung, um ebenso rasch zu verschwinden.
Wird der prüfende Strom nicht sofort unterbrochen, so wird die
weiter andauernde Strompassage für unser Auge ohne Effekt
bleiben. Auch unter der dauernden Einwirkung des
konstanten Stromes gewöhnlicher Stärke bleibt
der durchflossene Muskel schlaff.

Nur bei sehr starken Strömen verharrt der Muskel während
längerer Zeit oder während der ganzen Strompassage in Kon
traktion, in sog. Dauerkontraktion.

Beachtet soll werden, daß nicht alle Muskeln eines und
desselben gesunden Individuums gleiche Promptheit in bezug
auf Zuckungsraschheit zu erkennen geben. Je voluminöser und

---

[1]) In normalen Fällen ist die Reizung sofort von einer Zuckung gefolgt.
In pathologischen Fällen (z. B. Polyneuritis) ist die Reaktionszeit oft ver-
schieden lang. Zanietowski weist derartige Abweichungen der normalen
Leitungsgeschwindigkeit mittels seines Elektroneuramöbometers nach.

ausgedehnter ein Muskel ist, um so langsamer pflegt eine
Zuckung abzulaufen. So erfolgt z. B. die Zuckung eines Gesichts-
muskels viel rascher und sieht viel blitzartiger aus als die durch
denselben Reiz hervorgerufene Zuckung des Musculus peroneus
longus etc.

Nach T. Kohns Erfahrung ist die normale Kontraktion
auch in den kleinen Fußmuskeln auffällig langsam (M. extensor
digitorum communis brevis, Muscules extensor hallucis longus).

Das Wesentliche jedoch bleibt die prompte, rasche Zuckung.
Die Bedeutung derselben für die Entartungsreaktion wird dortselbst nochmals hervorgehoben.

d) Gang der Untersuchung.

§ 157. Die Untersuchung beginnt mit der Prüfung der gesunden Muskeln und Nerven.

Sind Veränderungen der Erregbarkeit vorhanden, dann
prüfe man:

1. die quantitative Erregbarkeit zunächst mittels des
   faradischen Stromes; der Rollenabstand oder der Widerstand des eingeschalteten Rheostaten, bei welchem die
   erste Minimalzuckung auftritt, wird notiert. Hierauf
   prüfe man mittels des galvanischen Stromes das erste
   Auftreten einer Kathodenschließungszuckung; der Strom
   sei möglichst schwach. Die während der Reaktion am
   Galvanometer ablesbare Zahl in Milliampere wird
   vermerkt.

   Unter allen Umständen ist es wünschenswert, gleichzeitig genaue Widerstandsmessungen an den zu prüfenden
   Stellen der gesunden und kranken Seite anzustellen.

2. die qualitative Erregbarkeit; auch hier bedient
   man sich beider Stromesarten. Die galvanische Zuckung
   soll blitzartig erfolgen, die faradische Reizung von einer
   tetanischen Kontraktion begleitet sein.

   Die Zuckungsform muß im Protokoll aufgezeichnet
   werden. Die qualitative Erregbarkeit ist zuweilen nur
   für eine Stromesart verändert.

Die gewonnenen Resultate der quantitativen und qualitativen Erregbarkeitsprüfung vergleicht man entweder mit den
Verhältnissen der gesunden Seite, oder es werden ihnen gegen-
übergestellt die Stintzingschen ›Tabellen für die elektro-
diagnostischen Grenz- und Durchschnittswerte.‹

3. Spezielle Untersuchung.

a) Muskel-Nervensystem.

§ 158. Das Z u c k u n g s g e s e t z besagt, die Reizung des Muskels oder Nerven erfolgt nur bei S t r o m s c h w a n k u n g e n.

Du B o i s R e y m o n d hat das nach ihm so benannte Zuckungsgesetz folgendermaßen formuliert:

Nicht der absolute Wert der Stromdichtigkeit in einem gegebenen Momente wirkt erregend auf Muskel und motorische Nerven, sondern auch die S c h w a n k u n g d e r D i c h t i g k e i t. Je größer und rascher sie ist, um so größer ist ihre Reizwirkung; am größten ist sie im allgemeinen bei Schließung und Öffnung des Stroms.

α) Pflügersches Zuckungsgesetz.

§ 159. Das Pflügersche Zuckungsgesetz kann nicht ohne weiteres den Verhältnissen angepaßt werden, mit denen wir beim lebenden Menschen zu rechnen haben. So ist es z. B. unmöglich, eine g a n z b e s t i m m t e S t r o m r i c h t u n g, auf welche beim P f l ü g e r schen Zuckungsgesetz Gewicht gelegt wird, in den von Weichteilen umgebenen Nerven herzustellen. Die zu prüfenden Nerven können nicht, wie beim Tierexperiment, bloßgelegt werden. Wir setzen die Elektroden perkutan der gewünschten Nervenstelle auf, der Strom geht aber nicht von Pol zu Pol durch den Nerven hindurch; der Strom verteilt sich in den den Nerven umgebenden Geweben, so daß der Nerv nur von ›S t r o m - s c h l e i f e n‹ (Erb) getroffen wird.

H e l m h o l t z sprach den Gedanken aus und F i l e h n e führte ihn aus, daß nämlich bei der gewöhnlichen perkutanen Applikation nicht weniger als drei, vielleicht noch mehr wirksame Stromrichtungen einen solchen Nerven durchlaufen.

Die S t r o m r i c h t u n g, auf die man, wie E r b meint, mit Unrecht zu großen Wert legt, kann bei den Untersuchungen vollkommen vernachlässigt werden.

Für die Erscheinungen des P f l ü g e r schen Zuckungsgesetzes, das für den lebenden Nerven Anwendung finden soll, sind einzig und allein die P o l w i r k u n g e n maßgebend (E r b).

Nächst der Polwirkung wird weiters die W i r k u n g d e r v e r s c h i e d e n e n S t r o m s t ä r k e zu prüfen sein.

Die Polwirkung wird in zweckmäßiger Weise unter Benutzung der polaren Untersuchungsmethode ausgeübt.

Es bleibt dabei immer noch zu beachten, daß wir eine g a n z
i s o l i e r t e Polwirkung eigentlich an einem Nerven nicht hervorrufen können. Bei jeder Anordnung, und sei die indifferente Elektrode noch so weit entfernt, wird auch der a n d e r e
Pol irgendeinen, wenn auch schwachen Effekt ausüben.

Wenn auch der Strom an einer bestimmten, streng lokalisierten Stelle in den Nerven eintritt (Anode), so muß man
berücksichtigen, daß in der Nähe dieser Stelle der Strom wieder
austreten muß, es sind also in der Nähe der Anode eine oder
mehrere — allerdings v i r t u e l l e — Kathoden. Da im allgemeinen die Stromdichtigkeit der aufgesetzten Anode bedeutend
intensiver ist, so wird ihr Effekt auch der stärkere sein. Es
kann jedoch vorkommen, daß neben der primären Polwirkung
noch eine von der sekundären (virtuellen) Elektrode sich geltend
macht (vgl. Fig. 118).

In praxi können diese Nebenwirkungen (v i r t u e l l e P o l -
w i r k u n g) vernachlässigt werden.

Mittels der polaren Untersuchungsmethode versucht man
bei einer bestimmten niederen Stromstärke zunächst eine Ka S
zu bekommen; dabei achtet man gleichzeitig auf Ka O und An S
und An O.

Zur Erzielung der Öffnungsreaktionen empfiehlt E r b als
zweckmäßig, den Strom einige Zeit lang geschlossen zu halten
weil dies die Erregbarkeit für den Öffnungsreiz steigert.

Mit steigender Stromstärke untersucht man die anderen
bekannten Reaktionserscheinungen des P f l ü g e r schen Zuckungsgesetzes.

Man findet mittels dieser Methode, die Zuckungserschei-
nungen der motorischen Nerven des lebenden Menschen befinden sich in vollkommener Übereinstimmung mit folgenden
physiologischen Tatsachen:

1. Die erregende Wirkung der Kathode ist stärker als die
   der Anode.

2. Die Kathode setzt vorwiegend bei Schließung, die Anode
   vorwiegend bei Öffnung eine Erregung.

3. Verschieden starke Stromintensitäten lassen mehrere
   Stufen des Zuckungsgesetzes erkennen.

Betreffs letzterer hält es E r b für sehr bequem und zweckmäßig, d r e i S t u f e n des Zuckungsgesetzes zu unterscheiden:

Stufe 1 (schwacher Strom): Nur KaSZ, weiter nichts.

Stufe 2 (mittelstarker Strom): KaSZ' stärker; es gesellen sich
AnSZ und AnOZ hinzu; beide sind ungefähr von
gleicher Stärke, aber bald tritt die eine, bald die
andere etwas früher auf, so z. B. am Nervus facialis
und ulnaris die AnSZ zuerst, am Nervus radialis die
AnOZ etwas früher.

Stufe 3 (starker Strom); KaSZ wird tonisch = KaSTe;
AnSZ und besonders AnOZ werden stärker, und es
tritt zugleich (allerdings in vielen Fällen wegen des
KaSTe, welcher bis zum Öffnen der Kette andauert,
nicht oder nur sehr schwach darstellbar) schwache
KaOZ auf (Erb).

In übersichtlicher Weise (analog der Pflügerschen Formel)
ist das Zuckungsgesetz in folgender Tabelle ausgedrückt:

		S	Ö
Stufe 1	Anode . . .	—	—
	Kathode . .	z	—
Stufe 2	Anode . . .	z	z
	Kathode . .	Z	—
Stufe 3	Anode . . .	Z	Z
	Kathode . .	Te	z

Wenn wir kurz resümieren, so müssen wir sagen, für die
Anwendung der menschlichen Zuckungsgesetze kommen drei Faktoren in Betracht:

    1. die verschiedene Polwirkung,

    2. die Art der Stromschwankung (Schließung oder Öffnung),

    3. die Stromstärke (drei Stufen).

Bei der Prüfung beachte man schließlich, daß normaler-
weise die KaSZ größer ist als die An-Zuckungen.

β) Die krankhaften Veränderungen der elektrischen Erregbarkeit der motorischen Nerven und Muskeln.

§ 160. Eine genaue Untersuchung erteilt uns darüber Aufschluß, ob die Erregbarkeit der Muskeln und Nerven normal
oder ob sie verändert ist. Die veränderte Erregbarkeit kann
entweder gesteigert (erhöht) oder vermindert (herabgesetzt) sein.

Die Steigerung der elektrischen Erregbarkeit kommt bei der faradischen Untersuchung dadurch zum Ausdruck, daß eine Minimalkontraktion schon bei größerem Rollenabstand als für gewöhnlich auftritt; untersucht man mit dem Normalrollenabstand, so ist die Reaktion stärker als bei Gesunden.

So wies Erb als erster in exakter Weise die gesteigerte Erregbarkeit bei der Tetanie nach; dieses Verhalten bei der Tetanie, dem diagnostische Bedeutung zukommt (Erbsches Symptom) wurde später von Chvostek, Onimus, Eisenlohr, E. Remak, N. Weiß, Fr. Schultze bestätigt.

Der Nervus peroneus eines Gesunden der bei Rollenabstand von 160 cm Minimalkontraktion gab, war in einem Falle von Tetanie schon bei Rollenabstand von 180 mm zur Minimalkontraktion zu bringen (Erb).

Eine derartig erhöhte Erregbarkeit kommt ferner vor bei manchen Formen zerebraler Lähmung, bei spinalen Erkrankungen, bei peripheren Lähmungsformen (z. B. in frischen Fällen von rheumatischer Facialislähmung), bei frischer Neuritis, bei gewissen Krampfformen etc. etc.

Ebenso soll Chorea minor (M. Rosenthal, Gowers) durch Steigerung der Erregbarkeit der Nervenstämme ausgezeichnet sein.

In praxi erkennt man die gesteigerte Erregbarkeit daran, daß an der kranken Seite eine faradische Zuckung schon bei ungewöhnlich großem Rollenabstand eintritt. Bei der galvanischen Untersuchung ist eine Zuckung bei einer geringeren Anzahl von Milliampere als auf der gesunden Seite zu erzielen.

Sind Vergleichsuntersuchungen nicht ausführbar, so darf erhöhte Erregbarkeit angenommen werden, wenn das gefundene Maß unter der untersten Grenze der Stintzingschen Minimalwerte zu liegen kommt.

Wie schon oben erwähnt, ist die reine Steigerung der Erregbarkeit beinahe ein pathognomonisches Zeichen für Tetanie. In zweifelhaften Fällen (z. B. hysterische Zustände mit anfallsweise auftretenden Kontrakturen in den Vorderarmen und Unterschenkeln) wird das Vorhandensein dieses Symptomes die Differentialdiagnose auf Tetanie hinweisen.

Tritt z. B. die Ka SZ beim Nervus medianus eines kranken Kindes schon unter 0,7 MA auf, die Ka OZ unter 0,5 MA, so

wird ein derartiges Verhalten eine bisher zweifelhafte Diagnose
der Tetanie sicherstellen (L. Mann).

Die Erhöhung kann sowohl Muskeln als auch die motorischen Nerven betreffen.

Von diesen Fällen abgesehen, ist sonst die Konstatierung
der gesteigerten Erregbarkeit eigentlich von geringem diagnostischen Belang.

Die Herabsetzung der elektrischen Erregbarkeit.

§ 161. Die Herabsetzung der Erregbarkeit ist eine öfters
vorkommende Störung: sie gilt als vorhanden, wenn ein motorischer Nerv oder Muskel erst durch größere Stromstärken zu
einer Minimalkontraktion zu bringen ist.

Die Störung betrifft zumeist beide Stromesarten.

Ähnlich wie früher, so orientiert man sich auch da über
den Grad der Erregbarkeitsstörung entweder durch Vergleichsuntersuchungen der gesunden Seite oder durch Benutzung der
Stintzingschen Tabellen.

Die Herabsetzung der Erregbarkeit, welche im Verlaufe
verschiedener Krankheiten auftritt, kann verschiedene Grade
erreichen; es gibt auch derart herabgesetzte Erregbarkeitszustände,
bei welchen auch durch Anwendung der stärksten Ströme keine
Muskelzuckung zu erzielen ist. Man spricht dann von dem
›Erloschensein der faradischen resp. galvanischen Erregbarkeit.‹

Wie Erb hinzufügt, gilt das streng genommen nur für die
perkutane Erregung; an bloßgelegten Muskeln sind oftmals noch
schwache Kontraktionen auslösbar. So fand Erb z. B. bei der

    1. rheumatischen Facialislähmung links (Mittelform) Ram.
    frontal. r. 156 mm — links 143 mm,

    2. progressive Muskelatrophie (vorwiegend einseitig) Nerv.
    ulnar. gesund 130 mm — krank 110 mm.

Sehr evident war in manchen Fällen die Herabsetzung der
faradischen Erregbarkeit verschiedener Nervenstrecken
des gleichen Nerven, so z. B. der Armnerven am Ellbogen
gegenüber dem Handgelenk (Erb). So z. B. bei progressiver
Muskelatrophie

Nerv. median. 168 mm (am Ellbogen), 113 mm (am Handgelenk),
Nerv. ulnaris 165 › › › 123 › › ›

Bei der galvanischen Reizung erkennt man die herabgesetzte Erregbarkeit daran, daß die anfängliche Ka S Z erst bei
größerer Stromstärke — i. e. bei mehr Milliampere — auftritt.

Ist mit der quantitativen Herabsetzung der Erregbarkeit — mit faradischem oder galvanischem Strom geprüft — auch noch eine Veränderung der Zuckungsform verbunden, haben wir es auch mit einer qualitativen Erregbarkeitsänderung zu tun, dann gehört das Krankheitsbild in die Gruppe der Entartungsreaktion, die im nächsten Kapitel besprochen wird.

Daran muß festgehalten werden, es gibt reine Erregbarkeitsänderungen im Sinne einer Herabsetzung, ohne daß qualitative Veränderungen des gesetzmäßigen Zuckungsschemas vorhanden waren.

Gröbere Störungen der Erregbarkeit sind leicht zu erkennen; haben wir es mit feineren Veränderungen zu tun, die ev. gar doppelseitig auftreten, dann sind sehr genaue Untersuchungen behufs näherer Diagnosestellung notwendig.

Vorkommen der herabgesetzten Erregbarkeit.

§ 162. Die Verminderung der quantitativen elektrischen Erregbarkeit — ohne qualitative Abnormität — kommt bei einer großen Reihe von Krankheitszuständen vor, welche mit atrophischen Zuständen des Knochen-Muskelapparates einhergehen. Diese Krankheitszustände pflegen durch zentrale oder periphere Alterationen bedingt zu sein.

Hierher gehören die Atrophien im Verlauf von zerebralen Lähmungen, z. B. Apoplexien, Erweichungen etc. Die gelähmte Extremität läßt oftmals keinerlei elektrische Abnormität erkennen; die quantitative Veränderung der Erregbarkeit, zumeist im Sinne einer Herabsetzung, ist dann die einzige »elektrische« Veränderung.

Zu den zentralen Erkrankungen, in deren Verlauf Atrophie der Muskeln und Herabsetzung der quantitativen Erregbarkeit aufzutreten pflegen, zählt man die bulbären Lähmungen (besonders die progressive chronische Bulbärparalyse), die Strangerkrankungen des Rückenmarkes (Myelitis, Hämatomyelie, multiple Sklerose, plastische Spinalparalyse) (Erb), die Rückenmarkserkrankungen der Paralytiker (Fr. Fischer), Halbseitenläsion des Rückenmarkes (W. Müller, Soffroyet, Solmon), Paralysis ascendens acuta (Jaffé-Erb) und andere spinale Erkrankungen (Kahler und Pick) etc. etc.

Bei all diesen Erkrankungen kommt es entweder zu gar keinen elektrischen Störungen, oder es tritt nur eine einfache Herabsetzung der quantitativen Erregbarkeit auf, die mittels des faradischen und galvanischen Stromes nachweisbar ist.

A. Pilcz, der bei Geisteskranken (viele Fälle von progressiver Paralyse und Altersblödsinn) graphische Untersuchungen der galvanischen und faradischen Zuckungskurven ausführte, hat gefunden, daß bei einzelnen Kranken, bei denen Neuritis kaum in Frage kam, ein Zusammenhang zwischen den gefundenen Erregbarkeitsveränderungen (galvanische und auch faradische Zuckungsträgheit oder stark herabgesetzte Erregbarkeit) des Nervmuskelsystems und der Paralyse selbst im Sinne einer Allgemeinerkrankung des Organismus anzunehmen ist.

Zu den peripherischen Erkrankungen (im Bereiche des periphersten Endes der motorischen Sphäre), die außer einer einfachen Herabsetzung der quantitativen Erregbarkeit keine andere elektrische Abnormität erkennen lassen, gehört in erster Linie die von Erb als besonderes Krankheitsbild charakterisierte Dystrophia muscul. progressiva, zu der die Pseudohypertrophie der Muskeln, die Erbsche juvenile Form der Muskelatrophie, die sog. hereditäre Muskelatrophie und die Duchennesche progressive Muskelatrophie der Kinder gehört. Es sind vorwiegend die verschiedenen Formen der progressiven Muskel-Dystrophie oder myopathischen progressiven Muskelatrophie (im Gegensatz zur spinalen progressiven Muskelatrophie) zu denen u. a. noch die Landouzy-Déjérinesche Form der myogenen Atrophie zu zählen ist. Bei all diesen Erkrankungen im periphersten Ende der motorischen Sphäre, ebenso in den seltenen Fällen von wahrer Muskelhypertrophie (O. Berger) hat die genaue Eruierung des elektrischen Befundes oftmals differential-diagnostische Bedeutung: während derlei Krankheitserscheinungen, wenn dieselben spinalen Ursprungs sind, gewöhnlich mit Entartungsreaktion verbunden sind, ist bei reinen muskulären Erkrankungen entweder gar keine elektrische Abnormität oder nur eine Herabsetzung der quantitativen Erregbarkeit zu konstatieren; in fortgeschrittenen Fällen kann die Erregbarkeit auch ganz erloschen sein.

Es ist jedoch zu berücksichtigen, daß auch in Fällen spinaler Provenienz oftmals keine Entartungsreaktion vorhanden ist. Es handelt sich um spinale Atrophien sehr langsamer Progression, welchen nur allmählich eine Nervenfaser nach der anderen zum Opfer fällt.

Je nachdem man bei der elektrischen Untersuchung auf eine Anzahl mehr oder weniger in Degeneration begriffener Nervenfasern stößt, wird man entweder Entartungsreaktion oder

nur einfache Herabsetzung der quantitativen Erregbarkeit konstatieren. In einem solchen Fall kann nur der positive Ausfall
der Entartungsreaktion die Diagnose entscheiden. Wie wir
weiter unten hören, wird das Vorhandensein von Entartungsreaktion [1]) zur Annahme einer spinalen Erkrankung uns nötigen.

Zu den peripherischen Erkrankungen, welche nur
die eine elektrische Alteration im Gefolge haben, nämlich die
quantitative Herabsetzung der Erregbarkeit, gehören ferner die
sehr häufigen Atrophien und Lähmungen der Muskeln
im Verlaufe von Gelenkleiden. Derartige Fälle wurden
zuerst von Rumpf aus dem Ambulatorium von Erb beschrieben;
ausnahmslos ist dabei die qualitative Erregbarkeit der Muskeln
unverändert. Ein solcher elektrischer Befund ist für die Untersuchung von degenerativen Atrophien wichtig.

Diese bei Gelenkkrankheiten, bei Luxationen, bei Frakturen,
Verbandfixationen etc., in den benachbarten Muskeln — sehr
oft sind es die Streckmuskeln des Gelenkes — auftretenden
Atrophien wurden früher unter dem Namen Inaktivitäts-
atrophien aufgefaßt; heute deutet man dieselben anders; sie
führen die Bezeichnung ›Reflex-Atrophien.‹

Schließlich findet sich einfache quantitative Herabsetzung
bei Atrophien unbekannten Ursprunges, z. B. bei
funktionellen Neurosen, bei traumatischen Neurosen, bei Hysterie usw. Bei diesen und ähnlichen Zuständen,
bei welchen Simulation sehr oft mit im Spiele ist, kann
der positive Ausfall der elektrischen Untersuchung von wichtigem
Belang sein: bei sicherer Herabsetzung der elektrischen Erreg-
keit wird Simulation auszuschließen sein.

›Jedenfalls hat somit die Herabsetzung der elektrischen
Erregbarkeit eine gewisse diagnostische Bedeutung, und es
scheinen besonders die geringeren Grade derselben, die nur bei

---

[1]) Wie T. Kohn in seiner Diagnostik hervorhebt, sind in der Literatur
einige Fälle von (allem Anschein nach) sicherer Myopathie — Dystrophia
muscularis progressiva — mitgeteilt, bei welchen EaR gefunden wurde. Das
widerspräche dem Gesetze, daß EaR nur bei Krankheiten der peripherischen
Neurone auftritt. ›Die Fälle sind freilich vereinzelt, geben aber doch zu
denken. Man hat daraus bisher nicht den Schluß gezogen, daß es sichere
Ausnahmen von dem genannten Gesetze gibt, sondern man neigt jetzt vielfach zu der Annahme, daß zwischen den spinalen und muskulären Formen
der progressiven Atrophie Übergänge existieren, daß keine scharfen Grenzen
zwischen ihnen bestehen, ja daß vielleicht überhaupt auch die sog. muskulären Formen auf spinale, mit unseren jetzigen Methoden nun nicht nach-
weisbare Vorderhornaffektionen zurückzuführen sind. Im allgemeinen
gilt trotz dieser vereinzelten Beobachtungen von der Differentialdiagnose
immer noch das eben Ausgeführte.‹

exakter Untersuchung gefunden werden, berufen, die schwierige Diagnose mancher (besonders auch zentraler, spinaler) Erkrankungen zu erleichtern und zu unterstützen, Simulation auszuschließen usw. Es ist mir in der Tat gelungen, in mehreren gerichtlich anhängigen Fällen durch die genaue quantitativ-elektrische Untersuchung die fast einzigen positiven Tatsachen zu ermitteln, welche die wirkliche Existenz einer Krankheit bewiesen und den Kranken zu ihrem Recht verhalfen (Erb).«

γ) Elektrobioskopie.

§ 163. Die elektrische Erregbarkeit der normalen Nerven und Muskeln erlischt nicht sofort mit dem Tode des Individuums. Nach dem eingetretenen Tode beginnt die elektrische Erregbarkeit allmählich zu sinken und ist nach Ablauf mehrerer Stunden nicht mehr nachweisbar.

Rosenthal und Onimus studierten die allmähliche Erregbarkeitsabnahme und fanden, die faradische Erregbarkeit sei kurze Zeit nach dem Tode gesteigert, doch beginne dieselbe bald zu sinken; die Erregbarkeit ist nach 2—2$\frac{1}{2}$ Stunden in der der Zunge, an der Gesichtsmuskulatur, nach 3—4 Stunden in den Muskeln der Extremitäten, erst nach 5—6 Stunden in der Rumpfmuskulatur vollkommen erloschen. Dagegen soll die galvanische Erregbarkeit die faradische in der Dauer und Intensität ihrer Auslösbarkeit übertreffen. Wenn die faradische Erregbarkeit schon sehr gesunken ist, lassen sich noch durch den galvanischen Strom träge, tonische Kontraktionen hervorrufen, welche schließlich nur mehr an der Reizstelle sich markieren, um dann vollkommen zu verschwinden. Dieses Verhalten kann, wie Erb hervorhebt, in exakter Ausführung zur Konstatierung des eingetretenen Todes und zur Unterscheidung des Scheintodes mit Vorteil verwendet werden. (Elektrobioskopie.[1])

---

[1] Nach A. D. Waller beweist der »Flammstrom« am sichersten, daß man lebendes Gewebe vor sich habe. Das Fehlen dieses Kennzeichens berechtigt jedoch nicht zur Annahme, daß das zu untersuchende Objekt schon abgestorben sei. Der Flammstrom (blage-current) entsteht in der Muskelfaser, Hautstücken, doch ebenso in Weizenkörnern, Blattstielen, Blättern etc.

Waller benennt so einen Strom, welcher kurz nach jeder beliebigen Reizung im lebenden Gewebe schnell ansteigt und langsam verschwindet. Dieser Strom sei nicht zu verwechseln mit einem etwa schon vorher im Präparate vorhandenen Ruhestrom und gar nicht mit den Polarisationsströmen, welch letztere jedem auch nicht lebenden Elektrolyten eigen sind. Durch thermische oder chemische Abtötung des Präparats verschwindet auch der Flammstrom. Waller wählte den Namen »Flammstrom« (blage-current),

δ) Die Entartungsreaktion (Ea R).

§ 164. Die Entartungsreaktion besteht aus einer Gruppe von quantitativ-qualitativen Erregbarkeitsveränderungen, welche unter bestimmten pathologischen Verhältnissen an den Nerven und den Muskeln ablaufen. Diesen Ausdruck (Ea R) wählte Erb, welcher (fast zur selben Zeit auch v. Ziemssen und A. Weifs) das Wesen dieses Symptomkomplexes in grundlegender Weise erforschte.

Die Charakteristika der Entartungsreaktion sind ·

1. Quantitative Veränderungen: Abnahme und Erlöschen der faradischen und galvanischen Erregbarkeit der Nerven und der faradischen Erregbarkeit der Muskeln, während die galvanische Erregbarkeit der Muskeln erhalten bleibt, zeitweilig sogar erheblich gesteigert ist.

2. Qualitative Veränderungen: Die galvanische Muskelzuckung erfolgt träge; das Zuckungsgesetz des Muskels wird umgekehrt und zwar stärkeres Anwachsen der An SZ.

Das wichtigste Merkmal der Entartungsreaktion ist die träge Muskelzuckung.

Baierlacher teilte im Jahre 1859 folgendes mit, in einem Falle von Facialislähmung reagierten die gelähmten Gesichtsmuskeln auf den faradischen Strom gar nicht, dagegen auf den galvanischen Strom in gesteigertem Maße.

Diese Entdeckung, die anfänglich zugunsten der Superiorität des galvanischen Stromes (Remak) für die Elektrotherapie ausgebeutet wurde, war der Ausgangspunkt zur Erforschung der Entartungsreaktion.

Die von Erb (1868) und v. Ziemssen und Weifs erhobenen Tatsachen, die auf klinischen und experimentellen Untersuchungen basierten, wurden bald durch die Beobachtungen von Brenner, Bernhardt, A. Eulenburg, E. Remak, Rumpf, Kahler und Pick, Eisenlohr, Kast, Vierordt u. a. bestätigt.

---

um die Erscheinungsform — aufflammen wie im Feuer — zu schildern. »Ein Muskel im Ruhezustande glimmt, ein Muskel, der sich zusammenzieht, flammt.« Gereiztes, tätiges Gewebe wird elektropositiv gegen die ungereizten, benachbarten Anteile. Die Quelle dieser Erscheinungen scheint in den durch den Reiz plötzlich erhöhten Stoffwechselvorgängen, z. B. durch Konzentrationsänderung, Ionenwanderung etc. gelegen zu sein. Es darf aber nicht im Flammstrom, wie Waller betont, eine unmittelbare elektrische Lebenstätigkeit — vielleicht gar eine Äußerung der Lebenskraft — gesucht werden.

Die klinischen Beobachtungen haben gelehrt, daß die Entartungsreaktion nicht in allen Krankheitsfällen vollständig aus-
gebildet war; aus diesem Grunde hat Erb eine weitere Speziali-
sierung der Entartungsreaktion vorgenommen und ˌhierfür neue
Bezeichnungen: ›komplete EaR‹ und ›partielle EaR‹
eingeführt.

Bevor wir auf die präzise Charakterisierung dieser Formen
(s. S. 117 u. 118) eingehen, erscheint es zweckmäßig den Ablauf
der Erregbarkeitsveränderungen eines typischen Falles
an der Hand der Erbschen Ausführungen (s. S. 191 ff.) zu verfolgen.

1. Die komplette EaR.

§ 165. Wollen wir eine komplette EaR studieren, so ist
es von vornherein sehr wichtig, die in den Muskeln und Nerven
auftretenden Erscheinungen scharf getrennt voneinander zu
beobachten.

Nerv: Der erkrankte Nerv (Läsion oder Lähmung etc.)
läßt in der Regel sehr bald nach Eintritt der Schädigung ein
gleichmäßiges fortschreitendes Sinken der faradischen und ebenso
der galvanischen Erregbarkeit erkennen. (In Ausnahmsfällen
pflegt in den ersten zwei Tagen eine geringe Steigerung der
elektrischen Erregbarkeit vorhanden zu sein.) Die Erregbarkeit
sinkt mit jedem Tage immer mehr, und am Ende der ersten
Woche oder im Laufe der zweiten ist sie völlig erloschen. Weder
durch faradische noch durch galvanische Reizung des Nerven
ist irgendeine Muskelbewegung zu erzielen.

Dies Erlöschen der galvanischen und faradischen Erregbarkeit kann verschieden lange dauern; in sehr leichten, rasch heilbaren Fällen nur kurze Zeit, in schwereren Fällen Wochen und
Monate, in unheilbaren Fällen ist das Erlöschen ein dauerndes.

In heilbaren Fällen stellen sich die ersten Spuren der
wiederkehrenden Erregbarkeit zu gleicher Zeit für den galvanischen
und faradischen Strom ein; die Zunahme der Erregbarkeit vollzieht sich, ebenso wie die Abnahme, immer allmählich und zwar
je nach der Schwere des Falles in rascherem oder langsamerem
Tempo.

Der Wiederkehr der elektrischen Erregbarkeit eilt oftmals
die Wiederkehr der willkürlichen Motilität voraus. Der Patient
vermag wieder mit dem gelähmten Körperabschnitt deutliche
willkürliche Bewegungen auszuführen; trotzdem ist der kranke
Nerv für den galvanischen und faradischen Reiz noch unerregbar.
Nach Tagen und Wochen folgt die elektrische Erregbarkeit nach.

Diese Tatsache wird damit erklärt, daß der kranke, sich in Heilung (Regeneration) befindliche Nerv für die vom Zentralorgan ausgehenden Willensimpulse wohl l e i t u n g s f ä h i g, für die elektrischen Ströme dagegen noch nicht e r r e g b a r geworden ist.

L e i t u n g s f ä h i g k e i t und elektrische R e i z b a r k e i t des Nerven sind zwei voneinander unabhängige Eigenschaften der Nerven.

M u s k e l: Der Muskel verhält sich betreffs einer Erregbarkeit völlig anders als der Nerv. Es ergeben sich große Unterschiede, je nachdem die Erregbarkeit mittels des galvanischen oder des faradischen Stromes geprüft wird.

Die Erregbarkeit des Muskels für f a r a d i s c h e n Strom sinkt ähnlich wie beim motorischen Nerven allmählich ab, bis sie im Verlaufe der zweiten Woche vollkommen erlischt.

Genau so wie im Nerven besteht dies Erlöschen der faradischen Erregbarkeit eine Zeitlang, um allmählich wieder zu weichen.

Diese Wiederkehr der Erregbarkeit des Muskels bleibt allerdings hinter der Wiedererregbarkeit des Nerven zurück.

Die faradische Erregbarkeit bleibt oft — noch deutlicher als im Nerven — lange unter der normalen Höhe.

Dem g a l v a n i s c h e n Strom gegenüber verhält sich der Muskel durchweg anders! In den ersten Tagen nach dem Auftreten der Erkrankung ist die elektrische Erregbarkeit des Muskels auch für den galvanischen Strom im leichten Absinken begriffen, doch schon zu Beginn der zweiten Krankheitswoche stellt sich eine e r h ö h t e g a l v a n i s c h e E r r e g b a r k e i t ein, die durch ganz erhebliche Grade ausgezeichnet sein kann. Außerdem tritt eine Ä n d e r u n g d e r Z u c k u n g s f o r m und ebenso eine Ä n d e r u n g d e r Z u c k u n g s f o r m e l (i. e. Zuckungsgesetzes) auf. Es machen sich also Ä n d e r u n g e n d e r q u a n t i t a t i v e n u n d q u a l i t a t i v e n E r r e g b a r k e i t geltend!

Am raschesten tritt unter diesen Veränderungen die Steigerung der quantitativen Erregbarkeit hervor. Mittels ganz schwacher galvanischer Ströme, welche die Galvanometernadel kaum zur Ablenkung zu bringen vermögen, gelingt es oft, deutliche Schließungs- und Öffnungszuckungen hervorzurufen.

Fast gleichzeitig macht sich auch eine qualitative Änderung bemerkbar; die Zuckungsform ist nicht mehr dieselbe: statt der normalen, blitzähnlichen, kurzen Zuckung konstatiert man

eine träge, langgezogene (»w u r m f ö r mi g e«) Kontraktion; dauert
die Strompassage etwas länger an, so pflegt diese träge Kontraktion
auch schon bei Anwendung von geringen Stromstärken in einen
anhaltenden Tetanus überzugehen.

Diese Trägheit der Zuckung, die unter allen
Umständen vorhanden ist, wurde von Erb als besonders charakteristisch für die EaR bezeichnet
und als Hauptkriterium dieser Reaktion hervorgehoben.

Gleichzeitig mit dieser auffälligen Erscheinung kommt es
zu einer qualitativen Änderung des Zuckungsgesetzes: es prävaliert nicht mehr die Kathodenerscheinung,
sondern die An SZ ist im Anwachsen. Die Anodenschließungszuckung ist sehr bald ebenso stark wie die Ka SZ
(An SZ = Ka SZ) und oftmals noch stärker. Dies letztere Verhältnis (An SZ > Ka SZ) ist neben der trägen Kontraktion
ebenfalls ein sehr wichtiges Erkennungszeichen der EaR.

Doch ebenso wie die AnS wächst auch die Ka OZ sehr
rasch an, rascher als die An OZ.

Dieser geänderte Zustand — erhöhte quantitative und veränderte qualitative galvanische Erregbarkeit — bleibt durch
mehrere Wochen (3—6—8 Wochen) unverändert bestehen.

Allmählich beginnt dann wieder die gesteigerte
quantitative Erregbarkeit zu sinken, wogegen die qualitativen
Änderungen besonders jene charakteristische träge Zuckung unverändert fortbestehen; nach Ausheilung des Prozesses verschwindet schließlich auch diese Zuckungsform.

In unheilbaren Fällen schreitet die Abnahme der
galvanischen quantitativen Erregbarkeit immer fort; schließlich
ist der Muskel nur durch starke Ströme zu unbedeutenden Kontraktionen zu bringen, wobei als letztes Zeichen der noch spärlich vorhandenen erregbaren Muskelfasern eine ganz schwache
An SZ übrig bleibt. Die letzte Spur der galvanischen Erregbarkeit verschwindet oft erst nach Jahren.

In heilbaren Fällen stellt sich, wie schon erwähnt, die
elektrische Erregbarkeit zunächst in den Nerven her, doch bald
darauf kehren auch im Muskel die normalen Verhältnisse wieder.
Die im Muskel entstandenen Veränderungen bedürfen einer
längeren Zeit zu ihrer Wiederherstellung, weshalb die EaR viel
länger im Muskel als im Nerven nachweisbar ist. So kann es
geschehen, daß auch indirekte Reizung, d. h. vom Nerven aus

keine qualitativen Veränderungen der Erregbarkeit (träge
Zuckung des Muskels etc.) nachweisbar sind, daß sich dieselben
aber sofort einstellen, wenn der Muskel direkt gereizt wird.

Die Ursache der höchst auffallenden Differenz in der
Wirkungsweise des galvanischen und faradischen Stromes,
welche, wie Erb betont, den ersten eigentlichen Anstoß zu den
genaueren Forschungen über die EaR gab, wurde von Neumann
in der physikalischen Differenz der beiden Stromesarten gefunden.
Neumann erhob, daß sich solche, in pathologischer Weise
veränderte Muskeln nur durch Ströme von einer gewissen
Dauer erregen lassen. Die faradischen Ströme sind Ströme
von außerordentlich kurzer Dauer; deshalb bleiben sie auch
wirkungslos; und auch der galvanische Strom bleibt völlig
wirkungslos, wenn man denselben durch bestimmte Vorrichtungen
ebenfalls außerordentlich kurz macht. Dies trifft in der Tat auch
bei starken galvanischen Strömen zu, wenn deren Wirkungsdauer
unter ein bestimmtes Zeitminimum gesunken ist.

Zu den Symptomen der EaR gehört ferner die zuerst von
Erb beschriebene, gleichzeitig auch von Hitzig gefundene
gesteigerte mechanische Erregbarkeit der Muskeln.
Dieselbe tritt dadurch in Erscheinung, daß die Muskeln auf
mechanische Reize, wenn dieselben auch sehr schwach sind,
z. B. leichtes Klopfen mit dem Finger oder Pekussionshammer etc.,
mit einer deutlichen, trägen Kontraktion antworten.

2. Die partielle EaR.

§ 166. Bei der partiellen Entartungsreaktion treten
nicht alle Erscheinungen der quantitativen Erregbarkeitsänderung hervor; auch der zeitliche Verlauf derselben ist ein
anderer. Dagegen trägt auch hier die galvanomuskuläre Reaktion alle Charakteristika der Entartungsreaktion.

Die partielle Entartungsreaktion gleicht in der ersten
Woche vollkommen der kompletten: herabgesetzte quantitative
Erregbarkeit für beide Stromesarten, und zwar sowohl bei direkter
(Nerv-) als auch bei indirekter (Muskel-) Reizung.

Im weiteren Verlaufe (in den nächsten Wochen, und zwar
zumeist in der zweiten bis fünften) macht sich kein Erlöschen
der Erregbarkeit geltend; Muskel und Nerv sind durch
galvanischen und auch faradischen Strom erregbar, teilweise
in herabgesetzter Weise, in anderen Fällen ganz unverändert.

Die träge »wurmförmige« Zuckung besteht fort; nebstdem ev. Umkehr des Zuckungsgesetzes (An S Z > Ka S Z).

Endlich (zumeist nach 8—12 Wochen) bilden sich die wenigen Zeichen der Entartungsreaktion allmählich zurück, und es treten normale Verhältnisse wieder ein.

3. Die Ursache der EaR.

§ 167. Die Entartungsreaktion ist der Ausdruck der d e - g e n e r a t i v e n A t r o p h i e der motorischen Nerven und Muskeln. Die Erscheinungen der Entartungsreaktion sind leichter verständlich, wenn wir auch das anatomische Substrat der Degeneration ins Auge fassen.

Die motorische Bahn, welche Willensimpulse von der Zentrale (Gehirn) an die Peripherie (Muskel) leitet, besteht der heute herrschenden Lehre gemäß aus z w e i m o t o r i s c h e n N e u r o n e n. Ein Neuron, das sog. c o r t i c o s p i n a l e, leitet den Impuls vom Gehirn in die Medulla oblongata (für Hirnnerven) oder in die Vorderhörner des Rückenmarks (z. B. für Armnerven etc.). An diesen Stellen findet eine Umschaltung statt, da beginnt das zweite Neuron, das sog. s p i n o m u s k u l ä r e, welches den Impuls vom Rückenmark bis an die äußerste Peripherie (i. e. Muskel) fortleitet. Das c o r t i c o s p i n a l e oder z e n t r a l e m o t o r i s c h e N e u r o n (Archineuron W a l d e y e r) hat seinen Ursprung in den großen Pyramidenzellen der Großhirnrinde (vgl. Fig. 121, S. 262). Diese Zellen haben nebst mehreren kurzen sog. Protoplasmafortsätzen einen einzigen langen Fortsatz, den Achsenzylinderfortsatz (oder auch Axon, Neurit, Nervenfortsatz), welcher durch das weiße Hemisphärenmark, durch die innere Kapsel, durch den pes pedunculi, die Brücke bis in die Medulla zieht; die für die Hirnnerven bestimmten Nervenfasern endigen hier, während die zu den spinalen Nervenfasern gehörigen Achsenzylinder unterhalb des untersten Abschnittes der Medulla — in der Pyramidenkreuzung — ins Rückenmark eintreten und dort als Pyramidenseiten- und Vorderstrangbahn weiter verlaufen.

Diese im Rückenmark absteigenden Achsenzylinderfortsätze, d. i. das zentrale Neuron, treten allmählich, bald höher, bald tiefer, in die graue S u b s t a n z d e r V o r d e r h ö r n e r ein, um da zu enden. Sie lösen sich in ein Endbäumchen auf.

Dieses Endbäumchen umfaßt mit seinen Enden eine im Vorderhorn liegende, große polygonale Zelle, die ähnlich wie die Pyramidenzellen mehrere kurze Protoplasmafortsätze und einen einzigen Achsenzylinderfortsatz hat. Der Achsenzylinderfortsatz zieht aus dem Vorderhorn des Rückenmarkes in die vordere Wurzel der spinalen, peripheren Nerven und als Bestandteil derselben weiter an die Peripherie bis zu einer Muskelfaser; in der

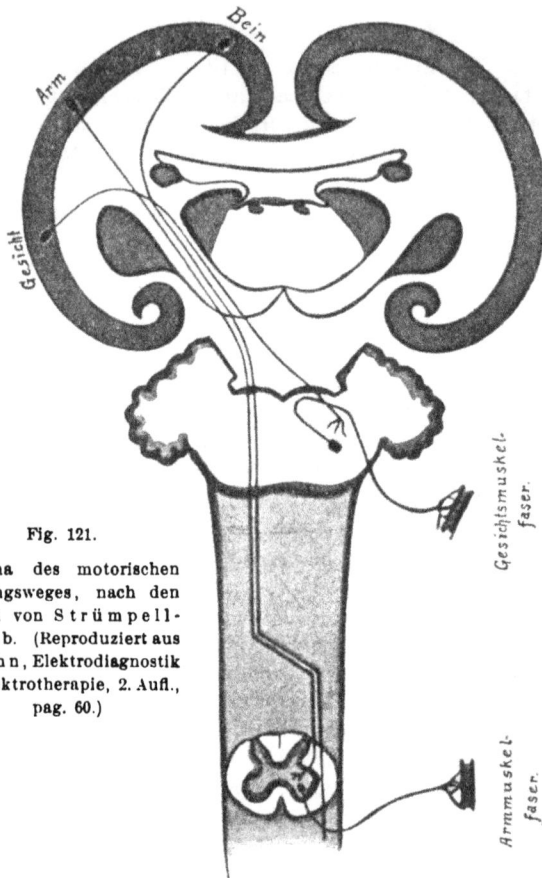

Fig. 121.

Schema des motorischen Leitungsweges, nach den Tafeln von Strümpell-Jacob. (Reproduziert aus T. Cohn, Elektrodiagnostik u. Elektrotherapie, 2. Aufl., pag. 60.)

Muskelfaser löst sich die motorische Nervenfaser auf. Die Vorderhornzelle (sog. motorische Ganglienzelle) mit ihrem bis an die Peripherie reichenden Achsenzylinderfortsatz ist das zweite Neuron, das spinomuskuläre oder peripherische motorische Neuron (Teleneuron Waldeyer).

Das zentrale Neuron der Hirnnerven reicht von der Gehirnrinde bis in die Medulla oblongata, wo es sich — oberhalb der eigentlichen Pyramidenkreuzung — mit einer symmetrischen Faser der Gegenseite kreuzt und zum motorischen Kern zieht, wo die Zelle, der Ursprung des peripheren Neurons liegt.

Wenn eines der beiden Neurone in seinem Faserverlaufe verletzt oder durch krankhaften Prozeß unterbrochen wird, ebenso wenn die zu einem Neuron gehörige Zelle (Pyramidenzelle oder motorische Ganglienzelle) erkrankt, so etabliert sich im Achsenzylinder des betroffenen Neuron eine anatomische Veränderung, die man als degenerative Atrophie oder Degeneration bezeichnet. Die Degeneration des Achsenzylinders schreitet entweder unaufhörlich fort und endet mit vollkommenem Untergang der Nervenfaser, oder sie geht allmählich wieder in Heilung (Regeneration) über.

Das Wesen der Degeneration besteht darin, daß zunächst die Hülle[1]) des Achsenzylinders, die sog. Markscheide, in Klumpen und Schollen zerfällt, in ähnlicher Weise zerfällt auch der Achsenzylinder; nur die Bindegewebhülle der Nervenfaser, die sog. Schwannsche Scheide, wird hypertrophisch, indem sich ihre Kerne vermehren; auch das interstitielle Gewebe vermehrt sich, und schließlich tritt an Stelle des untergegangenen Nerven gleichsam eine ›Cirrhose des Nerven‹.

Diese degenerative Veränderung befällt nur immer dasjenige Neuron, in welchem der krankhafte Prozeß sitzt. Die geschilderte anatomische Selbständigkeit der Neurone bedingt die Tatsache, daß die Erkrankung eines Neuron im allgemeinen ohne Einfluß auf das andere Neuron bleibt.

Erkrankt also das zentrale, corticospinale Neuron, so bleibt das periphere Neuron davon unberührt; dies gilt ebenso umgekehrt.

Die zweite wichtige Tatsache ist, bei Erkrankung des peripherischen, spinomuskulären Neurons wird auch die zugehörige Muskelfaser in Mitleidenschaft gezogen.

---

[1]) Die Nervenfaser wird oftmals in treffender Weise mit einem elektrischen Kabel verglichen. Der Achsenzylinder entspricht der Seele des Kabels, dem leitenden Draht; die Markscheide ist das isolierende Material des Kabels, und die Schwannsche Scheide ist den oberflächlichen Bandumhüllungen des Kabels vergleichbar.

Der erkrankte Muskel verfällt ebenfalls der degenerativen
Atrophie; die Muskelfaser wird schmäler, sie verliert ihre Quer-
streifung, die Kerne des Sarkolems beginnen sich zu vermehren, das interstitielle Gewebe wuchert, und schließlich tritt
an die Stelle des untergegangenen Muskels eine ›Cirrhose der
Muskelfaser‹. Es sei hervorgehoben, daß diese d e g e n e r a t i v e
Atrophie des Muskels von der e i n f a c h e n Atrophie wohl zu
unterscheiden ist:

D e g e n e r a t i v e A t r o p h i e d e s M u s k e l s, die immer
mit Ea R einhergeht, weist auf eine ernstere Erkrankung, und
zwar im Gebiete des peripherischen Neuron hin.

E i n f a c h e A t r o p h i e d e s M u s k e l s, die niemals Ea R,
dagegen manchmal nur q u a n t i t a t i v e Änderungen der elektrischen Erregbarkeit erkennen läßt, findet sich bei einfachen
Erkrankungen der Muskeln und manchmal auch im Gefolge
der früher schon eingehend erörterten Krankheitsbilder.

4. Klinischer Wert der EaR.

§ 168. Das Vorhandensein der Entartungsreaktion gestattet
die Diagnose, daß sich im untersuchten Nerven und zugehörigen
Muskeln degenerative Prozesse abspielen. Die Entartungsreaktion
spricht für eine Erkrankung des peripherischen Neurons; der
g e n a u e S i t z d e r L ä s i o n kann mittels der Ea R nicht
eruiert werden.

Ist in einem Nervenmuskelgebiet Ea R nachweisbar, dann
liegt entweder eine s p i n a l e oder eine p e r i p h e r i s c h e Erkrankung vor, d. h. es ist entweder die motorische Ganglienzelle
im Vorderhorn des Rückenmarkes, oder die vordere Nerven-
wurzel oder die peripherische Nervenfaser erkrankt. Die anderweitige Untersuchung, z. B. der Motilität, der Sensibilität, der
Reflexe etc. wird ergeben, an w e l c h e r S t e l l e d e s N e u r o n s
die Erkrankung sitzt.

Eine zerebrale Erkrankung ist bei Vorhandensein der Ea R
so gut wie ausgeschlossen.

Über die A r t d e r S t ö r u n g, d e r L ä s i o n, im betroffenen
Neuron gibt die Ea R allerdings keinen Aufschluß. Dagegen gestattet die Ea R sehr wichtige und praktische Schlußfolgerungen
in bezug auf den mutmaßlichen Verlauf und die P r o g n o s e
des Falles.

Der Verlauf der einzelnen Formen der Ea R erscheint in
den drei folgenden, dem Büchlein von T. K o h n entnommenen
Tabellen in übersichtlicher Weise illustriert:

Tabellen

aus T. Cohns Elektrodiagnostik und Elektrotherapie, 2. Aufl.

I. Komplette EaR:

(leichte und mittelschwere Form)

		Indirekte (Nerven-) Erregbarkeit		direkte (Muskel-) Erregbarkeit	
		faradisch	galvanisch	faradisch	galvanisch
Stadium I	1. Woche	gegen Ende herab-gesetzt	herab-gesetzt	etwas später herab-gesetzt	herabgesetzt
Stadium II	*(ca. 2.—5. Woche) ca. 2.—15. Woche	erloschen	erloschen	erloschen	erhöhte, träge Zuckung (An ⟩ Ka)
Stadium III	*(ca. 6.—12. Woche) ca. 16.—30. Woche	gegen Ende wieder-kehrend	wieder-kehrend	gegen Ende wieder-kehrend	sinkend bis normal, raschere Zuckung An = bis ∠ Ka)
Stadium IV	später	normal oder subnormal	normal oder subnormal	normal oder subnormal	normal od. sub-normal (keine qualitativen Veränderungen mehr).

II. Komplette EaR:

(schwere Form)

Stadium I und II wie im obigen Schema, darauf folgt als

Stadium III	6.—10. Woche	bleibt erloschen	bleibt erloschen	bleibt erloschen	sinkend bis erlöschend, Zuckung bleibt träge (An ⟩ Ka)

*) Die Zahlen sind nur ungefähr. Die obersten eingeklammerten Zahlen betreffen die seltene leichte Form der kompletten EaR, die untersten die mittelschwere.

III. Partielle EaR.

| | | indirekte (Nerven-) Erregbarkeit | | direkte (Muskel-) Erregbarkeit | |
		faradisch	galvanisch	faradisch	galvanisch
Stadium I	1. Woche	normal, erhöht oder herabgesetzt	normal, erhöht oder herabgesetzt	normal, erhöht oder (etw. später) herabgesetzt	normal, erhöht oder (etwas später) herabgesetzt
Stadium II	2.—5. Woche	normal oder herabgesetzt	normal oder herabgesetzt	normal oder herabgesetzt	erhöht, träge Zuckung (An ⋗ Ka)
Stadium III	6. bis ca. 12. Woche	wird normal	wird normal	wird normal	wird normal

oder aber (bei langsam oder progressiv verlaufenden Prozeß):

Stadium III	6.—10. Woche.	sinkend bis erlöschend	sinkend bis erlöschend	sinkend bis erlöschend	sinkend bis erlöschend, Zuckung bleibt träge (An ⋗ Ka)

»Zum Verständnis der Tabelle ist folgendes zu bemerken, wobei als Paradigma eine Schlaflähmung des N. radialis dienen möge:

Ad I. (leichte und) mittelschwere komplette EaR.

Stadium I: Initialstadium. Die elektrischen Veränderungen machen sich nicht sofort, z. B. unmittelbar im Anschluß an eine Verletzung geltend, sondern — ebenso wie auch die anatomischen, sichtbaren Veränderungen der Nerven und insbesondere der Muskeln — erst einige Tage, meist 5—7 Tage später. Um diese Zeit findet man, daß sowohl bei Reizung des Nerven selbst (indirekter Reizung), als bei Reizung der einzelnen von Nerven versorgten Muskeln (direkter Reizung) die Erregbarkeit für beide Stromesarten einfach herabgesetzt ist. Es bedarf, um eine Minimalzuckung zu erhalten, stärkerer faradischer und galvanischer Ströme als in der Norm resp. an der gesunden Seite, dabei ist die Form der Zuckung die normale. Das Zuckungsgesetz zeigt den gewöhnlichen Ablauf. Häufig pflegt die Herabsetzung der direkten Muskelerregbarkeit etwas später aufzutreten als die der indirekten, also etwa anfangs der zweiten Woche. Mitunter geht ihr sowohl als der Herabsetzung der Nervenerregbarkeit ein kurzdauernder Zustand gesteigerter Exzitabilität vorauf.

Stadium II: Höhepunkt der Erkrankung. Wenn man denselben Nerven, also z. B. den gequetschten Radialis, später, etwa in der 2. bis 5. Woche, untersucht, so zeigt sich nunmehr, daß seine Erregbarkeit sowohl für den galvanischen als für den faradischen Strom völlig erloschen ist.[1]) Prüft man jetzt die von dem gelähmten Nerven versorgten Muskeln direkt, so bemerkt man, daß auch diese auf die stärksten faradischen Ströme nicht reagieren; auf den galvanischen Strom hingegen reagieren sie nicht nur, sondern ihre Erregbarkeit ist erhöht (die minimale KaSZ tritt bei weit schwächeren Strömen ein als auf der gesunden Seite; bei verhältnismäßig geringen Stromstärken sieht man AnZZ und besonders KaSTe.[2]) Zu diesen quantitativen Störungen gesellt sich aber ein zweites, qualitatives Moment der Veränderung: die galvano-muskuläre Zuckung hat nämlich den normalen, blitzartigen Charakter verloren, sie ist träge (»wurmförmig«) geworden: sie beginnt langsam und klingt langsam wieder ab. Oft kommt es in diesem Stadium auch vor, daß nicht, wie in der normalen Zuckungsformel, die KaS das erste Reizmoment ist, auf welches eine Kontraktion erfolgt, sondern daß die AnSZ oder die AnOZ schon bei schwächeren Strömen eintreten. Dieses Symptom, das man als Umkehr des Zuckungsgesetzes

---

1) Gewöhnlich gehen die Veränderungen (Herabsetzung, Erlöschen der Erregbarkeit etc.) für den galvanischen und faradischen Strom bei Nervenreizung und für den faradischen bei Muskelreizung ziemlich gleichzeitig vor sich. Es gibt aber nach dieser Richtung hin zahlreiche Abweichungen verschiedenster Art.

2) Aus der erhöhten Erregbarkeit degenerierender Muskeln erklären sich jene Beobachtungen von Lähmungen (besonders im Facialis), bei denen man auf Reizung der gesunden Seite an der kranken Seite Muskelkontraktionen sieht. Meist sind es wohl Stromschleifen, die bei der erhöhten Erregbarkeit der kranken Muskeln in ihnen kräftiger und eher wirken, als selbst die an der Reizstelle dichtgedrängt liegenden Stromfäden in den gesunden Muskeln. Ab und zu aber (namentlich in den Kinn- und Lippenmuskeln bei den in früher Jugend erworbenen Gesichtslähmungen) ist das Phänomen auf Herüberziehen gesunder Muskelbündel nach der kranken Seite zurückzuführen. — Unerklärt bleiben einzelne Fälle, bei denen die Erregbarkeit gar nicht erhöht, sondern herabgesetzt ist, und doch bei Reizung gesunder Muskeln die symmetrischen kranken reagieren. (Vielleicht hängt das mit der obenerwähnten Bildung »virtueller« Pole zusammen.) — Ebenso unerklärlich ist das Vorkommen von (reflektorischen?) Zuckungen im gesunden Facialis bei Reizung im Gebiete des kranken, wie es bei Facialislähmungen aller Art (besonders oft bei zentralen) gesehen wird (Bernhardt).

bezeichnet hat, ist aber nicht konstant: es ist kein unbedingtes
Erfordernis für die Diagnose EaR. **Das Hauptmerkmal der EaR,
das für sie pathognostische und zuverlässigste, ist die träge
Zuckung.**

Dabei ist es ein häufiges Vorkommnis, daß der erregbare
Punkt des entarteten Muskels seine Stelle verändert: nicht mehr
am Nerveneintrittspunkte ist die Erregbarkeit am größten, sondern
weiter nach einem der Muskelenden zu. In dieser Tatsache der
stärkeren Erregbarkeit der Muskelendteile im degenerierten
Muskel liegt nach W i e n e r s bemerkenswerten Experimenten
auch die Erklärung für die obenerwähnte Umkehr des Zuckungsgesetzes; nach W. beruht dieses Phänomen auf der Reizung der
erregbaren Muskelenden durch sog. ›v i r t u e l l e K a t h o d e n‹,
die an diesen Stellen auftreten, sobald die A n o d e als Reizelektrode in der Muskelmitte sitzt. Bei n e g a t i v e r Reizelektrode
dagegen werden die Muskelendteile von den wenig wirksamen
›v i r t u e l l e n A n o d e n‹ getroffen. Bei normalen Muskeln
fallen Reizpunkt und erregbarster Punkt in der Muskelmitte
zusammen. Es treffen also bei Anodenreizung die am Muskel-
ende auftretenden virtuellen Kathoden r e l a t i v w e n i g e r r e g -
b a r e P u n k t e. Deshalb ist dort im allgemeinen das Verhalten
ein umgekehrtes. Nur zeigen, wie W i e n e r gefunden hat, aus
bestimmten physikalischen Gründen die g e f i e d e r t e n Muskeln
oft auch in der N o r m die Umkehr der Zuckungsformel (an den
Interossei der Hand z. B. und am Deltoideus läßt sich das nicht
selten nachweisen). — Unter v i r t u e l l e n P o l e n versteht man
übrigens diejenigen zu supponierenden Stellen im K ö r p e r -
i n n e r n, an denen die einen Nerv (oder Muskel) zugeführten
Stromfäden denselben wieder verlassen. Gewöhnlich findet man
übrigens, daß in diesem Stadium auch die m e c h a n i s c h e
M u s k e l e r r e g b a r k e i t (z. B. durch Beklopfen mit dem Perkussionshammer geprüft) gesteigert ist, und daß auch d i e s e
Kontraktion träge abläuft.

Während bei leichten Erkrankungsfällen dieses Stadium
des ›Höhepunktes‹ etwa 2 bis 5 Wochen dauert, währt es bei
den schwereren Formen viel länger, etwa 15—20—30 Wochen,
ehe sich für den elektrischen Strom eine Veränderung im Sinne
der Heilung oder des Muskelunterganges bemerkbar macht.[1]

---

[1] Diese letzteren, die mittelschweren Fälle der EaR, die also
etwa nach 15 bis 20 Wochen die erste Heilungstendenz zeigen, sind sehr
viel häufiger als die leichten, die meistens nach 6—8—12 Wochen abgelaufen sind.

Diese Zahlenangaben, wie alle Zahlenangaben der
Tabelle, sind — das soll noch einmal betont werden —
natürlich nur ungefähre: manchmal vergehen 40 Wochen,
ja selbst ein Jahr und mehr, ohne daß eine wesentliche Tendenz
zur Veränderung sich im erkrankten Gebiete elektrisch und auch
funktionell nachweisen läßt. Und doch können noch nach dieser
langen Zeit trotzdem die Erscheinungen sich zur Norm zurück-
bilden: es beginnt in vielen Fällen erst dann das

Stadium III. Stadium der Regeneration: Dann
zeigt sich nämlich — in seltenen Fällen etwa nach der 5. bis
8. Woche, meistens etwa der 15. bis 30. — eine allmähliche
Wiederkehr der indirekten (Nerven-) Erregbarkeit
für beide Stromesarten; auch die »farado-muskuläre«
(d. h. die faradische direkte) Erregbarkeit kehrt wieder: anfangs
nur für starke Ströme, später für dieselben Stromstärken wie an
der gesunden Seite. — anfangs nur für einen oder den anderen
Muskel, allmählich für immer mehrere, — treten bei indirekter
Reizung (mit einer von beiden oder beiden Stromesarten) resp.
bei direkter faradischer Reizung Muskelkontraktionen ein. Und
um dieselbe Zeit etwa sinkt die früher abnorm erhöhte galvanische Muskelerregbarkeit bis zur Norm, ja häufig unter die
Norm; dabei verliert — und das ist besonders wichtig —
die Form der Zuckung ihren trägen Charakter: sie
bekommt zunächst ein unbestimmtes Aussehen (sie ist nicht
mehr »wurmförmig«, jedoch immer noch deutlich langsamer als
in der Norm), dann büßt sie nach und nach den Charakter der
Trägheit gänzlich ein und wird schließlich wieder »blitzartig.«
— Wenn die »Umkehr des Zuckungsgesetzes« vorhanden gewesen
war, so gleicht sich auch diese aus, indem zunächst die
An ZZ = Ka SZ werden, bis schließlich wieder die Ka SZ über-
wiegt.

Stadium IV. Schließlich ist alles normal geworden, nur
ist die Erregbarkeit (besonders die muskuläre) gewöhnlich noch
längere Zeit herabgesetzt, subnormal, ohne daß jedoch noch
irgendwelche qualitative Abnormität besteht.

Ad II schwere komplette EaR.

In Fällen, in denen die Läsion derart ist, daß eine Heilung
nicht zustande kommen kann (also z. B. bei Kontinuitätstrennungen
eines Nerven, die dauernd bestehen bleiben), bietet zunächst die
elektrische Untersuchung dasselbe Bild wie bei den leichten
und mittelschweren Fällen.

Stadium I und II verlaufen in derselben Weise wie bei den heilbaren Fällen. Gegen Ende der ersten Woche Herabsetzung der indirekten sowohl als der direkten Erregbarkeit für beide Stromesarten; in den nächsten Wochen völliges Erlöschen der Nervenerregbarkeit für beide Ströme und Erlöschen der direkten Muskelerregbarkeit selbst für stärkste faradische, während die galvanische Muskelreaktion das typische Bild der EaR zeigt: erhöhte Erregbarkeit, träge Zuckung etc. — Aber an Stelle des Stadiums der Regeneration tritt jetzt als

Stadium III das Stadium des völligen Muskelunterganges. Die indirekte Erregbarkeit (die vom Nerven aus) bleibt dauernd erloschen, ebenso die faradische direkte Muskelerregbarkeit. Die galvano-muskuläre erhöhte Erregbarkeit sinkt zwar ebenfalls, wie bei den heilbaren Fällen, aber sie sinkt weit unter die Norm, und die Zuckung wird nicht rascher, sondern bleibt träge, ja scheint sogar gelegentlich mit der Zeit noch träger und schleichender zu werden (auch die Zuckungsformel zeigt, wenn sie verändert war, keine Tendenz, zur Norm zurückzukehren). Schließlich ist nur noch mit sehr starken Strömen eine ganz wurmförmige (Anoden-) Zuckung auszulösen; zuletzt erlischt auch diese: das Muskelgewebe ist untergegangen, Zwischengewebe ist an die Stelle der kontraktilen Substanz getreten.

Ad III partielle EaR.

Die partielle EaR bietet, wie gesagt, gleichsam eine Skizze des eben gezeichneten typischen Bildes der EaR. Das

Stadium I gleicht dem der kompletten meistens gänzlich: Herabsetzung der Erregbarkeit für beide Stromesarten bei direkter sowohl als bei indirekter Reizung gegen Ende der ersten Woche. Gelegentlich besteht auch erhöhte aber normale Erregbarkeit.

Stadium II. In den nächsten Wochen jedoch tritt kein Erlöschen der Erregbarkeit ein, sondern sowohl die Erregbarkeit vom Nerven aus als die faradische Muskelerregbarkeit bleiben erhalten; sie zeigen nur eine, mehr oder weniger starke Herabsetzung. Häufig bleiben sie auch ganz normal. Dagegen bietet die galvano-muskuläre Reaktion alle Charakteristika der EaR: träge Zuckung, erhöhte Erregbarkeit (und ev. Umkehr des Zuckungsgesetzes).

Stadium III. Nach wenigen Wochen — meistens nach 8 bis 12 Wochen — gleicht sich alles aus und kehrt zur Norm zurück.

Aber die partielle EaR nimmt auch mitunter einen ganz anderen, nicht so gutartigen Verlauf. Er ist besonders häufig bei den progressiven Erkrankungen, z. B. den spinalen Myatrophien, der Syringomyelie etc., überhaupt bei Erkrankungen im Gebiete der Ursprungszellen der peripherischen motorischen Neurone, nachzuweisen. Hier zeigt sich nämlich in der ersten Zeit dasselbe elektrische Verhalten, wie es eben erwähnt wurde. Aber die Herabsetzung der indirekten und faradischen direkten Erregbarkeit bleibt sehr, sehr lange, Monate und selbst Jahre lang, bestehen: die Erregbarkeit sinkt immer mehr, aber zum Erlöschen kommt es nicht.

Während dieser Zeit sinkt auch die anfangs erhöhte, galvano-muskuläre Erregbarkeit bis zur Norm, oft auch weit unter die Norm, während die Zuckung ihren trägen Charakter beibehält. Dieser Zustand kann dauernd bestehen bleiben; oder es erfolgt nach Jahren ein Erlöschen der Erregbarkeit auf der ganzen Linie — der direkten sowohl als der indirekten für beide Stromesarten.

Anm. Bei den spinalen Myatrophien langsamer Progression (übrigens auch bei anderen spinalen Erkrankungen) finden sich demnach besonders häufig drei Formen elektrischer Veränderungen:

1. einfache, quantitative Herabsetzung der Erregbarkeit (s. S. 67) für beide Stromesarten (sowohl direkt als indirekt); progredient bis zum Erlöschen,

2. komplette EaR (schwere Form); oder — am allerhäufigsten —

3. die eben geschilderte Form (wenn man so sagen darf, die ›maligne‹ Form) der partiellen EaR.

   Die erste und dritte Form unterscheiden sich im Aussehen und Ablauf nur dadurch, daß bei der ›malignen‹ partiellen EaR die galvano-muskuläre Zuckung mehr oder weniger träge ist, während sie bei der einfachen progressiven Herabsetzung blitzartig bleibt.

Das Fahnden nach einer der verschiedenen Formen der EaR und das Heraussuchen des jeweiligen Stadiums derselben hat 1. einen lokal-diagnostischen, 2. einen prognostischen Wert (3. gelegentlich auch einen therapeuthischen). Das bezüglich der Lokaldiagnose Erwähnenswerte ist bereits oben genügend hervorgehoben worden: EaR beweist ein Befallensein der peripherischen motorischen Neurone. An welcher Stelle des Neurons die Erkrankung sitzt, muß die anderweitige Untersuchung — die der Motilität, der Sensibilität, der Reflexe, der Anamnese etc. — ergeben. Fehlen von EaR beweist freilich nichts gegen ein Betroffensein peripherischer Nerveneinheiten; nur ist in solchen Fällen ihr Vorhandensein bei weitem das häufigste.

Über das Stadium, in welchem sich der Prozeß befindet, über die Schwere der EaR und demgemäß über die Dauer und Prognose des einzelnen Falles orientiert man sich nach dem Gesagten (ev. mit Hilfe der Tabelle) in den meisten Fällen ohne Schwierigkeit.

Kommt (um ein Beispiel anzuführen) ein Patient mit einer rheumatischen Facialislähmung am dritten Tage nach der Läsion zur ärztlichen Untersuchung, und es findet sich bei der elektrischen Prüfung keine Abweichung von der Norm, so ist der Patient nach 3 bis 4 Tagen wieder zu bestellen. Ist am 7. bis 8. Krankheitstage noch immer keine Veränderung da, dann ist mit großer Wahrscheinlichkeit anzunehmen, daß sich komplette EaR nicht einstellen wird: es könnte immerhin noch entweder partielle EaR bzw. einfache quantitative Herabsetzung der Erregbarkeit sich entwickeln, oder es bleibt dauernd normales Verhalten bestehen. Anders, wenn sich um diese Zeit (also Ende der ersten, Anfang der zweiten Krankheitswoche) Herabsetzung der direkten oder indirekten Erregbarkeit (oder beides) zeigt. Auch dann ist es zwar nicht immer möglich, daß es bei der rein quantitativen Herabsetzung bleibt; aber es kann sich doch um den Anfang partieller oder kompletter EaR handeln.

Mit Sicherheit entscheidet sich das gewöhnlich in der 2. bis spätestens 3. Woche nach der Läsion: tritt um diese Zeit irgendwo in den Muskeln bei galvanischer Reizung träge Zuckung auf, dann ist das Vorhandensein von EaR sicher. Auf die **galvano-muskuläre Zuckungsform** also ist die besondere Aufmerksamkeit bei der Untersuchung zu lenken. Gewöhnlich wird dann auch gleichzeitig Erhöhung der galvano-muskulären Erregbarkeit (oft auch Umkehr der Zuckungsformel) eintreten.

Und um dieselbe Zeit oder wenig später wird es sich auch entscheiden, ob die EaR partiell oder komplett ist: erlischt nämlich die Nervenerregbarkeit und die faradische Muskelerregbarkeit, dann handelt es sich um komplette EaR; erlischt sie nicht, — um partielle, (gleichgültig, ob die Erregbarkeit

normal, herabgesetzt oder auch gesteigert ist). Im letzten Falle
wird die Krankheitsdauer ca. 6 bis 12 Wochen nicht übersteigen;
bei erloschener indirekter ünd faradischer Muskelerregbarkeit
wird das Leiden in der Regel ¹/₂ bis ³/₄ Jahre dauern (die seltenen
Fälle leichter kompletter Ea R ausgenommen), vielleicht aber
überhaupt unheilbar bleiben.

Diese letzte, sehr wichtige, prognostisch bedeutsame Differentialdiagnose aber, nämlich die zwischen der m i t t e l s c h w e r e n
und der s c h w e r e n Form der Ea R, kann um diese Zeit gewöhnlich noch nicht gestellt werden, sondern erst in späterer Zeit,
jedenfalls meistens erst nach der 8. bis 10., oft nach der 15. bis
20. Woche: ist um diese Zeit irgendwo an Stellen, deren Erregbarkeit erloschen war, eine W i e d e r k e h r zu finden, also ist
z. B. bei starken Strömen nach indirekter (Nerven-) Reizung
wieder in irgendeinem Muskel des erkrankten Gebiets eine
Zuckung zu sehen, oder reagiert einer der bis dahin unerregbaren
Muskeln anf den faradischen Strom direkt (wenn auch erst be-
großen Stromstärken), so ist das ein p r o g n o s t i s c h g ü n s t i g e s
Zeichen, ein Zeichen dafür, daß wahrscheinlich eine h e i l b a r e
Form vorliegt. Je mehr Muskeln direkt oder indirekt reizbar werden,
um so günstiger wird die Prognose. — Wenn aber von alledem
nichts erfolgt, dann ist es von Wichtigkeit, auf die F o r m d e r
galvanischen Muskelkontraktion zu achten: s i n k t n ä m l i c h d i e
g a l v a n o - m u s k u l ä r e E r r e g b a r k e i t, u n d w i r d d a b e i
d i e f r ü h e r t r ä g e Z u c k u n g **rascher,** d a n n i s t d i e P r o -
g n o s e i m a l l g e m e i n e n g ü n s t i g (s. Tabelle, Stadium III der
mittelschweren kompletten Ea R.) S i n k t d a g e g e n d i e g a l -
v a n o - m u s k u l ä r e E r r e g b a r k e i t, u n d b l e i b t d a b e i
d i e Z u c k u n g d a u e r n d **träge,** ja wird vielleicht noch träger,
d a n n i s t d i e P r o g n o s e i m a l l g e m e i n e n u n g ü n s t i g;
es handelt sich dann um die schwere Form der kompletten Ea R
(s. Tabelle, Stadium III der schweren Ea R). Freilich soll man
mit demStellen einer u n g ü n s t i g e n Prognose lange Zeit warten:
selbst nach 30, 40 Wochen, ja sogar nach einem Jahr und später
sieht man eine Wiederkehr der Erregbarkeit und ein Normal-
werden der galvano-muskulären Reaktion.

Indem von weiteren Beispielen Abstand genommen wird,
sei nur noch auf folgende, praktisch wichtige Tatsachen aufmerksam gemacht:

1. Eine s p e z i e l l e p r o g n o s t i s c h e B e d e u t u n g kommt
der EaR für einzelne Formen peripherischer Lähmungen zu.
Das sind die sog. r h e u m a t i s c h e n F a c i a l i s l ä h m u n g e n

und einzelne Drucklähmungen, z. B. die Radialisschlaf-
lähmung ctc. Die Lähmungen dieser Art sind in der Mehrzahl
der Fälle heilbar, und man kann drei Gruppen von ihnen
unterscheiden:

a) Lähmungen ohne EaR: heilen meist in 2 bis 3 Wochen,

b) Lähmungen mit partieller EaR, heilen in etwa 6 bis
12 Wochen,

c) Lähmungen mit kompletter EaR (es handelt sich da
gewöhnlich um die mittelschwere Form) brauchen
mindestens 6—9—12 Monate bis zur Heilung.

In allen solchen Fällen kann man meistens bereits am
Ende der 1., bzw. in der 2. Woche dem Patienten seine Prognose
sagen: findet man um diese Zeit normales elektrisches Verhalten,
dann handelt es sich um einen Fall aus Gruppe a, der in 2 bis
3 Wochen gewöhnlich geheilt ist. Ist um diese Zeit partielle
Entartungsreaktion nachzuweisen, dann pflegt nach 8 Wochen
das Leiden abgelaufen zu sein. Ist dagegen die indirekte Erregbarkeit und die direkte faradische erloschen bei gleichzeitigem
Bestehen galvano-muskulärer Entartungsreaktion, dann vergehen
mindestens 6 bis 9 Monate, bis die Heilung erfolgt, wenn sie
nicht — auch bei diesen, prognostisch relativ günstigen Fällen
— gänzlich ausbleibt.

2. Während die meisten Fälle spinaler und bulbärer (besonders progressiver) Erkrankungen, sowie die traumatischen
und rheumatischen Läsionen der peripherischen Nerven in einen
der oben gegebenen Typen sich unterordnen lassen, und demnach bei ihnen das elektrodiagnostische Verfolgen vorhandener
degenerativer Veränderungen für Diagnose und Prognose ein
wertvolles Hilfsmittel abgibt, läßt uns das Schema bei einzelnen
Krankheitsformen (namentlich bei vielen Neuritiden — fort-
geleiteten, toxischen oder infektiösen —, bei den Menin-
gitiden etc.) nur allzuhäufig im Stich. — Zwar kann es cum
grano salis auch für diese Fälle meistens verwertet werden, und
besonders der prognostische Unterschied zwischen der kompletten
und partiellen Form der EaR ist auch hier in der Regel nachzuweisen. Aber im Ablauf bieten diese Fälle so viele Unregel-
mäßigkeiten, die zum Teil von äußeren Zufälligkeiten (Fortwirken
oder zeitweisen Ausgeschaltetwerden toxischer Einflüsse etc.)
abhängen, daß sich eigentliche Typen für den Ablauf dieser
Erkrankungen nicht gut aufstellen lassen.

3 Der Verlust oder die Störung der **aktiven Muskel-
beweglichkeit durch Willensimpulse** geht bei Lähmungen mit den elektrischen Veränderungen ebensowenig völlig
synchron wie die ev. Wiederkehr dieser Beweglichkeit. Bald ist
zuerst die Lähmung da, und die elektrischen Veränderungen
folgen dieser erst (so tritt z. B. meistens bei traumatischen
Lähmungen unmittelbar nach dem Trauma Unbeweglichkeit,
aber erst tagelang nachher EaR ein); bald anderseits verkündet
eine elektrische Veränderung in einem sonst anscheinend intakten
Muskel den Beginn der Paralyse oder Parese des Muskels längere
Zeit voraus (z. B. mitunter bei progressiven spinalen, bei Blei-
lähmungen usw.): in solchen Fällen ist natürlich der elektrische
Befund von besonderer Bedeutung. — Bei den einer Regeneration
fähigen Prozessen pflegt meistens die Willensinnervation früher
wiederzukehren als die Reaktion auf den elektrischen Reiz; doch
kommen hier zahlreiche Abweichungen vor.

4. In vielen Fällen sind im Gebiete eines gelähmten Nerven
nicht alle Muskeln — oder doch nicht alle in gleichhohem
Grade — von der Lähmung betroffen und zeigen demnach auch
die verschiedenen Muskeln ganz verschiedenes elektrisches Verhalten. Das ist leicht begreiflich, wenn man an einen myogenen,
gleichsam von Muskel zu Muskel fortkriechenden oder an einen
die Muskeln direkt treffenden Prozeß, z. B. ein Trauma, denkt.
(Die elektrischen Veränderungen in solchen Fällen werden
übrigens, wie oben ausgeführt, gewöhnlich rein quantitativer
Natur sein.) — Schwerer verständlich könnte das Vorkommen
partieller Lähmungen sein, wenn es sich um Erkrankung
eines peripherischen Nerven oder des Zentralorgans handelte.«
(T. Cohn, Elektrodiagnostik und Elektrotherapie, 2. Aufl., p. 73 ff.)

Die **Prognose** ist um so ernster, je ausgebildeter und
vollständiger die EaR sich präsentiert. Die partielle EaR gestattet mithin im allgemeinen eine günstigere Vorhersage als
die komplette EaR. Der Grad der EaR pflegt mit der Schwere
der Läsion Schritt zu halten.

Für das Zutreffen der richtigen Beurteilung ist die **rheumatische Facialisaffektion** das eklatanteste Beispiel
(Erb). Man unterscheidet je nach der Schwere und Dauer
dieser Erkrankung **drei Formen der rheumatischen
Facialislähmung**:

1. ist die elektrische Erregbarkeit durchaus normal, so
   ist die Prognose günstig. Heilung in 2—3 Wochen
   (leichte Form);

2. ist partielle EaR vorhanden, so ist Heilung kaum vor
   1—2 Monaten zu erwarten (Mittelform);

3. bei kompletter EaR ist die Prognose recht ungünstig;
   die Lähmungsdauer 3—6—9 Monate und auch noch
   länger (schwere Form).

Dieselbe prognostische Bedeutung hat die EaR für die
verschiedenen Drucklähmungen, z. B. die Radialisschlaf-
lähmung usw.

5. Anhang zur EaR.

§ 169. Im vorhergehenden Abschnitt wurden vorwiegend
Erscheinungen geschildert, die ein typisches Verhalten zeigten.
Es liegt in der Natur der Sache, daß die pathologischen Veränderungen nicht immer so regelmäßig auftreten und auch nicht
immer einen gesetzmäßigen Verlauf nehmen. Eine fortschreitende
Besserung wird oft von einer neuen Verschlimmerung unterbrochen, die Krankheitsherde breiten sich unregelmäßig aus, in
einem erkrankten Gebiete bleiben gewisse Fasersysteme ganz
verschont; dies alles sind Umstände, welche die Erscheinungen
der Entartungsreaktion in mannigfacher Weise zu modifizieren
imstande sind.

Nur exakte Technik der Untersuchungsmethode und vor-
sichtiges geduldiges Prüfen der krank scheinenden Muskeln
und Nerven kann vor Irrtümern bewahren.

Erb hebt hervor, es sei für die Erkennung beginnender
oder unbedeutender Degeneration wichtig, eine Art von ›Doppel-
kontraktion‹ zu beobachten: Der charakteristischen, trägen,
›wurmförmigen‹ Zuckung pflegt eine blitzähnliche Zuckung der
benachbarten gesunden Muskulatur vorauszugehen.

Die erwähnte charakteristische träge Zuckung tritt gewöhnlich nur bei direkter Muskelreizung ein; es gibt aber auch
seltene Fälle, mit partieller EaR, in denen auch bei indirekter Reizung (d. i. vom Nerven aus) die galvanische
Zuckung trägen Charakter zeigt.

Fälle mit ›indirekter Zuckungsträgheit‹ kommen
bei peripherischen Fasernerkrankungen vor.

Beachtenswert ist auch die zuerst von Erb beschriebene
Erscheinung, daß der degenerierte Muskel auch bei direkter
faradischer Reizung träge Zuckungen macht. Erb fand dies
Verhalten in einem Falle von traumatischer Ulnarislähmung, bei
der die faradische Zuckung ›langsam und lange bestehend‹ war.

E. Remak hat dafür die Bezeichnung ›faradische Entartungsreaktion‹ gebraucht.

In derartigen Fällen beginnt der faradische Tetanus nicht
mit einem Ruck und endet auch nicht derart, sondern die
tetanische Zuckung schleicht langsam ein und aus. Aber nicht
nur die galvanomuskuläre Zuckung verläuft langsam, träge, auch
alle Zuckungen vom Nerven aus können in solchen Fällen einen
ausgesprochen trägen, tonischen Charakter haben.

Für diese Form der EaR, für welche der von E. Remak
vorgeschlagene Name ›faradische EaR‹ nicht erschöpfend genug
ist, hat Erb die Bezeichnung ›partielle EaR mit obli-
gater (oder auch indirekter) Zuckungsträgheit.‹
Diese Eigentümlichkeit der Muskelkontraktion soll mit Veränderungen der Muskelfasern (Ernährungszustand) in Zusammenhang stehen; nach Erb dürfte diese Art der EaR als Übergangs-
form zwischen kompletter und partieller EaR aufzufassen sein;
im selben Sinne wäre auch deren prognostische Bedeutung aufzufassen.

Es ist endlich interessant, zu wissen, daß, wie auch Erb
zuerst konstatiert hat, zuweilen ganz wohlentwickelte EaR
sich in solchen Muskeln finden kann, die gar nicht
gelähmt[1] sind.

Dasselbe Verhalten konstatierten auch Bernhardt, Kast,
Buzzard u. a. Es ist eine Ausnahme vom Gesetze der EaR,
denn es handelt sich in diesen und einigen anderen Fällen um
myopathische Muskelatrophien; das peripherische
motorische Neuron war nicht erkrankt. Außerdem wurde hie
und da in Fällen von zerebraler Hemiplegie in den gelähmten
Muskeln EaR beobachtet; ebenso zuweilen bei primärem Muskel-
schwund, bei Trichinosis und sogar hysterischen Lähmungen.
Ob dies Verhalten wirklich eine Ausnahme des Gesetzes der
EaR zu bedeuten habe, wurde bis jetzt nicht entschieden. Man
nimmt vielmehr an, daß die scheinbar rein myogenen Muskelatrophien, die mit einer EaR einhergehen, wahrscheinlich doch
zum Teil spinalen Ursprunges sind; für jene Hemiplegien endlich, die EaR erkennen lassen, wird angenommen, die De-
generationserscheinungen seien wohl auf ein ›sekundäres
Miterkranken der Vorderhörner‹ zurückzuführen.

---

[1] M. Bernhardt beschreibt fünf Fälle von Facialislähmung, bei
denen (in einzelnen Zweigen) normale elektrische Erregbarkeit vorhanden war, trotzdem Willensimpulse keinen Ausdruck gewannen.

Von einzelnen Autoren wurde konstatiert, daß der degenerierte Nerv in sehr seltenen Fällen sich den beiden Stromesarten gegenüber analog dem Muskel verhalte, d. h. es tritt Reaktion auf galvanischen Reiz ein.

Wie dem auch sei, dies alles sind seltene Ausnahmen, und für die Praxis kann als Grundsatz gelten: die EaR ist ein sicheres diagnostisches Merkmal des erkrankten peripherischen Neurons.

ε) Seltenere Formen von quantitativ-qualitativen Veränderungen der Erregbarkeit.

§ 170. Es gehören hierher Veränderungen der muskularen Erregbarkeit, die teils quantitativer, teils qualitativer Natur sind; in manchen Fällen ist die Erregbarkeit in doppeltem Sinne verändert. Nur bei wenigen Krankheitsfällen (z. B. Myotonia congenita) kommt diesen Erscheinungen diagnostische Bedeutung zu. Da sie jedoch zuweilen den Verdacht auf Simulation von Krankheitserscheinungen zu erschüttern vermögen, so verdienen dieselben hervorgehoben zu werden.

T. Kohn hat in übersichtlicher Weise die hierher gehörigen Formen zusammengestellt:

1. Die herabgesetzte Maximalkontraktion,
2. die bündelweise Zuckung,
3. die myoklonische Kontraktion,
4. die myotonische Reaktion,
5. die myasthenische Reaktion,
6. die neurotonische Reaktion.

Die herabgesetzte Maximalkontraktion ist ein Begleitsymptom von Muskelschwäche. Man prüft den Muskel im allgemeinen auf eine Minimalkontraktion. Der gesunde Muskel reagiert auf den faradischen Reiz mit einem ruckartigen Tetanus, der bis zu einem gewissen Grade durch zunehmende Stromesintensität ebenfalls steigerungsfähig ist. Die KaSZ geht, wie bekannt, bei starken Strömen in einen Tetanus (KSTe) über.

Demgegenüber gibt es Fälle (einfache oder progressive Muskelatrophie), in welchen der Muskel auch bei Anwendung der stärksten Ströme nicht über seine Minimalkontraktion hinauskommt. Dies ist ein Zeichen von Muskelschwäche. Ein solches elektrisches Verhalten ist von praktischem Interesse, wenn Verdacht auf simulierte Muskelschwäche vorliegt.

Die bündelweise Zuckung besteht darin, daß der geprüfte Muskel sich nicht in toto, sondern nur mit einzelnen wenigen Bündeln zusammenzieht. Mit dieser qualitativen Erregbarkeitsänderung braucht eine quantitative nicht kombiniert zu sein. Eine diagnostische Bedeutung kommt dieser Abnormität nicht zu; manchmal ist dieselbe eine Begleiterscheinung der Ea R.

Die myoklonische Reaktion zeigt sich in der Weise, daß durch den faradischen Strom kein Tetanus, sondern nur mehrere klonische Zuckungen der Muskelsubstanz hervorgerufen werden; auch während der Strompassage folgen diese Zuckungen derart aufeinander. Die Reaktion tritt in schwachen, atrophischen Muskeln auf und ist bisher ohne lokaldiagnostischen Belang.

Die myotonische Reaktion äußert sich derart, daß bei der elektrischen Reizung eine entsprechende Nachdauer der Kontraktion stattfindet. Diese Erscheinung ist ein Hauptsymptom der Myotonia congenita. Das Wesen der Myotonia congenita (Strümpell) oder der Thomsenschen Krankheit wurde von Erb in eingehender Weise studiert.

Ebenso wie bei willkürlichen Muskelbewegungen die Kontraktion den Willensimpuls überdauert, geschieht es, daß sowohl mechanische als auch elektrische Reizung eine Kontraktion von auffälliger Nachdauer hervorruft. Die Erscheinung tritt sonst bei faradischer und galvanischer Erregung auf: der Strom ist wieder geöffnet, die Elektroden auch schon entfernt, der vorspringende Muskelwulst steht trotzdem noch eine Zeitlang und verschwindet allmählich.

Das Abklingen hat eine gewisse Ähnlichkeit mit der trägen galvanischen Zuckung der Ea R.

Eine Verwechslung ist jedoch ganz ausgeschlossen: die myotonische Zuckung beginnt mit einem Ruck, die Zuckung der Ea R beginnt träge, langsam; die myotonische Zuckung ist durch galvanischen und faradischen Strom hervorzurufen; die träge Zuckung nur durch galvanischen Strom; bei der myotonischen Zuckung gibt es keine Lähmung, keine Atrophie (im Gegenteil Hypertrophie) etc. etc.

Die myotonische Reaktion tritt bei direkter Muskelreizung hervor.

Erb hat u. a. noch auf eine andere qualitative Erregbarkeitsänderung hingewiesen: auf die nach ihm so benannten Erbschen Wellen. Bei stabiler Einwirkung stärkerer galvanischer Ströme treten ›rhythmische, wellenförmige Kontraktionen‹ auf, welche sich in ganz gesetzmäßiger Weise von der Kathode in der Richtung zur Anode hinbewegen. ›Diese etwa im Sekundentempo (manchmal rascher oder auch langsamer) hintereinander im Muskel auf- und absteigenden, bald kleineren bald größeren Kontraktionswellen geben ein äußerst zierliches und merkwürdiges Bild. Sie erscheinen meistens erst nach genügend starker Stromwirkung und nachdem sich erst eine unruhige, wogende, undulierende Bewegung im Muskel eingestellt hat.‹

Die myasthenische Reaktion (Jolly) dokumentiert sich in der Weise, daß der myasthenische Muskel auf den ersten Reiz mit normalem Tetanus antwortet, zeigt jedoch immer geringere Erregbarkeit, bis diese vollkommen erlischt. Auch eine willkürliche Bewegung ist nach mehrmaliger Wiederholung schließlich unausführbar.

Nach kurzen Pausen kehrt die Erregbarkeit wieder. Das Vorkommen dieser Reaktion ist (wahrscheinlich) pathognostisch für die Myasthenia gravis pseudoparalytica (oder asthenische Paralyse).

Die neurotonische Reaktion ist ein ähnliches Phänomen, wie es bei der Myotonie vorkommt (Nachdauer der Kontraktion), nur tritt es nicht bei Muskelreizung, sondern ausschließlich bei Nervenreizung ein. Die Reaktion tritt sowohl bei faradischer als galvanischer Erregung hervor.

Als weitere Eigentümlichkeit ist hervorzuheben, daß An O Z, sowie der Ka S Te sehr früh auftreten und auch An O Te zu erzielen sind.

E. Remak und Marina beobachteten in je einem Falle die neurotonische Reaktion; Remak fand bei einer degenerativen, wahrscheinlich spinalen progressiven Atrophie, Marina bei einer Hysterie diese elektrischen Veränderungen.

Die Bedeutung dieser Reaktion ist bislang unbekannt. Im Anschlusse an die aufgezählten Erregbarkeitsveränderungen soll noch die konvulsible Reaktion (Benedikt) und die ›Lückenreaktion‹, ebenfalls von Benedikt, Erwähnung finden.

Die konvulsible Reaktion ist eine von Benedikt so bezeichnete quantitative Erregbarkeitsänderung, die sich dadurch kennzeichnet, daß nach kurzer Einwirkung des Stromes sehr viel lebhaftere und stärkere Zuckungen eintreten als normal; dieselben können bis zu konvulsivischen Zuckungen anwachsen.

Benedikt vermochte nach einer solchen vorausgehenden kurzen Stromeinwirkung, beim Schließen und Öffnen der Kette statt einer einfachen Zuckung einen klonischen Krampf zu erzeugen.

Derlei Erregbarkeitsänderungen werden bei gewissen Psychosen, bei Hirntumoren (Petřina), bei Chorea, Tetanie etc. beobachtet.

Die Lückenreaktion (Benedikt) ist das Gegenteil der vorigen Abnormität; die Lückenreaktion ist eine Erscheinung, die auf einer Herabsetzung der quantitativen Erregbarkeit beruht. Durch wiederholte elektrische Reize wird der Nerv ermüdet, erschöpft; er antwortet nicht mehr auf denselben Reiz — ›Lücke‹ —, außer es wird ein stärkerer angewendet. So tritt z. B. die Minimalkontraktion zuerst bei 160 mm RA ein, nach einiger Zeit erst bei 140 mm, schließlich muß der Rollenabstand auf 120 mm und noch weniger herabgemindert werden, will man eine Reaktion auslösen.

Benedikt fand die Lückenreaktion bei Lähmungen durch Erkrankungen der Hirnhemisphären und bei progressiver Muskelatrophie. Das Symptom konstatierten in der Folge Brenner, O. Berger (echte Muskelhypertrophie), Erb (Paralysis agit.) u. a.

b) Die faradakutane Sensibilität.

§ 171. Die elektrische Untersuchung der Hautsensibilität führt man im allgemeinen mittels des faradischen Stromes aus; M. Bernhardt prüfte dieselbe auch mittels des galvanischen Stromes. Es ist keine qualitative, sondern eine rein quantitative Prüfung der Empfindung der Haut.

Die faradokutane Untersuchung dient im allgemeinen der Prüfung des Tastsinnes der Haut; man verwendet dazu die allerschwächsten faradischen Ströme. Intensive Ströme lösen lebhafte Schmerzempfindung aus.

Die Empfindlichkeit der Haut für den faradischen Strom ist eine ganz eigenartige Sensibilitätsqualität, welche mit den übrigen Hautempfindungsqualitäten (z. B. Temperatursinn, Tastsinn etc.) nichts zu tun hat.

1. Minimalempfindung.

Die normale Haut empfindet bei Applikation faradischen Stromes von gewisser Stärke eine Sensation, ein ›Kriebeln‹, ›Ameisenlaufen‹, die sich bei Steigerung der Stromesintensität in eine faradische Schmerzempfindung umwandeln kann.

Dieses faradische Empfindungsminimum (M i n i m a l - E m p -
f i n d u n g) ist in pathologischen Fällen erhöht oder herabgesetzt
(H y p e r ä s t h e s i e oder H y p ä s t h e s i e resp. A n ä s t h e s i e).
Die faradokutane Sensibilitätsprüfung bezweckt die Fest-
stellung der Stromesintensität, bei welcher Minimalempfindung
eintritt.

Die Untersuchung wird folgendermaßen ausgeführt: Der
Patient sitzt mit geschlossenen (besser mit verbundenen) Augen
und soll womöglich genau den Moment durch ein ›jetzt‹ angeben, sobald er an der zu untersuchenden Stelle etwas spürt;
der Patient ist aufmerksam zu machen, daß er nicht erst auf
eine Schmerzempfindung antworte, sondern ob er nur eine Sensation, sei es ein noch so feines Kriebeln, spürt.

Man setzt die indifferente, große Plattenelektrode auf das
Sternum; als (differente) Prüfungselektrode dient ein faradischer Pinsel oder die E r b sche Sensibilitätselektrode. Die Elektroden bleiben unverschoben sitzen. Die Stromintensität ist so
gering als nur möglich zu wählen, z. B. größtmöglicher Rollenabstand; man schließt hierauf für einen Moment den immer mehr
anschwellenden Strom. Sobald der Patient ›jetzt‹ sagt, notiert
man den Rollenabstand, bezeichnet die geprüfte Stelle und
untersucht bei einseitigen Erkrankungen die symmetrische Stelle
der Gegenseite. Die Prüfung ist an derselben Stelle mehrmals
zu wiederholen.

In normalen Fällen haben korrespondierende Stellen dieselbe faradokutane Sensibilität.

In pathologischen Fällen gibt die Differenz des Rollenabstandes Aufschluß über eventuell vorhandene faradokutane
Sensibilitätsstörungen. Genaue Notierungen des Rollenabstandes
können ferner in pathologischen Fällen zur Kontrolle herangezogen werden, ob die gestörte Hautsensibilität in Besserung
oder Verschlimmerung begriffen ist.

Die elektrokutane Sensibilität pflegt in manchen Fällen
mit der faradischen Schmerzempfindung parallel zu gehen; bei
gewissen Nervenkrankheiten tritt z. B. sowohl das faradische Empfindungsminimum als auch die faradische Schmerzempfindung
erst bei viel höheren Stromstärken auf. Dies ist oftmals bei
der Tabes dorsalis vorhanden; dagegen gibt es da auch Fälle,
in denen ausgesprochene faradokutane Analgesie vorhanden ist,
während die Minimalempfindung absolut unverändert ist. So
untersuchte E r b einen Fall von Tabes dorsalis, dessen Zahlen
der faradokutanen Minimalempfindung in normaler Weise an

verschiedenen Körperstellen zwischen 150 und 200 mm schwankten, während auch bei komplett übereinandergeschobenen Rollen des sehr großen und kräftigen Schlittenapparates absolut kein Schmerz empfunden wurde!

2. Bedeutung bei Simulanten und Aggravanten.

Die faradokutane Sensibilitätsprüfung ist mitunter von großer Wichtigkeit, wenn ein ärztliches Gutachten ihrer Simulanten oder Aggravanten abgegeben werden soll. Es lassen sich nämlich die subjektiven Angaben gewisse Sensibilitätsstörungen betreffend einer objektiven Kontrolle unterziehen; letztere ist allerdings nur dann zu verwerten, wenn der Entlarvungsversuch positiv ausfällt.

Jemand gibt vor, seine Hautempfindung sei für diese oder jene Gefühlsqualität herabgesetzt. Der Arzt untersucht, bei welcher Stromstärke (z. B. Rollenabstand) die Minimalempfindung eintritt. Will der Untersuchte den Arzt täuschen, dann wird er die Minimalempfindung wahrscheinlich erst bei höherer Stromstärke angeben; da er weiters mit geschlossenen Augen oder vom Apparat abgewendet untersucht wurde, wird er bei mehrmaliger Nachprüfung an der gleichen Stelle (mit derselben oder veränderten Stromintensität) Angaben machen, die kaum miteinander übereinstimmen; der Widerspruch wird um so deutlicher und auffälliger, je größere Pausen man bei der Untersuchung einschiebt. Nur ein positiver Ausfall der Prüfung wird den Simulanten überführen; ferner ist dabei zu berücksichtigen, daß trotz normaler faradokutaner Sensibilität andere Gefühlsanomalien vorhanden sein können.

Bei der Tetanie wurde Steigerung der faradokutanen Sensibilität beobachtet.

3. Elektromuskuläre Sensibilität.

Die elektromuskuläre Sensibilität ist ein im M u s k e l durch hohe Stromstärken hervorgerufenes Kontraktionsgefühl. In manchen Fällen pflegt dieselbe gleichzeitig mit der faradokutanen Sensibilität aufgehoben zu sein. Es gibt aber anderseits Krankheitsfälle, in denen faradische Erregbarkeit des Muskels erloschen ist und trotzdem die elektromuskuläre Sensibilität vorhanden ist.

D u c h e n n e sagte der Prüfung der elektromuskulären Sensibilität großen diagnostischen Wert voraus; bis heute traf dies allerdings noch nicht ein.

c) Der Leitungswiderstand der Haut.

§ 172. Der Leitungswiderstand der Haut spielt in der Elektrodiagnostik eine untergeordnete Rolle; berücksichtigt man jedoch, daß fast ausnahmslos alle unsere Stromapplikationen p e r k u t a n ausgeführt werden, so ist es klar, daß einer jeden elektrodiagnostischen oder auch elektrotherapeutischen Maßregel eine genaue Widerstandsbestimmung der Haut (des zu behandelnden Individuums) vorauszuschicken ist. Der Widerstand, das Problem der Elektrotechnik, fand bisher in der Medizin nicht allgemein Beachtung.

Es verdient hervorgehoben zu werden, schon frühzeitig stellte E r b die dringende Regel auf, ›bei jedem Individuum, das man untersuchen oder behandeln will, durch einige vorläufige Galvanometernadelversuche sich ein Urteil über den LW einer Haut zu bilden.‹

Der Leitungswiderstand ist von geringem elektrodiagnostischem Interesse, doch wurden alle unsere Untersuchungen in erheblichem Maße von demselben beeinflußt.

I. Größe des Widerstandes.

Der menschliche Körper bietet der Strompassage einen Widerstand, an welchem die Haut und alle von derselben bedeckten Gebilde partizipieren. Der Widerstand der Haut allein ist so groß[1]), daß der Widerstand aller anderen Organe völlig vernachlässigt werden kann.

Der Praktiker hat daher nur den Widerstand der Haut zu berücksichtigen.

Der große Widerstand der Haut wird vorwiegend durch die Hornschicht, die festgefügte Epidermis, bedingt. Die Hornschicht als solche bietet einen unendlich großen Widerstand, der mitunter auch für die stärksten Stromarten unpassierbar wäre, wenn nicht die zahlreichen Ausführungsgänge der verschiedenen Hautdrüsen (Haarbalge, Schweiß- und Talgdrüsen) den Stromfäden freie Bahn ließen.

Die vorhandenen Drüsen und deren Ausführungsgänge setzen den Leitungswiderstand der Haut wesentlich herab. Daraus

---

[1]) Der Widerstand der trockenen Haut beträgt viele Tausend Ohm; an manchen Stellen (z. B. Schwielen) mißt derselbe sogar Millionen Ohm; die Innenorgane haben einen Widerstand von einigen Hundert Ohm.

geht hervor, der Leitungswiderstand der Haut ist an verschiedenen Stellen des menschlichen Körpers verschieden groß. Hautstellen, die einer starken Schweißsekretion ausgesetzt sind, zeigen
geringeren Leitungswiderstand als stets trockene Hautpartien;
dort, wo sich Schwielen (z. B. an den Fußsohlen) in der
Haut entwickelten, steigt der Widerstand oftmals in enormer
Weise; eine solche Hautstelle ist, wenn sie nicht ange-
feuchtet würde, auch für die stärksten Ströme undurchdringlich.
Der Widerstand kann gar nicht gemessen werden, die Stelle ist
ein Isolator.

Alter, Geschlecht, Rasse und Lebensweise sind ebenfalls
von Einfluß.

Die Größe des Leitungswiderstandes wird durch die
Anzahl der gewöhnlichen Widerstandseinheiten (ein Ohm = Ω)
gemessen.

2. Die Messung.

Die Messung wird nach den im Abschnitt ›Elektrischer
Widerstand‹ auseinandergesetzten Methoden ausgeführt. Die
rascheste und sehr verläßliche Methode ist die, sich der Wheatstoneschen Brücke zu bedienen. Dabei ist die zuerst von
G. Gärtner und bald darauf von Jolly gefundene Tatsache
zu beachten, der Anfangswiderstand der Haut ist bedeutend größer als der konstante. G. Gärtner fand durch
Untersuchungen an der Leiche: der Widerstand der Haut wird
durch längere Einwirkung des galvanischen Stromes bedeutend
herabgemindert; ›kataphorische‹ Wirkungen werden dafür verantwortlich gemacht. Der anfängliche Widerstand kann bis auf
$1/_{80}$ seiner ursprünglichen Größe herabsinken. Ein bequemes
Mittel, den Widerstand der Haut nach Belieben herabzusetzen,
ist in der künstlichen Befeuchtung der Haut gelegen. Benutzt
man dazu gut leitende Flüssigkeiten, z. B. Kochsalzlösung, so
gelingt es, den Widerstand auch auf $1/_{20}$, $1/_{50}$, ja sogar noch
mehr seines ursprünglichen Wertes herunterzubringen.

Bei Leuten, die viel baden und schwitzen, ist der Widerstand der Haut künstlich vermindert; dasselbe wird durch Anti-
pyretica und Pilokarpin erzielt, gleichgültig ob dadurch die Temperatur herabgesetzt oder Schweißsekretion angeregt wird. Nach
Silva und Pescarolo soll der Leitungswiderstand nicht als
Maßstab für vasomotorische Vorgänge angesehen werden. Es
ist wohl überflüssig, darauf hinzuweisen, daß durch die Wider-

standsverhältnisse der Haut die elektrodiagnostischen und elektrotherapeutischen Maßnahmen außerordentlich beeinflußt[1]) werden.

Der Leitungswiderstand der Haut ist in manchen pathologischen Fällen auffällig herabgesetzt, z. B. beim M. Basedowii,
bei »traumatischen Neurosen« (Mann), bei hysterischer Anästhesie (Vigouroux). Dagegen ist derselbe bei Sklerodermie,
Elephantiasis und allen ähnlichen Affektionen, ferner auch bei
infantiler Hemiplegie (Vigouroux und Mally), an den anästhetischen Stellen Hysterischer und bei nicht veralteten Paralysen etc. erhöht.

Eulenburg fand am Kopfe bei anämischen Zuständen
eine Vermehrung, bei hyperämischen eine Verminderung des
Leitungswiderstandes.

3. Elektrische Vorgänge an der Haut.

Sommer stellte eine Anzahl von elektrischen Vorgängen an der Haut, besonders der Finger, systematisch
zusammen; er unterscheidet hierbei folgende Gruppen:

1. Die Entstehung von galvanischen Strömen bei Berührung der Hände mit metallisch verbundenen Elektroden
   (v. Tarchanoff, Sticker, Sommer).
2. Die Ablenkung der Magnetnadel nach Reibung eines
   Kompasses mit den Fingern (Harnack, Bethe).
3. Das Leuchten von luftleeren Glasgefäßen (z. B. elektrischer Glühlampen) nach Reibung mit den Händen
   (Lohnstein, Sommer, Neustätter, Fürstenau).
4. Die Bewegung von Elektroskopblättchen nach Annäherung der Finger (Pfaff, Sommer).

»In allen vier Fällen sind die Vorgänge allgemein physikalischer Natur und können auch unter Ausschaltung des
menschlichen Körpers unter rein physikalischen Bedingungen
erzeugt werden. Es kann sich also von vornherein um Kräfte,
die ausschließlich dem lebenden Körper zukämen, also um
vitalistische Vorgänge im Gegensatz zu den rein physikalischen nicht handeln.«

Sommer versucht, die erwähnten elektrischen Erscheinungen einerseits durch elektrochemische Veränderungen, anderseits durch Reibung, Influenzwirkung usw. zu erklären.

---

[1]) Daß vielfach der Leitungswiderstand der Haut auch dem elektrischen
Starkstrom gegenüber eine große Rolle spielt, daß da der Widerstand der
Haut zuweilen zum »Schutzwiderstand« wird, beweisen Fälle aus der elektro-
technischen Unfallpraxis. Ich verweise diesbezüglich auf die einschlägigen
Kapitel der »Elektropathologie«.

d) Die Sinnesorgane.

§ 173. Im physiologischen Abschnitt dieser Schrift wurde die elektrische Erregung der Sinnesorgane, wie die des Auges, Ohres, Geschmackes etc., erörtert und hervorgehoben, daß es Brenner gelungen ist, das motorische Zuckungsgesetz auch auf Auge und Ohr in Anwendung zu bringen.

1. Elektrophysiologie (vgl. physiol. Abschnitt S. 183).

Die Sinnesorgane antworten in zweckmäßiger Weise auf die einzelnen Reizmomente; z. B. am leichtesten auf Ka S, schwerer auf An O usw.

Das elektrische Licht- und Klangbildgesetz befindet sich im allgemeinen in Übereinstimmung mit dem motorischen Zuckungsgesetz.

An erwähnter Stelle lesen wir ferner, die elektrischen spezifischen Geruchs- und Geschmacksempfindungen lassen eine ähnliche Gesetzmäßigkeit erkennen. Während jedoch die Anomalien des motorischen Zuckungsgesetzes (quantitative und qualitative Erregbarkeitsänderung, Umkehr des Zuckungsgesetzes etc., vgl. Ea R) sich für diagnostische und prognostische Zwecke verwerten lassen, ist es bislang nicht gelungen, eventuelle Abweichungen von der Norm für die Diagnostik der erkrankten Sinnesorgane in erfolgreicher Weise heranzuziehen.

2. Pathologische Erregbarkeit des Nervus acusticus.

Nach Gradenigo ist die Erregbarkeit des Nervus acusticus als pathologisch gesteigert anzusprechen, wenn sie auf den elektrischen Strom mit Gehörsensationen antwortet. Wenn der Acusticus bei 2 bis 4 Milliampere durch Ka S mit einer Gehörsensation reagiert, so ist eine Übererregbarkeit des Acusticus zu konstatieren; dies Symptom deutet auf ernste hyperämische oder Reizzustände des Gehörorgans hin. Der Grad der Übererregbarkeit soll dem Grade der Entzündung nicht vollkommen parallel gehen.

Gradenigo hält dafür, daß der Nervus acusticus in seinem Stamme und nicht in seinen Verästelungen von dem elektrischen Strom getroffen werde, da auch bei schwerster Otitis interna normale Reaktion vorhanden sein kann; dagegen kann bei vollkommener Intaktheit des Gehörorgans eine gesteigerte

Reaktion auftreten, sobald es sich um eine entzündliche endo-
kranielle Erkrankung handelt. Da jedoch auch einfache hyperämische Zustände des Gehörorgans zu elektrischer Übererregbarkeit führen können, so wird der diagnostische Wert dieses
Symptoms sehr herabgedrückt.

e) Anhang.

I. Elektrische Leitfähigkeit von Lösungen und Kryoskopie.

§ 174. Im physiologischen Abschnitt S. 193 wird die Eigenschaft von Lösungen, den elektrischen Strom zu leiten und
hierbei gewisse Veränderungen zu erleiden (Elektrolyse) kurz
auseinandergesetzt. Diese Eigenschaft wird zu klinischen Untersuchungen von Flüssigkeiten (Harn, Blut, Milch etc.), zur Erkennung der Konzentration usw. benutzt.

Bickel, der die elektrische Leitfähigkeit des menschlichen
Blutserums bei Urämie untersuchte, glaubt den Satz aufstellen
zu können, daß man bei der Urämie gelegentlich erhöhte Werte
der Leitfähigkeit (des Serums) findet, daß jedoch diesen Verhältnissen kein spezifisches Attribut des urämischen Zustandes
zukomme.

Mittels der Gefrierpunktsbestimmung versucht man die
osmotische Konzentration von Flüssigkeiten (Blut, Milch, Harn)
zu eruieren. Je konzentrierter eine Lösung, um so tiefer liegt
ihr Gefrierpunkt unter dem Gefrierpunkt des destillierten Wassers.
Nebenbei sei erwähnt, daß hierbei die molekulare Konzentration
im osmotischen Sinne gemeint ist, zum Unterschied von
der molekularen Konzentration in nur physikalischem Sinne;
bei letzterer sind einfach die Grammoleküle einer Lösung zu
verstehen, bei der osmotischen Konzentration dagegen ist außer
der Zahl der Moleküle auch deren Verhalten, ferner das Verhältnis der Ionen (als Träger der elektrischen Leitfähigkeit) angegeben. Auf letzterer Annahme beruht die neueste Untersuchung der osmotischen Konzentration: Bestimmung der Dichte
einer Lösung aus der elektrischen Leitfähigkeit. — Die Aus-
nutzung der Gefrierpunktsbestimmung (Kryoskopie) wurde
zuerst von v. Korányi zu diagnostischen Zwecken in die klinische Praxis eingeführt.

In der erweiterten Elektrodiagnostik, in der sog. Elektrizitätsdiagnostik, bedient man sich außer den bisher erwähnten elektrischen Hilfsmitteln vorwiegend noch des elektrischen
Lichts und der Röntgenstrahlen.

2. Das elektrische Licht.

Das elektrische Licht, in Form der Glühlampe, wird in vielfachen Modifikationen dazu benutzt, das Körperinnere, die Leibeshöhlen zum Aufleuchten zu bringen.

Im technischen Abschnitt ›Endoskopie‹ dieses Buches sind viele Apparate beschrieben und abgebildet, mittels welcher die Diagnostik der Erkrankungen (und auch der Fremdkörper) der Rachenhöhle, der Luftröhre, der Speiseröhre, der Blase, der Nieren etc. auf eine hohe Stufe der Vervollkommnung gebracht wurde.

3. Die Röntgenstrahlen im Dienste der Diagnostik.

So jung auch die Röntgenlehre ist, so großartig sind die Fortschritte, welche dadurch in der Diagnostik errungen wurden.

f) Die Röntgendiagnostik.

§ 175. Die Röntgenstrahlen sind heute ein diagnostisches Hilfsmittel nahezu aller medizinischen Disziplinen. Abgesehen davon, daß durch die Röntgenologie die Diagnose von schon bekannten und wohlstudierten Krankheitserscheinungen verschärft und verfeinert wurde, so ermöglichen die Röntgenstrahlen pathologische Vorgänge, die bisher unbekannt waren, zu erkennen und deren Verlauf zu beobachten.

I. Chirurgie.

§ 176. Die Haupternte der großen Entdeckung liegt bislang auf dem Gebiete der Chirurgie. Die Diagnostik der Erkrankungen des Skeletts hat eine besondere Beleuchtung erfahren. Frakturen und Luxationen, deren Diagnose dem Arzte so manche Schwierigkeit und dem Patienten oftmals bedeutsames Unbehagen brachte, sind mit Hilfe der Röntgenologie leicht zu erkennen. Die Abbildungen in den verschiedenen Röntgenatlanten lehren uns, daß man aus einem guten Röntgenogramm die feinsten Details, z. B. über die Art der Fraktur, Querbruch, Schrägbruch etc., über Lokalisation der Bruchstücke usw. herauslesen kann.

Die Fußgeschwulst des Militärs, die früher für eine Syndesmitis interossea gehalten wurde, hat sich durch die Röntgenuntersuchung in den meisten Fällen als Fraktur der Mittelfußknochen herausgestellt.

Ähnlich ist es mit den Luxationen. Das Röntgenogramm ist aber nicht nur für die Diagnose, sondern auch für
die Prognose und das therapeutische Verfahren von Bedeutung.

Da Gipsverbände für Röntgenstrahlen durchlässig sind, so
ist der Arzt jederzeit in der Lage, sich über die gelungene oder
nicht gelungene Reposition zu orientieren und den Heilungs-
verlauf zu überwachen. Der Knochenkallus gibt anfänglich einen helleren Schatten als die Bruchenden; aus dem
Dichterwerden des Schattens vermag man das Fortschreiten der
Verknöcherung zu erkennen.

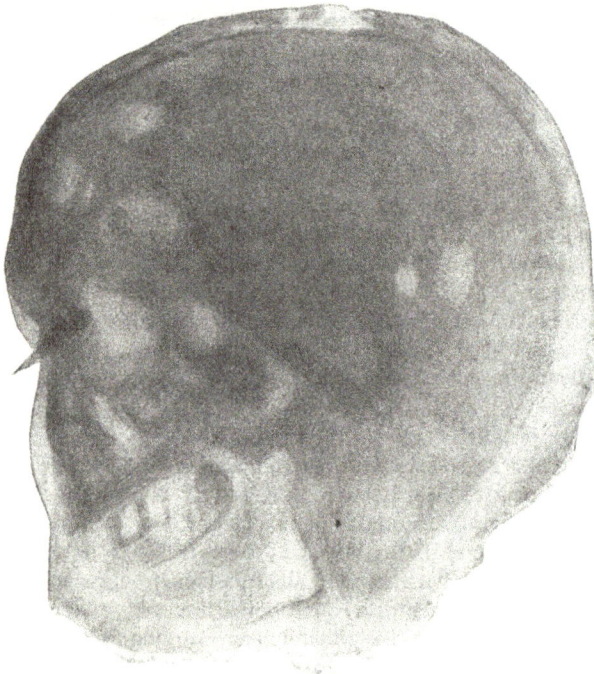

Fig. 122.

Auch bei der angeborenen Hüftluxation gibt das
Röntgenogramm über Kopf, Hals und Pfanne Aufschluß. Die
Bedeutung der Röntgenuntersuchung für die Beurteilung von
Schußfrakturen haben die Erfahrungen der letzten Kriege
gelehrt.

Es muß des weiteren auf die Spezialwerke verwiesen werden, in welchen die Erkrankungen der Knochen und Gelenke mit Röntgenbildern ausführlich behandelt werden. Die ersten Anfänge der Knochentuberkulose

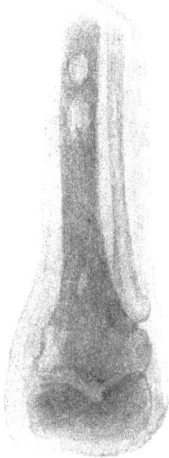

Fig. 123.   Fig. 124.   Fig. 125.

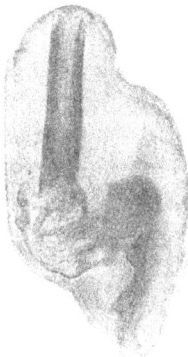

Fig. 126.   Fig. 127.   Fig. 128.

und der tertiären Syphilis, die chronischen Formen der Osteomyelitis, die verschiedenen Stadien der kindlichen (C. Hochsinger) und Spätrhachitis präsentieren sich zumeist im prägnanten Röntgenogramm. Tuberkulose und

19*

Syphilis lassen bei Durchleuchtung zumeist hellere Herde
inmitten des normalen dunklen Knochenschattens erkennen.

Ähnliche Bilder geben die Neubildungen im Knochen-
system. In Fig. 122—125 sehen wir vielfach helle Flecken
auf dunklem Grunde; es waren dies, wie die Autopsie lehrte
(Fig. 126—129), Krankheitsherde eines sog. multiplen Myeloms.

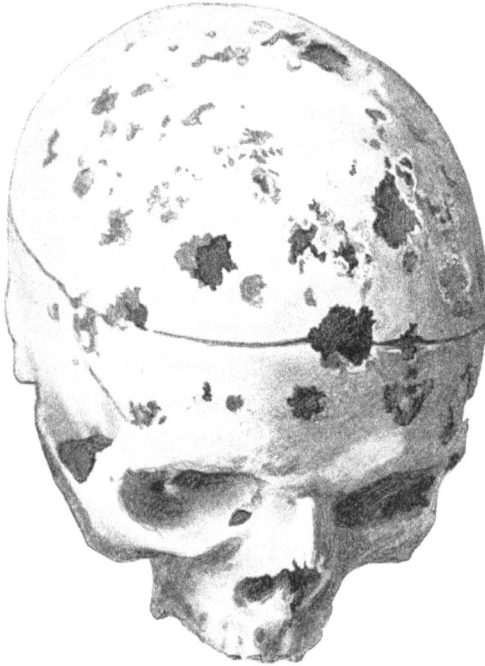

Fig. 129.

Der Krankheitsfall wurde von uns auf der II. medizinischen
Abteilung des K. K. Krankenhauses Wieden beobachtet. Unsere
Vermutungsdiagnose wurde durch die Röntgendurchleuchtung
und spätere Autopsie bestätigt.

Auch die Knochenerkrankungen bei Arthritis deformans, bei den nervösen Osteo-arthropathien (Tabes,
Syringomyelie etc.) geben charakteristische Röntgenbilder.

2. Fremdkörper.

§ 177. Von größter praktischer Wichtigkeit ist die Untersuchung mit Röntgenstrahlen für die Auffindung von Fremdkörpern. Da nicht nur metallische Körper (mit Ausnahme von dünnen Aluminiumplatten), sondern auch Splitter von Glas und Porzellan, Elfenbein, Email, Hartgummi, Horn, Steingut, ferner die Verbindungen der Halogene, schließlich Jodoform und Wismut — Obstkerne sind schwach oder gar nicht zu sehen — für Röntgenstrahlen schwer passierbar sind und daher einen Schatten werfen, so wird Größe und Sitz des Fremdkörpers rasch zu eruieren sein. Auf diese Art wurden schon winzige Metallsplitter von 0,002 mg Gewicht im Körperinnern nachgewiesen. Zur genauen Lokalisation bedient man sich der im ›Technischen Teil‹ erwähnten Methoden.

Das Röntgenverfahren dient weiters zum Nachweis von Konkrementen der Niere, der Blase und des Darmes.

Das Auffinden von Gallensteinen ist bisher in einwandsfreier Weise nicht gelungen. Das Hindernis ist einerseits in der Lage der Leber gelegen, die durch ihren Schatten den eventuellen Gallensteinschatten deckt, anderseits aber sind die meisten Gallensteine aus Cholestearin zusammengesetzt, welches für Röntgenlicht sehr durchlässig ist (Neusser). Durch die genauen Feststellungen im Röntgenbilde hat auch die Unfallheilkunde eine mächtige Förderung erfahren.

3. Kriegschirurgie.

§ 178. Generalarzt Schjerning weist auf Grund der in den Kriegen der allerletzten Jahre (spanisch-amerikanischer Krieg, Burenkrieg, griechisch-türkischer, russisch-japanischer Krieg) gesammelten Erfahrungen auf die große Bedeutung der Röntgenstrahlen für die Kriegschirurgie hin.

›Die Röntgenstrahlen leiten, wenn wir ihre Fingerzeige richtig verstehen, alle unsere therapeutischen Maßnahmen mit zwingender Notwendigkeit in die richtigen Wege. . . . Bei dieser Sachlage ist es Pflicht aller Militärärzte, schon im Frieden sich mit dem Röntgenverfahren und mit der Deutung der Röntgenbilder genau vertraut zu machen; der Heeresverwaltung aber erwächst die Aufgabe, für brauchbare Röntgenapparate Sorge zu tragen. Auch hier stellen die Kriegsverhältnisse, die zu berücksichtigen sind, ganz besondere und schwer zu lösende Anforderungen. Denn der Kriegs-Röntgenapparat muß überall und jederzeit verwendungsbereit und arbeitsfähig sein, er muß leicht transportabel und unabhängig von den nicht vorauszusehenden örtlichen Verhältnissen sein.‹

Die ersten Mitteilungen über den gelungenen Nachweis von Kugeln innerhalb der Schädelkapsel stammen von Eulenburg und Stachow.

4. Zahnheilkunde.

§ 179.   Die Röntgenstrahlen im Dienste der Zahnheilkunde haben den Beobachtungen von W. D. Miller zufolge in unzweideutiger Schärfe zum Vorschein gebracht:

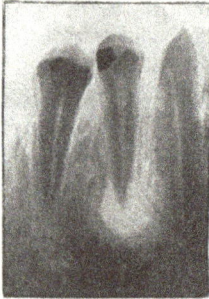

Fig. 130.

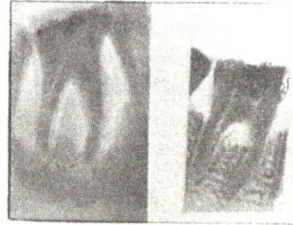

Fig. 131.

1. Blinde Abszesse und Abszeßhöhlen (i. e. hellere Flecken im Röntgenogramm) im allgemeinen an der Zahnwurzelspitze (Fig. 130).
2. Zerstörung des Zahnfaches bei Alveolarpyorrhoe (Fig. 131).
3. Verdickung der Wurzelspitze durch Zementauflagerung (Excementosis).
4. Resorption der Wurzelspitze (z. B. bei Zähnen ohne Antagonisten).
5. Feststellung, ob ein Zahn noch im Kiefer sitzt (reteniert).
6. Orientierung über Lagerung der Wurzeln (vor der Zahnregulierung).
7. Neubildungen (Dentikel) in der Zahnpulpa.
8. Fremdkörper[1] im Zahn, Wurzelkanal etc.
9. Auffinden von Wurzelresten.

---

[1] Weil ist es gelungen, die Konturen des Innern von Nebenhöhlen (der Nase) am Lebenden durch Eingießen einer dicken Emulsion von schwefelsaurem Blei im Röntgenbilde sichtbar zu machen.

5. Interne Medizin.

§ 180. Auch für die interne Medizin bedeutet die Untersuchung mit Röntgenstrahlen eine Bereicherung unseres diagnostischen Könnens.

Die Methode wird in zweifacher Weise geübt; während die Chirurgie sich vorwiegend der Röntgenogramme bedient, ist bei internen Fällen die Betrachtung der Bilder auf dem Fluoreszenzschirm oft von ausschlaggebender Bedeutung; z. B. um die Bewegung des Diaphragma, die Pulsation eines Tumors etc. zu erkennen.

Die Röntgenuntersuchung der Thoraxorgane ist eine wichtige Ergänzung der bisherigen durch Perkussion und Auskultation ausgeführten Methode.

Verdichtungen des Lungengewebes, oftmals in den Spitzen, sind durch dunkleren Schatten charakterisiert.

Abszesse, Bronchiektasien und Cavernen (hellere Flecken mit dunklem Hof) sind durch die Röntgenuntersuchung genau zu lokalisieren. Diffuse Prozesse lassen mehr eine Marmorierung erkennen (Holzknecht).

Interlobäre pleuritische Prozesse, deren operative Entfernung lebensrettend wirken kann (Béclère) sind mit Hilfe der Röntgenstrahlen nachweisbar.

Sehr interessant ist die Röntgendurchleuchtung eines Pyopneumothorax, besonders des totalen und offenen. Das horizontal aufgelagerte Exsudat wirft einen tiefen Schatten, der sich in einer scharfen, immer horizontalen Linie gegen den auffällig hellen Luftraum absetzt; nahe der Wirbelsäule im Bereiche des Bronchus und der großen Gefäße sieht man den Schatten der zum Hilus retrahierten Lunge. Das durch aktive oder passive Bewegungen des Patienten hervorgerufene Schwappen der Exsudatflüssigkeit dokumentiert sich in sehr prägnanter Weise durch Veränderungen des Schattenbildes. Man sieht die Wellen, welche die Flüssigkeit wirft.

Das Röntgenbild belehrt uns ferner über Tiefstand (z. B. Emphysem) oder Hochstand (z. B. Lähmung) des Zwerchfells, über subphrenische Abszesse usw. usw. Durch die Röntgenuntersuchung wurden unsere Kenntnisse über Größe, Lage, Beweglichkeit und Tätigkeit des Herzens und der großen Gefäße bedeutsam vertieft. Man ist in der Lage, die Tätigkeit der vier Herzabschnitte auf dem Baryumplatincyanürschirm genau zu beobachten. Betreffs der Details muß auf die

Spezialwerke verwiesen werden. Aneurysmen der Brustaorta präsentieren sich oftmals als große, mehr rundliche Pulsation zeigende Schatten, die oberhalb des Herzschattens gelegen sind. Dabei ist zu bedenken, daß auch andere mediastinale Tumoren das Bild der Pulsation (fortgesetzt) darbieten können.

Interessant ist es, daß es gelingt, Verkalkungen der Koronararterien des Herzens durch Röntgenuntersuchung festzustellen.

Lage des Magens, des Kolon etc. läßt sich durch Einbringen von Wismutoxyd (Wismutoxyd-Reisbrei) studieren.

Die Bedeutung der Röntgenuntersuchung für die Erkennung der Lithiasis und der Fremdkörper wird im chirurgischen Teile gewürdigt.

6. Geburtshilfe und Gynäkologie.

§ 181. Die Anwendung der Röntgenstrahlen zu diagnostischen Zwecken hat in jüngster Zeit auch in der Geburtshilfe und Gynäkologie Eingang gefunden, besonders seit Albers-Schönberg diese Methode der Röntgenaufnahmen verbessert hat.

Zur zweckmäßigen Röntgenaufnahme einer schwangeren Frau ist nötig:

1. Seitenbauchlage der Frau,

2. genaue Abblendung,

3. Fixation des Uterus durch Kompression während der Aufnahme.

H. Freund meint diesbezüglich: ›Gelingt es aber, auf dem beschriebenen Wege immer schärfere Bilder herzustellen, so wird man die Röntgenographie häufig verwenden können zur Diagnose der Schwangerschaft, der Mehrlingsschwangerschaft und der Extrauteringravidität, zu weiteren Aufschlüssen über Lage und Stellung der Frucht und den Geburtsmechanismus, zur Diagnose der Beckenform und -größe.‹

Sjögren und Imbert wiesen durch Röntgenuntersuchung eine Extrauteringravidität nach.

Leopold sah im Röntgenbild einer Graviden den Kopf deutlich gekennzeichnet.

Die Beckendiagnose findet in dem Verfahren von Fochier ›Radiographie métrique‹ und in der Radiopelvimetrie von Bouchacourt eine wertvolle Unterstützung.

Wormser vermochte auf diese Weise die Maße eines pseudoosteomalacischen Beckens genau festzustellen, Goebel Osteomalacie, Planchon ein rhachitisches Becken usw.

v. Rosthorn und Kraus studierten anatomische Veränderungen des Zwerchfells (dessen Konfiguration) und des Herzens (Hypertrophie) bei Schwangeren.

In der Gynäkologie bedient man sich der Röntgenuntersuchung zur Feststellung von Verkalkungen (z. B. Lithopädion), Konkrementen (vgl. Lithiasis in der Chirurgie) und Auffindung von Fremdkörpern, z. B. Haarnadeln u. dgl. in den weiblichen Genitalien.

7. Anatomie und Anthropologie.

§ 182. Die Untersuchung mit Röntgenstrahlen hat auch auf dem Gebiete der normalen Anatomie, der Anthropologie (und der Paläontologie) zu neuen Entdeckungen geführt. Diese Studien wurden nicht nur an Präparaten, sondern auch an lebenden Menschen ausgeführt: die Architektur der Knochen, die Anatomie und Mechanik der Gelenke lassen sich derart in exakter Weise zur Anschauung bringen. Die Röntgenogramme bilden einen wichtigen Beitrag zur Entwicklungsgeschichte der Knochenkerne.

A. Schüller fixierte in seinem Werke die typischen Aufnahmsrichtungen des Schädels; seine Abbildungen gelten als Normen beim Studium der Schädelmorphologie und der Diagnose pathologischer Schädelbildungen. Nicht nur die Form, sondern auch die Struktur der Knochen wird in Schüllers Werk in einer bisher ungekannten Vollkommenheit zur Anschauung gebracht. Sämtliche Details der Schädelbasis können beim Lebenden der Beobachtung zugeführt werden.

Das Studium der Anthropologie hat durch die Röntgenuntersuchungen eine unschätzbare Förderung erfahren, insofern als es jetzt möglich ist, die Struktur antediluvialer Knochenreste ohne Präparation zu erkennen. So manche dieser Knochen sind unersetzlich (z. B. Knochen von Neanderthal, am Niederrhein, Südösterreich, des Pithecantropus erectus [Java] usw.) und dürfen nicht zerkleinert werden. Walkhoff brachte die inneren Strukturen, deren typische Abweichung von den Menschen der Jetztzeit, in sehr lehrreichen Röntgenbildern zur Anschauung.

E.

VIII. Therapie.

Elektrizität als Heilfaktor.

§ 183. Der Wert der Elektrodiagnostik steht unbestritten da, und ihre Bedeutung wird allgemein gewürdigt. Anders verhält es sich mit der Elektrotherapie. Der elektrischen Behandlung wird heute von einigen Autoren und Praktikern jeder Heilwert abgesprochen. Beobachtete Heilwirkungen führen andere wieder auf Suggestion zurück. Nach Ansicht dieser Autoren, und es sind namhafte Nervenärzte darunter, soll bei der elektrischen Therapie das psychische Moment das einzig Wirksame sein.

Moebius war der Erste, der die suggestive Wirkung des elektrischen Stromes betonte und weiterhin erklärte, mindestens vier Fünftel der elektrischen Heilwirkungen seien psychischer Natur. Zur Unterstützung seiner These wies Moebius darauf hin, durch Suggestion seien dieselben Heilerfolge zu erzielen wie durch Elektrotherapie, und die physiologischen Eigenschaften des elektrischen Stromes (Elektrotonus, Nervenreizung etc.) können zur Erklärung der therapeutischen Wirkungen nicht mit Sicherheit herangezogen werden, die Anwendung oft der verschiedensten Methoden hätten zu demselben Erfolge geführt, aber oftmals seien in gleichgearteten Fällen trotz Anwendung derselben Methode ungleiche Erfolge erzielt worden und schließlich haben viele Krankheitsformen mit und ohne Elektrotherapie ganz denselben Verlauf genommen.

Auf dem im Jahre 1891 in Frankfurt a. M. auf Edingers Veranlassung zusammengetretenen Elektrotherapeuten-Kongreß trat eine Scheidung der Gläubigen und Ungläubigen ein; die ersteren waren in der Überzahl. Für die physische Heilkraft der Elektrizität traten namhafte Forscher wie Benedikt, Edinger, Erb, Laquer, Löwenfeld, Monakow, C. W. Müller, Vigouroux u. a. ein. O. Rosenbach nahm einen völlig negativen, Bruns und A. Eulenburg einen vermittelnden Standpunkt ein.

A. Eulenburg kommt nach eingehender und objektiver Würdigung aller Gründe und Gegengründe zu dem Schlusse, ein Fünftel aller elektrotherapeutischen Heilerfolge seien auf Suggestionstherapie zurückzuführen.

R. Stintzing, welcher nach richtiger Abschätzung aller ins Gewicht fallender Momente der Elektrizität physische Heilwirkung zuspricht, zitiert unter den eifrigen Verteidigern der physischen Heilwirkung aus der neueren Zeit Leyden, Bernhardt, E. Remak, Althaus, Lombroso, Roßbach, Sperling, Wichmann, H. Geßler, Wiederhold, Buschan, Scheiber. Alle diese Autoren suchen, gestützt auf Beobachtungen, die der Suggestion allein nicht zukommen, die Einwände von Moebius zu widerlegen.

§ 184. Vigouroux trat auf dem Kongreß in Frankfurt a. M. in sehr warmer Weise für die Elektrotherapie ein. Es dürfte von Interesse sein, einige seiner Argumente zu reproduzieren:

›On pourrait se contenter de répondre que la suggestion joue dans l'électrothérapie le même rôle que dans le reste de la thérapeutique. Mais ce rôle n'est pas encore bien défini; on ne comprend pas, notamment, si ceux qui parlent de suggestion voient en elle le facteur unique de toute action médicale ou s'ils la considèrent seulement comme un succédané efficace de la plupart des méthodes thérapeutiques. Il est donc nécessaire d'envisager la question au point de vue special d'électrothérapie.‹

›Il y a d'abord à se demander pourquoi cette application par la suggestion est invoquée pour l'électricité plutôt que pour les autres agents de la thérapeutique. Cela provient, je crois, de certaines associations d'idées assez vagues. Ainsi on admet maintenant que l'électricité est utile dans l'hystérie et comme, d'autre part, c'est une opinion assez répondue que l'hystérie et ses manifestations sont d'ordre essentiellement psychique et que, d'autre part, la suggestion est très facile à produire chez les hystériques, on en conclut que l'électricité n'est chez elles et par suite, partout ailleurs, qu'une simple forme de la suggestion. C'est aller beaucoup trop vite; mais qu'il soit formulé ou non, ce raisonnement règle la conduite de beaucoup de médecins. L'électricité est la médication de l'hystérie, disent-ils avec une nuance de dédain, et ils conseillent l'électricité aux histériques à peu près dans le même esprit qu'ils les envoient à Lourdes. Une telle manière de voir est doublement erronée: d'abord en ce qui concerne l'électricité, sous toutes ces formes, qui ne peut évidemment pas être regardée comme un agent physique indifférent; ensuite en ce qui concerne la maladie elle-même. On oublie trop facilement que l'hystérie n'est pas tout entière contenue dans la forme psychique et que toutes ou tous les hystériques ne sont pas des aliénés. Beaucoup de malades présentent des manifestations indubitablement hystériques (paralysies, contractures, spasmes etc.) sans que leur équilibre moral et intellectuel soit troublé en quoi que ce soit. . . .

On peut mettre sur le compte de la suggestion une bonne partie des résultats produits par les procédés les plus usuels de l'électrothérapie, par exemple les résultats purement suggestifs tels que la sensation de bien-être et de délassement qui suit le bain électrique, ou encore l'amélioration subite d'une paralysie fonctionelle et surtout les guérisons soudaines très analogues aux miracles de Lourdes des paralysies ou contractures hystériques. L'observation montre que tous ces faits ne relèvent pas nécessairement de la suggestion. . . .

Dans un grand nombre de cas où la suggestion est à la rigueur possible, le résultat thérapeutique s'explique avec beaucoup plus de vraisemblance par une action physique. . . .

Prenons les effets cataphorique de l'électricité, que l'on observe par exemple dans la résorption rapide des collections séreuses ou sanguines. La suggestion revendique des cas de ce genre; mais déjà son domaine se reserre, car elle n'obtient de résultats de cette nature qu'exceptionellement et chez des sujets choisis. De même pour les effets vasomoteurs. Ici le parallèle demand à être suivi d'un peu près. Nous savons que chez des sujets entraînés, la suggestion peut produire des hypérémies limitées et figurées. Peut-elle imiter l'action polaire d'électricité et provoquer simultanément l'hyperémie sur un point et ischémie sur un autre? . . .

Supposons un muscle malade, présentant la réaction de dégénérescence, il n'obéit plus ni à la volonté, ni à l'excitation faradique; mais il suffit d'une étincelle électrique faible pour le faire contracter. La suggestion a-t-elle jamais obtenu la contraction d'un muscle dans cet état?

L'action trophique de l'électricité est assez admise dans ses effets locaux sur les muscles atrophiés bien qu'en réalité sujette à contestation. Ce qui est beaucoup mieux établi, et aussi beaucoup moins connu, c'est l'influence stimulante et régulatrice d'électricité sur la nutrition géné-

rale, influence attesté par les modifications de la
température du corps, des échanges respiratoires
et de la composition de l'urine. Cette influence
est exercée au maximûm par l'électrisation statique. ...

Les partisans de la suggestion expliqueront le fait par la
stimulation générale psychique. Soit; mais ils n'expliqueront
pas pourquoi le taux de l'urée, la proportion respective des
phosphates terreux et alcalins sont en relation étroite avec
la durée des séances et la nature des excitations électriques
(Damian).

La suggestion n'a pas encore, que je sache, produit des
phénomènes de cet ordre. On n'imagine pas facilement un
expérimentateur suggérant à son sujet d'avoir le lendemain
25 grammes d'urée dans son urine au lieu de 18 ou récipro-
quement.

Relativement à ce chapitre si important de l'influence de
l'électricité sur la nutrition, je citerai encore l'efficacité de l'électricité dans le diabète sucré. Un exemple frappant en est
rapporté dans l'ouvrage cité de Levillain, et j'ai eu mainte-
fois l'occasion de voir d'autres faits confirmatifs. Je ne crois
pas que la suggestion ait jamai donné de résultats de ce genre.

Supposons cependant la suggestion aussi puissante sur la
nutrition que l'électricité, ses partisans ne pourraient pas lui
attribuer les résultats obtenus dans cas où, suivant leur propre
aveu la suggestion est impossible. Ainsi, dans la mélancolie,
avec stupeur, les effets si remarquables de l'électricité sur la
nutrition, la calorification, la circulation ne sont évidemment pas
du domaine de la suggestion. De même dans la sclérose cérébrale infantile etc. ...

Ce que je viens de dire me paraît suffisant pour motiver
une conclusion:

Si grande que l'on veuille faire, en forçant même la vraisemblance, la part de la suggestion dans les résultats théra-
peutiques de l'électricité, il reste toujours un group imposant
de faits auxquels la suggestion est manifestamment étrangère.
L'action physiologique et thérapeutique de l'électricité est en
rapport avec ces propriétés physiques; cette action est régulière,
en relation constante avec la forme et la quantité d'énergie
employée. Tandis que les effets de la suggestion présentant le
caractère opposé.

Il n'y a pas plus de raison de chercher dans la suggestion la raison unique de l'efficacité thérapeutique pour l'électricité que pour les autres agents physiques. Pour justifier une tentative de ce genre, il faudrait démontrer d'une part que la suggestion peut produire tous les effets physiologique et thérapeutiques de l'électricité et, d'autre part, que l'action physique de celle-ci est sans influence sur l'organisme. Nous avons vu suffisamment qu'aucune de ces conditions ne peut être remplie.

Remarquons encore que le scepticisme outré des partisans de la suggestion à l'égard des agents physiques, se consilie avec une grande crudélité non moins outrée à l'égard de l'influence psychique. Un peu d'éclectisme et de critique seraient à propos.

Il est donc à désirer que cette question soit, à l'avenir, traitée d'une manière scientifique et que le mot suggestion ne soit plus employé à la légère pour écarter sans examen une branche importante de la thérapeutique.‹

Außer dieser Argumentation werden von den Vertretern der spezifischen Heilwirkung des elektrischen Stroms die exakten klinischen Reihenexperimente E. Remaks bei der Radialislähmung angeführt.

Remaks Beobachtungen weisen in unanfechtbaren Zahlen die Abkürzung der Heilungsdauer infolge einer ganz bestimmten elektrischen Behandlungsmethode nach. Ähnliche Erfolge erzielte Duchenne in seiner ausgedehnten Praxis.

§ 185. Experimentelle Arbeiten über diese wichtigen Fragen liegen bis jetzt nur wenig vor.

H. Friedländer durchschnitt beide Nervi ischiadici eines Hundes an genau derselben Stelle. Nur eines der beiden Hinterbeine wurde behandelt, und zwar galvanisiert. Nach vier Wochen war das elektrisch behandelte Bein wieder vollkommen beweglich und nicht atrophisch, wogegen das nicht behandelte Bein paretisch blieb und atrophisch wurde.

Auf R. Stintzings Veranlassung prüfte O. Götze diese Frage neuerdings experimentell. Götze erzeugte in einer Reihe von Versuchen Lähmungen der Hinterpfoten, indem er einen oder beide Nervi ischiadici in Abstufungen gedehnt hatte. Er sah an demjenigen Bein, welches systematisch galvanisiert wurde, die Motilität, die elektrische Erregbarkeit und Sensibilität viel früher wiederkehren und fand, daß es daselbst auch nicht zu so starker Atrophie kam wie an den nicht behandelten Extremitäten.

Diese Versuche liefern also den bisher ver-
mißten einwandsfreien Beweis, daß die elektrische (galvanische) Behandlung eine ausgesprochen
heilende Wirkung auf peripherische Lähmungen
ausübt (Stintzing).

Wenn also auch eine spezifische Heilwirkung der Elektrizität zugegeben werden muß, ob nun nach der Annahme von
Eulenburg ¹/₅ dieser Heilungen, oder nach Moebius ⁴/₅ auf
Rechnung der Psychotherapie zu setzen wären, so entsteht eine
neue Schwierigkeit, wenn eine weitere Frage beantwortet werden
soll, nämlich, worin diese spezifische Heilwirkung
besteht.

Bevor wir die Wirkungsweise des elektrischen Stromes
studieren wollen, müssen wir gestehen, daß wir es bei der
Elektrizität mit einer großen Unbekannten zu tun haben.
Mit minutiösester Genauigkeit vermag der Techniker die Spannung, Intensität etc. dieser Kraft zu berechnen und exakte
Instrumente und Apparate zu konstruieren, doch weder über
ihr Wesen noch über das Wie und Wo ihrer Fortbewegung vermag der Elektrotechniker irgend etwas auszusagen. In der physiologischen und klinischen Forschung vermögen wir nur hier und
da die materiellen Spuren dieser seltsamen und rätselhaften
Kraft — die schon von Goethe als Weltseele bezeichnet
wurde — zu verfolgen.

§ 186. Heute sind es vorwiegend drei Theorien, auf
denen die spezifische Heilwirkung der Elektrizität basiert:

1. die physikalische Theorie,
2. die chemische Theorie,
3. die physiologische Theorie.

Die physikalische Theorie stützt sich auf Beobachtung der physikalischen Wirkungssphären der Elektrizität. Die
physikalische Beeinflussung würde verbunden sein mit einer
Verschiebung der kleinsten Körperelemente (Moleküle); die permanente Bewegung dieser Teilchen würde im positiven bzw.
negativen Sinne beeinflußt werden. Bei Strömen von großer
Intensität könnten Verlagerungen von größeren Partien vorkommen, sog. Massenbewegung¹).

---

¹) Vgl. »Elektropathologie«.

Die chemische Theorie macht die Elektrolyse zu ihrer
Grundlage und sucht alle elektrischen Heilwirkungen auf chemische Vorgänge zurückzuführen. Frankenhäuser, Schatzkij u. a. nehmen an, die unter Einwirkung des galvanischen
Stromes freigewordenen Molekülbestandteile, die Ionen, wandern und trachten sich in der Richtung zu den Polen zu
bewegen; diese Ionen bewirken auf ihrer Wanderung durch
die verschiedenen Gewebszellen, die als Leiter II. Ordnung aufzufassen wären, neue chemische Prozesse, die zu Stoffwechselvorgängen Anlaß geben und schließlich eine Heilwirkung
hervorrufen.

Die Kataphorese, die sich als erwiesen ansehen läßt, ist
eine weitere Stütze der chemischen Theorie. Ob unsere in der
Elektrotherapie verwendeten schwachen Ströme in den tiefer
liegenden Geweben chemische Prozesse auszulösen im stande
sind, bleibe hier unerörtert. Die Anhänger der chemischen Theorie
verlangen auch in der Tat die Anwendung von stärkeren Strömen,
als man sie bisher verwendete.

Frankenhäuser u. a. unter den deutschen Autoren,
ferner Bergonié, Dubois, Guilloz, Leduc und andere
Franzosen schlagen eine Applikation von Strömen bis 40 und
60 Milliampere vor.

Die physiologische Theorie beruht auf den von den
Physiologen beobachteten und studierten Erscheinungen, die
durch den elektrischen Strom hervorgerufen werden. Es sind
dies die im physiologischen Teil bereits besprochenen Eigenschaften vorwiegend des galvanischen Stromes: Elektrotonus,
elektromotorische Reizerscheinung, die katalytische Wirkung
(Remak), die Gefäßwirkung usw. Die ferner durch Muskelerregung hervorgerufene Muskelkontraktion soll den Ernährungszustand der Muskeln und der umgebenden Gebilde beeinflussen.

Die gereizten und zur Kontraktion gebrachten Muskelfasern
sollen entweder per continuitatem oder reflektorisch auch auf
entfernt liegende Teile des Nervensystems einen Reiz ausüben.
Diese Erregung kann sich bis ins Zentralnervensystem fortpflanzen
und dortselbst entweder — Bewegung im positiven oder negativen Sinne — eine Funktionshemmung (z. B. Anoden-
wirkung bei Neuralgien) oder eine Funktionssteigerung
— ›Bahnung‹ — (z. B. bei Hemiplegie) hervorrufen.

Der Mißkredit, in welchen die Elektrotherapie vielfach
geriet, ist, um mit R. Stintzing zu sprechen, nicht so sehr
auf den Mangel einer streng wissenschaftlichen Grundlage, als

vielmehr auf die vielen M i ß e r f o l g e zurückzuführen. Die Zahl
der letzteren wurde nicht in letzter Linie noch dadurch vermehrt, daß man fast eben alles ›elektrisiert‹. Zu beherzigen ist
ferner, daß die Elektrizität nur demjenigen Arzt eine willige
Helferin ist, welcher nebst physiologischen und klinischen Kenntnissen auch über genügende technische Erfahrungen verfügt.

›Die Anforderungen, welche an eine kunstgerechte Handhabung der Elektrotherapie gestellt werden, sind groß. Sehe
ich ab von den allgemein pathologischen und diagnostischen
Kenntnissen, die ja als selbstverständliche Voraussetzung für
jede Behandlung gelten müssen, so bedarf der Elektrotherapeut
noch einer besonderen Schulung in der Erzeugung und Verwendung elektrischer Ströme. Die Kenntnis der Elektrizitätslehre
und der physikalischen und physiologischen Gesetze über das
Verhalten der elektrischen Ströme im menschlichen Körper sind
die unabweisliche Grundlage der elektrischen Heilmethoden. Die
Erlernung und Handhabung letzterer ist ein leichtes für den,
der sich mit den physikalischen Verhältnissen vertraut gemacht
hat (R. S t i n t z i n g).‹

§ 187. Es gibt heute kein Spezialgebiet der praktischen
Medizin, in welchem nicht die eine oder andere Energieform
der Elektrizität in Anwendung gezogen würde. Während früher
die Elektrotherapie eine Spezialität des Nervenarztes war, steht
heute die Elektrizität jedem Arzt zu Diensten. Man braucht
nur einen Blick auf die vielen und exakten Apparate und Instrumente zu werfen, welche die moderne Elektrotechnik der
Medizin zur Verfügung stellt, um zu erkennen, daß Elektrizitätstherapie allenthalben betrieben wird, daß die ›A n w e n d u n g
d e r E l e k t r i z i t ä t i n d e r M e d i z i n‹ eine allgemeine ist. —
Bevor die Einzelheiten dieser praktischen Anwendung der Elektrizität zur Erörterung gelangen, sei bemerkt, daß es im Interesse einer raschen Orientierung gelegen ist, die Krankheitsformen
der verschiedenen Organsysteme der Reihe nach aufzuzählen
und bei jeder derselben die t h e r a p e u t i s c h e (und, wo es
zweckmäßig, nebstdem noch die d i a g n o s t i s c h e) Anwendung
der Elektrizität (z. B Galvanisation, Röntgenisation etc.) im besonderen hinzuzufügen. Da verschiedene Energieformen der
Elektrizität oftmals bei ein und derselben Krankheitsform in
Anwendung kommen, so erscheint eine gute Übersicht dadurch
am ehesten gewonnen. Einige Allgemeinregeln der Elektrotherapie (aus S t i n t z i n g s Allgem. Elektrother.) sollen voraus-
geschickt werden.

§ 188. Im folgenden die Übersicht des Arbeitsplanes:

I. Allgemeiner Teil.

1. Allgemeine Regeln.
2. Allgemeine Behandlungsmethoden:
   a) polare,
   b) erregende $\left\{\begin{array}{l}\text{faradische,} \\ \text{galvanische,} \\ \text{galvanofaradische,} \\ \text{Franklinisation,}\end{array}\right.$
   c) katalytische.
3. Besondere Methoden:
   a) örtliche Behandlung:
      α) subaurale Galvanisation des Sympathikus,
      β) Galvanisation der Druck- und Schmerzpunkte,
      γ) Galvanisation mit schwachen Dauerströmen.
   b) Allgemeinbehandlung:
      α) allgemeine Elektrisation,
      β) zentrale Galvanisation,
      γ) hydroelektrische Bäder.
   c) Franklinisation.
   d) D'Arsonvalisation, Sinusoidalströme etc.
   e) Elektrolyse.
   f) permeaelektrische Behandlung.
   g) Mechanotherapie.
   h) Elektrothermische Therapie.
   i) Lichttherapie.

II. Spezieller Teil.

1. Krankheiten der Knochen und Gelenke.
2.   »   »   Muskeln.
3.   »   »   peripheren Nerven.
4.   »   des zentralen Nervensystems.
5. Funktionelle Nervenleiden.
6. Krankheiten der Sinnesorgane.
7.   »   »   Haut, des Harn-, Geschlechtsapparates.
8.   »   des Respirationstraktes.
9.   »   »   Gefäßsystems.
10.   »   »   Digestionstraktes.
11.   »   »   gestörten Stoffwechsels.
12. Neubildungen.

III. Röntgentherapie.
1. Interne Medizin.
2. Chirurgie.
3. Dermatologie.
4. Gynäkologie.
5. Weitere Untersuchungen.
6. Nebenwirkungen.

1. Allgemeine Regeln.

§ 189. Der Elektrotherapeut sucht Heilerfolge durch Galvanisation, Faradisation und Franklinisation zu erzielen. Wenn auch die Elektrotherapie größtenteils auf empirischer Grundlage aufgebaut ist, so soll trotzdem der Praktiker sich die Ergebnisse der physiologischen Wirkungsweise der Elektrizität zunutze machen. Er wird deshalb oftmals bei derselben Krankheitsform bald die galvanische, bald die faradische Elektrizität in Anwendung bringen.

Im allgemeinen macht man vom galvanischen Strom wegen seiner vielseitigeren Wirkungen öfteren Gebrauch als vom faradischen.

In Frankreich benutzt man in jüngster Zeit statt der beiden genannten Elektrizitätsformen vielfach die sog. Influenzelektrizität. Besonders C h a r c o t , V i g o u r o u x , A. R o u s s e l sprachen sich in sehr überzeugender Weise für die allgemeine Wiederverwendung der Franklinisation aus. Im allgemeinen sind folgende Regeln in Betracht zu ziehen:

I. R e g e l : Wird diese oder jene Elektrizitätsform zu Heilzwecken benutzt, so gilt als erste Regel, die Behandlung in ›l o c o m o r b i‹ (zuerst von M. B e n e d i k t ausgesprochen) auszuführen. Auch E r b bezeichnete die l o k a l i s i e r t e Applikation der Elektrizität als obersten Grundsatz der Elektrotherapie.

Der Elektrotherapeut muß bestrebt sein, den zu behandelnden kranken Herd durch den elektrischen Strom direkt zu treffen. Dies geschieht am besten, indem man eine oder beide Elektroden auf diese Stelle aufsetzt. Ist der Ort der Erkrankung für den elektrischen Strom nicht zugänglich (z. B. bei funktionellen Neurosen, Augenmuskellähmungen etc.), dann muß die Therapie in ›l o c o s y m p t o m a t i s‹ eingeleitet werden, d. i. an der Stelle, wo die hauptsächlichsten Symptome der Erkrankung in Erscheinung treten.

II. Regel: Der angewandte Strom muß dosiert werden.
Die Grenzen der in der Elektrotherapie verwendeten Stromstärken
reichen sehr weit: Während die einen Elektrotherapeuten kaum
zu empfindende Stromintensitäten, geradezu homöopathische
Dosen verwenden, elektrisieren andere wieder mit Stromintensitäten, die eben oder kaum mehr zu ertragen sind (z. B. 60 bis
100 MA !).

Nach den Erfahrungen von R. Stintzing liegt die therapeutische Verwertbarkeit des elektrischen Stroms zwischen 0,5
bis 50,0 MA bei einem Elektrodenquerschnitt von 3 bis 500 qcm.

Die Berücksichtigung des Elektrodenquerschnitts ist für die
Dosierung von großem Belang. Die Wirkung des applizierten
Stroms wird dadurch beeinflußt; hängt doch davon die Strom-
dichtigkeit $\left(\dfrac{J}{Q}\right)$ ab.

Die Durchströmung eines Organs ist nicht nur von der
Stromintensität, sondern auch vom Elektrodenquerschnitt abhängig. Der Elektrotherapeut muß nicht nur den Ausschlag der
Galvanometernadel, sondern auch die Stromdichte in Betracht
ziehen, mit welcher die Elektrizität in die zu behandelnde Stelle
eindringt.

So hat C. W. Müller als Durchschnittsmaß die Dichtig-
keit $= \frac{1}{18} - \frac{1}{20}$ empfohlen (d. h. 1 MA Stromstärke bei Anwendung einer Elektrode von 18 bis 20 qcm wirksamer Oberfläche).

Morton verwendet bei Rückenmarksleiden eine Stromdichte, $D = \dfrac{65}{54}$.

Althaus führt Gehirngalvanisation aus mit $D =$
$\dfrac{0,5 - 2,0 \text{ MA}}{16 - 130 \text{ qcm}}$ i. e. $\dfrac{1}{32} - \dfrac{1}{75}$.

Sperling gibt D mit $\dfrac{0,5}{50}$ an.

Nach R. Stintzing schwankt die für jeden einzelnen Fall
verschieden anzuwendende D zwischen $\dfrac{1}{12} - \dfrac{1}{1}$.

Nach Mann ist $D = \dfrac{1}{100} - \dfrac{1}{2}$.

Erben hält dafür, daß man in der Praxis annähernd $\frac{1}{18}$,
$\frac{2}{36}$, $\frac{3}{50}$, $\frac{4}{70}$, $\frac{5}{90}$ und $\frac{6}{110}$ gleichsetzen kann.

Wie starke oder schwache Ströme man auch zur Anwendung bringt, so muß man immer mit der geringsten Intensität
beginnen. Sprungweise Vergrößerung der Stromintensität

können, besonders wenn die Elektroden in der Nähe des Kopfes plaziert sind, sehr üble Zufälle hervorrufen: Schwindel, Übelkeiten, Ohrensausen, sogar kollapsähnliche Zustände. In ähnlicher vorsichtiger Weise muß man auch die Ausschaltung des Stroms vornehmen. Der elektrische Strom muß sich, wie es heißt, »einschleichen und ausschleichen«.

Der faradische Strom kann nicht in so genauer Weise wie der galvanische dosiert werden. Da hilft die Kenntnisnahme des Rollenabstandes oder des eingeschalteten Widerstandes.

Sehr zweckmäßig ist es ferner, wenn der Elektrotherapeut oftmals an sich selbst die Wirkung dieser oder jener Stromspannung erprobt. Die eigene Erfahrung gestattet oftmals eine bessere Orientierung als jede Meßmethode.

III. Regel. Die Dauer der einzelnen elektrotherapeutischen Sitzung läßt sich nicht allgemein abgrenzen. Individuelle Verhältnisse des Patienten spielen dabei eine Rolle.

C. W. Müller und Lewandowski empfehlen sehr kurze Sitzungen.

R. Stintzing ist im allgemeinen für länger dauernde Sitzungen; so braucht er für die Behandlung einzelner Nerven 1 bis 3 Minuten, für die Rückenmarksgalvanisation 5 Minuten, für die Behandlung des Magens oder Darms mit beiden Strömen 6 bis 10 Minuten, für die allgemeine Faradisation 15 bis 30 Minuten.

Erb hält dafür, daß es für die gewöhnlichen Fälle das Richtigste sein wird, jede Einzelapplikation (d. h. die Einwirkung auf einen bestimmten Teil) auf $^1/_2$ bis 2 bis höchstens 8 Minuten zu bemessen, eine Gesamtsitzung aber, die sich aus mehreren Einzelapplikationen zusammensetzt, etwa 10 bis 15 Minuten dauern zu lassen. Nach jeder Sitzung haben sich die Kranken 1 bis 2 Minuten ruhig zu halten.

Betreffs der Häufigkeit der zu wiederholenden Sitzungen läßt sich keine Regel aufstellen.

Im allgemeinen macht man täglich eine Sitzung; allerdings wird man z. B. bei Behandlung von schweren Neuralgien auch 2 bis 3 Sitzungen im Tage versuchen. Akut verlaufende Fälle elektrisiert man fünf- bis sechsmal die Woche, chronisch verlaufende Fälle werden in den ersten 6 bis 8 Wochen drei- bis viermal wöchentlich behandelt, in den späteren Wochen immer seltener.

Wenn trotz mehrwöchentlicher oder gar monatlicher Elektrisation gar keine Besserung zu konstatieren ist, so ist es im

Interesse sowohl des Behandelten als auch des Ansehens der Elektrotherapie gelegen, mit den Sitzungen abzubrechen oder dieselben nur äußerst selten abzuhalten. Eine Wiederholung der Kur in einem späteren Zeitraum ist dann oft erfolgreicher.

In früheren Zeiten, zumal als die Duchennesche Faradisation localisée geübt wurde, machte man Sitzungen, die $1/_4$ bis $1/_2$ bis 1 Stunde und noch länger dauerten. So erzählt Erb, daß er als Assistent einen Patienten mit progressiver Muskelatrophie täglich 2 Stunden lang faradisieren mußte.

Beard und Rockwell stellten die Regel auf:

›Lieber viel zu wenig als ein wenig zu viel.‹

Allgemein gilt heute C. W. Müllers Grundsatz:

›Leve, breve, saepe et in loco morbi.‹

IV. Regel. Die Methodik der therapeutischen Applikation bei lokalen Erkrankungen hat zu berücksichtigen, daß die Elektroden an richtiger Stelle aufgesetzt werden. Man wählt zur Galvanisation überzogene, angefeuchtete Elektroden. — Das Galvanisieren von Schleimhäuten unterbleibt am besten ganz.

Die Galvanisation kann ausgeführt werden: stabil, labil, intermittierend und in Voltaschen Alternativen.

Die stabile Galvanisation beläßt die gut befeuchteten Elektroden unverrückbar und mit gleichmäßigem Drucke an den Applikationsstellen.

Die labile Galvanisation wird ausgeführt, indem man die differente Elektrode (zumeist die Kathode) über den Ausbreitungsbezirk des kranken Organs mit gleichem Druck hin- und herstreicht, ohne dabei den Kontakt zwischen Elektrode und Körper zu unterbrechen.

Die intermittierende Galvanisation gleicht in der Ausführung der vorangehenden Methode, nur wird die Elektrode an Ende eines Striches abgehoben und wieder am Anfang aufgesetzt; oder man macht brüske Stromunterbrechungen, indem man die Elektrode aufhebt und wieder niederdrückt. Wegen der großen Stromschwankungen ist diese Methode eine sehr intensive, eventuell auch schmerzhafte.

Die Voltaschen Alternativen sind die intensivste Applikationsart des galvanischen Stroms und bestehen darin, daß die Pole wandern, d. h. die differente Elektrode wird für $1/_2$ bis 1 Minute auf einer bestimmten Stelle in stabiler Elektrisation belassen und allmählich um Elektrodenbreite im erkrankten Gebiete verschoben, ohne dieselbe abzuheben.

Von den Voltaschen Alternativen (VA) unterscheide man den einfachen Polwechsel, derselbe ist immer stromlos vorzu nehmen.

Die früher vielumstrittene Frage, ob es zweckmäßiger sei, mit a u f s t e i g e n d e m oder a b s t e i g e n d e m Strome zu behandeln, kann als abgetan betrachtet werden, seitdem man erfahren, daß es unmöglich ist, dem Strom im Nerven des lebenden Menschen eine bestimmte Richtung zu geben. Wir sahen vielmehr, daß ein Nerv bei der gewöhnlichen Applikation unserer Elektroden von Strömen mehrerer Richtungen durchflossen wird.

R. R e m a k und M. B e n e d i k t betonten seinerzeit die Wichtigkeit einer streng durchgeführten S t r o m r i c h t u n g.

Demgegenüber führte B r e n n e r die p o l a r e Methode in die Therapie ein. Dieselbe beruht auf den verschiedenen physiologischen Wirkungen der Kathode und Anode.

Wie bereits im physiologischen Abschnitt ausgeführt wurde, gilt das polare Zuckungsgesetz auch für den lebenden Menschen (z. B. $KS > AnO$), doch ist bei der üblichen perkutanen Applikation eine r e i n e Polwirkung nicht zu erzielen.

Wir erfuhren dort, daß in der Nachbarschaft z. B. der realen Kathode sich eine sog. »virtuelle« Anode befindet; die betreffende Körperstelle steht somit nicht ausschließlich unter der Wirkung der applizierten Elektrode (Kathode). Immerhin wird die Wirkung des applizierten Pols, da an seiner Stelle die Stromdichte größer ist, zum Teil überwiegen.

D a r a u s e r h e l l t, d a ß e i n e r e i n e P o l w i r k u n g n i c h t z u e r z i e l e n i s t, d a ß a b e r e i n O r g a n u n t e r d e m v o r h e r r s c h e n d e n E i n f l u ß d e s d a s e l b s t a p p l i - z i e r t e n P o l s s t e h e n w i r d.

Diese Wirkung läßt sich wieder nur an Organen erzielen, welche der Elektrode sehr nahe liegen, z. B. oberflächlich[1]) liegende Nerven.

Die Applikationsmethoden der I n f l u e n z e l e k t r i z i t ä t (F r a n k l i n i s a t i o n, F r a n k l i n o t h e r a p i e) fand im technischen Teil anläßlich der Besprechung der hierzu nötigen Apparate Erörterung. Man unterscheidet f r a n k l i n i s c h e L a d u n g, e l e k t r i s c h e n W i n d etc. etc.

---

[1]) Die Wirkung tritt am intensivsten hervor, wenn man das kranke Organ direkt treffen kann. So gelingt es manchmal, analgetische Wirkung (a n o d y n) der Anode momentan zu demonstrieren: Mit der drahtförmigen Anode berührt man die Pulpa eines kariösen Zahnes, nach wenigen Sekunden ist der Schmerz koupiert (Anelektrotonus).

Die franklinische Ladung führt man in der Regel nur positiv aus und sie dauert 1 bis 5 Minuten. Ebenso lange und auch länger dauern die anderen Applikationen der Franklinotherapie, die in ähnlicher Weise und ebenso zahlreicher Wiederholung bei den verschiedensten Krankheitsformen Anwendung finden. Das gründliche Buch von A. Roussel (La Franklinisation réhabilitée) gibt uns darüber Aufschluß; die durch die Franklinisation erzielten Heilresultate stehen den anderen Methoden gegenüber in nichts zurück.

Es sei endlich hervorgehoben, daß es auch Kontra-Indikationen der Elektrotherapie gibt, wie da sind:

1. Fieberzustände,
2. Kachexie und Marasmus,
3. Gravidität und eventuell auch Menstruation,
4. des weiteren cf. Fälle im speziellen Teil.

2. Allgemeine Behandlungsmethode.

a) Polare Behandlung.

§ 190. Zuweilen gelingt es, die elektrotonischen Wirkungen der Pole therapeutisch auszunutzen. Durch Anwendung der Kathode vermag man in oberflächlich verlaufenden Nerven eine Steigerung der Erregbarkeit zu erzielen, welche eine Zeitlang anhält.

E. Remak behandelte eine größere Zahl (64) von Radialis-lähmungen durch stabile Anwendung der Kathode — auf die Druckstelle des Radialis wurde täglich die Kathode (20—30 qcm) eines Stromes von durchschnittlich 6 MA appliziert — und in den meisten (54) dieser Fälle eine Abkürzung des Heilverfahrens um mehr als 14 Tage erzielt.

Den Anelektrotonus empfiehlt man gegen Neuralgien. Man trachtet das affizierte Gebiet unter die Wirkung der Anode zu bekommen. Da jedoch der Anelektrotonus der Lehre Pflügers zufolge in sein Gegenteil umschlägt, in eine gesteigerte Erregbarkeit, so muß man den Strom langsam »ausschleichen« lassen.

Die anodyne Wirkung der Anode dauert nur eine kurze Zeit an und tritt nur in der nächsten Umgebung des applizierten Poles auf.

Stintzing hebt hervor, es sei ihm öfters gelungen, Neuralgien, Muskelschmerzen, Ohrgeräusche durch Anodenbehandlung augenblicklich und häufig bei wiederholenden Sitzungen dauernd zu beseitigen.

Ebenso teilen Erb, v. Ziemssen, E. Remak, Hedinger, Althaus mehrere Beobachtungen mit; so beseitigten sie subjektive Ohrgeräusche bei chronischer Otitis media und Labyrinthleiden durch Applikation der Anode (auf den Tragus).

R. Remak empfiehlt die Anodenbehandlung bei Muskelrheumatismus und Neuralgien (stabile Galvan.).

Die Methode der polaren (stabilen) Galvanisation wird derart geübt, daß man die Anode der erkrankten Körperstelle aufsetzt und den Strom 1—2 Minuten fließen läßt. Man nimmt täglich 1—2 Sitzungen vor.

R. Stintzing empfiehlt für antiparalytische Zwecke eine

$$\text{Stromdosis} = \frac{2-5 \text{ MA}}{10 \text{ qcm}} \text{ und für antineuralgische Zwecke } \frac{0{,}5-2{,}0}{10}.$$

Aber nicht nur der galvanische Strom, sondern auch der faradische Strom soll eine erregbarkeitsändernde Wirkung ausüben. So werden die sog. »schwellenden Induktionsströme« (Frommhold) für die Herabsetzung der Erregbarkeit empfohlen. Man führt stabile Faradisation aus und verstärkt durch Überschieben der sekundären Rolle allmählich den Strom. Nach einer kurzen Zeit wird die Intensität in ähnlicher Weise vermindert, was mehrmals zu wiederholen ist.

b) Erregende Behandlung.

§ 191. Die erregende Behandlung beruht auf der Überlegung, daß es durch heftige elektrische Reize gelingen muß, pathologische Zustände, deren vorwiegendes Zeichen die gesunkene Erregbarkeit ist, wieder zu bessern oder zur Heilung zu bringen. Da man durch elektrische Reize einen Muskel zur Kontraktion bringen, ferner Sensationen und Schmerzempfindungen auslösen kann, so vermutet man, es müssen dieselben Reize auch das erkrankte Muskel- und Nervensystem in günstiger erregender Weise beeinflussen. Es ist allerdings bislang nicht bewiesen, ob der dieser Behandlungsweise zugrundeliegende Gedanke der richtige sei.

Die erregende Behandlung wird durch

α) Faradisation,
β) Galvanisation,
γ) Galvanofaradisation und
δ) Franklinisation

durchgeführt.

Dem faradischen Strom und der Franklinisation wird
wegen der starken Stromschwankungen intensivere ›erregende‹
Wirkung zugesprochen.

α) Faradisation.

Die lokalisierte Faradisation (›Faradisation localisée‹)
führte Duchenne in die Therapie ein.

Die Erregung der Nerven und teilweise der Muskeln wird
von den motorischen Punkten aus eingeleitet.

Die Muskeln werden, da sie keine motorischen Punkte
haben, auch intramuskulär erregt.

Die differente Elektrode, mit der Kathode verbunden, setzt man an den motorischen Punkt resp. intramuskulär
auf. Die Faradisation wird stabil oder labil ausgeführt.

Indikationen: z. B. hysterische Lähmungen, Atrophien
etc. Die antiparalytische Wirkung der Faradisation gilt als zweifel-
haft. Im Gegensatze dazu wies Mann nach, regelmäßig wieder-
holtes Faradisieren bewirkte nach Verlauf von einigen Tagen
eine Steigerung der Erregbarkeit des faradisierten Muskels.

Anzuwenden sind nur sehr schwache Ströme. Faradi-
sationsströme von großer Intensität und rascher Unterbrechung
haben ermüdende und lähmende Wirkung (Duchenne, Kronecker).

Die Faradisation wird weiters bei Anästhesien, psychischen
Depressionszuständen etc. zur Reizung der sensiblen Hautnerven
benutzt; als Reizelektrode ein Metallpinsel, Bürste, elektrische
›Moxe‹ etc.

Die Faradisation dient als Derivans, wie z. B. der Senfteig,
um reflektorische Wirkungen hervorzurufen.

β) Galvanisation.

Diese Behandlungsmethode ist weniger intensiv als die vor-
besprochene.

Man erzielt ›Erregung‹ indem man die Kathode an den
motorischen Punkt setzt und stabil galvanisiert.

Die von R. Remak eingeführte labile Galvanisation
ist wirkungsvoller.

Seeligmüller (Böttger) verwendete den galvanischen
Pinsel bei chronischem Gelenkrheumatismus mit Erfolg. Es
bilden sich Haufen von kleinen Ätzschorfen.

γ) Galvanofaradisation.

De Watteville führte den ›gemischten Strom‹ in die Praxis ein. Die gesteigerte Reizwirkung erklärt sich daraus, daß der durch den galvanischen Strom im Katelektrotonus befindliche Nerv durch den faradischen Strom intensiver erregt wird. Die gleichzeitige Applikation beider Stromesarten sollte nach de Watteville außerdem eine Zeitersparnis darstellen.

R. Stintzing konnte sich in mehreren Fällen von der kräftigen Wirkung des gemischten Stromes überzeugen und hält denselben für indiziert in Fällen, in denen die Erregbarkeit (der Nerven und Muskeln) stark gesunken ist und wo große, tiefliegende Muskeln und andere Organe, z. B. Magen etc. elektrisiert werden sollen.

Bei motorischer Reizung lege man die differente Elektrode möglichst zentral, bei sensibler Reizung möglichst peripher an.

Als Kontraindikation der Galvanofaradisation gelten:

1. Zustände mit gesteigerter Erregbarkeit (z. B. Krämpfe, Schmerz),
2. Zustände mit erloschener Erregbarkeit und bei EaR.

δ) Franklinisation.

Für die Franklinisation gelten im allgemeinen die für Faradisation entwickelten Leitsätze.

c) Katalytische Behandlung.

§ 192. Die katalytische Behandlungsmethode wird gegen eine ganze Reihe der verschiedenartigsten Erkrankungen empfohlen. Es sind vorwiegend akute und chronische Entzündungserscheinungen mannigfacher Organe, z. B. Neuritis, Myelitis, Drüsentumoren, Gelenksentzündungen usw., bei welchen die Elektrizität durch Entfaltung von katalytischen Wirkungen sehr günstige Erfolge herbeiführte. (R. u. E. Remak, M. Benedikt, M. Meyer, Onimus und Legros, M. Rosenthal, Erb, C. W. Müller u. a. m.)

Die von R. Remak so bezeichneten ›katalytischen Wirkungen‹ des galvanischen Stromes werden im physiologischen Teile erörtert.

Die Hauptwirkung dieser Behandlung soll in der Beeinflussung der Gewebsernährung und der Resorption gelegen sein.

R. Stintzing stimmt Erb bei, welcher annimmt, die
elektrische Erregbarkeit trophischer Nerven rufe günstige
Änderungen des Stoffwechsels hervor.

Demgegenüber nimmt wieder Mann an, »daß die elektrische
Reizung nervöser (besonders motorischer und sensibler) Apparate
an sich ganz direkt ohne den Umweg einer Aufbesserung der
Gewebsernährung als therapeutisches Agens wirkt.«

Mann meint, mit dem elektrischen Strom sei nebst einer
erregbarkeitsändernden noch eine funktionsändernde Wirkung
verbunden.

Die Methode der katalytischen Behandlung wird in Form
der stabilen und labilen Galvanisation geübt.

Es ist dabei zweckmäßig, mehrmals die Stromesrichtung,
resp. den differenten Pol zu wechseln.

Soll der Strom tiefliegende Organe, z. B. Rückenmark, Gehirn, Bauchorgane etc. treffen, so sind dazu möglichst
große Elektroden (50—100 qcm) zu verwenden und möglichst
derart zu plazieren, daß das zu behandelnde Organ auf der senkrechten Verbindungslinie der beiden Pole gelegen sei.

So behandelte z. B. M. Benedikt eine ganze Reihe von
Fällen mit monoartikulären Rheumatismen derart erfolgreich.

Ähnliche Resultate wurden von Erb, R. Stintzing und
wie erwähnt, von vielen anderen erzielt.

Die katalytische Wirkung des faradischen Stromes ist
sehr gering. Derselbe wird manchmal ebenfalls zu denselben
Heilzwecken verwendet. So bewirkte M. Meyer durch Anwendung sehr starker, öfters unterbrochener faradischer Ströme
Spaltung und Verkleinerung bei multiplen großen harten Lymphdrüsen. Trotzdem erhält behufs Erzielung katalytischer Wirkungen
der galvanische Strom den Vorzug.

R. Remak übte auch »indirekte Katalyse.« Es
ist dies ein Verfahren, bei dem der das kranke Gewebe ver-
sorgende Nervenstamm galvanisiert wird (stabil und labil). Auf
indirektem Wege, durch Erregung des Nerven soll der Stoffwechsel des erkrankten Gebiets gebessert werden. Es sollen
dadurch besonders Gelenkexsudate resorbiert werden; eine
besonders kräftige indirekte Katalyse sei durch Anwendung der
labilen Kathode (sc. am Nerven) zu erreichen.

Wenn wir auch über die Art und Weise der katalytischen
Wirkungen nicht im klaren sind, so ist jedenfalls die Existenz
solcher Wirkungen sicher (Erb).

d) Engelskjöns Methode.

§ 173. So einfach sich in vielen Fällen die richtige Wahl der Stromesart gestaltet, so schwierig ist es anderseits bei Neurasthenikern und Gehirn- und Rückenmarkskranken, die erfolgreiche Elektrizitätsform und deren Applikation zu treffen. Engelskjön (Christiania) machte auf die Tatsache aufmerksam, daß die zentralen Teile des Organismus in ihrer Beziehung zum elektrischen Strome zu den peripheren Teilen in einem gewissen Gegensatz stehen; A. Sperling, Benedikt u. a. konnten dies bestätigen.

Engelskjön wollte in der Gesichtsfeldprüfung ein sicheres Kriterium für die richtige Stromwahl gefunden haben: durch den richtigen Strom sollte sich das Gesichtsfeld verengern, durch den falschen erweitern. Diese Angabe stieß auf große Widersprüche (besonders von seiten der v. Ziemssenschen Schule).

3. Besondere Methoden.

a) Örtliche Behandlung.

§ 194. α) Die subaurale Galvanisation des Sympathikus führte R. Remak in die Elektrotherapie ein. Remak wollte durch seine »Sympathikus-Galvanisation« den Hals-, Brust- und Bauchsympathikus und die von diesen innervierten Organe treffen. Die erzielten Erfolge bei zerebralen Hemiplegien, Arthritis deformans etc. sprach er als »indirekte Katalyse« (vom Sympathikus aus) an.

Wir müssen jedoch eingestehen, eine reine Sympathikus-Elektrisation des Lebenden ist undurchführbar; es werden alle Nachbarorgane von Stromschleifen getroffen. G. Fischer schlug deshalb vor, das Verfahren besser als »Galvanisation am Halse« zu bezeichnen. de Watteville war für den Ausdruck »subaurale Galvanisation«.

Die Applikation wird nach R. Stintzing folgendermaßen geübt: Eine konkave Platte (12/6 cm) kommt auf den Nacken, die differente Elektrode (rund, 4 qcm) wird unter dem Unterkieferwinkel in der Richtung nach hinten und oben gegen die Wirbelsäule angedrückt. Stabile Galvanisation, Polwechsel. Stromstärke 0,5 bis 4,0 MA, Dauer 3 bis 5 Minuten.

Benedikt bringt die Anode in die Fossa jugularis, die Kathode an die erwähnte Stelle. Die Methode wird bei Gehirnkrankheiten in Anwendung gebracht.

R. Stintzing erzielte damit günstige Erfolge bei Kopfschmerzen, Neurasthenie (ein Fall von Agoraphobie, der seit
Jahren bestand, wurde in wenigen Wochen vollständig geheilt)
und Morbus Basedow.

§ 195. β) Die Galvanisation von Druck- und
Schmerzpunkten wird als stabile Anodenbehandlung geübt,
und zwar an solchen Punkten, die entweder auf Druck schmerzhaft sind oder von denen aus Krämpfe ausgelöst werden.

R. Remak, M. Meyer, Brenner wiesen nach, daß es
solche Punkte bei Neuralgien, bei Tabes und anderen Erkrankungen gibt.

Die stabile Anodenbehandlung wirkt beruhigend bei Neuralgien und manchen Krampfformen (z. B. Tic convulsif, Chorea etc.).

§ 196. γ) Die Galvanisation mit schwachen Dauer-
strömen wurde gegen Kopfschmerzen, Depressivzustände, Neuralgien etc. empfohlen. Der Patient trägt ein einfaches Element
stunden- und auch tagelang auf bloßem Körper.

Ciniselli empfahl das Tragen ›einfacher Elemente‹ auf
bloßem Körper. Mittels Binden oder Heftpflasterstreifen fixiert
man diese Elemente.

Erb sah von dem Tragen des einfachen Elementes Erfolge.
So berichtet Erb, ein an Schreibkrampf leidender Kollege fühlte
sich während des Tragens des Elementes entschieden wohler;
ferner verwendete er es bei Kopfschmerz, bei Schlaflosigkeit
(am Kopf) manchmal mit Nutzen. Besonders erfolgreich soll
das ›einfache Element‹ gewesen sein in mehreren Fällen von
hochgradiger hysterischer Neurasthenie zarter Frauen, die nebstdem an sehr bedeutender Muskelschwäche litten; das Element
wurde durch mehrere Stunden am Rücken getragen.

Eine andere, jedoch analoge Methode der Anwendung
schwacher, aber kontinuierlicher Ströme führte Le Fort in die
Medizin ein. Es sind zwei bis vier kleine Elemente (Pile Trouvé-
Callot: Zinkkupferelement ohne Diaphragma oder die kleinen
Trouvéschen Papierelemente, cf. Erb), deren Strom mittels
gewöhnlicher Elektroden dem Körper zugeführt wird und tage-
und wochenlang einwirkt.

Le Fort empfiehlt diese Elemente gegen Muskellähmungen
mit einfacher oder fettiger Atrophie, gegen Kontrakturen, Reflex-
lähmungen etc.

Valtat will damit überraschend gute Erfolge bei den im
Gefolge von Gelenkaffektionen so häufigen Atrophien und Paresen

der Muskeln erzielt haben. Hierher gehört auch der von Fin-
kelburg empfohlene galvanische Gürtelapparat. Derselbe besteht aus 8 bis 10 Zinkkupferlamellen mit schwach sauer
angefeuchteten Filzlamellen, die alle in einem isolierenden Band-
streifen befestigt sind, der mit zwei breiten Schwammelektroden
versehen ist. Den Apparat trägt man um den Leib als Gürtel oder
längs der Wirbelsäule, er wurde gegen ›chronische Neurosen
im Bereiche der Empfindungsnerven‹, ferner ›Neuralgien und
rheumatische Herzneurose‹ empfohlen.

R. Stintzing bezweifelt die therapeutische Wirkung dieser
Apparate; Suggestion soll eine prädominierende Rolle spielen.

b) Allgemeine Behandlung.

§ 197. *α*) Die allgemeine Elektrisation (durch
faradischen und galvanischen Strom) bezweckt alle erreichbaren
Körperteile der Reihe nach in einer Sitzung unter den Einfluß
der Elektrizität zu stellen. In dieser Absicht haben Beard and
Rockwell die Methode der ›allgemeinen Faradisation‹
ersonnen.

Die Methode wird folgendermaßen ausgeführt: Der zum
größten Teil entkleidete Patient sitzt auf einem Tabouret und
stellt die nackten Füße auf eine große plattenförmige Elektrode
oder in eine mit lauem Wasser gefüllte Schüssel, welche mit
dem negativen Pol der Sekundärspirale in Verbindung ist. Die
andere Elektrode (+) wird entweder von der angefeuchteten
Hand des Arztes (der dabei die wirk-
liche Elektrode in die andere Hand
nimmt und sich derart in den Strom
einschaltet — so taten es Beard
and Rockwell selbst —) oder von
einem Schwamm, oder von der Erbschen Faustelektrode (Fig. 132) dargestellt. Die Benutzung der Hand
hat den Vorteil, daß der Arzt ununterbrochen über die Stromniten-
sität orientiert bleibt. Die positive
Elektrode (Hand- oder Schwammelektrode) wird über sämtliche
Körperteile des Patienten geführt;
man beginnt mit der Stirne, läßt
einen deutlich fühlbaren Strom

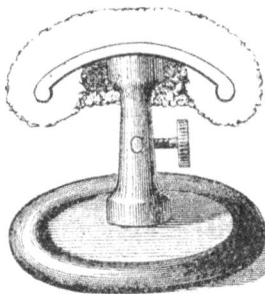

Fig. 132.

Nachgebildet nach Erb
(Elektrotherapie, 2. Aufl.,
S. 26).

durch dieselbe, durch die Schläfen, Scheitel und Hinterhaupt gehen; dann wird der Nacken und die Wirbelsäule kräftig bestrichen, weiters beide vorderen Halsseiten, um den Vagus, Sympathikus, Phrenicus usw. zu erregen. Hierauf folgt Faradisation der vorderen Brustseite, besonders des Herzens, die Bauchwand, wo längere Zeit im Epigastrium verweilt wird, um den Magen und plexus coeliacus zu treffen, ferner Faradisation des männlichen Genitale und schließlich Bestreichen der Extremitäten.

Das ganze Verfahren, welches durch Benutzung einer elektrischen Massierrolle beschleunigt und vereinfacht wird, dauert im ganzen 10 bis 20 bis 45 Minuten. Reizbare Personen unterwirft man nur kurzen Sitzungen.

Die Wirkungen der allgemeinen Elektrisation teilten Beard and Rockwell in drei Klassen:

1. Die unmittelbaren Wirkungen (primär) sind stimulierend, erfrischend. Vorhandene Schmerzen, Müdigkeit u. dgl. verschwinden vorübergehend, der Puls ist besser. — Allerdings kann bei empfindlichen Personen auch Schwäche, Ohnmachtsanwandlung usw. eintreten.

2. Die reaktiven Wirkungen (sekundär) treten einen oder zwei Tage nach der Behandlung auf: Muskelschmerzen, ›Nervosität‹, Erschöpfung, Schlaflosigkeit.

3. Die bleibenden Wirkungen (tonisch) bestehen in Besserung des Schlafes, des Appetits, Regelung der Darmfunktionen, Minderung der Nervosität, Besserung der Geschlechtsfunktionen.

Indiziert ist die Behandlung besonders bei ›konstitutionellen Erkrankungen‹, z. B. bei nervöser Dyspepsie, Neurasthenie, Hysterie, Chlorose, Rheumatismus usw.

Über die günstigen Wirkungen der allgemeinen Faradisation machten mehrfache Mitteilungen Väter v. Artens, P. J. Moebius, Engelhorn, Fr. Fischer, Erb, Stein, R. Stintzing, Holst, de Watteville, R. Wagner u. a.

de Watteville schlug eine Methode vor, wonach ein Patient sich auch allein ›allgemein faradisieren‹ kann. Derselbe sitzt in einem Wannenbad, in welches der positive Pol hineingeleitet wird; er hält in seiner mit einem Gummihandschuh bekleideten Hand einen Badeschwamm, den negativen Pol darstellend, und bestreicht seine Körperteile.

Die allgemeine Galvanisation, welche in analoger
Weise wie die Faradisation ausgeführt wird, fand in der Praxis
keine Verbreitung. Die Wirkung derselben soll nach Beard
and Rockwell der der Faradisation ähnlich sein, doch ist mit
Rücksicht auf die tiefergreifende Wirkung des galvanischen
Stromes große Vorsicht geboten.

§ 198. β) Die zentrale Galvanisation wurde von
Beard angegeben; die Methode bezweckt eine allgemeine Be-
einflussung des Zentralnervensystems (nach Väter v. Artens'
Wunsch sollte sie ›panzentrale‹ genannt werden).

Sie besteht darin, daß eine große plattenförmige Kathode
im Epigastrium befestigt wird, während man die große, runde
Anode auf den Kopf setzt und über Stirn, Scheitel (›Schädel-
zentrum‹) hin- und herführt; hierauf erfolgt labile Galvanisation
beiderseits vorne am Halse (1 bis 5 Minuten) und endlich längs
der Wirbelsäule (3 bis 5 Minuten).

Beard will von dieser Methode glänzende Erfolge bei
Hysterie, Hypochondrie, Neurasthenie, Chorea, bei Gastralgie,
selbst bei chronischen Hautkrankheiten (chronischem Eczem,
Prurigo, Akne usw.) gesehen haben.

§ 199. γ) Das hydroelektrische Bad ist eine sehr
gute Methode der allgemeinen elektrischen Beeinflussung des
Körpers. Das elektrische Bad ermöglicht eine gleichzeitige und
gleichmäßige Einwirkung der Elektrizität auf die gesamte Körperoberfläche mit Ausnahme des Kopfes.

Die technische Einrichtung der verschiedenen Formen der
elektrischen Bäder, wie des monopolaren Bades, des Zweizellen-,
Vierzellenbades usw. wurde im technischen Teil dieser Schrift
(vgl. Fig. 59, 60, 61 und Fig. 132) erörtert.

Die Temperatur des Bades wird den allgemeinen Indikationen entsprechend gewählt; am häufigsten zwischen 32°
und 37° C.

Die Stärke des Stromes ist den individuellen Verhältnissen anzupassen. Der Patient soll den Strom eben emp-
finden. Im Zweizellenbad werden Ströme bis 150 MA vertragen.

Die Dauer des Bades schwankt im allgemeinen zwischen
10 und 30 Minuten; individuelle Verhältnisse sind streng zu
berücksichtigen. Bäder von kurzer Dauer sollen erfrischend und belebend wirken; längere Bäder
führen eine Herabsetzung der nervösen Reizbarkeit herbei, sie wirken beruhigend.

Die erregende belebende Wirkung wird vorwiegend dem faradischen Bade zugeschrieben: der Appetit, die Verdauung sollen gebessert, die Gesamternährung und der Schlaf gefördert und die intellektuelle Leistungsfähigkeit gehoben werden.

Nach A. Eulenburg setzt das monopolare galvanische Bad die Erregbarkeit der motorischen Nerven und Muskeln herab. Im monopolaren Kathodenbade, ebenso im faradischen wird die faradokutane Sensibilität herabgemindert.

Lehr gibt an, daß diese Herabminderung der motorischen Erregbarkeit und der faradokutanen Sensibilität nach dem Gebrauche von länger dauernden (20—30 Minuten) galvanischen und faradischen Bädern eintrete; in kurzdauernden Bädern (10 Minuten), zumal unter Anwendung schwacher Ströme, wird eine gesteigerte Erregbarkeit hervorgerufen.

Lehr konnte im hydroelektrischen Bade die elektrotonischen Erscheinungen und das motorische Zuckungsgesetz nachweisen.

Diese Versuche als auch die von Trautwein beweisen, daß der menschliche Körper im Bade von elektrischen Stromschleifen getroffen werde.

Die Pulsfrequenz wird nach übereinstimmender Angabe aller Autoren (Eulenburg, Lehr, Schleicher, v. Corval und Wunderlich) sowohl im faradischen wie im galvanischen Bade erheblich herabgesetzt, um 8—12—20 Schläge pro Minute; ähnlich soll es sich mit der Wirkung auf die Respiration verhalten.

Der Stoffwechsel wird nach Lehrs Versuchen (Harnstoffausscheidung) durch das dipolare Bad bedeutend, durch das monopolare Bad nur wenig gesteigert.

Aus all diesen Gründen wird das faradische dipolare Bad dem monopolaren vorgezogen.

R. Stintzing hält diesbezüglich das Gärtnersche Zweizellenbad für das zweckmäßigste.

Beim faradischen Zweizellenbad wird oftmals am Oberkörper noch gar nichts empfunden, während der Strom in den Beinen bereits Schmerzen hervorruft.

Gärtner glaubt, der faradische Strom reizt bei jeder Badeform nicht nur die sensiblen Nervenendigungen der Haut, sondern auch die Nervenstämme, weshalb dem faradischen Bade keine gleichmäßige, allgemeine Wirkung als Hautreiz beigemessen werden kann; in dieser Richtung sei dem galvanischen Bade der Vorzug zu geben.

In den meisten Fällen wird das faradische Bad angewendet.

Die faradischen Bäder benutzt man bei allgemeinen Neurosen, bei Schwächezuständen, Ernährungsstörungen, bei chronischem Muskel- und Gelenkrheumatismus.

Fig. 182.
Vorrichtung nach Art des Vierzellenbades.

Die galvanischen Bäder sind indiziert für die Behandlung von verschiedenen Tremorformen (Tremor senilis, alcoholicus, merkurialis), Paralysis agitans, Morbus Basedowis.

Das elektrische Vierzellenbad von Schnée wird von v. Noorden, H. Lossen u. A. als wirksames mildes Mittel empfohlen.

Nach v. Noorden werden damit gewisse Komplikationen des Diabetes (Muskelschmerzen, Muskelschwäche, Wadenkrämpfe,

21*

Pruritus, Schlaflosigkeit etc.), ebenso chronische Arthritis urica, neurasthenische Beschwerden, Neuralgien (Ischias etc.) günstig beeinflußt.

H. L o s s e n hebt die günstige Wirkung des Vierzellenbades auf Appetit, Schlaf, motorische Leistungsfähigkeit hervor; außerdem gelingt es mitunter, Angstzustände, Herzpalpitationen der Neurastheniker, Darmatonie, Neuralgien und Krämpfe erfolgreich zu bekämpfen.

L o s s e n verwendet dazu vorwiegend den galvanischen Strom mit durchschnittlich 5—30 MA bei 5—40 Volt Spannung. Dauer täglich 5—10 Minuten; später jeden 2.—3. Tag. Werden dem Bade Medikamente zugesetzt (Kataphorese), so benutzt man Ströme von 50 Volt Spannung und Intensität bis zu 50 MA.

S c h l i e p befürwortet die allgemeine Einführung des S c h n é e schen Vierzellenbades, welches sowohl für genaue Dosierung als auch für schonende Applikation sehr geeignet und nebstdem durch energische kataphorische Wirkung ausgezeichnet sei.

Anhangsweise seien noch das l o k a l e e l e k t r i s c h e B a d, die e l e k t r i s c h e D u s c h e und die e l e k t r i s c h e n M e d i z i n a l b ä d e r erwähnt.

Das l o k a l e e l e k t r i s c h e B a d (W e i s f l o g) dient zur separaten Behandlung eines bestimmten Körperteiles; es stellt ein elektrisches Handbad, Armbad, Fußbad etc. dar.

D i e e l e k t r i s c h e D u s c h e besteht in der Applikation eines den faradischen oder galvanischen Strom zuleitenden Wasser- oder Soolstrahles von 1—2 mm Stärke; der andere Pol ist in leitender Verbindung mit einem Bade, in welchem der Patient aufrecht steht. Das metallene Ansatzrohr der Dusche wird auf einige Zentimeter dem Körper genähert und damit der Kranke überall in der Dauer von 5—10 Minuten bespült.

T r a u t w e i n führte die elektrische Dusche in die Elektrotherapie ein und stellte dieselbe in ihrer Wirkung der allgemeinen Elektrisation des elektrischen Bades gleich.

§ 200. D i e e l e k t r i s c h e n M e d i z i n a l b ä d e r beruhen auf der Kataphorese. G ä r t n e r versuchte ein Zweizellenbad zur Einverleibung von Medikamenten. G ä r t n e r konnte durch gemeinsam mit S. E h r m a n n ausgeführte Versuche nachweisen, daß beim Gebrauch des elektrischen Sublimatbades Quecksilber in den Organismus aufgenommen wurde; dasselbe war im Harn nachweisbar.

Nach E. Lang und Riehl werden durch das elektrische Sublimatbad (Zweizellenbad) manifeste Erscheinungen der Syphilis beseitigt, nebstdem auch noch die Anämie und das Allgemeinbefinden der Kranken gebessert. Man appliziert Stromstärken bis 100 MA in der Dauer von 10—15 Minuten; 4 g Sublimat gelöst in der positiven Zelle (Anode).

In ähnlicher Weise stellte man günstige Versuche mit elektrischen Eisenbädern bei Chlorose und Anämie an. E. Eulenburg, Peltzer, Chvostek vermochten zwar keine Zunahme des im Harn zur Ausscheidung kommenden Eisens konstatieren, doch wird darauf hingewiesen, daß das Eisen möglicherweise längere Zeit im Organismus, namentlich in der Leber, zurückgehalten wird.

Man verwendet 3—4 Bäder wöchentlich, Dauer 10 bis 15 Minuten.

Der positiven Zelle werden 15—25 g ferrum sulfur. oxydulatum (dieses ist vorher in etwa 2 l heißen Wassers aufzulösen) zugesetzt.

Burs empfiehlt die elektrischen Lohtanninbäder als wirksamstes Mittel zur Beseitigung von alten Gelenkschwellungen, Steifigkeiten und Schmerzhaftigkeit bei Bewegungen.

c) Franklinisation.

§ 201. Die Franklinisation, die Franklinotherapie wird nach mehreren, vorwiegend 4 Methoden geübt, welche bereits im technischen Teil erörtert wurden. Die Influenzelektrizität wirkt als elektrostatisches Luftbad, als Franklinsche Kopfdusche usw. auf den Körper des Patienten ein. Ein Vorteil dieser Behandlung liegt darin, daß der Kranke angekleidet behandelt werden kann.

Während in Deutschland und besonders in Österreich Franklinotherapie nur von wenigen Elektrotherapeuten betrieben wird, fand dieselbe in Frankreich bereits viele Anhänger. Besonders unter der Ägide Charcots wurde der durch Anwendung des elektrischen Stromes (vorwiegend des von Duchenne favorisierten faradischen Stromes) in Vergessenheit geratenen Franklinisation größere Aufmerksamkeit geschenkt; durch die Arbeiten von Charcot, Vigouroux, Ballet u. a. kam dieselbe zu neuem Ansehen. Apostoli, Berillon, Hallazer, Guimbal, Larat, Roussel u. a. trugen viel zur Verbreitung der Franklinotherapie bei.

Auch in Deutschland, Amerika und anderen Ländern hat
sich neuerdings das Interesse dieser Therapie zugewendet
(A. Eulenburg, Stein, Erlenmayer, Mund, Benedikt,
Moebius, R. Stintzing, Sperling, Wichmann, Holst,
Drosdoff, Beard, Blackwood u. a.).

Andere Elektrotherapeuten, wie Erb, Bernhardt, Hirt
u. a. nehmen eine zurückhaltende Stellung ein.

Rossbach u. a. stehen auf einem ablehnenden Standpunkte.

Die Franklinisation in ihrer vielfachen Applikationsweise
wird gegen verschiedene Krankheitsformen als wirksames Heilmittel empfohlen.

So berichtet A. Eulenburg über günstige Beeinflussung
von Kopfdruck, zerebraler Neurasthenie, Schlaflosigkeit und
ähnlichen Zuständen.

Die Franklinisation wird ferner mit befriedigendem Erfolge
bei Lähmungen, Muskelatrophien, Neuralgien, Anästhesien usw.
in Anwendung gebracht.

Danion soll beispielsweise damit in einigen Fällen
Besserung von generalisiertem chronischen Gelenksrheumatismus
erzielt haben.

M. Benedikt bekämpfte mittels der ›Spitzenausstrahlung‹
unter Verwendung einer besonderen Ohrentrichterelektrode
Ohrensausen erfolgreich.

R. Stintzing bestätigt nach eigenen Versuchen den
Erfolg der Franklinotherapie insbesonders bei Hysterischen.

Suchier empfiehlt auf Grund eigener Erfahrungen die
Anwendung der statischen Elektrizität zur wirksamen Behand-
lung von Lupus vulgaris und anderer parasitärer Hautaffektionen
(Lepra nodosa, Karzinom, Favus etc.). Der Therapie hat ein
Kurettement der erkrankten Hautstelle vorauszugehen. Suchier
hält seine Methode für wirkungsvoller als die bisher geübten
operativen und chemischen Verfahren; besonders soll sie der
Finsen-Behandlung überlegen sein.

v. Luzenberger hob auf dem I. internationalen Kongreß
für Physiotherapie (Lüttich 1905) die assimilatonsbefördernde Wirkung der Franklinisation nach eigenen Versuchen hervor. Kurella
will diese Wirkungen durch Elektrolyse der Ionen und Mechanik
der Elektronen erklärt wissen, während Doumer (Lille) dies
lediglich auf die das Gewebe stimulierenden Enflüsse zurückführt.

Die Behandlung von Atmungsstörungen durch Franklinisation wurde auf demselben Kongresse von Bishop (Washington)
und Files (Portland) sehr gerühmt.

α) La franklinisation rehabilitée.

§ 202. In einer in jüngster Zeit erschienenen Monographie
(La franklinisation rehabilitée) bringt A. Roussel ein sehr
reiches Material von Eigenbeobachtungen, auf Grund welcher er
die Franklinotherapie als ein sehr wirksames Agens, besonders
auf Stoffwechselvorgänge, auf das wärmste befürwortet. ›La
franklinisation est, de tous les agents physiques, le plus puissant
à entretenir ce pouvoir régulateur lorsqu'il existe, à le redresser
lorsqu'il est troublé, à le retablir lorsqu'il est disparu.‹ Nicht
nur die allgemeinen Stoffwechselvorgänge, sondern auch im
besonderen der Blutdruck, der Appetit, die Drüsensekretionen,
der Hämoglobingehalt des Blutes, der Stuhl etc. werden erfolgreich beeinflußt. ›Nous avons vu que, sous l'influence du bain
électrostatique, la tension artérielle est augmentée. Comme
corrollaire de cette augmentation de tension, le malade se
réchauffe, sa circulation s'accéllère, son appétit augmente, la
constipation cède, la diurèse s'accroît, les fonctions de la peau
s'améliorent, les sécrétions deviennent plus abondantes, le taux
de la nutrition se relève, le sommeil revient, l'anémie se dis-
sipe, la quantité d'hémoglobine augment, le durée de réduction
de l'oxyhémoglobine est moins longue, l'obésité s'attenue, le
taux de l'urée s'élève, etc. L'électricité statique constitue donc,
dans une foule de cas, un traitement de choix dont le médicin
désormais n'a plus le droit de priver son malade.‹ (Guimbail.)

Roussel berichtet, er habe einen Diabeteskranken mittels
Franklinisation ein Jahr lang behandelt. Der Mann hatte zu
Beginn der Therapie in der 24 stündigen Harnmenge (3 l) einen
Zuckergehalt von 66,76 g. Wöchentlich wurden zwei Sitzungen
gemacht; der Zuckergehalt ging langsam und allmählich, jedoch
ohne Unterbrechung immer mehr herunter, z. B. in einem
Monat nach der Behandlung 49 g, nach drei Monaten 22 g usw.,
bis am Ende eins Jahres Zucker nur mehr in Spuren vorhanden war.

In ähnlicher Weise gelang es ihm, Heilung von hereditärer
Migräne, von Fettleibigkeit, von hartnäckiger chronischer Obstipation, von männlicher Impotenz, von Hautkrankheiten usw.
zu erzielen.

Es gibt keine Erkrankung irgend eines Organsystems, bei
welcher die Franklinisation nicht mit günstigem Erfolge verwendet worden wäre.

β) Krankheitsgruppen.

Es erscheint von Interesse, die Krankheitsformen aufzuzählen, für welche A. Roussel auf Grund seiner reichen Erfahrung die Franklinisation indiziert hält.

A. Roussel läßt die durch Franklinisation günstig zu
beeinflussenden Krankheiten nach ihren Organsystemen Revue
passieren und hat dieselben in folgender Tabelle zusammengestellt:

1. Maladies de la nutrition.

Diabète. — Goutte. — Migraine. — Obésité. — Rhumatisme subaigue. — Rhumatisme chronique.

2. Maladies du système nerveux.

a) Névroses. — Chorée ou danse de Saint-Guy. — Crampes
fonctionelles. — Hystérie. — Hystéro-épilepsie. — Tics nerveux.
— Neurasthénie. — Somnambulisme.

b) Système cérébro-spinal. — Hémiplégie cérébrale. —
Paralysie agitante. — Tabès. — Paralysie infantile.

c) Système nerveux périphèrique.

1. Névralgies. — Du plexus brachial. — Intercostales. —
Trifaciales. — Dentaires. — Sciatique etc.

2. Névrites. — Névrite sciatique. — Paralysie saturnine. —
Paralysie du nerf circonflexe.

3. Maladie du système musculaire.

Atrophie musculaire. — Torticollis. — Lumbago.

4. Maladies de l'appareil digestif.

Asthénie du pharynx. Paralysie du voile du palais. —
Dilatation de l'estomac. — Dyspepsie nervo-motrice. — Parese
de l'intestin. — Constipation.

5. Maladies de l'appareil respiratoire.

Fatigue vocale. — Aphonie nerveuse. — Asthme nerveux.
Coqueluche.

6. Maladies de l'appareil circulatoire.

Chloro-anémie. — Varices. — Ulcères variqueux.

7. Maladies de l'appareil génito-urinaire.

a) Appareil urinaire. — Incontinence nocturne d'urine.

b) Appareil génital.

1. Homme. Impuissance

2. Femme.

a) Affections de la vulve et du vagin. — Prurit vulvaire. — Vaginism. — Vaginite. — Vulvite folliculaire. — Vulvites chroniques.

b) Troubles de la menstruation. — Aménorrhée. — Dysménorrhée.

c) Affections utérines. — Arrêt de développement de l'utérus. — Métrites cervicales.

d) Affections péri-utérines. — Névralgies pelviennes.

e) Obstétrique. — Insuffisance de la sécrétion lactée.

8. Maladics des organs des sens.

a) Ouïe. — Bourdonnements d'oreilles.

b) Odorat. — Anosmie.

c) Vue. — Obstruction des conduits lacrymaux. — Rhumatisme goutteux des yeux et des oreilles.

9. Maladies de la peau.

Acné. — Séborrhée. — Brûlures. — Chéloïdes. — Ecthyma. — Eczéma. — Engelures. — Impétigo. — Zona. — Pelade. — Prurit. Psoriasis. — Sclérodermie. — Urticaire. — Furoncles.

d) Behandlung mit Sinusoidalströmen.

§ 203. Die Sinusoidalströme gelten vermöge ihrer erregbarkeits-herabmindernden Wirkung als schmerzstillend. Die Applikation dieser Ströme wird besonders bei gynäkologischen Leiden und Neuralgien, z. B. gegen Schmerzen im Uterus, Ovarium, ebenso zur Begünstigung der Resorption von para- und perimetritischen Exsudaten empfohlen.

Nach Gautier und Larat sei die Anwendung der Sinusoidalströme in Form von hydroelektrischen Bädern wirkungsvoll gegen Fettsucht, Rhachitis, Gicht, Rheumatismus, Skrofulose, Anämie und auch gegen Ekzem.

Apostoli hat eine Abart der Sinusoidalströme, den ›undulatorischen Strom‹ als schmerzstillendes und resorptionsbeförderndes Mittel bezeichnet:

D'Arsonvalisation.

§ 204. D'Arsonval hat die Behandlung mit hochgespannten Wechselströmen (von außerordentlicher Wechselzahl)
in die Praxis eingeführt. Auf Grund einer Reihe von Versuchen
und klinischen Beobachtungen weist D'Arsonval nach, daß
mittels der Hochfrequenzströme Anomalien des Stoffwechsels
erfolgreich bekämpft werden.

Fig. 133.

Baudet empfiehlt die
Hochfrequenzströme zur Behandlung der verschiedensten
Erkrankungen, wie bei Ge-
lenk- und Muskelrheumatismus, bei Hautkrankheiten,
Nervenkrankheiten, chronischer Obstipation, relativer
Impotenz usw.

Die Behandlung mit den
Hochfrequenzströmen fand
besonders in Frankreich sehr
viel Anhänger; es wären zu
erwähnen Apostoli, Ber-
lioz, Bonniot, Bordier,
Bouchard, Charrin, Dou-
mer, Dénoyès, Dubois,
Foveau de Courmelles,
Guilleminot, Lecomte
Moutier, Martre, Morton,
Oudin, Rouvier u. a. m.

Die D'Arsonvalisation
resp. Teslaisation (Fig. 133,
134) wird vorwiegend von den
französischen Autoren als erfolgreiche Behandlung folgender (vgl. T. Cohn p. 154)
Erkrankungen gepriesen:

1. Stoffwechselkrankheiten: Gicht, Diabetes, Fettsucht, Asthma, Gallen- und Nierensteine, Rheumatismus, Blutarmut; auch gegen bösartige Tumoren;

2. Hautkrankheiten: Ekzem, Akne, Furunkulose,
Herpes, Psoriasis, Liden ruber, Lupus, Erythema exsu-

dativum etc (Hier scheinen nach Eulenburg in der Tat günstige Behandlungsresultate erzielt zu werden);

3. nervöse Symptome: Neuralgien, nervöse Herzbeschwerden;

4. Erkrankungen der Urogenitalsphäre bei beiden Geschlechtern, sowie bei Hämorrhoiden;

5. letzthin sogar zur Behandlung von Lungenphthise.

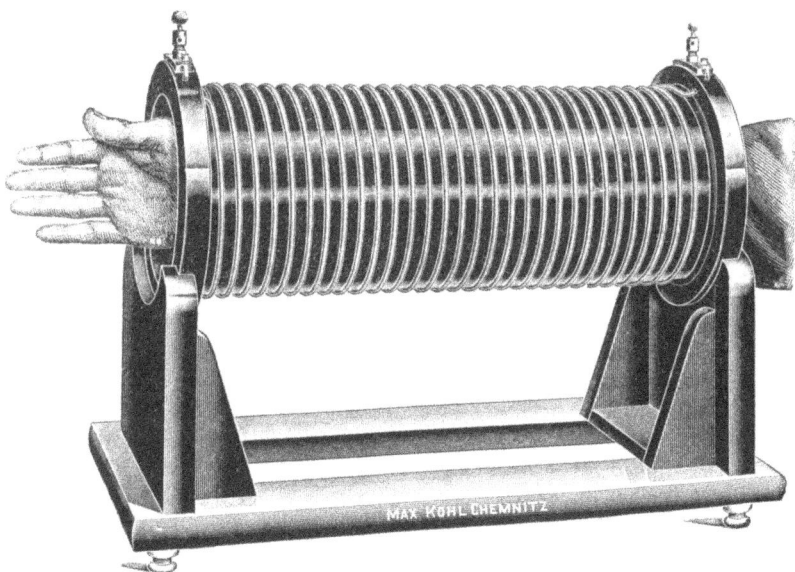

Fig. 134.

Die physiologischen Wirkungen der Hochfrequenzströme (courants de haute fréquence) wurden im physiologischen Teil (S. 202 ff.) besprochen.

Nachuntersuchungen, die in Deutschland ausgeführt wurden, vermochten die Angaben betreffs der gesteigerten Verbrennungsvorgänge im Organismus bislang nicht zu bestätigen.

Dagegen konstatierten T. Kohn, Boisseau und Baedeker, daß allgemeine D'Arsonvalisation bei Hysterischen eine beruhigende und schlafbringende Wirkung ausübe.

Eulenburg und Baedeker verzeichnen bei lokaler D'Arsonvalisation Besserung von Ischias, Interkostalneuralgie,

Myalgie und Cephalalgie. Die D'Arsonvalisation erwies sich
schädlich bei Quintusneuralgie.

M. Neumann hat auf dem II. internationalen Kongreß
in Bern über lokalanästhetisierende und analgesierende Wirkung
der Hochfrequenzströme berichtet

Er sah auffallende Erfolge bei rheumatischen Myalgien,
Neuralgien, wie Ischias, Lumbago, Occipital- und Interkostalneuralgie.   Dermatosen und Dermatoneurosen, welche die Patienten unendlich belästigten, wurden durch Applikation der
Hochfrequenzströme teils gebessert, teils geheilt.

Dagegen vermochte Neumann bei einigen Stoffwechsel-
erkrankungen keine Erfolge zu erzielen.   So berichtet er weiter,
daß ein Fall von Bronchitis capillaris nach 30 Behandlungen
ganz unbeeinflußt blieb.   Ein Fall von Morbus Addisonii ließ
nach öfterer monodischer Voltaisation auffällige Verschlimmerung
erkennen.

Kindler glaubt auf Grund seiner Erfahrungen annehmen
zu müssen, daß bei den mitgeteilten Heilerfolgen, die durch
allgemeine D'Arsonvalisation (Teslaisation) erzielt wurden, die
Suggestion eine Hauptrolle spiele.

R. Stintzing verhält sich sehr skeptisch: »Mir will
scheinen, als könnte man mit anderen, einfacheren elektrotherapeutischen Methoden dasselbe, wenn nicht mehr erzielen.«

A. Eulenburg, dem das Verdienst gebührt, der D'Arsonvalisation in Deutschland den Boden geebnet zu haben, äußerte
sich auf dem Berliner Balneologenkongreß: »Wir dürfen der
D'Arsonvalisation, wenn auch nicht mit übermäßigen Erwartungen,
so doch noch weniger mit unbedingtem Mißtrauen entgegen-
treten und haben wir über Grad und Umfang ihrer Verwendbarkeit auf verschiedenen Krankheitsgebieten auf Grund weiter
fortgesetzter klinischer Beobachtungen das Endresultat abzuwarten.«

Die Hochfrequenzströme wurden auf dem I. internationalen
Kongreß für Physiotherapie (Lüttich 1905) auch zur Behandlung
von Phlegmasien empfohlen. Oudin und Ronneaux (Paris)
berichteten über sehr genaue eigene Beobachtungen. Die Erfolge
dieser Autoren bestätigten auch Libotte und Doumer.

Moutier (Paris) bedient sich der Hochfrequenzströme zur
Behandlung von nervöser Dyspepsie und von zu hoher Arterien-
spannung In der Diskussion wurde von Kurella auf die
Nitritbildung während der Therapie mit Hochfrequenzströmen
aufmerksam gemacht.

Der monodische Voltastrom (Jodkostrom).

§ 205. Der monodische Voltastrom kommt in Form eines elektrischen Luftbades zur Anwendung. Der zu Behandelnde hat sich nur in der Nähe des Elektrizität erzeugenden Apparates aufzuhalten. Diese Methode soll ähnlich wie die allgemeine D'Arsonvalisation wirken.

Das Verfahren läßt sich auch zu lokalen Behandlungen anwenden.

Der Arzt berührt mit einer Hand das Glasrohr des Apparates und mit der anderen Hand bestreicht er die zu behandelnde Körperstelle; letztere braucht nicht entblöst zu werden. — Auch auf einen Punkt ist es möglich einen lokalisierten Reiz auszuüben, wenn man eine spitze Elektrode dieser Stelle aufdrückt.

Narkiewicz-Jodko und Colombo versuchten dieses bisher nur sehr selten geübte Verfahren in die Praxis einzuführen.

Die Kondensator-Entladungen.

§ 206. Mit der ausgebildeten Methode hat Zanietowski die Therapie bereichert. Systematisch studierte dieser Autor in einer Reihe von sehr eingehenden Untersuchungen die Wirkungen dieser Entladungen.

Zanietowski hat einen Apparat ersonnen und konstruieren lassen, den er mit Erfolg zu elektrodiagnostischen und elektrotherapeutischen Zwecken benutzt.

Er verwendet zur feineren Diagnostik minimale bipolare Entladungen (bipolar, um elektrotonische Wirkungen eines Poles zu vermeiden), von Kondensatoren ›optimaler Kapazität‹ (d. h. nicht zu großer — um langsame Entladungen und Elektrolyse zu vermeiden — und nicht zu kleiner, zur Vermeidung elektrotonischer Einflüsse).

Wie T. Kohn hervorhebt, dürfte die von Zanietowsky begründete neue Elektrodiagnostik mit elementaren Reizen für die Zukunft unseres Wissens von Bedeutung sein. Es wurden damit bereits interessante diagnostische Einzelheiten beobachtet: Bei Dystrophia musculorum war z. B. Fehlen aller Kondensatorzuckungen trotz erhaltener faradischer und galvanischer Erregbarkeit festzustellen, u. a. m

Zanietowski fand die Entladungen der Kondensatoren auch zu therapeutischen Zwecken als außerordentlich geeignet; so zu schmerzloser Elektrisation in der Pädiatrie, bei Neurasthenie etc., zu massageähnlichen Erschütterungen feiner Gewebe.

e) Elektrolytische Therapie.

§ 207. Das elektrolytische Verfahren wird vielfach zur Epilation (bei Hypertrichosis), gegen Strikturen (z. B. der Harn-röhre, Vagina, Uterus, vgl. im technischen Teile die Instrumente), zur Therapie von kleineren Naevi, Angiomen, auch von Ulcus rodens etc. angewendet. Die Heilerfolge, welche zumeist aus kosmetischen Gründen angestrebt werden, sind von der Fer-tigkeit des Arztes abhängig. Dieselbe findet in den etwaigen Rezidiven der epilierten Haare ihren zahlenmäßigen Ausdruck.

W. Kühn kam bei seinen Fällen auf höchstens 3 bis 5$^0/_0$ Rezidive.

Leviseur gibt 5$^0/_0$ Rezidive an (im Jahre 1890); Har-daway im Jahre 1885 10 bis 20$^0/_0$.

Ebenso sprechen sich Ehrmann, E. Lang und Paschis u. a. m. mit Nachdruck zugunsten der elektrolytischen Epi-lation aus.

Der elektrolytischen Therapie wird von St. Leduc, H. L. Jones, Frankenhäuser u. a. m. eine bedeutsame Zukunft prognostiziert.

Wenn auch die elektrolytische Behandlung der Hyper-trichosis sehr mühsam und langdauernd ist, so gebührt ihr trotz-dem der Vorzug vor der Röntgentherapie, welche allerdings raschere aber auch ungünstigere Erfolge nach sich zieht. Wie die meisten Autoren hervorheben, entstehen bei der Behandlung der Hypertrichosis durch Röntgenstrahlen häßliche, entstellende Narben.

Bezüglich der elektrolytischen Therapie sagt H. Lewis Jones: »Elektrolysis as a means of destroying certain classes of naevi and for removing hairs and small moles may also be given a place in the list of first-class matter contributed to medical practice by electricity. Although the conditions relieved are not dangerous to life, yet the method fulfils the requirements we have laid down as essentials because it gives results which are not attainable by any of the older procedures, and I am sure that there are large numbers of people who either are, or ought to be, very grateful for the results which electrolytic methods have given to them in the direction of cosmetic surgery . . . . .«

L. Jones bediente sich einer 1$^0/_0$igen Chlorzink- oder Zink-sulfatlösung zur elektrolytischen Behandlung von Ulcus rodens; Stromesintensität pro qcm betrug 5 bis 10 Milliampere in der

Dauer von 15 bis 20 Minuten. Die mit Linnen bedeckten Metallelektroden müssen der zu behandelnden Stelle exakt angepaßt
werden. Die Zinkionen dieser schwachen (eine Ätzwirkung kaum
ausübenden) Lösung sollen in die Tiefe eindringen und eine
heilende Wirkung entfalten.

Das mit Zinkionen imprägnierte kranke Gewebe (der Ulcus
rodens) bekommt eine milchweiße Farbe, die im Laufe der
nächsten Tage verschwindet.

Jones gibt die Menge der im Gewebe in ca. 10 Minuten
abgelagerten Ionen mit 10 mg an.

Auf Grund seiner Beobachtungen empfiehlt H. L. Jones
ebenso wie St. Leduc die elektrolytische Applikation von
anderen Metallionen, von Chinin, Salicylsäure, Jod und anderen
Drogen. Der perkutanen Medikation wird von diesen Autoren
ein günstiges Prognostikon gestellt.

Schon im Jahre 1859 versuchte Benjamin Ward
Richardson durch Introduktion von Aconitum lokale Anästhesie hervorzurufen. Das Verfahren geriet in Vergessenheit.

Edison propagierte im Jahre 1890 die elektrolytische
Applikation von Lithium gegen Gichterkrankungen. Diese Versuche wurden jüngst u. a. auch von Bordier wiederholt. Er
ließ gichtische Patienten elektrische Handbäder nehmen; im
Harn derselben war allerdings kein Lithium nachzuweisen, dafür
in der Badeflüssigkeit Harnsäure.

f) Elektromagnetische Therapie (Permeaelektrische Behandlung).

§ 208. Wenngleich, wie im physiologischen Abschnitt hervorgehoben wurde, die elektromagnetische Therapie bis heute
für die Praxis als vollkommen belanglos zu bezeichnen ist, so
seien trotzdem einige neuere Arbeiten zitiert, denen ein gewisses
Interesse gebührt.

Diese permeaelektrische Behandlungsform besteht darin,
daß man die elektromagnetische Strahlung, die von
den Polen starker Wechselstrommagnete ausgeht, auf den menschlichen Körper einwirken läßt.

Die elektromagnetischen Kraftlinien üben ihre anziehende
Wirkung auf paramagnetische Körper aus, auch wenn sie vorher
den menschlichen Körper passieren (permeare) mußten. Wie
eingangs erwähnt, führte vorwiegend der Ingenieur E. K. Müller
das Verfahren in die Medizin ein.

Dasselbe soll sich bei Neuralgien, gegen Neurasthenie, namentlich bei Schlaflosigkeit bewähren: Nach Rodari wirke die Bestrahlung mit dem Müllerschen Apparat sedativ, hypalgesierend auf die motorischen und sensiblen Nerven. Es eignen sich dazu besonders die ›funktionellen Erkrankungen des sensiblen Nervensystems, insoferne diese auf Irritation beruhen‹, ferner Schlaflosigkeit, Angina pestoris, Ataxie und Schmerzen bei Tabes, lokale akute Gicht etc.

Bestrahlung (Fig. 135, 136) täglich 15 bis 20 Minuten durch 1 bis 5 Wochen.

Fig. 135.   Fig. 136.

Nikolet referierte in der Sektion für Elektrotherapie (auf dem ersten internationalen Kongreß für Physiotherapie i. J. 1905) über seine Behandlungsmethode mit dem Elektromagnetismus, mit welchem er bei Neuralgien günstige Erfolge erzielt haben will.

Nikolets Ansichten über schmerzstillende und speziell schlafbringende Wirkung der elektromagnetischen Therapie teilte Allard (Paris).

In der Diskussion hob Deschamps (Rennes) hervor, daß bisher eine verläßliche physiologische Grundlage dieser Therapie fehle, um eine Suggestion ausschließen zu können. Gunzburgs (Antwerpen) Versuche an Fröschen sind in dieser Richtung negativ ausgefallen.

N. Solowjeff hebt die schlafbringende und schmerzstillende Wirkung der elektromagnetischen Therapie hervor.
Seine Beobachtungen erstrecken sich auf 30 Fälle. Die Kraftlinien
des Magnetfeldes sollen beim Eindringen in den Organismus als
Träger dieses oder jenes therapeutischen Effektes dienen.

Nach Lichtensteins Angaben, der mit dem Trübschen
Elektromagneten Versuche ausgeführt, soll der Elektromagnet
außerordentlich beruhigend auf die Nerven einwirken. Lichtenstein versuchte die Kraft des Elektromagneten, welcher bei
maximaler Leistung etwa 2200 Wechsel des magnetischen Feldes
in der Minute vollzieht, direkt auf die Gewebe zu übertragen,
und zwar ›durch Applikation von Metallplatten aus Eisenblech
— sog. Magnetoden — welche den verschiedenen Körper-
gegenden angepaßt sind. Diese mit Stoff überzogenen Platten
werden mittels Gurte befestigt. Man erzeugt auf diese Weise
eine vorzügliche, gleichmäßige und angenehme Erschütterungs-
massage, die zweifellos hervorragende Wirkungen auszuüben
imstande ist und die wir mindest so gut dosieren können, wie
die der gebräuchlichen Vibrationsmassageapparate etc.

Lichtenstein berichtet, er habe dadurch einen Fall
von Tetanie bei einem jungen Mädchen, der vorher mit anderen
Mitteln erfolglos behandelt worden war, nach mehreren Sitzungen
ohne Rezidiv geheilt.

Im Gegensatz dazu stellt Kreß jegliche objektive therapeutische Wirkung des Elektromagneten (mit wechselndem Pol-
feld) auf den Organismus in Abrede. Kreß vermochte sich bei
seinen neurologischen Fällen, bei denen die Suggestion völlig
auszuschließen war, von einer Einwirkung nicht zu überzeugen.

T. Cohn, welcher mit dem elektromagnetischen Apparat
(System Trüb) ausgedehnte therapeutische Versuche (bei Tics,
Neurosen, Gelenksaffektionen etc.) anstellte, kommt zu dem
Schlusse, daß die erzielten Heilerfolge als suggestive anzusehen
seien. Ähnlich urteilt Kron u. a.

g) Mechanotherapie.

§ 209. Verschiedene Erkrankungen des bewegenden
Apparates und auch der Innenorgane werden mit Hilfe von
Instrumenten und Maschinen behandelt, die elektrischen Antrieb
haben. Es gehören hierher die allgemein bekannten Vor-
richtungen der mediko-mechanischen Institute (z. B.
System Zander etc.).

Auch die Chirurgie und Zahnheilkunde bedient sich
gewisser Instrumente (z. B. Trepan, Kreissäge etc.), die in diese
Kategorie gehören.

Nebstdem gibt es noch eine ganze Reihe von elektrisch
betriebenen Apparaten, die der Mechanotherapeut braucht. So
empfiehlt Ernst Peters die Benutzung eines neuen elektrischen Vibrationsstuhles gegen die Seekrankheit. »Es wird
einfach mit Steckkontakt an die elektrische Lichtleitung an Bord
angeschlossen. Der Patient sitzt mit aufgestützten Füßen und an-
gelehntem Rücken aufrecht auf dem Stuhle und legt beide Vorder-
arme auf seine Lehnen, während der Stuhlsitz die Vibrationsbewe-
gungen ausführt, die vermittelst eines Rheostaten vom Patienten
selbst reguliert und ein- wie ausgeschaltet werden können.«

Nach Peters wäre die Rückenlehne der Horizontalen zu
nähern, um eine sicherere Wirkung zu erzielen. Peters fand in
allen Fällen eine Besserung des subjektiven Befindens während
der Stuhlbehandlung. Weitere Versuche sind abzuwarten.

h) Elektrothermische Therapie.

§ 210. Bei Erkrankungen, z. B. Neuralgien, welche durch
Auflegen heißer Kompressen wirksam bekämpft werden, bedient
man sich heute vielfach sog. elektrischer Kompressen. Eine

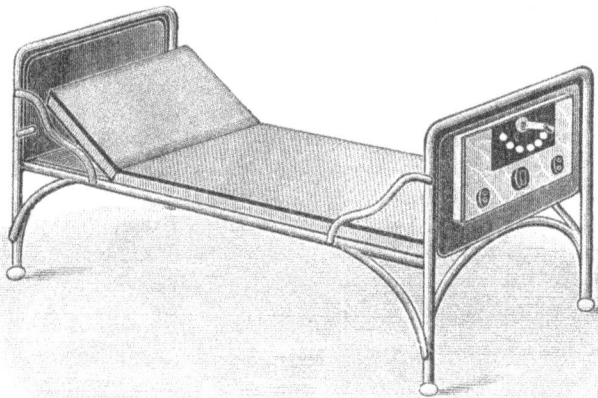

Fig. 137.

ganze Reihe derartiger Apparate, die alle auf demselben Prinzipe
(Überwindung eines Widerstandes) beruhen, wurde im technischen
Teile abgebildet. Fig. 137 stellt ein elektrisch heizbares Bett dar

die Drahtmatraze ist als Widerstand eingeschaltet. Durch die Kurbel am Bettende läßt sich die Temperatur regulieren.

i) Lichttherapie.

§ 211. Im physiologischen und technischen Abschnitte dieses Buches werden die Grundzüge der Lichttherapie auseinandergesetzt. Wenn wir hier von der Verwendung der Röntgenstrahlen absehen, ist es vorwiegend das elektrische B o g e n - und G l ü h l i c h t, welches zur Behandlung von verschiedenen Erkrankungen (besonders des Lupus vulgaris — Finsentherapie) benutzt wird. Im Abschnitte der Therapie der Erkrankungen einzelner Organsysteme werden die verschiedenen Methoden und Indikationen erörtert.

Auf dem I. Internationalen Kongreß für Physiotherapie in Lüttich 1905 empfahl A l l a r d die Lichtbäder besonders gegen Fettleibigkeit, Gicht, Rheumatismus, Gelenkergüsse und Neuralgien.

W e i l hob hervor, daß wir durch Anwendung des blauen Lichtes nicht nur gewisse Neuralgien zum Stillstand bringen, sondern selbst kleinere operative Eingriffe fast schmerzlos vornehmen können.

K n o w s l e y - S i b l e y erzielte günstige Resultate bei der Behandlung von rheumatischen Erkrankungen durch Applikation leuchtender Wärme.

IX. Spezieller Teil.

1. Die Krankheiten der Knochen und Gelenke.

§ 212. Die Erkrankungen der K n o c h e n sind von untergeordnetem Interesse, soweit die Elektrotherapie da in Frage kommt. Es sind dies nur die nach Knochenläsionen auftretenden Muskel- und Nervenaffektionen, welche Gegenstand einer elektrischen Behandlung werden.

Dagegen ist die Röntgenologie von unschätzbarem Werte, sofern diagnostische Fragen in Betracht kommen.

Die Untersuchung mittels Röntgenstrahlen orientiert uns in exakter Weise über vorhandene Luxationen, Frakturen, Entzündunsprozesse, Deformitäten, Stoffwechselanomalien etc.

Ein ebenso wichtiger diagnostischer Behelf ist die Röntgenoskopie und Röntgenographie bei den Gelenkerkrankungen.

§ 213.   Die Gelenkerkrankungen, besonders die
chronischen Entzündungsformen, Ergüsse etc. bieten mitunter
ein Erfolg versprechendes Versuchsfeld für die alte Elektrotherapie.

Schon Froriep und Cahen wendeten Elektrizität zur
Heilung von Gelenkleiden an.

R. Remak machte seine ersten glücklichen Versuche über
die ›katalytischen Wirkungen‹ des galvanischen Stromes an
akuten, chronischen, traumatischen und rheumatischen Gelenkentzündungen.

Weisflog hob die antiphlogistische Wirkung des faradischen Stromes auch bei Gelenkentzündungen hervor.

Frakturen und Luxationen.

§ 214.   Die radioskopische Untersuchung gestattet in den
allermeisten Fällen sofortige Diagnose.

Die Röntgenographie ermöglicht uns ferner, die richtige
Reposition zu kontrollieren, ferner die Entwicklung des Knochenkallus zu verfolgen. Am Ende des zweiten Monats läßt der
Knochenkallus gewöhnlich keine Abnormitäten (Schattenverhält-
nisse) mehr erkennen.

Knochen, welche ein Trauma erlitten haben, ohne daß
dadurch Fraktur oder eine andere ernstere Verletzung verursacht
worden wäre, werden für Röntgenstrahlen durchlässiger.

Kienboeck machte auf Knochenveränderungen bei akut
beginnender gonorrhoischer Arthritis aufmerksam. Besonders
am Handgelenk läßt sich verfolgen, daß das Schattenbild der
Knochen frühzeitig heller und verschwommen wird.

Osteomyelitis.

§ 215.   Die Röntgenoskopie ist von Vorteil zur Zeit der Se-
questerbildung; man vermag genau den Sequester zu lokalisieren.

Knochentuberkulose.

§ 216.   Der affizierte Knochen ist für die Röntgenstrahlen
durchlässiger, der Schatten wird heller (vgl. Fig. 147).

Dieses Hellerwerden, welches dem manifesten Prozeß oft
mals vorauseilt, beruht auf einer Entkalkung des Knochen-
gewebes (Imbert). Ähnliche Verhältnisse beobachtete Wertheim-Salomonson bei Streptokokken- und Gonokokken-
hartritis.

Elektrotherapeutisch wird die lokale Anwendung der Hochfrequenzströme empfohlen. Manche Autoren vermochten ausheilende Fälle durch Applikation des galvanischen Stromes
günstig zu beeinflussen.

Die im Gefolge auftretenden Muskelatrophien werden in
zweckmäßiger Weise mittels galvano-faradischer Ströme behandelt.

Knochensyphilis.

§ 217. Knochengummen gaben radioskopisch helle Flecken.
Die langen Röhrenknochen zeigen außerdem oftmals periostale
Auflagerungen.

Osteopathien

(Akromegalie, Maladie de Paget, Osteoarthropathie hypertr.
Marie etc.)

§ 218. Röntgenoskopie. Die Bedeutung der Röntgenuntersuchung für die Diagnostik der Knochenerkrankungen erhellt
aus den Abbildungen[1]) Fig. 122 bis 128 und 147.

Gelenkentzündungen.

Die akute Gelenkentzündung ist seit der geradezu
spezifischen Salizylbehandlung nur mehr selten ein geeignetes
Objekt der Elektrotherapie gewesen.

In Fällen, die der medikamentösen Therapie trotzen, wäre
die elektrische Behandlung zu versuchen. Schon R. Remak
erzielte durch Galvanisation günstige Erfolge. Mit demselben
Resultat machte Weisflog akute Gelenkentzündung zum Gegenstand der Faradisation. Seine Befunde bestätigten Botkin und
Beetz aus der v. Ziemßenschen Klinik. Abramovski sah
dieselben guten Erfolge.

Auch Erb rät in solchen Fällen, in denen die medikamentöse Therapie erfolglos geblieben, zur Elektrotherapie »als ein
ziemlich sicheres und leicht anwendbares Palliativmittel« zu
greifen. In erster Linie sei die faradische Behandlung, später
auch der galvanische Strom zu versuchen.

Faradisation: 5—10 Minuten, 1—2 mal täglich,

Galvanisation: 5—10—15 Minuten mehrmals täglich.

---

[1]) Dieselben entstammen einem Patienten, der auf der II. medizinischen
Abteilung des k. k. Krankenhauses Wieden in Pflege stand. Unsere Wahrscheinlichkeitsdiagnose auf multiples Myelom fand durch die Röntgenuntersuchung und nachherige Obduktion (Prosektor Dr. Zemann) ihre Bestätigung. Der Fall wurde des Ausführlichen in Virchows Archiv 1904 publiziert.

In jüngster Zeit versucht man besonders in Frankreich, den Heilungsprozeß von gonorrhoischer Arthritis durch Anwendung der Hochfrequenzströme (Dénoyès) oder des galvanischen Stromes zu beschleunigen. Die Dauer beträgt anfangs bis eine Stunde, in der Folge $^1/_2$ und nur $^1/_4$ Stunde. Intensität 40—60 Milliampere (Delherm).

Bordier empfiehlt, akute Fälle mit Jonisation von Lithiumsalzen zu behandeln.

Bergonié, Roque, Bouchard und Guilleminot versuchten bei akutem Gelenkrheumatismus die Jonisation der Gelenke mit Salizylsalzen erfolgreich. Die mit der medikamentösen Flüssigkeit befeuchtete Watte bedeckt das Gelenk. Stromdosis $= \dfrac{0,2 - 0,7 - 1,0}{1\ cm}$. Dauer: $^1/_4$ bis $^3/_4$ Stunden jeden zweiten Tag.

Die chronischen Gelenkaffektionen und besonders die chronischen Entzündungen bilden die eigentliche Domäne der Elektrotherapie; es sind dies der monoartikulare, der polyartikuläre chronische Gelenkrheumatismus, die Arthritis deformans und die Ankylosen.

Es ist in der Natur der Sache gelegen, daß sich der monoartikulare Gelenkrheumatismus (zumeist Schulter und Knie) durch Elektrizität in höchst bequemer Weise behandeln läßt.

Die günstigen Resultate, welche Froriep, M. Meyer, R. Remak, Weisflog u. a. mittels des galvanischen Stromes erzielten, wurden von E. Remak, Erb, Seeligmüller u. a. bestätigt.

Zur Behandlung eignet sich außer der Galvanisation ebenso die Faradisation. Bei der Galvanisation läßt man das erkrankte Gelenk vom konstanten Strom nach allen Richtungen in stabiler Weise durchfließen. Dauer der Sitzung: 5—20 Minuten. Die umgebenden Weichteile behandelt man mit labiler Galvanisation.

Seeligmüller wendet in hartnäckigen Fällen den galvanischen Kathodenpinsel an; durch intensive Einwirkung (1 bis 10 Sekunden) entstehen an jeder Applikationsstelle des Pinsels kleine in Gruppen angeordnete Ätzschorfe. Die erfolgreiche Behandlungsweise bestätigte Böttger.

Die Faradisation wird derart ausgeführt, daß man ziemlich starke Ströme, in der Dauer von 10—15 Minuten — nach Weisflog tägliche Sitzungen sogar von $^1/_2$ bis 1 Stunde Dauer —

mittels feuchter Elektroden auf das Gelenk einwirken läßt. In schwereren Fällen versucht man den faradischen Pinsel.

Auch der polyartikulare chronische Gelenkrheumatismus wird manchmal durch Elektrizität günstig beeinflußt.

Erdmann hat gemischte Behandlung, Faradisation und Galvanisation der Gelenke und umgebenden Weichteile als wirkungsvoll empfohlen.

Nach Seeligmüller soll man in besonders hartnäckigen Fällen die zu behandelnden Gelenke vorerst in heiße Moorumschläge einpacken, schwitzen lassen und dann stabile Galvanisation durch 5—10 Minuten 2—3 mal wöchentlich ausführen.

Die Arthritis deformans ist im allgemeinen durch Elektrizität ebenso schwer wie durch andere Mittel zu behandeln.

Cahen heilte einen Fall durch faradische Behandlung im Laufe eines halben Jahres.

Remak lobt den galvanischen Strom.

M. Meyer empfiehlt die Sympathikus-Galvanisation.

Althaus hat neben der lokalen Behandlung auch Elektrisation des Rückenmarkes empfohlen.

Nach Erb ist es zweckmäßig, neben der gewöhnlichen lokalen Behandlung auch regelmäßig Galvanisation des Halssympathikus und des Rückenmarkes auszuführen. Auch die früher erwähnte Methode nach Seeligmüller, das hydroelektrische Bad (Lehr) kommen hier in Betracht.

Die Ankylosen werden mit Galvanisation behandelt.

M. Meyer fand vorwiegend die Anode wirksam; dagegen bewährte sich nach Chéron die labile Kathode besser.

Erb hält dafür, beide Pole abwechselnd und sukzessive zu verwenden, um möglichst intensive katalytische Wirkung zu erzielen.

In jüngster Zeit meldeten sehr ermutigende Resultate Walker Gwyer aus New York und St. Leduc in Nantes: man appliziert zu beiden Seiten des kranken Gelenkes große, mit NH_4Cl oder mit $NaCl$ befeuchtete Elektroden. Dauer 10 bis 30 Minuten. Stromesintensität von 20—150 MA.

Die Skoliosen sind zuweilen, und dies nur indirekt, einer elektrischen Behandlung zugänglich; die Muskeln der konvexen Seite sind zu elektrisieren.

Vorher nehme man eine elektrische Erregbarkeitsprüfung der atrophischen Muskulatur vor; ist die faradische Erregbarkeit

der Muskulatur erloschen, so erscheint von vornherein jede
Elektrisation als aussichtslos. In geeigneten Fällen soll Galvanisation des Rückenmarkes und als Allgemeinbehandlung besonders
bei Rhachitismus Sinusoidalströme und hydroelektrische Bäder
(Sagretti, Gautier et Larat, Springer etc.) versucht
werden.

Die Röntgendiagnostik spielt bei diesen Erkrankungsformen
eine große Rolle; dieselbe gehört heute zu den wichtigsten Behelfen der Orthopädie.

2. Krankheiten der Muskeln.

§ 219. In diesem Abschnitte finden nur die Erkrankungen
rein muskularen Ursprunges Erwähnung. Die auf nervöser
Basis beruhenden Muskelerkrankungen werden im nächsten Abschnitt gemeinsam mit den Nervenkrankheiten erörtert. Hierher
gehören die progressiven Muskeldystrophien, die
Muskelatrophien traumatischen und chirurgischen Ursprungs, rheumatische Muskelaffektionen und Entzündungen und die Muskelkrämpfe.

Die progressiven Muskeldystrophien (z. B. La
paralysie pseudohypertrophique type Duchenne, la myopathie
atrophique progressive type Landouzy-Déjèrine), welche
im Kapitel ›Elektrodiagnostik‹ besprochen wurden, und die nur
herabgesetzte quantitative Erregbarkeit erkennen lassen, werden
gewöhnlich einer Galvano-Faradisation unterworfen. Man verwendet lokal die labile Ka-Galvanisation abwechselnd mit
Faradisation; die große indifferente Elektrode wird am Rücken
aufgesetzt. Sitzungen jeden Tag oder auch nur jeden zweiten
Tag in der Dauer von einigen Minuten.

Bordier empfahl die Voltaschen Alternativen; andere
Autoren verwenden Sinusoidalströme in Form von hydroelektrischen Bädern 3 mal die Woche. Dauer 10—20 Minuten (Larat).

Erfolg: Man erzielt nur Verzögerung des Prozesses.

§ 220. Die reinen, primären Muskelatrophien
sind einer erfolgreichen Elektrisation zugänglich. Es sind dies
Muskelatrophien, die nach Traumen, nach Frakturen und Luxationen und schließlich bei Gelenkaffektionen in der Umgebung
des Krankheitsherdes auftreten. Schon früher erwähnten wir,
Entartungsreaktionen seien nicht vorhanden, dagegen Herabsetzung der quantitativen Erregbarkeit. Je nach dem Grade, in
welchem letztere auftritt, ist die Elektrotherapie von rascherem

oder langsamerem Erfolge begleitet; so genügt für günstige Fälle
eine 15 tägige, für schwerere Fälle eine zweimonatliche Behandlung;
die Ursache der Atrophie muß natürlich schon früher verschwunden sein. Man verwendet Galvanisation und Galvano-Faradisation.
Bei arthritischen Muskelatrophien (früher sog. Inaktivitätsatro-
phien ist der Galvanisation der Vorzug zu geben.

Man elektrisiert lokal jeden oder jeden zweiten Tag in
der Dauer von 2—5 Minuten die einzelnen erkrankten Muskel;
8—12—20 MA.

§ 221. Die rheumatischen Muskelaffektionen
(allgemeiner Muskelrheumatismus, Lumbago, Torticollis etc.) behandelt mau am zweckmäßigsten von allem Anfang an mittels
Galvanisation. Wegen der anodynen Wirkung der Anode wird
diese als differente Elektrode der erkrankten Stelle aufgesetzt.

Wo einfache Galvanisation erfolglos bleibt, versucht man
Jonisation, wobei eine 1 proz. Jodnatriumlösung Verwendung
findet. Dauer 20—30 Minuten; 60—100 MA.

Auch Franklinisation, Galvanofaradisation, sinusoidale
Voltaisation und Hochfrequenzströme werden als sehr erfolgreich
empfohlen. Dabei wähle man möglichst schwache Ströme, um
stärkere Muskelkontraktionen, die Schmerzen verursachen, zu
vermeiden.

Ein zweckmäßiges Verfahren beruht in der Kombination
von Elektrisation und Massage: durch rollenförmige Elektroden
kann man eine Art elektrischer Massage (Druck-Effleurage)
ausführen.

Die Muskelkrämpfe sind mittels labiler Galvanisation
(Anode) lokal zu elektrisieren; dabei müssen Muskelkontraktionen
verhütet werden. Es ist daher von der Anwendung der Faradisation abzuraten. Dies gilt nicht nur für die gewöhnlichen
Muskelcrampi, sondern auch für myotonische Zustände;
besonders zu warnen ist vor der faradischen Elektrisation bei
der pseudoparalytischen Myasthenie wegen der leichten
Ermüdbarkeit für elektrische Reize (vgl. Elektrodiagnostik »myasthenische Reaktion«).

3. Krankheiten des peripheren Nervensystems.

§ 222. Die Erkrankungen der Muskeln sind in den meisten
Fällen die Begleiterscheinungen der Erkrankungen der peripheren
Nerven. Die Erkrankungen des peripheren Nervensystems waren
seit jeher die Domäne der Elektrotherapie. Die verschiedenen

Formen der auf nervöser Basis auftretenden Gesundheitsstörungen
geben dem Elektrotherapeuten Gelegenheit, Elektrizität in mannigfacher Variation zur Anwendung zu bringen; daraus entwickelte
sich dann eine große Reihe von ›Behandlungsmethoden‹, die
wir bereits größtenteils im allgemeinen Teil dieses Abschnittes
kennen lernten.

Im folgenden sollen nur die am meisten verwendeten
Applikationsmethoden bei den Krankheiten des peripheren
Nervensystems erörtert werden.

Das periphere Nervensystem.

§ 223. Um die einzelnen Formen der vielen Erkrankungen
des peripheren Nervensystems, welche der elektrischen Beeinflussung zugänglich sind, in übersichtlicher Weise zusammen-
stellen zu können, empfiehlt es sich, dieselben in zwei Haupt-
gruppen zu sondern:

1. Lähmungszustände und

2. Reizzustände.

Zu den Lähmungszuständen gehören die Paresen
und Paralysen der motorischen Nerven, die auf rein
neuritischer, infektiöser, toxischer u. a. Basis beruhen, und
weiters die Anästhesien (als Lähmungen der sensiblen Nerven).

Zu den Reizzuständen zählt man die Neuralgien,
Krämpfe und Kontrakturen.

a) Lähmungen.

Dementsprechend ist die elektrische Behandlungsweise
keine einheitliche; andere Methoden werden gegen Lähmungszustände und andere gegen die Reizzustände eingeschlagen. Die
Einzelheiten der Behandlungsweise werden bei der Aufzählung
der Spezialformen der Erkrankungen des peripheren Nervensystems des Näheren besprochen; doch sei gleich hier im allgemeinen hervorgehoben, in allen Fällen, wo Schmerz
zu bekämpfen ist, ziehe man die Anode in Anwendung. Wo Paresen, Paralysen und ohne Schmerz einhergehende
Entzündungserscheinungen (z. B. Neuritis saturnina) zu bekämpfen
sind, dort tritt die Kathode in ihre Rechte. Den früheren Auseinandersetzungen über Kat- und Anelektroden entnehmen wir
nämlich, daß die Kathode die Reizbarkeit der Nerven erhöht
und demnach der Paralyse entgegenwirkt; vom Anelektrotonus
erwarten wir das Gegenteil.

Man benutzt in praxi zur Herabsetzung der Erregbarkeit (also bei Reizzuständen):

1. Anode bei stabiler Galvanisation,
2. absteigende galvanische Ströme (z. B. bei Ischias die Anode zentral, die Kathode peripher),
3. Voltasche Alternativen,
4. faradische Pinsel (jedoch nur bei Neuralgien, niemals bei lokalen Krämpfen).

Gegen Lähmungszustände verwendet man:

1. Kathode bei stabiler Galvanisation lokal z. B. bei Radialislähmung),
2. lokale Muskelfaradisation (kontraindiziert bei Bestehen von Spasmen),
3. lokale Muskelgalvanisation mit Ka (besonders wenn faradische Erregbarkeit vollkommen erloschen, z. B. bei Facialislähmung),
4. Galvanofaradisation der Muskeln (besonders wenn starke Atrophie vorhanden, z B. bei postdiphtheritischen Lähmungen, Polyneuritis etc.),
5. faradischer Pinsel, elektrische Moxe (bei Anästhesie).

Behandlung der einzelnen Lähmungsformen.

§ 224. Lähmungen der Augenmuskeln kommen sehr häufig vor; der elektrotherapeutische Heilerfolg ist von der Ätiologie der Erkrankung abhängig; bei zentral bedingter Läsion ist die Elektrotherapie vollkommen machtlos; bei lues wird von einer anderen Kur mehr zu erwarten sein.

Der Sitz der Läsion ist zunächst durch die galvanische Behandlung in Angriff zu nehmen.

Erb empfiehlt als sehr praktisch, eine Elektrode auf die geschlossenen Lider, die andere auf den Nacken zu setzen. Dauer ½ bis 1 Minute; 1—5 MA.

Benedikt empfahl die Galvanisation des Sympathikus.

Wo es angängig, wird die direkte Reizung der gelähmten Muskeln mit der Ka ausgeführt. Dauer ½ Minute. Die dazu nötigen Augenelektroden sind im technischen Teil beschrieben und abgebildet.

In ähnlicher Weise wird die Faradisation der Augenmuskeln ausgeführt.

§ 225. Lähmungen des Gesichtsnerven. Die
Facialisparese resp. Facialisparalyse ist eine häufige Erkrankung,
bei welcher der Elektrotherapeut seine schönsten Erfolge erzielt;
dies gilt vorwiegend von der rheumatischen Facialislähmung.

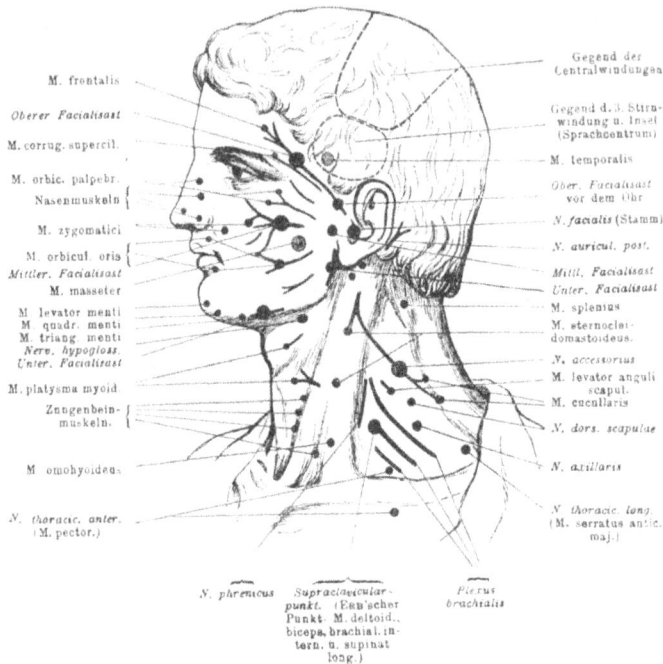

Fig. 138.
(Nachgebildet nach Erb, Elektrotherapie, 2. Aufl., Fig. 29.)

Während die periphere Facialislähmung durch Elektrisation in kürzerer oder längerer Zeit zur Heilung gebracht werden
kann, vermag die Elektrotherapie oft keinerlei Einfluß zu nehmen
auf die anderen drei Formen der Fazialislähmung, welche bedingt ist

a) intra-temporal, d. h. durch Erkrankung des Felsen-
   beines, z. B. Caries, lues etc.,

b) bulbär,

c) zerebral.

Im Abschnitte der Elektrodiagnostik erfahren wir, daß man bei der peripheren (rheumatischen) Fazilislähmung drei Formen unterscheidet — leichte Form, Mittelform, schwere Form — und daß diese Unterscheidung für die Prognose und auch Therapie von Belang ist.

Die beste Methode zur Behandlung der rheumatischen Fazilislähmung besteht in der direkten Behandlung der Läsion mittels des galvanischen Stromes.

Die Anode kommt hinter das Ohr der gelähmten Seite, am besten in der fossa pterygomastoidea, die große Kathode bedeckt zum größten Teil die gelähmte Gesichtshälfte. J = 10—15 MA, Dauer = 5—10 Minuten.

Die faradische Behandlung wird in analoger Weise ausgeführt.

Im weiteren Verlauf der Behandlung galvano-faradisiert man auch die Muskeln.

Bei bulbär und zerebral bedingten Facialislähmungen kann man eventuell außer der peripheren, ebenso durchzuführenden Behandlung auch Gehirn und Medulla zu elektrisieren versuchen.

§ 226. Die Lähmung des Kaumuskels ist eine sehr seltene Erkrankung. Da dieselbe zumeist intracraniell bedingt ist (lues, Gumma etc.), so ist die Elektrotherapie recht machtlos.

Man galvanisiert den Schädel quer durch die vordere oder hintere Ohrengegend (Eichhorst, Erb), außerdem wird der Kaumuskel direkt faradisiert oder mit Ka labil galvanisiert.

§ 227. Die Lähmung des Nervus accessorius ist eine ebenso seltene Erscheinung. Ist dessen äußerer Ast gelähmt (der innere Ast versorgt die Schlundmuskeln und zum Teil das Gaumensegel), so kommt es zu Lähmungen des M. sternocleidomastoideus und des M. cucullaris. Die Lähmung pflegt rheumatischer Natur zu sein.

Man galvanisiert, indem man die Anode auf den Nacken, die Kathode auf die motorischen Punkte setzt. Die miterkrankten Muskeln werden faradisiert resp. galvanisiert (wenn sie faradisch unerregbar sind EaR).

§ 228. Die Lähmung des Nervus hypoglossus ist in den allermeisten Fällen eine Begleiterscheinung cerebraler oder bulbärer Erkrankung, besonders der progressiven Bulbärparalyse. Dies genügt, um die Machtlosigkeit der elektrischen Behandlung darzutun.

Man vermag Galvanisation des Gehirns resp. der Medulla quer durch die beiden Processus mastoidei zu versuchen, oder auch so, daß man die Ka an der Reizstelle des Hypoglossus (cf. motor. Punkte) am Unterkieferwinkel tief eindrückt, die Anode im Nacken.

§ 229. Von den Lähmungen des Rumpfes interessiert am meisten die Z w e r c h f e l l ä h m u n g. Dieselbe tritt zuweilen infolge einer Neuritis des Phrenicus auf, welch letztere durch Diphtherie oder Bleiintoxikation verursacht wird; allerdings auch Peritonitis und Pleuritis, besonders die basiläre Form, pflegen zu einer partiellen oder kompletten Zwerchfelllähmung Anlaß zu geben.

Die röntgenoskopische Untersuchung leistet für die Diagnose-stellung große Dienste.

In elektrotherapeutischer Beziehung muß man berück-sichtigen, daß eine direkte Muskelreizung so ziemlich aussichts-los ist. Man versucht den Nervus phrenicus zu reizen:

a) die Kathode wird an der bekannten Stelle am Halse (cf. Fig. 138) gegen den Nervus phrenicus gedrückt, die Anode hingegen im Epigastrium aufgesetzt; stabile oder labile Galvanisation, 5—10 MA.

b) Querleitung durch die Rippengegend oder vom Rücken gegen das Epigastrium. Die Galvanisation kann mit der Faradisation alternieren.

Die Kontraktion des Zwerchfells begleitet ein geräusch-volles Eindringen der Luft in die Respirationswoge.

§ 230. D i e L ä h m u n g e n d e r o b e r e n E x t r e m i t ä t sind keine seltenen Vorkommnisse. Es gibt hier sehr mannig-faltige Formen von Lähmungserscheinungen: isolierte Lähmungen einzelner Muskeln oder von Muskelgruppen des einen oder mehrerer Nervengebiete.

Die elektrotherapeutischen Maßnahmen sind durch die Ätiologie bestimmt.

Als z e n t r a l e Erkrankungen sind Gehirnhämorrhagien, Poliomyelitis anterior, multiple Sklerose, Myelitis, Meningitis, amyotrophische Lateralsklerose usw. bekannt.

Die meisten Lähmungen sind peripherischen Ursprungs, zumeist durch ein T r a u m a (Stich, Schnitt, Hieb, Druck etc.) bedingt; am bekanntesten ist wohl die durch Druck hervorge-rufene ›Schlaflähmung‹ des Radialis.

Andere Lähmungen entstehen wieder durch Erkältung, durch Gelenksentzündung mit konsekutiver Neuritis; schließlich lokalisieren sich toxische Lähmungen (z. B. Bleilähmung) in bestimmten Nerv-Muskelgebieten.

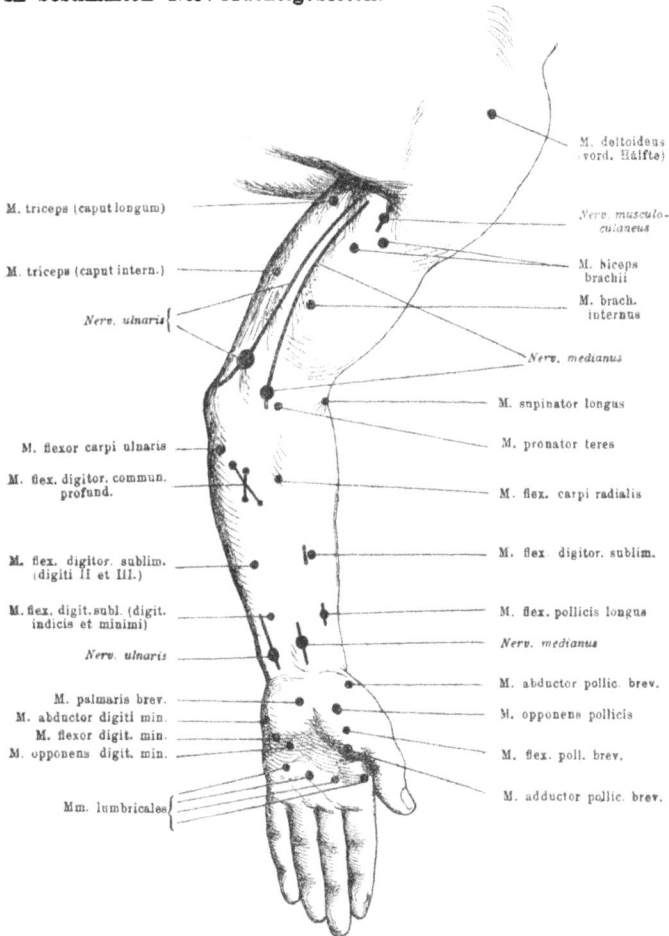

Links (von oben nach unten):

M. triceps (caput longum)

M. triceps (caput intern.)

Nerv. ulnaris {

M. flexor carpi ulnaris

M. flex. digitor. commun. profund.

M. flex. digitor. sublim. (digiti II et III.)

M. flex. digit. subl. (digit. indicis et minimi)

Nerv. ulnaris

M. palmaris brev.
M. abductor digiti min.
M. flexor digit. min.
M. opponens digit. min.

Mm. lumbricales {

Rechts (von oben nach unten):

M. deltoideus (vord. Hälfte)

Nerv. musculo-cutaneus

M. biceps brachii

M. brach. internus

Nerv. medianus

M. supinator longus

M. pronator teres

M. flex. carpi radialis

M. flex. digitor. sublim.

M. flex. pollicis longus

Nerv. medianus

M. abductor pollic. brev.

M. opponens pollicis

M. flex. poll. brev.

M. adductor pollic. brev.

Fig. 139. (Nachgebildet nach Erb, Elektrotherapie, 2. Aufl., Fig. 30.)

Der Rahmen dieses Büchleins würde weit überschritten, wollten wir noch die Symptomatologie und Pathologie der verschiedenen Lähmungsformen, wenn auch nur kurz besprechen, es sei nur erwähnt, daß zu den am häufigsten betroffenen Nerven der oberen Extremität zu zählen sind: der Nervus axillaris (Lähmung des M. Deltoideus), Nervus musculo-cutaneus (Lähmung des Biceps und brachialis internus), der Nervus radialis (am häufigsten sogenannte ›Schlaflähmung‹,

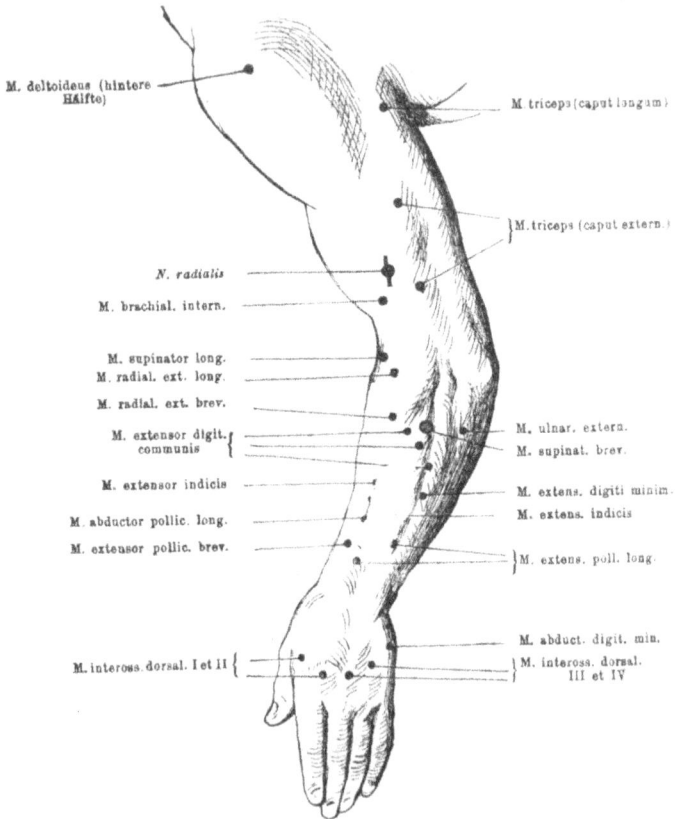

M. deltoideus (hintere Hälfte)

M. triceps (caput longum)

M. triceps (caput extern.)

N. radialis

M. brachial. intern.

M. supinator long.
M. radial. ext. long.

M. radial. ext. brev.

M. extensor digit. communis

M. extensor indicis

M. abductor pollic. long.

M. extensor pollic. brev.

M. ulnar. extern.
M. supinat. brev.

M. extens. digiti minim.
M. extens. indicis

M. extens. poll. long.

M. abduct. digit. min.

M. inteross. dorsal. I et II

M. inteross. dorsal. III et IV

Fig. 110. (Nachgebildet nach Erb, Elektrotherapie, 2. Aufl., Fig. 31.)

Lähmung sämtlicher Extensoren und Supinaotoren des Vorder-armes), der Nervus medianus (Unmöglichkeit, die Hand und Finger zu beugen, Thenarmuskeln zu bewegen — Affen-hand — und Pronation auszuführen), der Nervus ulnaris

(›Krallenstellung der Hand‹ — main en griffe — die M. des Antithenar, die Interossei, der Adductor pollicis gelähmt, außerdem Ulnarflexion und Flexion der drei letzten Finger erschwert).

Nebst diesen einfachen Formen gibt es eine Reihe von k o m b i n i e r t e n L ä h m u n g s f o r m e n, bei welchen verschiedene Nervengebiete gleichzeitig affiziert sind; erwähnt sei hier nur die ›E r b sche k o m b i n i e r t e S c h u l t e r - A r m l ä h m u n g‹ (im Deltoideus, Biceps, Brachialis internus, Supinator longus und Intraspinatus), die ihren Sitz gewöhnlich in den Wurzeln des 5. und 6. Cervicalnerven des plexus brachialis — E r b sche P u n k t, vgl. Fig. 138, haben. Die Franzosen nennen diese Lähmung l a p a r a l y s i e d u p l e x u s d'E r b.

Alle näheren anatomischen Verhältnisse, besonders Lokalisation des Nervenverlaufes und der für die Behandlung wichtigen m o t o r i s c h e n P u n k t e ist aus den Abbildungen Fig. 138 bis 143 (aus E r b s Elektrotherapie) und Fig. 144 (aus M. B e r n - h a r d t) zu ersehen.

Die M e t h o d e d e r e l e k t r i s c h e n B e h a n d l u n g basiert zunächst auf einer gründlichen Diagnose und weiters darauf, die Elektrizität womöglich in l o c o m o r b i zur Anwendung zu bringen. Genaue Kenntnis der anatomischen Verhältnisse und speziell der motorischen Punkte sind für eine erfolgreiche Therapie unerläßlich.

Die zerebral und bulbär bedingten Lähmungen sind hier begreiflicherweise von untergeordnetem Interesse; trotzdem versucht man zuweilen G a l v a n i s a t i o n des Kopfes des Cervicalmarkes und Sympathikus. Für die Behandlung der peripher bedingten Lähmungen gelten die zu Beginn dieses Kapitels auseinandergesetzten Leitsätze der Eeklträisation von Lähmungszuständen.

So sei hier hervorgehoben, E. R e m a k erzielte in vielen Fällen von Radialislähmung durch eine stabile Einwirkung der Ka bei mäßiger Stromstärke äußerst günstige Heilerfolge; es gab sich oft während der Stromesdauer eine Steigerung der Motilität kund.

E r b machte dieselbe Beobachtung bei einzelnen, ganz leichten oder schon in Besserung begriffenen Fällen.

Bei Lähmungen der oberen Extremität empfiehlt es sich nebst der l o k a l e n B e h a n d l u n g, noch die d i r e k t a n t i p a r a - l y t i s c h e B e h a n d l u n g zur Anwendung zu bringen; man versteht darunter die Methode, die es ermöglicht, den elektrischen Strom zentralwärts von der Läsionsstelle zur Einwirkung gelangen zu lassen; es soll dadurch die lähmende Leitungshemmung gewissermaßen durchbrochen werden· Man elektrisiert daher alle Oberarmnerven vom Erbschen Punkt aus kräftig, desgleichen unterwirft man die gelähmten Muskeln in entsprechender Weise (s. o.) einer besonderen Elektrisation.

Im besonderen wird hervorgehoben: Erb hält es für das Beste, bei Bleilähmung in erster Linie das Halsmark, die Cervicalanschwellung zu behandeln, und zwar aus zwei Gründen:

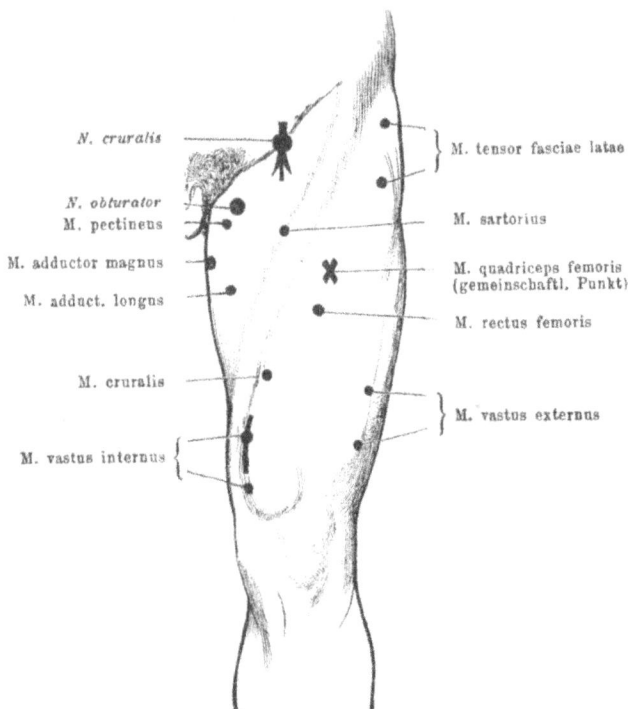

N. cruralis — M. tensor fasciae latae

N. obturator
M. pectineus — M. sartorius

M. adductor magnus — M. quadriceps femoris (gemeinschaftl. Punkt)
M. adduct. longus — M. rectus femoris

M. cruralis — M. vastus externus

M. vastus internus

Fig. 141. (Nachgebildet nach Erb, Elektrotherapie, 2. Aufl., Fig. 32.)

erstens, weil sie wahrscheinlich der Sitz der Läsion ist, dann weil angenommen wird, daß eine elektrische Einwirkung auf die hier liegenden trophischen Zentren nicht ohne günstigen Einfluß auf die Degeneration der peripheren Nerven und Muskeln sein dürfte. Es wird eine »große« Elektrode auf die Gegend der unteren Halswirbel und der oberen Brustwirbel appliziert, die zweite Elektrode setzt man dem Sternum auf. Man läßt zuerst die An, dann die Ka je 1—2 Minuten lang bei kräftigem Strom (10—25 MA) stabil einwirken.

Außer dieser zentralen Galvanisation wird, wie bei anderen Neuritisformen, auch periphere, i. e. lokale galvanische Behandlung ausgeführt.

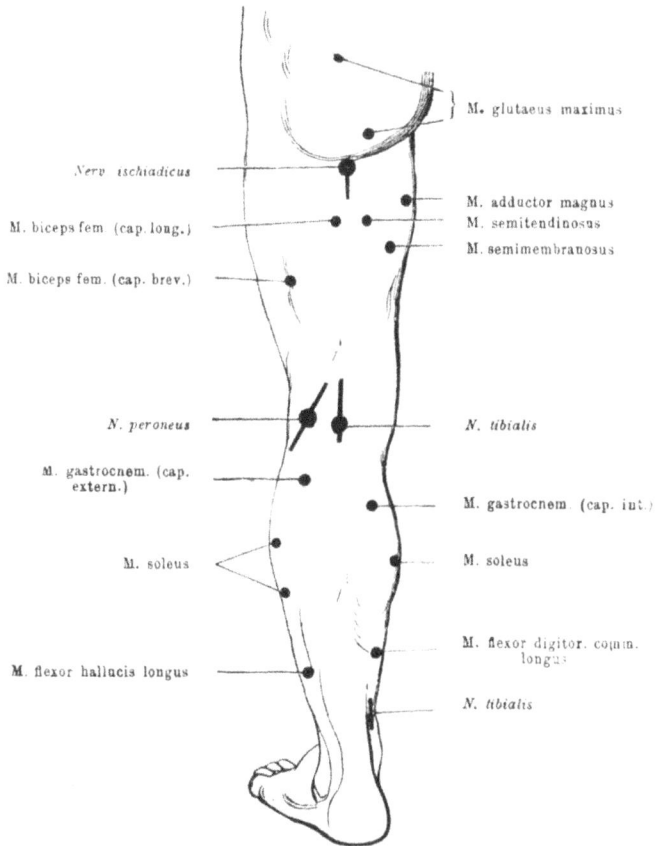

Die Erfahrungen von Duch'enne, M. Meyer u. a. lehren, daß auch der faradische Strom sich nicht als unwirksam erwies.

§ 231. Die Lähmungen der unteren Extremität sind in den meisten Fällen zentralen Ursprungs. Nächst der Hemiplegie sind es vorwiegend Prozesse des Rückenmarkes (Entzündungen,

Verletzungen, Neubildungen etc.), die zu Lähmungen der unteren
Extremitäten führen, die häufig Gegenstand elektrotherapeutischer
Versuche werden.   Viel erfolgreicher sind die letzteren, wenn
die Lähmungen peripheren Ursprungs sind: mechanische Einwirkungen (z. B. anläßlich der Geburt), Traumen, Erkältung,
akute Erkrankungen können die langgestreckten Nerven der
unteren Extremität in Mitleidenschaft ziehen und zu Lähmungen
Anlaß geben.

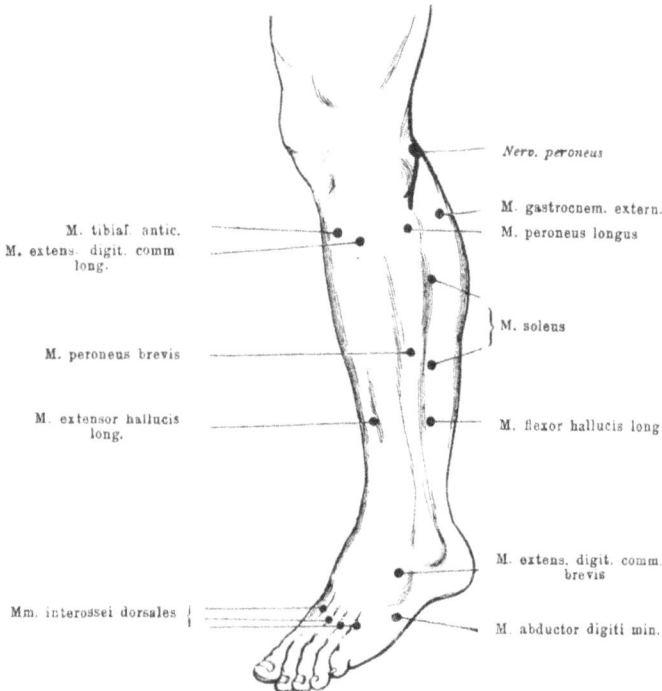

Fig. 143. (Nachgebildet nach Erb, Elektrotherapie, 2. Aufl., Fig. 34.)

Es pflegen befallen zu sein: Nervus cruralis (Lähmung
der Hüftgelenksbeuger, wie Ileopsoas etc., und der Unterschenkel-
strecker, wie Quadriceps cruris usw.), Nervus obturatorius
(Lähmung der Adduktionsbewegungen des Schenkels), Nervi
glutaei (Lähmung, besonders der Abduktions- und Rotations-
bewegung), Nervus ischiadicus entweder in seinem Stamme
oder seine beiden Hauptäste: N. peroneus (Lähmung der vorderen

Unterschenkelmuskulatur oder Nervus tibialis (Lähmung der Wadenmuskulatur).

Die Elektrotherapie ist im allgemeinen dieselbe wie bei den Lähmungen der oberen Extremität. Dabei beachte man eventuell erkrankte Stellen im Rückenmark, besonders wo Elektrisation desselben indiziert erscheint.

Der plexus sacralis kann mittels Mastdarmelektrode leicht vom Mastdarm aus gereizt werden.

Die Anode setzt man am besten auf die Lendengegend, die Kathode auf die zu erregenden Nerven und motorischen Punkte.

Bezüglich der Stromesintensität und Dauer der Applikation gelten die allgemeinen Regeln.

ad a) Die Anästhesien.

Die Anästhesien, bekanntlich die Herabsetzung resp. Aufhebung der durch sensible Nerven und durch die Sinnesorgane vermittelten Empfindungen, sind im allgemeinen durch dieselben Ursachen wie die motorischen Lähmungen bedingt, mit welchen sie deshalb in naher Beziehung stehen. Die Anästhesien sind durch zentrale oder durch periphere Krankheitsursachen bedingt.

Der elektrische Strom ist in der Tat das souveräne Mittel zur Bekämpfung aller Formen von Anästhesie an allen möglichten Körperteilen; natürlich nur insoweit, als es sich um überhaupt heilbare Anästhesien handelt (Erb).

Der Elektrotherapeut muß entweder die leitungshemmende Erkrankung — Neuritis, Kompression, Blutung etc. — beseitigen oder die Erregbarkeit der Aufnahmsorgane — direkte Behandlung — zu erhöhen trachten.

Die Elektrotherapie bezweckt in den allermeisten Fällen die Erregung der sensiblen Endapparate und Leitungsbahnen: es wird direkt periphere Reizung der Haut, der sensiblen Nervenstämme ausgeführt. Diese periphere Reizung erzielt man mittels des galvanischen Stromes — Ka in stabiler und labiler Form auf der anästhetischen Stelle — oder am öftesten mittels des faradischen Stromes. Die Faradisation wird in den bekannten intensiven Methoden (Pinsel, Moxe etc.) zur Ausführung gebracht. Bei den so häufig vorkommenden hysterischen Hemianästhesien genügt oft die Faradisierung eines kleinen umschriebenen Bezirkes, um dadurch die Anästhesie der ganzen Körperhälfte zum Verschwinden zu bringen. (Erb, M. Meyer, Vulpian.)

Bei den hysterischen Anästhesien und Hemianästhesien darf auf Behandlung einer vorhandenen Ovarie etc. nicht ver- gessen werden.

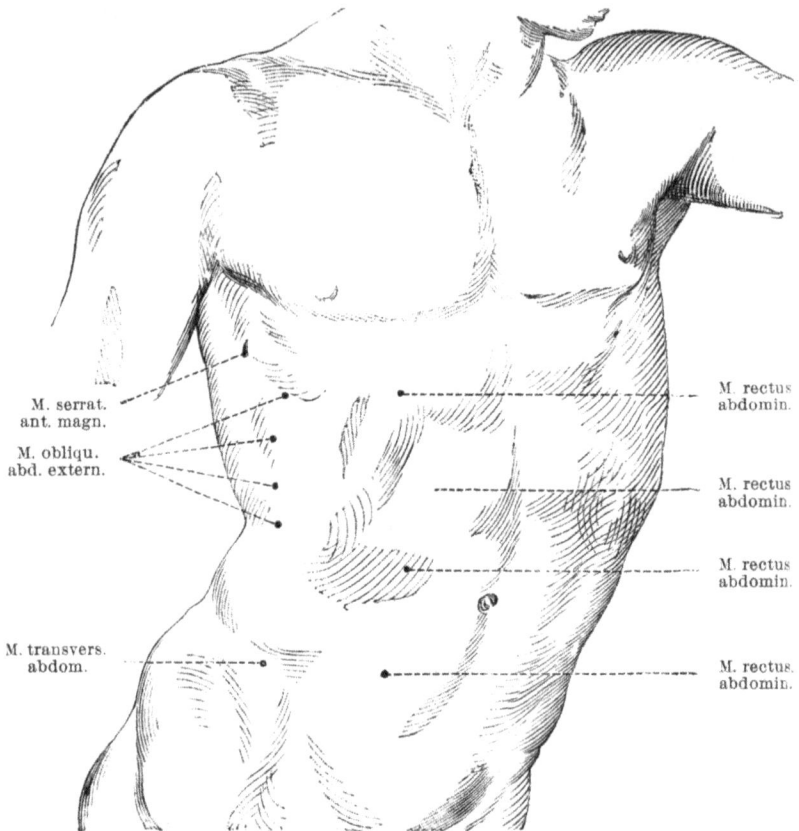

Fig. 144.

(Aus M. Bernhardt: »Die Erkrankungen der peripheren Nerven«.)

Anästhesie des Trigeminus wird ebenfalls durch gal- vanischen Strom — Ka labil auf Stamm und Äste des Trige- minus — oder mittels faradischen Pinsels günstig beeinflußt, gleichzeitig erzielt man eine Besserung der begleitenden Kon- junktivalhyperämie.

Bei Anästhesie des Rachens und Kehlkopfein-
ganges (besonders nach Diphtherie) bewährt sich perkutane
und intrapharyngeale Applikation des galvanischen oder faradischen Stromes. Jurasz empfiehlt Abwechslung der beiden
Stromesarten.

b) Reizzustände.

Neuralgien.

§ 233. Die idiopathischen Neuralgien werden durch
den elektrischen Strom in vielen Fällen in glänzender Weise
zum Stillstand und auch zur Heilung gebracht.

Der Elektrotherapeut muß sich nur genau über den Sitz
der Neuralgie in dem oder jenem Nervenstamme, über eventuelle
gröbere Ursachen usw. informieren; ebenso ist die An- oder
Abwesenheit der Valleixschen Druckpunkte zu beachten.

Die zentral oder durch allgemeine Konstitutions-
erkrankung bedingten Neuralgien sind einer erfolgreichen
Elektrisation weniger zugänglich.

Außer den schon eingangs genannten Methoden (wie Anode,
absteigende Stromesrichtung usw.) wäre noch zu erwähnen, daß
Neftel eine hartnäckige Neuralgie mit stabilen Schmerzpunkten
durch Elektrolyse (Ka-Nadel in den schmerzhaften Punkt)
erfolgreich behandelte.

M. Meyer, Seeger, Brenner wendeten als eine indirekte Behandlung von Neuralgie die galvanische Behandlung von Schmerzpunkten an der Wirbelsäule (besonders bei Brachial- und Interkostalneuralgien, Ischias) an.

Die Neuralgie des Trigeminus bietet der Elektrotherapie wegen der tiefen Lage der Nerven gewisse Schwierigkeiten.

Für die Erzielung polarer Wirkung, sofern man den
Hauptstamm treffen will, wird die Querdurchleitung des Schädels
in der vorderen oder hinteren Ohrengegend am zweckmäßigsten
sein. Die peripheren Orte des Trigeminus sind leichter erreichbar.

Wie T. Cohn hervorhebt, empfiehlt in den letzten Jahren
Bergonié (und nach ihm L. Dubois, Guilloz, Guilleminot u. a.) bei Trigeminusneuralgien Ströme von großer Stärke:
eine 200—250 qcm große, dem Trigeminusgebiet halbmasken-
artig aufsitzende, mit 2 Kautschukbändern befestigte, filzüber-
zogene Anode; die 400—500 qcm große Kathode sitzt am
Rücken; Stromdauer 15—25 Minuten. Der galvanische Strom

wird allmählich eingeschaltet und in den ersten 7—10 Minuten 35—50 MA verstärkt, um dann wieder allmählich auf 0 abzufallen.

Die Cervico-occipitalneuralgie behandelt man mittels stabiler Anode oder mittels absteigenden Stromes.

Cervicobrachialneuralgie: stabile Galvanisation (Ein- und Ausschleichen) An auf Erbschem Punkt; weiterhin absteigender Strom oder Faradisation.

Interkostalneuralgie und Mastodymie: Faradisierung der Interkostalräume oder Anode auf die verschiedenen Schmerzpunkte.

Neuralgia plexus lumbalis mit ihren Unterarten (Neur. crur. obturat., cutan. femor. extern. — Néuralgie paresthésique) nach denselben Grundsätzen, besonders absteigende stabile Ströme, An auf die Wirbelsäule.

Neuralgia ischiadica (Ischias): absteigende stabile Ströme, An am Kreuz oder am foramen ischiadicum; die Ka am Nerven. Zweckmäßig ist es nach dem Vorschlage von Remak, stationenweise zu galvanisieren, d. h. einzelne Abschnitte, z. B. 25 cm Länge, der Nerven in den Strom einzuschalten und allmählich nach abwärts zu gehen.

Erb sah gute Erfolge, wenn An stabil auf die verschiedenen Abschnitte des Nervenverlaufes (Lendenwirbelsäule, Plexus, foramen isch. Schmerzprodukte) gesetzt wurde, Ka dabei auf der vorderen Bauchfläche oder Schenkelfläche.

Benedikt bekämpfte hartnäckige Fälle durch Einführung einer Elektrode in den Mastdarm und Applikation der anderen auf die Kreuz- und Lendengegend.

Seeger verwendete den galvanischen Pinsel mit Erfolg.

Kopfschmerz und Migräne (Hemikranie).

§ 234. Der ›nervöse‹ Kopfschmerz (Cephalaea) wird durch allgemeine oder durch lokale Elektrisation behandelt. Man wendet Längs- oder Querdurchleitung des Schädels mittels schwacher galvanischer Ströme an.

Oftmals bewährt sich stabile Einwirkung der An (große Kopfelektrode) auf den Scheitel, Ka am Sternum oder Oberschenkel; schwache, eventuell an- und abschwellende Ströme.

Erb sah zuweilen guten Erfolg von der Durchleitung eines schwachen faradischen Stromes von der Stirn zum Nacken, am besten mittels der ›elektrischen Hand‹, 2—5 Minuten lang.

Bei mehr l o k a l e n Kopfschmerzen empfiehlt sich die stabile Anodenbehandlung der betreffenden Punkte oder Faradisierung derselben.

Migräne.

§ 235: Die echte, reguläre Migräne, wie sie bei vielen neuropathischen Menschen auftritt, ist ein durch Elektrotherapie schwer zu bekämpfendes Leiden.

Die in selteneren und weniger schweren Anfällen auf tretenden Migräneformen sind einer elektrischen Behandlung schon zugänglicher; besonders jene, die auch in der Art ihres Auftretens mit Neuralgien viel Ähnlichkeit zeigt. Diese Form der Migräne tritt oftmals auch als Begleiterscheinung verschiedener konstitioneller Erkrankungen auf.

›Un état douloureux crânien unilatéral ou bilatéral, ressenti dans la zone des branches supérieures du trijumeau ou de l'occipital, avec participation des nerfs ciliaires, avec participation fréquente des nerfs optiques et acoustiques, avec participation très fréquente du pneumogastrique, le tout compliqué d'encéphalopathie, et accompagnée accessoirement de spasme ou de paralysie du sympathique cervical‹ (B o u c h a r d).

Das elektrotherapeutische Verfahren muß ein empirisches sein.

Bei der a n g i o s p a s t i s c h e n F o r m (blasses Gesicht etc.) An auf den Halssympathikus, stabil, 2—5 Minuten; bei a n g i o - p a r a l y t i s c h e r F o r m die stabile K a auf den Halssympathicus (H o l s t). E n g e l s k j ö n behandelt die erstere Form der Migräne faradisch, die zweite galvanisch.

C. W. M ü l l e r empfiehlt stabile Galvanisation des Halssympathikus und des Nackens.

F r o m m h o l d erzielte schöne Erfolge durch Faradisation des Kopfes — Nacken, Stirne — mittels der ›schwellenden Ströme‹.

Die Behandlung muß Monate, selbst Jahre lang mit Pausen fortgesetzt werden.

§ 236. D i e v i s c e r a l e n N e u r a l g i e n. Die Elektrotherapie hat bei dem Leiden mit großen Schwierigkeiten zu kämpfen, da oftmals anatomische Erkrankungen vorliegen und ferner die Lokalisation des Ausgangspunktes der Schmerzen schwer durchführbar ist.

Trotzdem bewährt sich auch da die Elektrizität in vielen
Fällen als verlässliches Antineuralgicum. So hat z. B. Duchenne
viele Anfälle von nervöser Angina pectoris durch Faradisierung
der Brustwarzen (farad. Pinsel) augenblicklich koupiert.

Eulenburg rät zu galvanisieren, An auf das Sternum,
Ka auf die unteren Halswirbel.

Leube brachte die Elektrizität als diagnostisches Hilfsmittel bei Cardialgie in Vorschlag: An in das Epigastrium
oder auf die schmerzhafte Stelle des Magens, die Ka in die
linke Axillarlinie oder gegen die Wirbelsäule; starke labile
Galvanisation 5—10 Minuten.

Bei Enteralgien versucht man eine große plattenförmige
An stabil auf den Bauch zu legen; die andere Elektrode eventuell
auch in den Mastdarm.

In analoger Weise ist die Elektrotherapie bei Neuralgien
im Bereiche der Beckennerven, z. B. dysmenorrhoische
Schmerzen, bei Ovarie, rektaler Neuralgie (Neftel), versuchsweise
in Anwendung zu bringen.

§ 237. Krämpfe und Kontrakturen sind ähnlich
wie die Neuralgien vorwiegend durch Reizzustände der Nerven
bedingt. Die durch zentrale Reize hervorgerufenen Krämpfe
sind durch Elektrizität so gut wie gar nicht zu beeinflussen,
günstiger ist schon die Aufgabe des Elektrotherapeuten, sobald
reflektorische (z. B. Reizung der Retina-Blepharospasmus)
oder rein lokale Krampfformen in Frage kommen.

Außer den schon im vorhergehenden Abschnitte besprochenen Muskelerkrankungen wären noch zu erwähnen: der Kau-
muskelkrampf (als Trismus oder als Zähneknirschen resp.
Zähneklappern), der mimische Gesichtskrampf (Facialis-
krampf, Tic convulsif), der Zungenkrampf, der Augen-
muskelkrampf (Blepharospasmus) und der Zwerchfell-
krampf (die tonische Form sehr selten; häufiger ist die klonische
in Form des Singultus).

Wie schon früher hervorgehoben, bestehen mehrere anti-
spastische Methoden wie folgt:

1. stabile An auf dem Nervenstamm (z. B. facialis, Phrenicus etc.);

2. absteigende galvanische Ströme, auch mit häufigen
   Unterbrechungen;

3. schwellende faradische Ströme sind nach F r o m m -
   h o l d , E r b und B e n e d i k t oft sehr wirksam;
4. häufig wiederholte Stromwendungen sind gegen viele
   Krampfformen sehr wirksam (B e n e d i k t).

Bei veralteten K o n t r a k t u r e n ist oftmals durch Erregung
der Antagonisten eine leichte Besserung zu erzielen (D u c h e n n e ,
E r d m a n n , B r e n n e r u. a.).

Bezüglich der durch Reizung der ›m o t o r i s c h e n
P u n k t e‹ hervortretenden Phänomene sei aus E r b s Elektrotherapie (S. 302 ff.) schließlich folgendes reproduziert: ›Am
K o p f e ist natürlich das Gebiet des N e r v u s f a c i a l i s am
wichtigsten und außerordentlich häufig Gegenstand genauer
elektrischer Prüfung. Dasselbe ist auch sehr leicht und mit
hübschem Erfolge zu erregen. Die Abbildung gibt eine ungefähre
Vorstellung von der Lage der Facialiszweige; die stärkeren
Punkte bezeichnen die hauptsächlichsten Erregungsstellen. Bei
genaueren Untersuchungen suche man zunächst den Stamm des
Nerven auf; das geschieht am besten mit einer feinen Elektrode,
die man dicht unterhalb des äußeren Gehörgangs von hinten
außen nach vorn innen und oben gegen den Rand des Unter-
kiefers fest andrückt; bei starkem Strom tritt dann eine Gesamtkontraktion des Facialisgebietes in frappanter Weise auf. Dasselbe kann man auch erreichen vom äußeren Gehörgange aus,
indem man eine feine Elektrode von außen oben her fest in
der Richtung nach innen unten und vorn eindrückt. Für die
genauere vergleichende Untersuchung pflege ich den Facialis
in drei Hauptäste (resp. Gruppen von Ästen) zu teilen und
dieselben an je zwei Stellen — unmittelbar vor dem Ohr und
etwa in der Mitte ihres Verlaufes — zu prüfen. Der ›obere‹
Ast gehört zu den Muskeln oberhalb der Augenlidspalte, der
›mittlere‹ zu den Muskeln vor dem Oberkiefer, zwischen Augen-
lid und Mundspalte, der ›untere‹ zu den Muskeln am Unter-
kiefer. Daß die mancherlei Varietäten der Facialisverästelung
eine ganz scharfe und in allen Fällen gleiche Prüfung nicht
gestatten, weiß ich, habe aber dies Verfahren unzählige Male
praktisch erprobt. Die Reizpunkte für die P r ü f u n g v o r d e m
O h r befinden sich auf dem Jochbein, unmittelbar unterhalb
desselben und endlich am Rande des aufsteigenden Unterkiefer-
astes (s. Fig. 138 in d i e s e m Buche).

Für die R e i z u n g i n d e r M i t t e d e s V e r l a u f s wähle
ich wieder drei ziemlich in einer Linie übereinander liegende
Punkte: an der Schläfe (dies ist zugleich die Reizstelle am

Frontalast, die für die quantitative allgemeine Erregbarkeitsprüfung gewählt wird), an der vorderen Ecke und dicht am
unteren Rande des Jochbeins und endlich in der Mitte des
unteren Randes des horizontalen Unterkieferteils.

Dann kommen die einzelnen Muskeln selbst an die Reihe;
die Situation ihrer Reizpunkte ist aus der Abbildung ersichtlich;
sie wechseln vielfach bei den verschiedenen Individuen und
müssen mit ganz feiner Elektrode, die nur leicht aufgesetzt wird,
mit möglichst schwachem Strome ermittelt werden; das ist an
vielen Stellen wegen der Trigeminuszweige etwas schmerzhaft.

Die Augenmuskeln sind in keiner Weise der elektrischen Reizung zugänglich.

Die Kaumuskeln nur der direkten Reizung, mit kräftigem Strom, an den in der Figur angegebenen Stellen.

Der Musculus occipitalis und die hinteren Ohr-
muskeln können auf dem Process. mastoideus vom
Nervus auricul. poster. aus sehr leicht erregt werden.

Am Halse kommt eine ganze Reihe wichtiger und bedeutender Nervenstämme nebst einigen größeren und kleinen Muskeln
in Betracht.

Der Nervus hypoglossus kann bei vielen Personen
dicht hinter und über dem Zungenbeinhorn durch tiefes Eindrücken einer feinen Elektrode mit kräftigem Strom gereizt
werden; der Effekt davon ist Kontraktion, Verkrümmung, Runzelung usw. der betreffenden Zungenhälfte (keine Schlingbewegungen!). — Eine direkte Reizung der Zunge, des
Gaumensegels und der oberen Rachenmuskeln kann mittels
einer passenden Elektrode (am besten mit Unterbrecher im
Handgriff) leicht geschehen.

Der Nervus accessocius ist sehr leicht in einem
großen Teile seines Verlaufs zu reizen; der dicke Punkt etwa
in der Mitte bezeichnet ungefähr seine erregbarste Stelle (es ist
dies zugleich der für die quantitative Erregbarkeitsprüfung zu
wählende Punkt). Die beiden von ihm versorgten Muskeln, der
Sternocleidomastoideus und Cucullaris, sind leicht
isoliert zu erregen, nur der erstere macht manchmal etwas
Schwierigkeiten. — Die in der Nähe liegenden M. splenius und
M. levator anguli scapulae sind an den angegebenen
Punkten häufig isoliert zu erregen.

Die verschiedenen Zungenbein - Schildknorpel-
muskeln werden nur selten Gegenstand lokalisierter Faradisation sein; sie werden bei einiger Sorgfalt leicht gefunden.

In der Oberschlüsselbeingrube liegen zahlreiche Nervenstämme und Reizpunkte dicht beisammen: der Plexus brachialis mit allen seinen Verzweigungen und der Nervus
phrenicus. Der letztere ist sehr schwer zu erregen, das muß
mit einer sehr feinen Elektrode geschehen, um die benachbarten
Nervenstämme zu vermeiden, und diese rutscht leicht ab wegen
der Kontraktion der Scaleni und des Sternocleidomastoideus.
Der Nerv ist am hinteren Rande des letzteren Muskels ziemlich
oberflächlich gelegen; der Effekt seiner gelungenen Reizung ist
eine plötzliche inspiratorische Bewegung, Vordrängen des Epi-
gastriums verbunden mit inspiratorischem Kehlkopfgeräusch.
Am gelungensten wird der Effekt bei doppelseitiger Reizung
mittels einer geteilten Kathode.

Die künstliche Respiration bei Asphyktischen mittels
rhythmischer Faradisierung der Nervi phrenici
hat, einer Anregung Duchenne's folgend, Ziemssen zuerst
in systematischer Weise und mit Erfolg angewendet. Sie geschieht am besten durch doppelseitige Reizung mit breiten,
flachen Schwammelektroden (geteilte Kathode, während Anode
auf dem Sternum oder Epigastrium sitzt), teils um den Phrenicus
selbst sicher zu treffen, teils um durch gleichzeitige Reizung der
Zweige des Plexus brachialis die auxiliären Respirationsmuskeln
in Mitaktion zu versetzen (so die Pectorales, Scaleni, Serrati,
Rhomboidei usw.). Dabei müssen durch Gehilfen der Kopf, die
Schultern und Oberarme fixiert werden. Der sehr kräftige faradische Strom wird dann für je 1—2 Sek. geschlossen, dann
ebensolange geöffnet und während dessen die Exspiration durch
kräftigen Druck auf den Bauch unterstützt. — In dieser Weise
kann die künstliche Respiration viele Stunden lang unterhalten
werden, wie aus zahlreichen, von Ziemssen und anderen mitgeteilten Beobachtungen hervorgeht. — Eventuell könnte man
sich auch des galvanischen Stromes (KaSS) zu dieser Reizung
bedienen.

Die einzelnen Zweige des Plexus brachialis sind bei
einiger Vorsicht, besonders bei mageren Personen, leicht isoliert
zu treffen; eine feine Elektrode, sorgfältiges Tasten, wohl ab-
gestufte Stromstärke sind dazu erforderlich; die obere Extremität
wird dabei zweckmäßig in halberhobener Stellung fixiert, der
Kopf leicht nach der anderen Seite gedreht. So kann z. B.
der Nervus axillaris (Kontraktion des M. deltoideus) im
oberen Teil, der Nervus thoracicus posterior (Kontraktion der Rhomboidei usw.) etwas mehr nach hinten, der Nervus

thoracicus lateralis s. longus (für den M. serratus antic. major) mehr nach unten und außen zu gefunden werden; der letztere Nerv ist manchmal auch in der Achselhöhle oder längs seines Verlaufs am Thorax zu reizen. Dicht oberhalb und unterhalb des Schlüsselbeins, mehr nach innen zu, findet sich der Nervus thoracicus anterior (für den M. pectoralis major). Auch die Hauptzweige des Plexus, der Nervus medianus, musculocutaneus und radialis (viel seltener der ulnaris), können von hier aus — wenn auch gewöhnlich nicht isoliert — in Erregung versetzt werden (mit verschiedenen Kombinationen der gereizten Muskeln). — Endlich kann von einem umschriebenen Punkte aus, der etwa 2—3 cm oberhalb der Clavicula, etwas nach außen vom hinteren Rand des Sterno-cleidomastoideus, gerade vor dem Proc. transvers. des 6. Hals-wirbels, liegt, eine gleichzeitige Kontraktion der Mi. deltoi-deus, Biceps, Brachialis internus und Supinator longus (wahrscheinlich meistens auch des Infraspinatus und Subscapularis) ausgelöst werden (Supraklavikularpunkt-Erb, E. Remak, Hoedemaker). Dieser Punkt ist in prak-tischer Beziehung nicht unwichtig.

An der oberen Extremität, und zwar an der Beuge-seite derselben (Fig. 139 in diesem Buche), sind zunächst die wichtigen Hauptnervenstämme zu untersuchen. Am Oberarm sind der Ulnaris und Medianus in ihrem ganzen Verlauf längs des Sulcus bicipital intern. leicht zu erregen; der erregbarste Punkt für den Ulnaris liegt etwas oberhalb des Condylus internus (zugleich der Punkt für die quantitative elektrische Untersuchung), für den Medianus in der Ellenbeuge, da, wo er ziemlich ober-flächlich auf dem Muskelbündel der Flexoren liegt. Die beste Armhaltung für die Erregung dieser Nerven ist ganz schwache Beugung, wie in der Abbildung, mit möglichster Erschlaffung aller Muskeln; die erforderliche Stromstärke ist sehr gering. Effekt der Ulnarisreizung ist: Ulnarbeugung und Ad-duktion der Hand, Beugung der drei letzten Finger, Adduktion des Daumens, dadurch eigentümlich konische Handstellung. Effekt der Medianusreizung ist: starke Pronation des Vorderarms, Beugung des Handgelenks, Schließung der Hand zur Faust, Kontraktion des Thenar. Der Nervus musculo-sutaneus kann oben zwischen Caracobrachialis und Biceps leicht von einer feinen Elektrode getroffen werden.

Am Vorderarm sind die beiden Hauptnervenstämme oberhalb des Handgelenks leicht zu finden; die erregbarsten

Punkte sind auf der Figur markiert, der Ulnaris liegt dicht neben der Sehne des Ulnaris internus; der Medianus muß mit einer feinen Elektrode oft erst sorgfältig zwischen den Sehnen des Radialis internus und Palmaris longus gesucht werden.

Die Muskeln sind von ihren motorischen Punkten aus mehr oder weniger leicht erregbar; für den Deltoideus (vordere Portion) findet sich nicht weit vom Schlüsselbein; der Biceps hat zwei Punkte; der Brachialis internus ist nur mit einer feinen Elektrode, die man unter den erschlafften Biceps schiebt und wobei man den Nervus medianus sorgfältig vermeiden muß, isoliert zu erregen. Der lange und innere Kopf des Triceps kontrahieren sich leicht von den angegebenen Punkten aus.

Am Vorderarm sind die Beugemuskeln nicht leicht isoliert zu erregen; die einzelnen Punkte müssen sorgfältig gesucht werden, die in der Figur angegebenen Stellen mögen dabei als Anhaltspunkte dienen. Besonders schwierig ist die Erregung des Flexor digitorum sublimis. — An der Hand sind die kleinen Muskeln, besonders bei Leuten mit nicht zu dicker Epidermis, bei Klavier- und Violinspielern u. dgl., mit feiner Elektrode und kräftigem Strom leicht zu reizen. Dies gilt besonders für den Thenar und Hypothenar: für die Lumbricales nicht immer, sie sind oft schwach entwickelt und ihre Reizung wegen der nahen Hautäste sehr schmerzhaft.

Vorderarm und Hand eignen sich ganz besonders zu Studien am eigenen Körper.

In der Achselhöhle kann man die einzelnen großen Nervenstämme ebenfalls leicht isolieren, was manchmal von lokaldiagnostischer Wichtigkeit ist. So den Nervus radialis, auch den Axillaris, ebenso den Thoracicus lateralis, dessen Reizung die durch den Serratus vermittelte charakteristische Stellung des Schulterblattes bedingt.   .

An der Streckseite der oberen Extremität ist in erster Linie am Oberarm der Nervus radialis wichtig und auch ziemlich schwierig zu erregen; an seiner Umschlagstelle man sucht ihn etwa in der Mitte einer Verbindungslinie zwischen Ansatz des Deltoideus und Condylus externus, drückt eine feine Elektrode tief zwischen die Muskelbäuche des Triceps und Brachialis internus gegen den Knochen ein und findet hier meist nur einen kleinen Punkt leicht erregbar, der der Elektrode leicht entschlüpft.

Der Effekt dieser Reizung ist: Supination des Vorderarmes, starke Extension des Handgelenks, Extension der Grundpfahlanlagen und Spreizung der Finger, Abduktion des Daumens.

Im übrigen finden sich an der Streckseite des Armes nur Muskelpunkte: einer für die hintere Portion des Deltoideus, gewöhnlich zwei für das Caput externum des Triceps, einer für den Brachialis internus (Ast von Nervus radialis). Dann für das ganze Radialisgebiet am Vorderarm, sehr leicht aufzufinden und instruktiv: die Reizpunkte für den Supinator longus, Radialis externus longus und brevis, die einzelnen Bündel des Extensor digitor. communis, für den Ulnaris externus, für die Extensores indicis et digiti minimi, für die Extensoren und den langen Abduktor des Daumens. Der Supinator brevis ist gewöhnlich nicht isoliert oder gar nicht zu erregen; nur bei Atrophie des Extensor digitor. und faradischer Unerregbarkeit desselben (z. B. bei Bleilähmung) gelingt seine Reizung leicht. Am Rumpf ist für die elektrische Untersuchung gewöhnlich nicht viel zu holen. An der vorderen Fläche die Interkostalmuskeln und Bauchmuskeln, die nicht zu einer Gesamtkontraktion gebracht werden können, sondern gewöhnlich von mehreren motorischen Punkten aus (z. B. am Rectus abdominis 3—4) in partielle Kontraktion versetzt werden. — Auch an den Rückenmuskeln, den Schulterblattmuskeln ist meist nur eine direkte Reizung möglich und sind ausgesprochene motorische Punkte häufig gar nicht zu finden. Die Sacrolumbales erregt man am besten mit größeren (mittleren) Elektroden, die beide auf den Muskel aufgesetzt werden, bei sehr starkem Strom; der Effekt ist Streckung und Seitwärtskrümmung der Wirbelsäule.

An der unteren Extremität bietet die vordere Fläche des Oberschenkels im ganzen ziemlich einfache Verhältnisse.

Der Nervus cruralis ist dicht neben und etwas nach außen von den Schenkelgefäßen zu erreichen; es ist gut, die Elektrode etwas nach oben gegen das Becken zu einzudrücken und starken Strom anzuwenden. Der Effekt ist: Gesamtkontraktion des Quadriceps und Sartorius, starke Streckung des Unterschenkels, deutliches Vorspringen der einzelnen Muskelbäuche. Der Nervus obturatorius ist nur bei tiefen Eindrücken einer kräftigen Elektrode zwischen den Muskeln gegen das Becken zu an dem angegebenen Punkte zu erregen; Effekt:

Gesamtkontraktion der Adduktoren. — Die einzelnen M u s k e l n sind fast durchweg leicht zu erregen: der T e n s o r f a s c i a e l a t. gewöhnlich an zwei Punkten; der S a r t o r i u s hoch oben; schwieriger ist der g e m e i n s c h a f t l i c h e Q u a d r i c e p s p u n k t zu treffen, die Elektrode muß tief und fest eingedrückt werden, gleitet leicht ab. Der R e c t u s f e m o r i s und der C r u r a l i s sind schwer isoliert zu reizen, sehr leicht dagegen der V a s t u s i n t e r n u s längs einer ganzen Linie an seinem inneren Rande; ebenso der V a s t u s e x t e r n u s an zwei Punkten seines äußeren Randes. Die einzelnen A d d u k t o r e n an den angegebenen Punkten; der Adductor magnus leichter von der hinteren Oberschenkelfläche her. An der h i n t e r e n F l ä c h e d e s O b e r - s c h e n k e l s ist der M. g l u t a e u s m a x i m u s nur durch direkte Reizung in Kontraktion zu versetzen, zeigt aber gewöhnlich mehrere motorische Punkte.

Der Stamm des N e r v u s i s c h i a d i c u s wird am besten dicht am untern Rande der Gluteen mit tiefem Eindrücken der Elektrode und sehr starkem Strom gereizt, am vorteilhaftesten in der Bauchlage des Untersuchten. Der Effekt ist energische Streckung des Beines und Fußes, überwiegende Kontraktion der Wade. — In der Kniekehle sind seine beiden Endäste sehr leicht zu erregen; genau in der Mitte herablaufend der N e r v u s t i b i a l i s; sein erregbarster Punkt liegt gerade in der Hauptquerfalte der Kniekehle; Effekt: Gesamtkontraktion der Wade, starke Plantarflexion des Fußes, Beugung der Zehen. — Mehr nach außen, schräg gegen das Capitul. fibulae hin verlaufend, findet sich der N e r v u s p e r o n e u s; sein erregbarster Punkt (zugleich der von mir gewählte Punkt für die Prüfung der quantitativen Erregbarkeit) liegt ebenfalls etwa in der Höhe der genannten Falte; Effekt: starke Dorsalflexion des Fußes mit mehr oder weniger ausgesprochener Abduktion oder Adduktion, Extension der Zehen.

Die M u s k e l n an der hinteren Oberschenkelfläche sind durchweg schwer zu erregen und geben in der Reizung auffallend geringe motorische Effekte; es ist zweckmäßig, dabei den Unterschenkel passiv gebeugt zu halten; in der Gegend der angegebenen Punkte wird man am leichtesten zum Ziel kommen.

Am U n t e r s c h e n k e l handelt es sich meist nur um direkte Muskelreizung von den motorischen Punkten aus; an der W a d e sind die Punkte für den G a s t r o c n e m i u s und S o l e u s leicht zu finden, der letztere ist nur von seinen Rändern aus an mehreren Punkten zu erregen. Weiter nach abwärts findet man nach innen den Punkt für den Flexor digitorum commun. longus, nach außen jenen für den Flexor hallucis longus, weiter unten, dicht nach innen, von der Achillessehne, auch den Nervus tibialis, von welchem eine Gesamtkontraktion der Fußsohlenmuskeln auszulösen ist.

An der vorderen Fläche des Unterschenkels ist oben am Capitul. fibulae der Stamm des Nervus peroneus zu reizen. Die motorischen Punkte für den Tibialis anticus, den Extensor digit. comm. longus und den Peroneus longus liegen ungefähr in gleicher Höhe und erfordern ziemlich starke Ströme; weiter abwärts liegt nach außen der Punkt für den Peroneus brevis, noch tiefer, neben der Kante der Tibia, der Extensor hallucis longus.

Am Fußrücken sind der Extensor digit. brevis, der Abductor digit min. und die Interossei dorsales leicht zu erregen. — An der Fußsohle wird man nur bei sehr starken Strömen die einzelnen Muskeln zur Verkürzung bringen; das hat in der Regel weder diagnostisches noch therapeutisches Interesse ‹

4. Krankheiten des zentralen Nervensystems.

§ 238. Im physiologischen Abschnitte wurde darauf hin-gewiesen, daß es auch bei der üblichen perkutanen Applikations-methode gelingt, das Gehirn und Rückenmark durch Strom-schleifen zu treffen. Aus diesem Grunde versuchte man schon frühzeitig, Erkrankungen des Gehirns und Rückenmarkes durch Elektrisation zu beeinflussen.

Soweit nicht unheilbare Prozesse vorliegen, muß eingestanden werden, daß die günstigen Heilerfolge, die Remak, v. Ziemßen, Duchenne, Erb, Eulenburg, Benedikt, Bouchard etc., bei gewissen zentralen Erkrankungen erzielten, zum Fortschreiten auf dieser Bahn ermunterten.

So entließ z. B. Erb einen Patienten mit ›bulbärem Symptomen-komplex (Erb)‹ nach länger dauernder elektrischer Behandlung als nahezu geheilt.

a) Gehirnkrankheiten.

§ 239. Nach Erb werden Erfolge von der elektrischen Be-handlung in folgenden Kategorien von Gehirnkrankheiten mit größerer oder geringerer Bestimmtheit zu erwarten sein:

1. vor allem bei den sog. Funktionsstörungen des Gehirns, bei den verschiedenen zerebralen Neurosen, für die man bislang keine anatomische Grundlage kennt (z. B. zerebrale Neurasthenie, Chorea, zerebrale Störungen bei Hysterie usw.);

2. ferner bei Zirkulationsstörungen im Gehirn;

3. ferner bei Blutergüssen und Erweichungen, in welchen Fällen die Elektrisation durch ihre katalytischen und vasomotorischen Wirkungen einen günstigen Einfluß auf die Resorption nehmen soll;

4. bei allerlei chronisch-entzündlichen und degenerativen Vorgängen im Gehirn (chronische Meningitis, Encephalitis, sklerotische Prozesse etc.), welche durch die katalytischen Wirkungen günstig beeinflußt werden sollen.

Die beabsichtigte Wirkung wird am ehesten durch den den galvanischen Strom hervorgerufen, dessen man sich deshalb in diesen Krankheitsfällen am meisten bedient, soweit man den Herd selbst im Gehirn durch Elektrizität angehen will.

Dabei muß erwähnt werden, daß allerdings Löwenfeld auch durch Faradisation des Kopfes Erweiterung der Gehirngefäße erzielte.

In geeigneten Fällen werden die Gehirnkrankheiten nicht nur durch die lokale Applikation des elektrischen Stromes beeinflußt, sondern die Elektrotherapie trachtet gleichzeitig durch mehrere Behandlungsmethoden ihr Ziel zu erreichen und zwar: 1. Beeinflussung des Gesamtgehirnes und des eventuell sichergestellten lokalen Herdes; 2. indirekte Behandlung, die ihrerseits wieder aus Galvanisation des Sympathikus, ferner aus reflektorischer Einwirkung von der Haut aus, und endlich aus der symptomatischen Behandlung (z. B. Lähmungen, Kontraktur, Anästhesie etc.) besteht.

Die lokale Kopfgalvanisation wird demnach sowohl bei zerebralen Herderkrankungen als auch bei mehr diffusen Erkrankungen des Gehirns und seiner Häute, endlich auch bei leichteren Psychosen mit mehr oder weniger Erfolg zur Anwendung gebracht.

Die Galvanisation, i. e. die Lokalisation der Elektroden, erfolgt in Längs-, Quer- oder Schrägdurchmesser des Kopfes. Man wählt dazu große Elektroden, von 50—100 qcm Oberfläche, die man z. B. an der Stirne (An) und im Nacken (Ka) aufsetzt. Der Strom muß sehr vorsichtig »einschleichen«, Intensität von

24*

$^1/_2$ bis höchstens 2 MA, Dauer von etwa 5 Minuten. Größere Stromesintensitäten werden nicht leicht vertragen, es kommt hierbei vielmehr zu sehr unerwünschten Nebenerscheinungen.

Als Kontraindikation der Gehirngalvanisation sind anzusehen: frische Blutungen, ferner alle eitrigen resp. fieberhaften Erkrankungen. In neuester Zeit wird übrigens die Galvanisation des Kopfes bei allen organischen Hirnleiden und Epilepsie perhorresziert; diese Ansicht vertreten vorwiegend François Franck und Mendelssohn auf Grund experimenteller und klinischer Studien. Diese Autoren halten diese Behandlungsmethode für zulässig nur bei den sog. Neurosen.

Dem gegenüber sei jedoch hervorgehoben, daß Leduc u. a. Gehirnleiden mit Symptomen der Hemiplegie, Aphasie, ferner Augenmuskellähmungen etc. mit allmählich ansteigenden galvanischen Strömen — bis 40 MA! — behandelten und auch über günstige Erfolge berichteten.

§ 240. Die vielfach empfohlene Galvanisation des Sympathikus bezweckt auf indirekte Weise eine Beeinflussung der Zirkulation und Ernährungsvorgänge im Gehirn. Die Galvanisation erfolgt in der früher erwähnten Methode.

§ 241. Eine weitere Art der indirekten Behandlung des Gehirns ist die reflektorische Einwirkung von der Haut aus. Diese Methode ist bei funktionellen Neurosen, bei Schlaflosigkeit, leichteren Psychosen, mit Vorteil anwendbar.

Mittels des faradischen Pinsels werden entweder größere Hautflächen (nach Rumpf) oder ganz umschriebene, kleine Hautpartien (Vulpian) gereizt. Die Erregung der Haut der oberen Extremität scheint von stärkerem Einfluß auf die Hirngefäße zu sein als die Reizung der unteren Extremitäten.

Endlich sind die an der Peripherie auftretenden Krankheitserscheinungen zu behandeln; es sind dies Lähmungen, Atrophien, Anästhesien usw., welche man den allgemeinen Grundsätzen gemäß elektrisiert.

Wird die so häufig vorkommende Hämorrhagia cerebri einer Elektrisation unterworfen, so gilt als Regel, nicht vor 4—6 Wochen nach dem Anfall zu beginnen. Schon im physiologischen Abschnitte wurde auseinandergesetzt, daß Stromschleifen in das Gehirn eindringen; Batelli und Zimmern ist es ferner gelungen, an Tieren mittels der Gehirnelektrisation die Symptome der Epilepsie hervorzurufen.

b) Die Elektrotherapie der Psychosen.

§ 242. Erb zitiert aus Arndts Hauptindikationen, die dieser auf Grund mühevoller Untersuchungen gewonnen hatte, folgende Sätze:

›Nur solche psychische Störungen, welche auf sog. Funktionsstörungen oder vorübergehenden anomalen Ernährungsvorgängen oder auch auf Zirkulationsstörungen beruhen, können durch elektrische Ströme geheilt werden; solche, welche auf tiefer greifenden organischen Veränderungen beruhen, dagegen nicht; wohl kann aber auch noch bei diesen Nutzen geschafft werden, wenn man auf Heilung verzichtet und nur Beruhigung erstrebt.

Es paßt also die elektrische Behandlung vorwiegend für frische Fälle, und nicht für solche, welche sich durch stürmische Prozesse kennzeichnen, obgleich auch diese nicht ganz ausgeschlossen sind.

Allgemeine und namentlich eine hochgradige psychische Hyperästhesie bildet eine Kontraindikation der Anwendung des elektrischen Stromes.

Der faradische Strom wirkt einfach erregend, als Reizmittel; will man nur diese Wirkung erreichen, so kann man ihn wählen; er hat seine Erfolge besonders bei einfachen Depressionszuständen, gleichviel ob sie primär entstanden sind, oder infolge vorausgegangener stürmischer Prozesse. Es wird dabei fast nur die kutane Reizung verschiedener und beliebiger Hautstellen angewendet; hier und da auch die Faradisation der Phrenici zur Hebung der Zirkulation und Blutoxydation.

Der galvanische Strom hat dagegen außer der erregenden noch ganz andere Wirkungen (ändernde, umstimmende, beruhigende, katalytische Wirkungen); besonders erscheint die relative und die einschläfernde Wirkung desselben sehr evident; er paßt also für fast alle anderen Psychosen, die überhaupt der elektrischen Behandlung zugänglich sind .... bei Reizungszuständen, besonders im Gebiete der Zirkulation und Respiration wähle man absteigenden Strom; bei Affektionen, welche auf Erlahmung im Gefäßsystem hindeuten, ist vorwiegend der aufsteigende Strom zu gebrauchen ....‹

c) Die Erkrankungen des Rückenmarks.

§ 243. Es gelten hier im allgemeinen dieselben Grundsätze, die für die Erkrankungen des Gehirns, soweit die Elektrotherapie in Frage kommt, maßgebend sind.

Die als unheilbar erkannten Krankheiten des Rückenmarkes sind durch Elektrizität nicht zu beeinflussen; doch lehren sorgfältige Beobachtungen vieler Autoren, daß auf eine ganze Reihe spinaler Erkrankungen eine günstige therapeutische Einwirkung durch elektrische Ströme möglich ist.

Es sind dies vorwiegend die einfachen Funktionsstörungen des Rückenmarkes (Neurasthenie, Spinalirritation, Commotio medullae etc.), ferner Zirkulationsstörungen und endlich gröbere Ernährungsstörungen (so z. B. bei den Folgezuständen von Meningitis und Myelitis, bei Sklerose, grauer Degeneration etc.) des Rückenmarkes, die einer günstigen Beeinflussung zugänglich sind.

Diese Beeinflussung erreicht man auf direktem oder indirektem Wege.

Als direkte Methode dient die lokale Galvanisation des Rückenmarkes.

Die Galvanisation des Sympathikus und die symptomatische Behandlung und reflektorische Erregung von der Haut aus kennzeichnen die indirekte Methode.

§ 244. Die lokale Galvanisation des Rückenmarkes wird ausgeführt:

α) Stabile Galvanisation mit absteigenden Strömen: Zwei gleichgroße, 20—50 qcm plattenförmige Elektroden sind an den beiden Enden des Rückenmarkes aufgesetzt; An am Nacken Ka an der Lendenwirbelsäule. Strom = 3 — 8 — 10 MA in der Dauer von 5—10 Minuten. Kontraindikationen bilden akute, eitrige oder fieberhafte Prozesse.

Diese Methode findet oftmals bei Tabes dorsalis Anwendung, deren Anfangssymptome (besonders die visceralen Neuralgien) dadurch oft und erfolgreich bekämpft werden.

β) Labile Galvanisation mit der Ka; eine große An wird am Becken oder Kreuzbein fixiert; mit der Ka bestreicht man die ganze Länge der Wirbelsäule. Bezüglich der Stromintensität und Dauer des Verfahrens vgl. oben. Erwähnt sei noch hier, daß französische Autoren Stromintensitäten bis 40 MA und darüber anwenden. (Bouchard, Guilleminot u. A.)

γ) Querdurchströmung der Wirbelsäule: die Anode am Sternum, die Ka an der Wirbelsäule stabil oder labil.

Die Methoden der indirekten Behandlung wurden schon früher besprochen (cf. Gehirnerkrankungen).

§ 245. Von der symptomatischen peripheren Behandlung und zwar der am häufigsten wiederkehrenden Rückenmarkserkrankung, der Tabes dorsalis, sei die elektrische Bekämpfung der lancinierenden Schmerzen hervorgehoben. Man benutzt dazu die Galvanisation und Faradisation.

Galvanisation: An auf der Wirbelsäule und zwar auf der Wurzelregion des schmerzenden Nervengebietes; Ka (stabil) auf der schmerzenden, hyperästethischen Hautstelle.

Faradisation in Form der faradokutanen Pinselung.

Die Methoden werden von Fall zu Fall zu variieren und modifizieren sein.

5. Funktionelle Nervenleiden und solche unbekannter Genese.

§ 246. Die Hysterie, Neurasthenie, Hypochondrie sind sehr häufig auftretende Erkrankungen, bei welchen die Elektrotherapie mitunter große Erfolge erzielen kann. Es ist wohl überflüssig hervorzuheben, daß man das therapeutische Verfahren nicht auf die Elektrizität allein beschränken, sondern daß die elektrische Behandlung nur als Unterstützung anderer therapeutischer Maßnahmen gelten darf.

Wenn speziell bei Behandlung dieser Neurosen immer wieder darauf hingewiesen wird, die Elektrotherapie wirke da nur ›suggestiv‹, so berücksichtige man, daß die elektrischen Ströme gewisse Wirkungen hervorbringen, so z. B. Muskelkontraktionen, Rötung der Haut mit gewissen Zirkulationsänderungen, schließlich durch die faradische Hautreizung mancherlei reflektorische Wirkungen auf die nervösen Zentralorgane etc. etc., die doch die Grundlage einer empirisch fortzusetzenden Behandlungsmethode bilden.

Da das Wesen dieser Erkrankungen bislang nicht erforscht ist, so können wir die Stromapplikation nicht ›in loco morbi‹ vornehmen. Als Ersatz dafür bedient man sich:

1. Methoden zur elektrischen Allgemeinbehandlung.

2. Methoden zur lokalen symptomatischen Behandlung.

Zur elektrischen Allgemeinbehandlung zieht man heran:

   a) die allgemeine Faradisation (Beard),
   b) die allgemeine Galvanisation,
   c) die zentrale Galvanisation des Sympathicus,
   d) die elektrischen Bäder (Stein, Eulenburg, Lehr),
   e) Franklinisation,
   f) Hochfrequenzströme.

Die Ausführung dieser Methode wurde im allgemeinen Teil dieses Abschnittes beschrieben.

Den verschiedenen Erkrankungsformen gemäß (z. B. Neurasthenia cerebralis, spinalis etc.) wird man einmal die Galvanisation des Kopfes, das andere Mal die Galvanisation des Rücken-marks etc. bevorzugen.

Die Methoden der lokalen symptomatischen Behandlung haben als Zweck, die einzelnen Symptome dieser Krankheiten zu bekämpfen, resp. zur Heilung zu bringen.

Eines dieser häufigsten Symptome sind die funktionellen Kopfschmerzen und Schwindelgefühl; man versucht der Reihe nach die Galvanisatio capitis, die zentrale Galvanisation des Sympathicus und endlich die ›faradische Hand‹ oder die Franklinisation. Die letztere rühmen die französischen Autoren als sehr erfolgreich.

Mit der ›faradischen Hand‹ — der Arzt schaltet sich in den Stromkreis ein — streicht man dem Patienten mehrmals über Stirne, Scheitel und Nacken.

§ 247. Das unstillbare Erbrechen der Hysterischen bringt man zuweilen in wirkungsvoller Weise durch Galvanisation des Vagus (Decroly) zum Stillstand.

§ 248. Die hysterischen Ausfallserscheinungen, wie Lähmungen, Aphonie und Kontrakturen, werden durch verschiedene elektrische Verfahren, oftmals am besten mittels des faradischen Pinsels in zweckmäßiger Weise bekämpft; speziell bei diesen Formen spielt die Suggestion eine große Rolle. Es gelingt zuweilen in einer einzigen Sitzung ein solches Symptom zu beseitigen. Es ist dies das sogenannte ›Überrumpelungs-Verfahren‹, das sich bei jugendlichen Patienten bewährt. Man suggeriert dem Patienten, daß durch eine einmalige Elektrisation das ihn beunruhigende Symptom beseitigt sein wird.

So appliziert man bei plötzlich aufgetretener Aphonie auf hysterischer Basis rechts und links vom Kehlkopf beide Elektroden, läßt mäßig starken faradischen Strom fließen, fordert den Patienten auf, ›vorsichtig‹ mit dem Zählen von 1—10 zu beginnen — während der Strompassage müßte er dies zuwege bringen — und in der Tat gelingt dies oft in der ersten und einzigen Sitzung; der Patient ist wieder im Besitze seiner Stimme.

§ 249. Die hysterischen, neurasthenischen oder hypochon. drischen Rückenschmerzen (Rhachialgie) behandelt man wie andere funktionelle Parästhesien und Hyperästhesien mittels des faradischen Pinsels, der Massierrolle, Franklinisation etc.

Die Behandlung der Mastodynie, der Ovarien und ähnlicher Neuralgien wurde schon oben besprochen: außer der stabilen Anode ist Pinsel — und Bürstenfaradisation etc. zu versuchen.

§ 250. Die Schlaflosigkeit suche man in mehr empirischer Weise zu bekämpfen: Kopfgalvanisation, Galvanisation des Sympathikus, Hochfrequenzströme, Franklinisation, auch Permea-Elektrizität etc.

§ 251. Die sexuellen Beschwerden, besonders bei Männern die Impotenz und Pollutionen, sind oftmals ein dankbares Angriffsobjekt der elektrotherapeutischen Maßnahmen. Nebst der Allgemeinbehandlung wird man lokal (Lumbalgegend, Perineum, Skrotum) — interne Elektrisation der Genitalien ist zu widerraten — die verschiedenen Elektrizitätsformen und variierte Applikationsweise Revue passieren lassen. ›Il faut ne pas se cantonner dans une seule modalité électrique, mais au contraire les passer rapidement en vue, et s'arrêter sur celle qui semble agir (Larat).‹ Die Behandlung ist fortzusetzen, sobald man merkt, daß der Patient das Vertrauen zu sich wieder gewonnen hat.

§ 252. Gegen die arterielle Hypotension empfehlen Bouchard, Guilleminot, Albert Weil u. a. die Anwendung der Hochfrequenzströme; wo diese versagen, will Larat die hydroelektrischen Bäder mit sinusoidaler Voltaisation als erfolgreich angewendet wissen.

Nach Moutier wird der gesteigerte Blutdruck durch Autokonduktion (Hochfrequenzströme) herabgesetzt.

§ 253. Bei Herzpalpitationen verwendet man gelegentlich stabile Anode am Herzen; Ka im Nacken. Wenn diese Methode oder auch die absteigende Galvanisation (An am Hals, Ka am Herzen) versagt, so ist Galvanisation des Sympathikus etc. zu versuchen.

Andere Symptome, z. B. angina pectoris, Angstzustände, Zittern, Neuralgien des Magens, des Darmes usw. sind unter Rücksichtnahme der Allgemeinbehandlung in empirischer Weise zu bekämpfen. Die Erfahrungen des Elektrotherapeuten und individuelle Verhältnisse des Kranken sind für den Erfolg entschieden maßgebend.

Morbus Basedowii.

§ 254. Diese Erkrankung, die durch die bekannte Symptomentrias: Exophthalmus, pulsierende Struma, Tachycardie, charakterisiert[1]) ist — Vigouroux machte außerdem auf die Herabsetzung des Leitungswiderstandes aufmerksam — wurde seit jeher durch Elektrisation behandelt.

Rockwell, Vigouroux, Deléage, Bordier, Larat, Sollier, Régnier teilten Beobachtungen mit, die über die Wirksamkeit der Elektrotherapie kaum einen Zweifel aufkommen lassen. Als zweckmäßigste Behandlung wird die Galvanisation und zwar der Struma und des Sympathikus empfohlen, die Applikation einer großen Ka am Nacken, die ebenso große Anode (100—200 qcm) an der Struma. Im allgemeinen sind nur geringe Stromintensitäten von wenigen Milliampère ($\frac{1}{2}$ — 1 — 3 MA) anzuwenden; Dauer der Sitzung 10—15 Minuten, täglich oder jeden zweiten Tag zu wiederholen. Die französischen Autoren verwenden Stromintensitäten von 30—40 Milliampère! Vigouroux erzielte günstige Resultate durch ausschließliche Faradisierung der Struma.

Die Durchströmung der Struma war in den meisten Fällen am erfolgreichsten.

Ein Erfolg der elektrischen Behandlung ist meist vor 3 Monaten nicht zu erwarten. Die Struma bildet sich zuerst zurück, hierauf die Tachycardie und das Zittern. Der Exophthalmus bleibt am längsten bestehen. Röntgentherapie!

c) Chorea und Athetose.

§ 255. Die elektrotherapeutischen Erfolge sind bei diesen ziemlich häufigen Krankheitsformen nicht gering.

Die Anwendung des faradischen Stromes ist zu vermeiden; dafür soll sich die Galvanisation und Franklinisation gelegentlich bewährt haben.

---

[1]) H. Rosin und S. Jellinek beschrieben bei Basedowkranken, besonders in den Frühstadien, eine diffuse braune Pigmentierung der Augenlider.

Erb, Weil u. a. empfehlen die Galvanisation des Gehirns und zwar Quer- oder Schrägdurchleitung des Kopfes; Intensität $1/_2$—1 MA in der Dauer von einigen wenigen Minuten. Außer der lokalen Galvanisation (stabile Anode) der zuckenden Körperteile wird noch Galvanisation des Halssympathikus oder auch die Nackengalvanisation (An am Nacken, Ka am Sternum) in Anwendung zu bringen sein.

d) Paralysis agitans.

§ 256. In frischen Fällen Galvanisatio capitis; in älteren Fällen pflegen hydroelektrische Bäder Erleichterung zu bringen. Aussicht auf Erfolg ist jedoch sehr gering.

Tetanie.

§ 257. Die lokalen Krämpfe elektrisiert man mittels stabiler Anode. Nebendem scheint zuweilen die stabile Anodenbehandlung des Halsmarkes zweckmäßig zu sein.

e) Enuresis nocturna.

§ 258. Die interne Elektrisation mittels Bougies ist nur in den allerseltensten Fällen anzuwenden. Man findet gewöhnlich mit den ›externen‹ Methoden nebst der Allgemeinbehandlung sein Auslangen.

Die Ka wird der Lumbalgegend aufgesetzt, die An entweder auf das Perineum oder die Symphyse und läßt dann mittelstarke galvanische (3—8 MA) oder solche faradische Ströme durchfließen. Die Elektroden sollen von mittlerer Größe sein (20—50 qcm), wegen der beabsichtigten Tiefenwirkung eher größer als kleiner. Die Sitzungen sind täglich oder jeden zweiten Tag vorzunehmen; Dauer der Applikation 5—10 Minuten.

In ähnlicher Weise sind die Blasenbeschwerden der Tabiker und anderer Rückenmarkleidender zu behandeln.

In hartnäckigen Fällen ist unter streng aseptischen Kautelen die innere Faradisation vorzunehmen; wo Galvanisation indiziert ist, dort sind mit Rücksicht auf die elektrolytische Wirkung die Voltaschen Alternativen zu versuchen.

f) Koordinatorische Beschäftigungsneurosen.

§ 259. Bei gewissen feineren, komplizierten Hantierungen treten Bewegungsstörungen auf, durch welche die intendierte Hantierung erschwert oder unmöglich wird; am bekanntesten

ist der Schreiberkrampf. Diese funktionellen Neurosen treten
weiter bei Violinspielern, Telegraphisten, Zigarrenmachern etc.
auf. Die Störungen sind entweder s e n s o r i s c h e r oder mo-
t o r i s c h e r Natur.

Bei den s e n s o r i s c h e n Formen (Schmerzen, Parästhesien etc.) erweist sich faradische Pinselung der befallenen Körperteile (zumeist Finger) als nützlich.

Bei den m o t o r i s c h e n Formen wird man, je nachdem,
ob es sich um P a r e s e n, S p a s m e n oder T r e m o r handelt,
unter den verschiedenen Elektrizitätsformen die richtige Auswahl
treffen müssen.

Am häufigsten lassen sich die s p a s t i s c h e n Formen
mittels stabiler oder labiler Anode (lokal) am wirksamsten bekämpfen. Die Antagonisten der krampfenden Muskeln sind
kräftig zu faradisieren.

Nebst der l o k a l e n Behandlung mache man bei den Be-
schäftigungsneurosen auch mit der Galvanisation des Kopfes,
des Halssympathikus und besonders des Halsmarkes eine Probe.

6. Krankheiten der Sinnesorgane.

a) Die Krankheiten des Auges.

§ 260. Die Krankheiten des Auges behandelt man bis jetzt
in beschränktem Maße elektrisch, wenn auch zugestanden werden
muß, daß sich die Elektrizität in geeigneten Fällen oftmals sehr
bewährte.

Die T r i c h i a s i s wird durch Elektrolyse erfolgreich behandelt. Die Epilation wird mittels K a vorgenommen; Intensität 1—2 M A, Dauer 20—30 Sekunden. Es empfiehlt sich in
einer Sitzung nicht die in nächster Nachbarschaft sitzenden Haare
zu epilieren.

D u t r a i t versuchte bei gewissen Formen von E n t r o p i u m
und E k t r o p i u m durch vorsichtige Faradisation der Muskelbündel Besserung zu erzielen.

Gegen das T r a c h o m empfahlen R o d o l f i und S m i t h
die chemischen Wirkungen des galvanischen Stroms; die K a,
in Form einer kupfernen Knopfsonde, kommt auf die Granula·
tionen des umgestülpten Lides, die A n auf den Unterkieferast
oder in den Nacken.

Das X a n t h e l a s m a ist der elektrolytischen Behandlung
zu unterwerfen.

Die squamöse und ulceröse Blepharitis bekämpften L. Freund und Schiff durch die Lichteinwirkung harter Röntgenröhren erfolgreich.

Die Tränensackschrumpfung wurde schon von Tripier, Desmarres u. a. elektrolytisch angegangen; das Verfahren verbesserte Lagrange.

Man bedient sich einer silbernen Bowmannschen Sonde, die an ihrem vorderen Ende in der Ausdehnung von 3 cm blank ist. Alle 8—10 Tage ist eine Sitzung auszuführen.

Der Blepharospasmus wird durch stabile Ka (auf den Augenlidern) behandelt; Dauer 6—10 Minuten.

Die Erkrankungen der Hornhaut versuchte Arcoleo mittels des faradischen Stromes zu behandeln.

Gautier, Larat u. a. berichten, daß durch stabile Galvanisation (Ka am Auge) Hornhauttrübungen sich aufhellten.

In einem Falle von beginnender Keratitis und Conjunctivitis neuroparalytica im Gefolge von Parese des linken Trigeminus sah Erb von der galvanischen Behandlung des Auges (Ka stabil oder labil über den geschlossenen Lidern) entschiedenen Nutzen.

Chvostek brachte eine Keratitis pannosa durch andauernde Galvanisation des Sympathikus zur deutlichen Besserung und schließlich zur Heilung.

Iritis und Chorioiditis werden in manchen Fällen durch stabile Galvanisation (Ka über den geschlossenen Lidern, An an der Schläfe oder am processus mastoideus) erfolgreich behandelt [Dor, Pansier d'Avignon, v. Reuß[1] etc.].

Arcoleo und Weisflog sahen bei Hypopyon gute Erfolge vom faradischen Strom — in analoger Weise appliziert.

Trübungen des Glaskörpers wurden nach dem Urteile von Giraud-Teulon, Onimus, Boucheron, Abadie, Terson, Le Fort, v. Reuß u. a. durch Galvanisation erfolgreich bekämpft.

Giraud-Teulon appliziert die An auf den geschlossenen Lidern, die Ka hinter dem Ohre.

Onimus dagegen setzt die Ka auf die geschlossenen Lider, die An auf den gleichseitigen Sympathikus.

---

[1] Die in der Augenpoliklinik von v. Reuss (Wien) angewandten elektrotherapeutischen Methoden zur Behandlung verschiedener Augenleiden beschreibt Wibo ausführlich.

Abadie und Terson wollen überraschende Resultate erzielt haben, sie bedienten sich der Elektrolyse und stachen zu diesem Behufe eine Nadel von 8 mm Länge in den Glaskörper hinein.

Bei Glaukom empfiehlt Allard die Galvanisation des Sympathikus.

Die Abhebung der Retina wird nach Guilleminot besonders in frischen Fällen durch Elektrolyse günstig beeinflußt. Gilet de Grandmont und besonders Terson teilten einschlägige, mit vollem Erfolge behandelte Fälle mit. Eine Platinnadel wird bis in das Niveau der abgehobenen Retina eingestochen; da die Sklera schwer zu durchstechen ist, versahen Gayet und Bordier die Nadel mit dem Hornhauttrepan von Mathieu.

Der Statistik von Terson zufolge gelingt es, entweder eine vorübergehende oder dauernde Besserung zu erzielen; letzteres besonders bei frühzeitig behandelten Fällen.

Die Neuritis optica ist in manchen Fällen ein dankbares Objekt der Elektrotherapie.

Erb, Pflüger, Benedikt, Dor, Rumpf u. a. berichteten über günstige Heilerfolge bei Verwendung des galvanischen Stromes.

Man galvanisiert entweder die Augen (bei geschlossenen Augenlidern) oder man macht quere Galvanisation des Kopfes durch beide Schläfen hindurch.

Leber empfahl gegen das von ihm beschriebene congenital veranlagte Sehnervenleiden die Galvanisation des Sympathikus.

Mann versuchte gemeinsam mit Paul zu ermitteln, ob die Galvanisation des Sehnerven eine Besserung der Sehfunktion nach sich ziehe. Es wurde dazu durchschnittlich ein Strom von 10 MA teils zur Quer-, teils zur Längsdruckleitung des Sehnerven benutzt. Es zeigte sich, daß fast ausnahmslos in allen Fällen während der Stromdauer sowohl die zentrale Sehschärfe sich hob, als auch der Farbensinn sich besserte. Die Untersuchungen (arteriosklerotische, tabische und neuritische Atrophie) sind nicht als abgeschlossen anzusehen.

Bei Amblyopien und Amaurosen ohne anatomischen Befund scheint der elektrische Strom gelegentlich von günstiger Wirkung zu sein. Boucheron, Sekondi, Arcoleo, Seely u. a. teilten günstige Resultate mit.

Die Fremdkörper im Auge lassen sich in manchen Fällen außer durch die gewöhnlichen Untersuchungsmethoden auch durch Röntgenstrahlen nachweisen.

Wie schon erwähnt, bedient man sich zur Extraktion von Eisensplittern des Elektromagneten (von Haab, Hirsch-berg etc.).

b) Die Erkrankungen des Gehörapparates.

§ 261. Wenngleich mit den grundlegenden Untersuchungen und Beobachtungen Brenners von mehreren Seiten günstige Erfolge der Elektrisation des Ohres gemeldet wurden, so wird trotzdem von den Ohrenärzten Elektrotherapie nur in sehr geringem Maße getrieben.

Das Ohrensausen, das in vielen Fällen rein nervösen Ursprunges ist, wird oft durch Benutzung des galvanischen Stromes (Brenner, Erb, Benedikt u. a.) behoben. Dé-noyès, Imbert und Marguès berichteten über günstige Erfolge bei Applikation von Hochspannungsströmen.

Duchenne wandte gegen Ohrensausen und Schwer-hörigkeit den faradischen Strom an.

Wie Erb hervorhebt, hat die Feststellung der Behandlungs-methode nur auf Grund der durch die Untersuchung ermittelten galvanischen Reaktionsformel zu geschehen.

›Bei Ohrensausen in Verbindung mit einfacher Hyper-ästhesie, welches durch An D gedämpft wird (der häufigste Fall), schließen sie mit der An in voller Stärke und vermindern dann nach genügend langer Einwirkung der An D den Strom ganz allmählich und in so kleinen Absätzen, daß jede Öffnungs-erregung umgangen wird. Kombiniert sich aber Ohrensausen mit Hyperästhesie bei Umkehr der Normalformel, so werden sie häufig finden, daß das Sausen gedämpft wird durch Ein-wirkung von Ka D.‹

Benedikt wie darauf hin, daß Stromwendungen die beste Behandlungsmethode sowohl für Schwerhörigkeit als für Ohrensausen sei.

Bezüglich der Technik empfiehlt Erb seine ›äußere Versuchsanordnung‹: die Reizelektrode (A) wird un-mittelbar vor dem Ohre so aufgesetzt, daß sie noch den ganzen Tragus bedeckt und diesen noch etwas einwärts drückt, ohne den Gehörgang ganz zu verschließen; Elektrode B wird am

Sternum fiziert. Brenner führte die Elektrode A in den
äußeren mit Flüssigkeit gefüllten Gehörgang ein (vgl. Näheres
Elektrodiagnostik).

Bei Mittelohrentzündungen, besonders wenn das
akute Stadium vollkommen abgelaufen, empfiehlt Monnier
die Faradisation des Ohres; die Resorption der letzten Exsudat-
reste soll beschleunigt und anderseits die postinflammatorischen
Paresen der Mittelohrmuskeln verhindert werden.

Bergonié fand dieses Verfahren nebst der »faradischen
Massage« des Trommelfelles als wirksam bei manchen Formen
von otites moyennes scléreuses.

Dionisico erzielte bei chronischen, eitrigen Mittelohrentzündungen günstige Erfolge, wenn er Glühlicht mittels
eines Ohrtrichters auf das Trommelfell resp. Mittelohr einwirken ließ.

Verengerungen und Schrumpfungen der Ohrtrompete
werden nach den allgemeinen Regeln der Elektrolyse zu behandeln sein. Der mit dem negativen Pol verbundene Katheter
wird bis zur Verengerung eingeführt; man verwendet Stromintensitäten von 2—5 MA; man spürt bei gelungener Operation die
Sonde vordringen. Die Behandlung dauert 2—5 Minuten.

c) Anosmie. (Geruchslähmung).

§ 262. Die Anosmie tritt zumeist im Verlaufe von gewissen
Grundleiden (z. B. Hirntumoren, Meningitis, Hirnblutungen etc.)
auf, doch gibt es auch Fälle von rein funktioneller Anosmie.
Bei diesen letzteren ist ein elektrotherapeutisches Verfahren indiziert.

Duchenne sah bei hysterischer Anosmie Erfolge von
der Faradisation der Nasenschleimhaut.

Fieber konstatierte Besserung, wenn ohrenförmige Elektroden in beide Nasenlöcher eingeführt und galvanischer Strom
angewendet wurde.

Beard sah ebenfalls Besserung der Anosmie durch äußere
und innere Galvanisation der Nase; in ähnlicher Weise heilte
Ferrier eine seit Jahren bestehende traumatische Anosmie.

Larat fand die Franklinisation als wirksame Therapie in
jenen Fällen, in denen die anderen Methoden versagten.

d) Ageusie (Geschmackslähmung).

§ 263. Dieses Leiden tritt zumeist als Symptom verschiedener zentraler oder nervöser Erkrankungen auf, z. B. bei lokalen
Hirnprozessen, bei Läsionen der Chorda tympani, bei rheumatischer Fazialislähmung usw.

Ist das Grundleiden nicht zu bekämpfen, so mag man
durch Galvanisation von der Zunge aus die Geschmacksnerven
zu erregen versuchen. Die Elektroden müssen gut durchfeuchtet
sein. Elektrolytische Verschorfungen sind zu vermeiden.

7. Die Krankheiten der Haut, des Harn- und Geschlechtsapparates.

a) Die Hautkrankheiten.

§ 264. In der Therapie der Hautkrankheiten spielt die Elektrizität eine sehr große Rolle. Allgemein bekannt ist die segensreiche Wirkung des elektrischen Lichtes (Finsentherapie) und der
Röntgenstrahlen auf den Verlauf des Lupus vulgaris. Diese
früher so schwer zu behandelnde Hautkrankheit gelangt unter der
Lichttherapie zur vollständigen Ausheilung (vgl. Fig. 145, 146).

Die physiologischen Wirkungen der elektrischen Lichtstrahlen wurden im physiologischen Abschnitte skizziert; im
übrigen sei hier auf die grundlegenden Arbeiten von L. Freund,
Schiff, Holzknecht, Kienboeck, Gocht, Albers-Schönberg, Grunmach, Kümmel, Hahn, Oudin, Foveau de
Courmelles etc. verwiesen, die zum größten Teil im Literaturverzeichnis ihren Platz gefunden haben.

Außer dem Lupus vulgaris behandelt man noch viele andere
Hautkrankheiten mittels Elektrizität. Wie an einigen Beispielen
gezeigt werden soll, benutzt man zu therapeutischen Zwecken
die einfache Galvanisation, Faradisation, Franklinisation, die
hydroelektrischen Bäder, Hochspannung und endlich die Elektrolyse und Galvanopunktur. Die Lichttherapie wurde schon eingangs erwähnt.

So werden z. B. die chronischen Formen des Ekzems
mittels Franklinisation und der Hochfrequenzströme behandelt;
ebenso wendet man Röntgenstrahlen oftmals mit Erfolg an.

Nach Doumer, Leloir, Monell, Bordier, Guilleminot
u. a. soll die Franklinisation gute Resultate geben. Gautier und
Larat, Guimbal u. a. sahen von der Anwendung der hydro-

elektrischen Bäder gute Erfolge. Freund, Schiff, Hahn, Albers-Schönberg, Grunmach erzielten mittels Röntgenstrahlen befriedigende Heilresultate.

In ähnlicher Weise wird die Akne rosacea durch die verschiedenen Energieformen der Elektrizität, durch Elektrolyse oder Röntgenstrahlen, oder Anwendung von Hochfrequenzströmen (Guillot) oder auch durch die Phototherapie in wirksamer Weise bekämpft.

Bei der Sklerodermie ist nach dem Vorschlage von Erb nächst der lokalen Behandlung die Galvanisation des Sympathikus und des Halsmarkes zu versuchen. Hallopeau fand dieses Verfahren erfolgreich. Brocq verwendet die Galvanisation bei zirkumskripten Formen der Sklerodermie: Er sticht eine Platiniridiumnadel, die mit der Ka in leitender Verbindung steht, in die erkrankte Hautstelle ein; die Nadel darf die Tiefe des erkrankten Gewebes nicht überschreiten; reicht der sklerosierende Prozeß nicht sehr tief, so empfiehlt Brocq statt des senkrechten Einstiches eher einen flachen, parallel zur Hautoberfläche gehenden Stich auszuführen. Die Anode wird an beliebiger Stelle plaziert. Stromesintensität 0,5 bis 10 MA, Sobald weißer Schaum in der Umgebung der Einstichstelle auftritt, ist der Strom abzustellen. Man macht mehrere solche Einstiche, in Distanz von 8—12 mm. Nach der Sitzung ist das Operationsfeld mit Kampferspiritus, Alkohol oder mit Sublimatspiritus (1:500) zu reinigen und mit einem Verband resp. Pflaster (l'emplâtre rouge de Vidal) zu versehen.

Ist der Prozeß sehr ausgebreitet, so wird die Galvanisation des Halsmarkes und des Sympathikus nach Erb vorzuziehen sein.

Die Hypertrichosis wird wirksam einerseits durch Röntgenstrahlen, anderseits durch Epilation bekämpft. Die Epilation geschieht durch Elektrolyse. Ähnlich wie bei dem soeben geschilderten Verfahren, ist es vorteilhaft, Platiniridiumnadeln zu verwenden. Man sticht die Nadel in schräger Richtung, so ziemlich parallel zum Haarschaft in den Haarbalg hinein; um fausse route zu vermeiden, sollen die Nadeln keine Spitzen haben. Sobald die Nadel im Bereiche der Haarpapille angelangt ist, was sich durch eine gewisse Resistenz kundgibt, läßt man den Strom kreisen, der unterbrochen wird, sobald man das Haar mittels Pinzette leicht herausziehen kann, und dies Verfahren setzt man an nächster Stelle fort. Da die Behandlung mit Röntgenstrahlen oftmals zu entstellenden Hautnarben geführt hat, so ist der elektrolytischen Epilation der Vorzug zu geben.

Brocq rät, man möge im allgemeinen die Behandlung der Hypertrichosis nur bei jungen Mädchen und bei Frauen von höchstens 45 Jahren vornehmen.

Kienboeck wies darauf hin, daß an den durch Röntgenstrahlen behandelten Hautstellen sich zuweilen Atrophien und Teleangiektasien einzustellen pflegen.

Bergonié teilte auf dem 2. elektrologischen Kongreß in Bern ein Verfahren mit, welches durch Anwendung elektrischer Hochspannung die Heilung von flachen Hautangiomen ermöglicht. Bergonié benutzt als Elektrode einen nach eigenen Angaben konstruierten Excitateur, von welchem man einen dichten Funkenregen auf die betreffende Hautstelle übergehen läßt. Nach längerer Einwirkung sieht man die rote Stelle immer blaß werden, worauf man die Sitzung unterbricht. An Stelle des Naevus entsteht ein Bläschen und nachher eine Kruste, unterhalb welcher der Naevus zur Ausheilung kommt. Die Entwicklung dieses Entzündungsprozesses nimmt 8—10 Tage in Anspruch. Während der Ausheilung eines Anteils des Naevus läßt sich in der Nachbarschaft die Weiterbehandlung fortsetzen. Auch die Teslaisation von Hautkrankheiten, z. B. der Akne, Furunkulose, Herpes, Psoriasis etc. scheint nach dem Urteile von A. Eulenburg günstige Behandlungserfolge zu zeitigen.

b) Die Krankheiten der Harnorgane.

§ 265. Gegen Nierenentzündungen wurden verschiedene elektrische Maßnahmen empfohlen; von Gautier und Larat elektrische Lichtbäder, von Boinet und Caillol de Poncy die Hochfrequenzströme, wodurch in einigen Fällen der Albumengehalt herabgemindert worden sei. Dénoyès untersuchte mehrere derartige Fälle und meint, dieselben beweisen, daß eine Albuminurie keine Kontraindikation für elektrische Behandlung sei.

Die Nierensteine und die Steine der Harnwege überhaupt sind unter Anwendung der Kompressionsblende von Albers-Schönberg im Röntgenbild sichtbar zu machen. (Kienboeck, Holzknecht, Gocht etc.)

Der Blasenkrampf (Tenesmus vesicac) ist kein günstiges Objekt für Elektrotherapie. Am zweckmäßigsten erweist sich die stabile Galvanisation des Rückenmarks. In anderen Fällen versucht man, den Reizzustand der Blase durch Gegenreize zu beseitigen, wie durch faradische Pinselung der Haut über der Symphyse, am Perineum usw.

Die Elektrotherapie ist dagegen sehr wirksam gegen Blasen-
schwäche und Blasenlähmung. Die Elektrotherapie erzielt
da ihre schönsten Erfolge, wo diese Krankheitsformen nicht das
Sympton einer ernsten spinalen Affektion (z. B. Tabes, Myelitis,
Sklerose etc.) sind, sondern rein »nervösen« Ursprungs.

Die Blasenlähmung kann in verschiedener Form auftreten :
ist vorwiegend der Detrusor urinae gelähmt, so resultiert das
Bild der Retentio urinae; ist dagegen der Sphincter vesicae
betroffen, so entsteht Incontinentia urinae, das sog. »Harn-
träufeln«. In besonderer Form tritt die Incontinentia urinae bei
Kindern als Enuresis nocturna auf.

Die Behandlungsweise dieser Lähmungszustände ist entweder eine äußere, perkutane, oder eine innere. Behufs
perkutaner Elektrisation setzt man die An auf die Gegend
der Lendenanschwellung, die Ka auf die Blasengegend und zwar
Symphyse oder Perineum. Man läßt den galvanischen Strom
in stabiler und labiler Weise einige Minuten die Blasenmuskulatur
durchfließen, in hartnäckigen Fällen nehme man auch Faradisation in Angriff.

Bei der inneren Applikation wird die katheterförmige
Ka — natürlich unter streng aseptischen Kautelen — in die
Urethra eingeführt; man trachtet bis zum Sphinkter vorzudringen.
Mit dem galvanischen Strome sind nur ganz kurze Ka Schlies-
sungen auszuführen, um Verätzungen hintanzuhalten.

Die äußere Applikationsmethode läßt sich manchmal dahin
variieren, daß eine olivenförmige Anode ins Rektum eingeführt wird.

Außer der Galvanisation und Faradisation wird auch die
Franklinisation als erfolgreich gepriesen; besonders bei der
Incontinentia der Kinder genügen zuweilen 10—12 Sitzungen
zur vollständigen Beseitigung des Übels. Enuresis nocturna,
das sog. Bettnässen, wurde S. 379 erwähnt.

c) Erkrankungen der männlichen Geschlechtsorgane.

§ 266. Es sind vorwiegend funktionelle Störungen der
männlichen Geschlechtsorgane, die einer elektrotherapeutischen
Behandlung zugewiesen werden; außerdem noch gewisse anatomische Veränderungen, die man mit Hilfe von Elektrolyse
und Galvanopunktur zur Heilung zu bringen sucht.

Wenn wir mit letzterer Methode beginnen, so wären da
zunächst die häufig vorkommenden Harnröhrenstrikturen
zu erwähnen.

Anatomische Harnröhrenstrikturen werden erfolgreich durch zirkuläre (Trippier et Walley, Newmann etc.) oder durch lineare (Jardin, Fort, E. Lang etc.) Elektrolyse behandelt.

Die nicht organischen, sondern rein spastischen Strikturen werden in günstiger Weise durch einfache Faradisation bekämpft.

Die Phimose. Leduc in Nantes gab eine praktische Methode an, die Phimose mittels des Galvanokauters zur Heilung zu bringen. Die Operation besteht darin, aus dem Präputium einen dreieckigen Lappen, dessen Basis am freien Rand des Präputiums liegt, und dessen Spitze bis zur Wurzel des frenulum reicht, zu entfernen. Nachdem man die zwei Schnittlinien kokainisiert hat, faßt man mittels zweier Pinzetten — auswärts von den kokainisierten Stellen — des Präputium und mittels Galvanokauters wird der Lappen herausgeschnitten. Das Verfahren soll weder eine Blutung noch offene Wunde nach sich ziehen.

§ 267. Auch die Lichttherapie spielt bei den Erkrankungen der männlichen Geschlechtsorgane eine gewisse Rolle.

Gautier verwendet bei Prostatikern in lokaler Applikation rotes und blaues Licht.

In ähnlicher Weise wird in jüngster Zeit versucht, die Gonorrhöe der Urethra durch das Licht der in die Urethra eingeführten Glühlampen zur rascheren Heilung zu bringen. Die bakterizide Wirkung des Lichtes wurde im physiologischen Abschnitt hervorgehoben.

Die Hypertrophie und chronische Entzündung der Prostata wird durch intrarektale Applikation der Hochfrequenzströme, durch Galvanisation, Faradisation oder sinusoïdale Voltaisation bekämpft. Eine Elektrode kommt im Rektum, womöglich in nächste Nähe der Prostata, die andere Elektrode auf das Abdomen.

Bei chronischer Hodenentzündung erzielte Doumer mittels Funken der Hochfrequenzströme günstige Erfolge. Picot, Dubois, Boyland sahen nach Galvanisation (An am Hoden, Ka am Samenstrang in der Schenkelbeuge) Heilerfolge eintreten.

§ 268. An dieser Stelle sei hervorgehoben, daß die Einwirkung der Röntgenstrahlen auf die Hoden eine sehr ungünstige ist: es kommt zu Atrophie, Azoospermie und Sterilität. Es sind deshalb diese Organe sorgfältig zu schützen, wenn man die umgebenden Körperteile in längeren Sitzungen den Röntgenstrahlen aussetzt.

Die Behandlung der Impotenz und Pollutionen wurden schon im Kapitel ›Funktionelle Neurosen‹ § 251 erörtert.

Im übrigen sei diesbezüglich auf die eingehenden Ausführungen im Buche von M. Benedikt (1. c.) verwiesen.

d) Erkrankungen der weiblichen Geschlechtsorgane.

§ 269. Die Neuralgien der Organe des kleinen Beckens (Ovarie etc.) sind nach den allgemeinen elektrotherapeutischen Regeln (wie stabile Anode, absteigende Galvanisation etc.) zu behandeln.

Den Vaginismus bekämpft man erfolgreich in manchen Fällen durch Anwendung des Faradischen Stromes, durch Entladungen der Hochspannungselektrizität und der Franklinisation; die Applikation der Elektroden ist entweder eine vagino-abdominale, oder man verwendet dazu die bipolare Vaginalelektrode nach Apostoli.

Gegen Pruritus vaginae werden verschiedene elektrotherapeutische Maßnahmen, vorwiegend Franklinisation, in Angriff genommen; näheres vgl. Erkrankungen der Haut.

Die Störungen der Menstruation wurden schon seit jeher einer elektrischen Behandlung zugeführt; es liegen diesbezüglich Beobachtungen von Rockwell, Baker, Althaus, Taylor, Fieber, Good, Dixon Mann, Apostoli, Pozzi, Tripier, Larat u. a. m. vor.

Die meisten verwendeten bei Amenorrhoe Galvanisation des Sympathikus, des Rückenmarkes und der Genitalien: so z. B. An in der Lendengegend, Ka in der Gegend der Ovarien.

Dixon Mann, Althaus u. a. bedienten sich der intrauterinen Galvanisierung mit erfolgreichem Resultat; es wird entweder die Ka im Uterus appliziert, und die An in der Gegend der Lendenanschwellung oder die An am os uteri und die Ka labil über beiden Ovarien. Da der Uterus nicht sehr schmerzempfindend ist, so können stärkere Ströme in Betracht kommen.

Von französischen Autoren wird der Franklinisation (Lendengegend und Unterbauch resp. Vagina) das Wort gesprochen.

Wie Erb hervorhebt, wurde von den Elektrotherapeuten vielfach die Beobachtung gemacht, daß während einer elektrischen Behandlung, besonders beim Galvanisieren des Rückens und der Beine, oder bei der allgemeinen Faradisation die Menstruation ungewöhnlich stark war oder auch verfrüht eintrat.

Das elektrotherapeutische Verfahren wird in ähnlicher Weise bei den dysmenorrhoischen und menorrhagischen Beschwerden durchgeführt; zur intensiveren Einwirkung dient die bipolare Uterus- und Vaginalsonde von Apostoli.

§ 270. Die Methode Apostolis beruht auf der normalen geringen Empfindlichkeit der Beckenorgane gegen allmählich ansteigende galvanische Ströme; indem man ferner eine große indifferente Bauchelektrode (z. B. plastische Tonmasse oder durchlöcherte Zinkblechplatten [G. Engelmann], feuchte gepreßte Mooskissen [Bröse, Schäffer], flache Schwämme [Mundé], Flanellappen [Kleinwächter] usw.) benutzt, so wird der Angriffspunkt des galvanischen Stromes direkt in den Uterus verlegt. Zur exakten Ausführung der Methode gehören ferners verschieden geformte Uteruselektroden, Vorschaltwiderstände und ein Galvanometer, um die Stromesintensität genauer überwachen zu können.

Die differente Elektrode hat, wie schon oben erwähnt, die Form einer Uterussonde und ist aus Metall (gewöhnlich Platin) oder Kohle konstruiert.

›Die Anode wirkt koagulierend, blutstillend (Versuche am Fußgeschwür und an der skarifizierten Portio: Schaw, Apostoli). Bei der Verwendung entsprechend starker Ströme wirkt die Anode antimikrobisch (Milzbrand: Apostoli und Laguerière; Prochownik und Spaeth. Staphylococcus pyogenes und aureus und Streptococcus pyogenes: Prochownik und Spaeth). Die Kathode, welche bei gleicher Stromintensität schmerzhafter ist, wirkt quellend, erzeugt Hyperämie und Blutungen (Schaw, Apostoli wie oben; Nagel an Kaninchen). Dringen die am aktiven Pole entwickelten Gasblasen in Blutgefäße ein (Klein: Versuche mit Nadelelektroden an frisch exstirpierten Myomen), dann kommt es zur Verdrängung und Gerinnung des Blutes. Die Gasblasen dringen auch in andere scheinbar präformierte Bahnen ein (Lymphräume). Ferner vermochte Klein an frisch exstirpierten Myomen durch eine 15 Minuten dauernde Applikation eines 30—35 MA starken Stromes eine Temperatursteigerung im Gewebe um 13° C nachzuweisen, ein Befund, der von Prochownik und Spaeth bestätigt wurde.‹

L. Mandl empfiehlt bei Anwendung des galvanischen Stromes folgende Technik: Vor Einführung der intrauterinen Elektrode wird jedesmal eine genaue bimanuelle Untersuchung, bei neu in Behandlung tretenden Kranken auch die Sondierung

des Uterus vorgenommen. Ausspülung der Vagina mit 1 $^0/_{00}$
Sublimatlösung, Entfernung des dem Muttermunde anhaftenden
Schleimes. Dagegen hat man von einer Desinfektion des Cervix
abzusehen (Schäffer). Die Platinsonden werden durch Aus-
glühen, die Kohlensonden durch Einlegen in 5 proz. Karbol-
säure desinfiziert; die letzten werden unmittelbar vor Einführung
in eine gesättigte Jodoformätherlösung getaucht. Man kann
die Sonde unter Leitung des Fingers einführen. In der Regel
aber soll man die Portio mit Spateln oder einem entsprechenden
Spekulum einstellen, die Sonde unter Kontrolle des Auges einführen. Die Anwendung von Kugelzangen ist nur, wenn un-
umgänglich notwendig, gestattet.

Die Dauer der Applikation schwankt zwischen 5—10 Minuten.
Nach der Galvanisation ist die Scheide neuerlich auszuspülen;
Jodoformgazetampon, der nach 24 Stunden zu entfernen ist.
Die Ausübung des Coitus ist der Kranken zu untersagen. Bett-
ruhe ist nicht notwendig.

Außer der lokalen Einwirkung muß auch noch der allen-
falls nötigen Allgemeinbehandlung (z. B. bei Chlorose, Anämie etc.)
Aufmerksamkeit geschenkt werden.

Ist Atresia uteri die Ursache der Beschwerden, so
wird mittels entsprechender Uterussonde (nur die olivenförmige
Spitze derselben ist blank, der übrige Teil isoliert) die innere
Elektrolyse durchzuführen sein.

Bei Lageveränderungen des Uterus ist Faradisation
des Uterus und seiner Bandapparate zu versuchen; eine Elektrode wird als Uterussonde eingeführt, die andere an der Bauchwand oder vom Rektum aus derart placiert, daß immer die
der Verlagerung entgegengesetzte Seite (also bei
Retroflexio wird die Elektrode vorne appliziert) faradisiert wird.
Das Verfahren ist in der Dauer von 5—10 Minuten alle 2 Tage
durchzuführen.

§ 271. Metritis. Nur die chronischen Formen der Metritis sind einer elektrotherapeutischen Behandlung zugänglich.
Die französischen Autoren, welche der Elektrotherapie der erkrankten weiblichen Genitalorgane große Aufmerksamkeit zu-
wenden, perhorreszieren im allgemeinen die Anwendung von
Elektrizität gegen akute eitrige oder fieberhafte Erkrankungen.
Dagegen soll die chronische Metritis mit ihrer Schleimhaut-
wucherung, Ulzeration und Polypenbildung ein dankbares Angriffsobjekt der elektrischen Behandlung bilden.

Um das Gebiet dieser Indikationen möglichst genau be-
grenzen zu können, empfiehlt sich eine vorhergehende elektrodiagnostische Untersuchung.

Eine Elektrode in Form einer Plantinsonde wird in die
Uterushöhle eingeführt, die andere große Elektrode der Symphyse aufgesetzt. Wenn man die Stromintensität über 50 M A
steigern kann, z. B. bis 100 und sogar 150 M A, ohne daß die
Patientin besonderes Unbehagen empfindet, dann ist eine entzündliche Affektion der Adnexe wohl auszuschließen und die
lokale Behandlung darf eingeleitet werden.

Ist dagegen die Empfindlichkeit bei der Untersuchung bei
der nächsten Sitzung nur noch gesteigert, so unterlasse man
jedes elektrotherapeutische Verfahren in diesem Stadium.
(Apostoli.)

Besteht keine Kontraindikation, so wird die intrauterine
Galvanisation gemacht. Man benutzt dazu 1. eine unpolarisierbare Uteruselektrode aus Platin oder Kohle oder 2. polari-
sierbare Elektroden. In beiden Fällen ist die indifferente Elektrode (große Platte) am Unterbauch fixiert.

Technik: Die Frau liegt in Beckenhochlage; nach
gründlicher Reinigung des Genitales wird unter Zuhilfenahme
eines Vaginalspekulums die Uterussonde unter streng aseptischen
Kautelen eingeführt; der andere Pol liegt am Abdomen. Allmählich läßt man den Strom bis 100 und auch 150 M A ansteigen; Zimmern rät die Stromintensität zwischen 50 und
80 M A zu halten, besonders in Fällen von hämorrhagischer Metritis. Alle Teile der Uterushöhle sind sukzessive mit der Sonde
in Berührung zu bringen.

Die polarisierbaren Elektroden, zu denen man Rotkupfer
(Gautier, Cleaves, Goelet) oder Silber (Boisseau du
Rocher, Stouffs), Cadmium (Leuilleux), Zink (Popyal-
kowski) oder endlich Aluminium (Debédat) wählt, werden
mit dem positiven Pol verbunden.

Nach der Operation muß die Patientin 1—2 Stunden liegen
bleiben.

§ 272. Foveau de Courmelles empfahl die Benutzung
des Galvanokauters zur elektrischen Curettage. Ist
mittels eines elektrischen Stromes die Empfindlichkeit der
Uterusinnenhöhle geprüft, so wird der Galvanokauter eingeführt
und vorsichtig die »pyrogalvanie interne« ausgeführt. Mit
diesem Namen will Foveau de Courmelles die innerhalb
der Körperhöhlen ausgeführte Galvanokaustik bezeichnet wissen.

Péan wendete das von Foveau eingeführte Verfahren in vielen Fällen erfolgreich an; auch Rodriguez Abella äußerte sich darüber sehr günstig.

Foveau de Courmelles hebt hervor, daß nach diesem Eingriffe niemals Atresien aufgetreten seien.

In ähnlichem Sinne sprach Laquerrière über das Verfahren am II. Internat. Elektrologischen Kongresse in Bern:

›La galvanisation intra-utérine bien appliquée n'est pas dangereuse . . . d'une façon générale, la méthode d'Apostoli est celle qui donne les résultats les plus rapides et le plus complets; c'est l'opinion de la très grande majorité des gynécologues, et c'est surtout à cause d'une innocuité, prétendue plus grande, qu'on a préconisé d'autres méthodes.

Diese Methode dient auch zur Entfernung der intrauterinen Fibromyome. — In Fällen, bei welchen sich die Extraktion der Uterussonde (nach durchgeführter Elektrolyse) schwierig gestaltet, empfiehlt es sich, vorher eine Stromwendung zu machen und den Strom für einige Sekunden fließen zu lassen.

Laquerrière weist auf günstige Heilerfolge hin, welche bei periuterinen Affektionen, die mit anatomischen, kongestiven und neuralgischen Symptomen einhergehen, durch Anwendung der Elektrizität — intrauterine Faradisation, bipoläre Faradisation mit der Elektrode von Apostoli und endlich Franklinisation — erzielt wurden. Besonders in jenen Fällen, wo man über die Natur des vorliegenden Prozesses Aufschluß erlangen will oder wo ein chirurgisches Verfahren nicht angezeigt ist, wäre dem elektrischen Verfahren der Vorzug zu geben.

Die Beobachtungen von Tripier (›le père de l'électrothérapie gynécologique‹) Apostoli, Bouchard, Gaston Bloch, Delherm u. a. stimmen darin überein.

§ 273. Das Carcinoma uteri, besonders mit Lokalisation an der portio, sucht man durch Einwirkung der Röntgenstrahlen zur Heilung zu bringen. Es werden verschiedene röhrenförmige Apparate (Methode nach Oudin oder nach E. W. Caldwell, Bellot-Gaiffe u. a.) konstruiert, um die Röntgenstrahlen durch die Vagina hindurch direkt auf den Krankheitsherd zur Einwirkung zu bringen.

§ 274. Myom. Den übertriebenen Behauptungen einzelner Autoren, durch Elektrotherapie Myome zur Verkleinerung oder gar zum vollkommenen Verschwinden gebracht zu haben, wird nicht mit Unrecht große Skepsis entgegengebracht. Durch fortgesetzte Uterus- und Myom-Galvanisation ist allerdings zuweilen Stillung der Blutung und hiermit Besserung des Allgemeinbefindens zu erzielen. In solchen Fällen wird die Anode intrauterin appliziert; mäßige Stromintensität, Dauer 5 Minuten : ist die Blutstillung vollkommen gelungen, so wird die intrauterine Galvanisation mittels Kathode fortgesetzt.

Metrorrhagien, die bei Endometritis, ferner auch nach Adnexoperationen etc. auftreten, bekämpft v. Rosthorn oftmals durch Galvanisation erfolgreich.

Pruritus vulvae: Große feuchte Anode auf das äußere Genitale und Perineum; Dauer 10 Minuten.

Vaginismus: Schwache positive Galvanisation des Introitus und des Dammes; Sitzungen täglich, 4—5 Minuten; zweckmäßig hierzu der Gebrauch einer Kugelelektrode.

§ 275. In der praktischen Geburtshilfe macht man von der Elektrizität bisher nur selten Gebrauch. In Deutschland wurde die Wirkung des elektrischen Stromes auf den graviden Uterus frühzeitig studiert.

H. Bayer fand, daß der galvanische Strom ein sicheres wehenerregendes und wehenregulierendes Mittel sei und bediente sich desselben zur Einleitung der künstlichen Geburt. Man verwendet dazu ziemlich starke Ströme (30—50 M A) durch 10—20 Minuten; An im Cervix, Ka am Bauch oder in der Lendengegend.

Radfort, Baird, Brivois u. a. wenden den elektrischen Strom bei Wehenträgheit, Atonia uteri und ähnlichen Zuständen an.

In Frankreich propagierte besonders Tripier die Verwendung des elektrischen Stromes in der geburtshilflichen Praxis.

Das unstillbare Erbrechen der Schwangern wird gelegentlich durch Galvanisation der beiden Vagi erfolgreich (Bouchard) bekämpft; eine große, plattenförmige Ka am Epigastrium, zwei Anoden am Halse oberhalb der Clavicula. Man nimmt mittelstarke Ströme, deren Intensität allmählich auf Null abzusinken haben.

§ 276. Die stockende Milchsekretion gelingt es zuweilen durch Anwendung von elektrischen Strömen wieder anzuregen. Dazu dient die direkte Applikation des Stromes auf den Brüsten. Über günstige Resultate berichten Aubert, Becquerel, Lardeur, Estachy u. a.

Als ein weiteres sehr wirksames Mittel wird in neuester Zeit, besonders in Frankreich die Franklinisation empfohlen.

8. Krankheiten des Respirationstraktes.

§ 277. Unebenheiten und Höcker der N a s e n s c h e i d e -
w a n d (spina etc.) werden in zweckmäßiger Weise — wofern
man von chirurgischen Eingriffen absieht — durch bipolare
Elektrolyse behandelt. Benutzt werden Stromesintensitäten [1])
bis 20—30 M A in der Dauer von 3—5 Minuten. Um die
eingestochenen Nadeln, die nach ausgeführter Elektrolyse fest-
haften, leicht extrahieren zu können, empfiehlt es sich, für
einige Sekunden Stromwendung zu machen.

Die P o l y p e n d e r N a s e und des Nasenrachenraums
entfernt man ebenfalls durch bipolare Elektrolyse. Sind nur
mehr Reste des pathologischen Gewebes übrig, so genügt die
monopolare Elektrolyse.

G a r e l konstruierte eine besondere dreizinkige Gabel, deren
zwei äußere Zinken mit dem negativen Pol, die mittlere mit dem
positiven Pol verbunden sind. Das Instrument, welches nur an
den Spitzen blank ist, wird in den Polypen eingestochen.

Die O z a e n a bekämpft man einerseits durch Elektrolyse
(G a u t i e r, J o u s l a i n, F a v i e r, L a r a t, C h e v a l, C a p a r t
e t B a y e r, R e t h i etc.), ferner mittels Phototherapie (D i o -
m i s i o) und auch durch Anwendung der Hochfrequenzströme
(B o r d i e r, C o l l e t u. a.) mit mehr oder weniger Erfolg.

Die Methode der E l e k t r o l y s e besteht darin, daß man
eine Kupfer- und eine Stahlnadel in die vorher gereinigte und
eventuell kokainisierte Mukosa einsticht und derart bipolare
Elektrolyse zur Ausführung bringt, oder man führt in jedes
Nasenloch gesondert eine Elektrode ein; die eine dieser Elektroden ist mit einfacher in Wasser getränkter Watte umwickelt,
die andere mit Watte, die von Silbernitratlösung imbibiert ist.

Die P h o t o t h e r a p i e bedient sich kleiner, in entsprechenden Röhren montierter Glühlämpchen; durch eine
Wasserkühlvorrichtung wird die Wirkung der Wärmestrahlen
ausgeschaltet.

Die H o c h f r e q u e n z s t r ö m e, mittels geeigneter Vorrichtungen l o k a l angewendet (Funkenentladung), bewährten sich

---

[1]) Daß trotz allen Erfahrungen immer größte Vorsicht anzuwenden ist,
besonders dort, wo auch der Strassenstrom zu medizinischen Zwecken verwendet wird, beweist u. a. eine Mitteilung G u i l l e m i n o t s, daß in einem
Falle von Ozaena, die man gleichfalls durch Elektrolyse behandelte, unter
der Stromeseinwirkung plötzlicher Tod eingetreten ist. Es ist in solchen
Fällen mitunter äußerst schwierig, die wahre Todesursache zu erkennen.

nach dem am II. Internationalen Elektrologischen Kongreß gemachten Mitteilungen von Bordier und Collet in vielen Fällen.

Die Anosmie und ihre Behandlungsweise vgl. § 262.

Die Lähmungen der Kehlkopfmuskeln sind nach den allgemeinen Regeln zu behandeln. Die durch zentrale Prozesse oder mediastinale Erkrankungen (am öftesten ist z. B. eine Rekurrenslähmung durch ein Aortenaneurysma bedingt) hervorgerufenen Lähmungen der Kehlkopfnerven und Muskeln gelingt es allerdings, durch Elektrisation so gut wie gar nicht zu beeinflussen.

Dafür sind die nervösen, i. e. funktionellen Störungen der Innervation der Kehlkopfmuskeln ein sehr dankbares Objekt der Elektrotherapie; die Applikation des galvanischen und faradischen Stromes erweist sich am vorteilhaftesten, man führt in den meisten Fällen perkutane oder endolaryngeale (v. Ziemßen) Elektrisation aus.

Bei der ersteren Methode werden die Elektroden gewöhnlich zu beiden Seiten des Larynx aufgesetzt; will man den N. recurrens treffen, sind die Elektroden unterhalb des Kehlkopfes zu beiden Seiten der Trachea — besonders links — tief einzudrücken.

Erb beobachtete bei dieser Applikation im Kehlkopfspiegel deutliche Bewegungen der Stimmbänder; auch einseitige Kontraktionen, wenn nur ein Rekurrens gereizt wurde.

Roßbach fand, daß der Rekurrens sowohl durch Galvanisation als durch Faradisation zu erregen sei. Die funktionellen Beschwerden, Aphonie usw. verschwinden oft sofort nach einer einzigen Sitzung (M. Meyer), vgl. ›Überrumpelungsverfahren‹ § 248.

Moutier u. a. verwenden mit Erfolg die Franklinisation.

Respirationslähmung, Asphyxie und ähnliche Zustände werden zuweilen durch rhythmische Faradisierung der N. phrenici wirksam bekämpft.

§ 278. Die künstliche Atmung ist folgendermaßen auszuführen: Mittels breiter, flacher Elektroden werden beiderseits die Phrenici (vgl. motorische Punkte Fig. 138—144) gereizt; man wählt Elektroden in größerer Form, um sowohl den Phrenikus sicher zu treffen, als aber auch Zweige des Plexus brachialis, welche die Auxiliärmuskeln der Atmung (Pectorales, Scaleni, Serrati, Rhomboidei etc. versorgen) mitzureizen. Kopf und Schulter des Patienten müssen dabei fixiert bleiben. Der Strom wird für 1—2 Sekunden geschlossen und ebenso lange geöffnet. Während der Öffnung des Stromes ist die Respiration manuell zu unterstützen. In dieser Weise gelingt es, die künstliche Atmung stundenlang erfolgreich zu unterhalten.

Das Verfahren studierte zuerst v. Ziemßen in systematischer Weise und wendete es mit Erfolg in zahlreichen Fällen an.

Die künstliche Atmung hat den Zweck, das Leben so lange zu erhalten, bis die Respirationszentren ihre automatische Tätigkeit wieder anfnehmen.

Wie Erb hervorhebt, gebührt v. Ziemßen das Verdienst, diesen Gedanken als Erster praktisch ausgeführt zu haben, den vor ihm schon Hufeland, Marshall, Hall, Duchenne mehr oder weniger klar formulierten.

Die Lungentuberkulose war bereits vielfach Gegenstand elektrischer Behandlung, ohne daß man dabei wesentliche Erfolge erzielt hätte.

In den letzten Jahren machte man besonders in Frankreich Versuche mit den Hochfrequenzströmen und berichtete über Besserungen, ja sogar Heilungen.

Die in Deutschland und Österreich angestellten Nachunter suchungen fielen allerdings nicht so glücklich aus.

Auch Guilleminot, der an der Klinik von Bouchard Lungenkranke mittels der Hochfrequenzströme (d'Arsonvalisation) behandelte, kam zu negativen Ergebnissen.

Ein weiteres Verfahren gegen Tuberkulose sind Inhalationen von Ozon, die in sehr mäßiger und vorsichtiger Weise durchzuführen sind, da Ozon einen kräftigen Reiz auf die Schleimhaut der Bronchien ausübt.

Auch Anwendung des galvanischen Stromes wird geübt.

So behandelte Renzi in Neapel bereits im Jahre 1892 Tuberkulose mittels des galvanischen Stromes (stabil). Als Elektroden benutzte er große Wattekissen, die mit Weinsäurelösung resp. Kohlensäurenatronlösung getränkt waren und an beiden Seiten des Thorax angelegt wurden. Es konnten dadurch größere Elektrizitätsmengen ohne Reizung der Haut eingeführt werden. Alle Fälle besserten sich, besonders die tuberkulösen Pleuritiden. Der Erfolg war leider kein dauernder (v. Luzenberger).

Schatzkij führte ähnliche Versuche in der Heilanstalt Alland (bei Wien) aus. Er wendete Galvanisation während einer halben Stunde an; Intensität 15—45 M A und auch darüber; es wurden zumeist tägliche Sitzungen vorgenommen.

Schatzkij konnte auf dem II. Internationalen Elektrologischen Kongreß in Bern über günstige Resultate berichten: Die Galvanisation wurde allgemein gut vertragen, der Appetit und Schlaf zeigten Besserung, nebstdem trat bei den meisten Patienten Gewichtszunahme auf; der Husten schien gemildert zu sein.

Lokal waren allerdings weder in den Lungen noch im Kehlkopf wesentliche Veränderungen zu konstatieren.

Bastings versuchte die Lungenschwindsucht indirekt durch Kräftigung der Inspirationsmuskeln mittels Faradisation zu bessern, was auch Schwalbe gut heißt.

In diagnostischer Beziehung spielt die Röntgenologie eine große Rolle nicht nur bei der Lungentuberkulose, sondern bei allen anderen Lungenerkrankungen. Diesbezüglich sei auf die einschlägigen im Literaturverzeichnis erwähnten Spezialwerke verwiesen.

Die Bemühungen, verschiedene Lungenerkrankungen, z. B. Bronchitis, Emphysem etc. durch Elektrisation einer Besserung zuzuführen, waren bisher nahezu erfolglos. Nur das Asthma nervosum ist in manchen Fällen durch Elektrisation günstig zu beeinflussen. Man wendet zu diesem Zwecke verschiedene Methoden an.

Caspari heilte einen solchen Fall durch labile Galvanisation; Ka am Kreuzbein, mit der An Bestreichung der Wirbelsäule durch 10—20 Minuten; nach 25 Sitzungen Heilung. Brenner sah bedeutende Erleichterung durch Applikation des galvanischen Stromes am Vagus.

Über analog günstige Erfolge berichten Neftel und Schmitz. Schäffer dagegen sah bei Fällen von Asthma nervosum nur von der Anwendung des faradischen Stromes günstige Erfolge; er applizierte beide Elektroden unterhalb der Kieferwinkel; Dauer $^1/_4$—$^1/_2$ Stunde ein bis zwei Mal täglich.

Bresgen beobachtete ebenfalls befriedigende Heilerfolge nach Anwendung dieser Methode.

Auch Erb empfiehlt diese Behandlung in Fällen von rein nervösem Asthma. Wo diese Methode versagt, so ist es nach Erb ratsam, zum galvanischen Strom überzugehen und zwar der Behandlung des Vago-Sympathikus nach verschiedenen Methoden: Einwirkung der An, dann der Ka; absteigend stabile Ströme vom Nacken zu diesen Nerven u. a. m. Die Form dieser Applikation bewährte sich nach Rockwell und anderen Autoren.

Larat empfiehlt in allen Fällen, in denen Galvanisation und Faradisation erfolglos geblieben, auf den Thorax Funken-entladungen (Franklinotherapie) einwirken zu lassen. Daraus seien Dauererfolge hervorgegangen.

Keuchhusten: Bordier erzielte günstige Resultate durch Ozoninhalationen. Am zweckmäßigsten ist es, das kranke Kind zu diesem Behufe für 5—10 Minuten in ein Zimmer hineinzusetzen, wo Hochfrequenzströme Ozon erzeugen. Die Sitzungen sind täglich oder jeden zweiten Tag vorzunehmen.

9. Erkrankungen des Gefäßsystems.

§ 279. Die elektrische Behandlung der nervösen Angina pectoris wurde bereits in § 253 besprochen.

Die Wirkung des elektrischen Stromes bewährte sich auch in manchen Fällen von nervösem Herzklopfen.

Fließ hatte durch Anwendung starker galvanischer Ströme auf jeden Vagus, täglich 1—2 Minuten, nach mehreren Sitzungen vollkommene Heilung zu verzeichnen.

Erb behandelte galvanisch einen Fall von starken Herz-palpitationen mit Irregularitas cordis und hochgradigem kardialen Asthma mit relativ sehr günstigem palliativem Erfolge (Vagus am Halse, Nacken—Herzgegend).

Larat sah günstige Beeinflussung durch hydroelektrische Bäder mit Sinusoidalströmen bei Herzmuskelinsuffizienz (ohne organische Läsionen).

M. Benedikt fand, daß sich das Herz durch den faradi-schen Strom zusammenziehe, ein Vorgang, den man mittels der Perkussion und der Röntgenstrahlen beobachten könne.

In der Literatur finden wir eine ganze Reihe von Beobach-tungen aus älterer und neuerer Zeit, die sich mit Versuchen der Faradisation des Herzens befassen, z. B. C. Ludwig, Hoffa, Einbrot, Bayer, Dreschfold, Romberg, Krehl u. a. m. Die von Ziemßen an dem Herzen von Frau Serafin durchgeführten Versuche wurden im physiologischen Teil erwähnt und sind auch rühmlich bekannt.

Besondere Beachtung gebührt der von Hornung (Schloß Marbach) am II. internationalen elektrologischen Kongreß ge-machten Mitteilung, es sei ihm gelungen, in einer sehr großen Reihe von Fällen die Herzmuskelinsuffizienz, die akute Herzdilatation durch Einwirkung von Wechselströmen günstig zu beeinflussen und auch zu heilen. Die sinusoidalen Wechselströme — es werden sinusoidale Bäder mit 4—8 M A bei 45—50 Volt Spannung verabreicht — wirkten am stärksten, schwächer der faradische Strom, am mildesten die statische Elektrizität. Die nach den einzelnen Sitzungen aufgetretenen Herzverkleinerungen registrierte H o r n u n g durch genaue Röntgenaufnahmen. Handelt es sich um eine reine Dilatation, so pflegte die Erweiterung schnell bis zur normalen Größe zurückzugehen; doch nur in frischen Fällen bleibt sie bestehen. Hat die Dilatation schon längere Zeit bestanden, so geht das Herz nach einem solchen hydroelektrischen Bade sofort zurück, aber die Größenverhältnisse wechseln in kurzer Zeit unglaublich oft, und es dauert längere Zeit, bis die Größe des Herzens eine normale bleibt.

›Ist Hypertrophie und Dilatation zusammen vorhanden, so ist die Reaktion zunächst eine starke; dann aber, von einer gewissen Größe an, geht es nur noch langsam zurück, wie bei der reinen Hypertrophie, zeigt aber stärkere Neigung zu Schwankungen als bei dieser.‹

H o r n u n g hebt hervor, daß bei der Elektrotherapie der Herzmuskelinsuffizienz ein Punkt besonders beachtet werden muß: ›Der Kranke muß Alkohol in jeder Form unbedingt meiden.‹

Auch bei Schrumpfniere vermochte H o r n u n g die Dilatation des Herzens durch die elektrotherapeutischen Maßnahmen zu bekämpfen. Dagegen waren bei Brightscher Niere und bei komplizierten Klappenfehlern keine Erfolge zu konstatieren.

Doch auch ein muskelkrankes Herz kann — immer unter Beachtung der sonstigen Herztherapie — wieder ganz erheblich leistungsfähig werden; H o r n u n g bringt dafür Beispiele aus seinem reichlichen Beobachtungsmaterial.

H o r n u n g empfiehlt sein Verfahren als Nachbehandlung während der Rekonvaleszenz nach Infektionskrankheiten.

§ 280. Die A n e u r y s m e n bilden in allerdings sehr seltenen Fällen den Gegenstand einer elektrischen Behandlung.

P r a v a z et G u é r a r d haben i. J. 1831 die p o s i t i v e Galvanopunktur zur Heilung von Aneurysmen empfohlen, in ähnlicher Weise auch P é t r e q u i n, C i n i s e l l i und D u j a r d i n - B e a u m e t z.

Wegen der großen Emboliegefahr wird das Verfahren heute nur ausnahmsweise geübt. Von großer Wichtigkeit ist, sich

dabei der p o s i t i v e n Galvanopunktur zu bedienen. So brachte
die Galvanopunktur eines Aneurysmas in einem Falle (Stewart-
Salinger cf. H. Schlesinger: Indik. zu chir. Eingr. l. c. S. 210)
eine Besserung in der Dauer von drei Jahren.

Da Verwechslung der Pole trotz Beachtung der + und
— Zeichen möglich ist, so ist es notwendig, vor jeder Punktur
sich persönlich von dem Charakter der Pole zu überzeugen
(vgl. Allgem. Teil, Phenolphthaleïnprüfung, Wasserstoffentwicklung usw.)

Die Gründe für die p o s i t i v e Galvanopunktur sind darin
gelegen, daß der an der Anode sich bildende Schorf hart und
an den Gefäßen festhaltend ist und sich auch ziemlich weit in
der Umgebung der Nadel ausbreitet; wird schließlich die Nadel
zurückgezogen, so gibt es keine Hämorrhagien. (Der negative
Schorf dagegen ist weich, blasenförmig, und wird in solchem
Falle die Nadel zurückgezogen, so kommt es manchmal zu
Blutungen.)

Dujardin-Beaumetz empfiehlt Punkturnadeln aus Eisen,
weil das durch Elektrolyse sich bildende Eisenchlorid blut-
stillende Wirkung habe.

Larat bevorzugt Platinnadel, angeblich weil die Eisen-
nadeln durch die Elektrolyse rauh und uneben werden und
dadurch beim Zurückziehen Verletzungen der Gefäßwand entstehen.

Die etwa 6 cm lange Nadel ist isoliert und nur an ihrem
vordersten Ende in der Ausdehnung von $^1/_2$—1 cm blank;
Intensität 30—50 MA. Es werden mehrere Sitzungen gemacht.
Die Aneurysmen der Brustaorta, welche mit einem deutlichen
Buckel unter der Haut sich vorwölben, sind die relativ geeignet-
sten Objekte dieses immerhin gefährlichen Palliativmittels.

Die Behandlung der A n g i o m e , Naevi vasculosi, fanden
im Kapitel der Hautkrankheiten Erörterung.

Die V a r i c e n und P h l e b i t i d e n sollen nach L a r a t
durch sinusoidale hydroelektrische Bäder günstig zu beeinflussen
sein; gesteigerter Blutdruck und allgemeine Muskelerregung
werden dafür verantwortlich gemacht.

Die U l c e r a c r u r i s bringt man mitunter durch die
Funkenentladung der statischen und Hochspannungselektrizität
zur Ausheilung. Es macht sich sehr rasche Narbenbildung
geltend; Dauer der Sitzung 10—15 Minuten alle 2 Tage.

A. C l e a v e s empfahl labile Galvanisation (KA), 8—20 MA
der entzündeten Venen.

Große Oedeme werden zuweilen rascher zur Resorption gebracht, wenn man — nebst Beachtung der Allgemeintherapie — z. B. das kranke ödematöse Bein in eine große Kathode einwickelt. A. Weil sah in einem Falle günstigen Erfolg bei Applikation einer Stromesintensität von 50 MA.

§ 281. Lymphangiome und Makroglossie lassen sich zuweilen durch bipolare Elektrolyse günstig beeinflussen. Daß auch chronische Lymphdrüsenvergrößerungen durch Anwendung des galvanischen Stromes zur Besserung, manchmal auch zur Heilung gebracht werden, dies wurde gelegentlich der Besprechung der kataphorischen und katalytischen Wirkungen des galvanischen Stromes im physiologischen Teil erwähnt. Auch der faradische Strom erweist sich zuweilen wirksam in solchen Fällen. Duchenne brachte Halsdrüsenschwellungen mittels des faradischen Stromes zur Heilung; über ähnliche Beobachtungen berichten Seeger, Chvostek, Onimus und Legros, M. Meyer u. a. m.

10. Krankheiten des Digestionstraktes.

§ 282. Papillome und ähnliche Wucherungen der Mundhöhle werden mittelst monopolarer negativer Elektrolyse entfernt. Man verwendet Platin- oder Stahlnadeln. Der Schorf stößt sich in 8—10 Tagen ab.

Lähmung des Geschmackes und der Zunge sucht man in analoger Weise wie andere periphere Lähmungen zu elektrisieren; der Erfolg ist von der Ätiologie abhängig.

Die Zähne. Es verdient hervorgehoben zu werden, daß es Régnier et Didsbury gelungen ist, durch Anwendung von Hochfrequenzströmen Anästhesie der Zähne hervorzurufen. Eine Elektrode des Hochspannungsapparates wird mit Hilfe geeigneter Vorrichtungen mit dem zu anästhesierenden Zahne in Verbindung gebracht.

Die anästhesierende Wirkung der Entladungen von Hochfrequenzströmen zieht man auch zur Anästhesie von Schleimhäuten heran.

Die Krampfzustände des Ösophagus (Ösophagismus) werden gemäß den im allgemeinen Teil entwickelten Regeln behandelt. Man galvanisiert den Vagus resp. sucht durch intraösophageale Galvanisation oder Faradisation den Ösophagus direkt zu elektrisieren. Um postelektrolytische Narben zu vermeiden,

26*

empfiehlt es sich, nur sehr schwache galvanische Ströme zu verwenden, außerdem die Ösophagussonde sorgfältig mit feuchter Watte zu umhüllen.

Die organischen Verengerungen der Speiseröhre (Stenosen) werden in analoger Weise wie die Harnröhrenstrikturen teils durch lineare, teils durch zirkuläre Elektrolyse bekämpft.

Das nervöse Erbrechen vgl. unstillbares Erbrechen der Schwangeren (§ 247).

Die funktionellen Erkrankungen des Magens und des Darmes (Insuffizienz, Atonie, Ektasie etc.) waren seit jeher ein sehr dankbares Objekt für elektrotherapeutische Bestrebungen.

Die verschiedenen Energieformen der Elektrizität werden da mit Erfolg angewendet. Onimus empfiehlt den galvanischen Strom und zwar vom Epigastrium aus zum Rücken; auch Leube ist mit dieser Stromesapplikation einverstanden. Die meisten anderen Autoren bedienen sich des faradischen Stromes, welcher zur Anregung der glatten Muskelfaser wirksamer zu sein scheint.

Fürstner, Neftel, Oka und Harada faradisierten mit beiden Elektroden die Magengegend und erzielten befriedigende Erfolge.

Nach Erb ist es mit Rücksicht auf die anatomischen Verhältnisse am zweckmäßigsten, »wenn die eine große Elektrode am Rücken, dicht neben den Dornfortsätzen links in der Höhe der Kardia, aufgesetzt wird, während mit der anderen, etwas kleineren Elektrode zunächst das Epigastrium und dann sukzessive die übrigen Punkte der gesamten Magenoberfläche berührt werden; starke faradische Ströme, so daß lebhafte Kontraktionen der Bauchmuskeln entstehen.« Sitzungsdauer 5—10 Minuten, und zwar täglich.

Die von de Watteville eingeführte Galvanofaradisation ist nach Erb bei Zuständen von Schwäche und Atonie der Magenmuskulatur anzuwenden und gilt als sehr empfehlenswert.

Der galvanische Strom scheint bei Subazidität des Magensaftes dem faradischen überlegen zu sein. Bei indifferenter großer Rückenplatte läßt man eine Kathode labil über den Magen etwa 10—20 Minuten in der Richtung der Peristaltik gleiten (T. Cohn).

Innere Galvanisation resp. Faradisation findet nur in sehr seltenen Fällen Anwendung. Im technischen Teil wurden die dazu nötigen Instrumente besprochen. M. Einhorn brachte die Technik der inneren Magen- und Darmelektrisation zu einer hohen Vervollkommnung.

Die perkutane Elektrisation des Magens bewährt sich zuweilen auch in Fällen von nervöser Dyspepsie und Kardialgie. Hierbei gibt man bald dem galvanischen (Burkart, v. Leube), bald dem faradischen (v. Leube, Stein, Kußmaul u. a.) Strome den Vorzug.

Als Kontraindikation für jede Methode gelten: Verdacht auf Alcus ventriculi und Vorhandensein von entzündlichen Prozessen.

§ 283. Thiellé hat am II. elektrologischen Kongress berichtet, es sei ihm gelungen, einen Fall von Icterus catarrhalis durch sinusoïdale Voltaïsation in 10 Tagen zur vollständigen Heilung zu bringen. Die Stromesintensität von 50 MA kam in der Lebermagengegend zur direkten Applikation.

Thiellé glaubt, daß durch die perkutane Elektrisation die glatten Fasern der Gallenwege zur energischen Kontraktion gebracht wurden. Daß diese Fasern kontraktil sind, haben Legros und Renaut nachgewiesen und Collin, Haller, Mager u. a. bestätigt. (Vgl. Physiol. Teil.)

Die elektrische Reizung des plexus hepaticus führe zu einem intensiven Erguß der Gallenflüssigkeit in die Darmhöhle. ›Quand on électrise le plexus hépatigue, les vaisseaux du foie se contractent énergiquement et il se produit un écoulement considérable de la bile dans l'intestine, écoulement dû à la contraction instantanée des vaisseaux biliaires.‹

In der Diskussion hob Moutier hervor, er habe einen mehrere Monate alten Jkterus durch Franklinotherapie und Hochfrequenzströme geheilt: der Kranke ließ eine starke arterielle Hypotension erkennen und nach Besserung resp. Behebung derselben sei auch der Ikterus geschwunden.

§ 284. Darmatonie und Obstipation. Weitaus am wichtigsten ist die Anwendung der Elektrizität, um Darmperistaltik anzuregen. Die mit Kotstauung einhergehenden Störungen der regulären Darmtätigkeit, seien es nun atonische oder spastische (Fleiner) Zustände sind ein dankbares Objekt der Elektrotherapie.

Nicht nur bei solchen länger andauernden, chronischen Erkrankungen des Darmes, sondern auch bei hartnäckigen akuten Verstopfungen und Darmokklusion hat sich die Elektrisation des Darmes oftmals glänzend bewährt.

Curci legt Gewicht darauf, in Fällen von Darmverschluß mit unklaren Ursachen (Volvulus, Torsion, Invagination, Adhäsion etc.) die Elektrizität als differentialdiagnostisches Mittel heranzuziehen: wenn nach 1—2 Sitzungen weder Erleichterung noch Entleerung eintritt, so ist mechanischer Verschluß anzunehmen. Das Verfahren wird sehr selten ausgeführt.

Als Kontraindikationen gelten: Verdacht auf Gangrän des Darmes, auf Darmperforation und endlich Vorhandensein von entzündlichen eitrigen Prozessen der Nachbarorgane.

Existiert eine ansehnliche Zahl von Beobachtungen, besonders aus Frankreich, welche dartun, daß in akuten Fällen, nachdem die gewöhnlichen Abführmittel versagt hatten, durch energische Elektrisation die Darmperistaltik wieder hergestellt würde und nach Stuhlentleerung die bedrohlichen Erscheinungen verschwanden.

Man benützt dazu, besonders in Frankreich, das sogenannte elektrische Lavement.

§ 285. Das elektrische Lavement wird nach Boudet folgendermaßen ausgeführt: Mittelst geeigneten Darmrohres wird das Rektum mit einer schwachen Kochsalzlösung gefüllt — pour constituer un bain intra-intestinal assez étendu —; das eingeführte Darmrohr ermöglicht gleichzeitig die Zuleitung des elektrischen Stromes. Am Abdomen liegt eine große plattenförmige Elektrode, die mit dem zweiten Pol der Stromquelle verbunden ist. Boudet und nach ihm Lacaille ließen besondere Modelle von Darmrohren für diese Zwecke konstruieren.

Die Stromintensität kann bis 40 M A gesteigert werden; nachdem der Strom etwa 5 Minuten geflossen ist, läßt man denselben allmählich absinken und schaltet schließlich aus.

In hartnäckigen Fällen ist die Sitzung auch bis auf 20 Minuten auszudehnen.

Die chronische Obstipation, hervorgerufen durch Atonie des Darmes, ist eine sehr häufige Erscheinung, die man durch Elektrizität in wirksamster Weise zu bekämpfen vermag (Benedikt, Scarpari, Günther, Th. Stein, Erb u. a.).

Man bringt hierbei verschiedene elektrotherapeutische Methoden mit Erfolg zur Anwendung. Erb beginnt gewöhnlich — wie dies auch von Benedikt empfohlen wird — mit der perkutanen Anwendug des faradischen Stromes; eine Elektrode kommt in die Lendengegend, mit der anderen ist das ganze Abdomen allmählich zu bestreichen. Man beginnt in zweckmäßiger Weise in der Regio ileocoecalis, bestreicht das Colon ascendens, transversum und descendens und nachdem auch das S romanum einige Zeit stabil faradisiert wurde, wird die Nabelgegend und auch die übrigen Abschnitte des Abdomens elektrisiert Dauer der Sitzung 8—12 Minuten.

Will man die Wirkung verstärken, so wird eine Elektrode intrarektal appliziert; mit der anderen Elektrode wird das Abdomen in vorher erwähnter Weise behandelt.

Eine weitere Steigerung der Wirksamkeit ist in der Anwendung des galvanischen Stromes und schließlich der Galvanofaradisation (de Watteville) gelegen. Die Elektrodenapplikation ist ähnlich wie bei den früheren Methoden.

In Frankreich wird vielfach für die Franklinisation hertzienne (Courants de Mortons) plaidiert; man übt die Methode sowohl perkutan als auch intrarektal.

Die spastische Obstipation kommt häufig bei jugendlichen Individuen vor; das elektro-therapeutische Verfahren studierten Doumer, v. Delherm u. a. eingehend.

Am nützlichsten erweist sich die Galvanisation oder die Galvanofaradisation der Bauch- und Lendengegend. Man beginnt mit schwachen Strömen und steigt zu Intensitäten von 100—150 M A. Am wirksamsten zeigt sich jene Form der Galvanofaradisation, bei welcher die galvanischen Ströme von starker, die faradischen Ströme dagegen von schwacher Intensität sind. Wird eine Massagerolle als Elektrode verwendet, so ist mit derselben nur leichte oberflächliche Effleurage auszuführen. Bei der atonischen Form ist energische Tiefenmassage von Vorteil. In hartnäckigen Fällen versuche man die statischen Entladungsformen.

Laquerrière et Delherm berichteten am II. Elektrologischen Kongress in Bern über günstige Heilresultate, die sie durch stabile Voltaïsation bei Patienten mit mucomembranöser Enterokolitis erzielten Sie verwendeten die Doumersche Methode und wählten Stromintensitäten bis 100 M A und darüber; beide Elektroden waren in den fossae iliacae plaziert. Wo sich eine schmerzhafte Empfindlichkeit geltend machte, da wurden die Bauchdecken vorher leicht faradisiert.

Nach Doumers Vorschrift ist die Stromrichtung jede Minute zu wechseln.

Es pflegten 12 Sitzungen zu genügen, um eine auffällige Besserung herbeizuführen.

Dieselben Autoren teilten weiters zufriedenstellende Heilerfolge bei Patienten mit chronischer, hartnäckiger Obstipation, besonders der spastischen Form mit; sie verwendeten die

Watteville-Ströme. Laquerrière et Delherm beobachteten folgendes Verfahren:

»Deux très grandes plaques couvertes de peau de chamoix (16 centimètres sur 24) sont placées, la négative en avant sur l'abdomen, la positive à la région lombaire. Nous fermons d'abord le courant continu et nous atteignons 30, 40 ou 50 M A, puis nous mettons en marche le faradique et nous avançons la bobine jusqu'à ce que le patient se rende bien compte du passage de ce nouveau courant, mais sans en éprouver aucune sensation désagréable. Les séances ont une durée de dix minutes et nous ne donnons ni secousse ni renversement . . . Le courant continu semblait être consideré . . . comme jouissant de propriétés antispasmodiques, . . . d'autre part, le courant faradique, comme l'a montré Doumer, est un antidiarrhéique et, par conséquant, un constipant . . .«

Durch die Galvanofaradisation des Abdomens wird eine Vibrationsmassage der Bauchwand und des Bauchinhaltes, außerdem eine leichte elektrische Erregung des Darmes erzielt, wobei man gleichzeitig eine intensive polare Wirkung vermeidet.

Auch die im Verlaufe von verschiedenen Frauenleidem (Erkrankungen des Uterus und der Adnexe) auftretende Obstipationen werden zuweilen durch Elektrisation zur Besserung und auch Heilung gebracht.

Laquerrière et Delherm berichten über 28 Fälle von schweren chronischen Obstipationen, welche als Folgeerscheinung von gynäkologischen Erkrankungen aufgetreten waren. Teils durch vaginale, teils durch intrauterine Elektrisation sind in etwa der Hälfte der Fälle die oft hartnäckigsten Stuhlbeschwerden zur Ausheilung gekommen; in einigen Fällen trat hierauf auch eine Besserung der genitalen Beschwerden auf. Auf demselben Kongresse berichtet auch G. Bloch über günstige Heilerfolge der chronischen Obstipation, die nicht nur durch Watteville - Ströme, sondern ebenso durch Hochfrequenzströme erzielt wurden. Er benützte Stromintensitäten von 30—75 M A.

§ 286. Hämorrhoiden: Billinkin, Guilleminot u. a. verwenden die lokalen Entladungen der Hochfrequenzströme, um Analgesie von schmerzhaften oder entzündetem Hämorrhoidalknoten herbeizuführen. Auch die intensivem Schmerzen der fissura ani seien durch lokale Anwendung der Hochfrequenzströme zum Stillstand zu bringen.

Billinkin hat fünf Mal Kondylome und zwei Mal Hämorrhoidalprolaps durch Benützung von Hochfrequenzströmen

anaesthesiert und hierauf in bequemer Weise mittels Galvanokauters abgetragen. Das Verfahren soll vollkommen schmerzlos
sein: Man läßt durch einige Minuten (10—15) mittels geeigneter Elektroden die Entladungen der Hochfrequenzströme
auf die zu operierende Körperstelle einwirken und nachdem
man sich von der vollkommenen lokalen Anaesthesie überzeugt
hat, wird zum Galvanokauter gegriffen. Eventuelle Blutung ist
durch neuerliche Funkenentladung zu stillen. Damit die Operation nicht durch elektrische Schläge gestört wird, müssen die
Griffe der Instrumente gut isoliert sein. Das Verfahren gestaltet
sich derart schmerzlos und unblutig.

Pruritus analis wird durch Entladungen der statischen
und Hochfrequenzelektrizität, endlich auch durch Röntgenstrahlen
in wirksamer Weise bekämpft.

11. Krankheiten des gestörten Stoffwechsels.

§ 287. Die Stoffwechselkrankheiten, Gicht, Diabetes, Fettsucht, Asthma, Rheumatismus, Blutarmut, Gallen-
und Nierensteine etc. werden von den französischen Autoren
mittels Anwendung der Teslaïsation (D'Arsonvalisation)
behandelt. Wenn auch sehr ermutigende Heilungsberichte mitgeteilt werden, so sind dieselben trotzdem mit Vorsicht und
Skepsis aufzunehmen.

Es kommen dabei die folgenden Methoden zur Anwendung:

1. Lokale Teslaïsation: von einer oder von beiden
Seiten des Solenoids werden Verbindungen zum Körper des
Patienten geleitet.

2. Allgemeine Teslaïsation (Autokonduktion
im ›Käfig‹). Der Patient sitzt oder steht in einem großen
Solenoid (Käfig), welcher mit dem kleinen Solenoid in leitender
Verbindung ist. Eine Berührung des großen Solenoids ist
überflüssig, wenn auch ungefährlich. (Eine mit einem kreis-
förmig abgeschlossenen Drahtgewinde versehene Glühlampe
kommt im Innern des Käfigs zum Glühen (s. Physiol. Teil).

3. Kondensationsmethode (indirekte Ableitung)
zwischen Solenoid resp. sekundäre Rolle und den Patienten
(welcher mit ersterer in leitender Verbindung steht) wird ein
Kondensator eingeschaltet; der Körper des Menschen bildet in
diesem Falle gleichsam die äußere Belegung einer Leydener
Flasche.

4. Resonanzmethode (Oudin): Mit dem Solenoid steht ein Metallresonator in Verbindung, von welchem mittels Glaselektrode der Strom unipolar oder bipolar auf den menschlichen Körper geleitet wird.

Nebst der Teslaisation wird die seit jeher geübte Galvanisation und Faradisation in Anwendung gebracht. Man elektrisiert das verlängerte Mark, den Halssympathikus, den plexus solaris und endlich beide Nieren.

Beard will in zwei Fällen von Diabetes mellitus Besserung durch die ›zentrale Galvanisation‹ erzielt haben.

Le Fort applizierte einen schwachen Strom von zwei Elementen vom Nacken zur Leber und vermochte erhebliche Besserung zu konstatieren.

Manche Autoren (wie Seidel, Clubbe u. a.) führten eine bedeutende Verminderung der Harnmenge bei Diabetes insipidus durch Galvanisation resp. Faradisation der Nieren gegend herbei.

D'Arsonval, Charrin, Apostoli, Berlioz, Guilleminot u. a. m. erzielten bei Diabetes mellitus mit Hilfe der Autokonduktion ›sehr ermutigende‹ Resultate.

Gegen Gicht wird nebst der allgemeinen Teslaisation, der Galvanisation, Franklinisation etc. lokal auch noch Kataphorese zur Anwendung gebracht. Man bringt gegen die Gichtknoten und die lokalen Schmerzen Jodsalze und Lithiumsalze zur Einwirkung (Jonisation lithinée locale Guilloz).

Auch elektrische Lichtbäder wurden als wirksames Agens empfohlen.

Die Fettsucht (Obesitas) wird lokal und allgemein durch abwechselnde Anwendung der besprochenen Elektrisationsmethoden behandelt. Es werden der Reihe nach heranzuziehen sein die Galvanisation, Faradisation, Franklinotherapie, Autokonduktion, Lichtbäder, hydroelektrische Bäder, elektrische Massage etc. Das elektrische Verfahren dient als Unterstützung der anderen Maßnahmen der verschiedenen Entfettungskuren (vgl. v. Noorden Literaturverzeichn.).

Dasselbe gilt für die Behandlung der Blutarmut und des chronischen Rheumatismus; die lokalen Affektionen des letzeren werden zuweilen durch Jonisation (System Schnée) erheblich gebessert.

12. Neubildungen.

§ 288. Der Wiener Schule gebührt das Verdienst die
Radiotherapie zur Behandlung und Heilung von Neubildungen
der Haut und der oberflächlichen Organe (Drüsen etc.) in die
ärztliche Praxis eingeführt zu haben (L. Freund, Schiff,
Holzknecht usw.).

Seit damals wurden von überall übereinstimmende Berichte
publiziert, es sei gelungen, Carcinome und Sarkome der Haut,
das Mamma carcinom und auch Schwellungen resp. Tumoren
der Lymphdrüsen mittels Röntgenstrahlen zur Heilung zu
bringen. Hierher wären auch die in jüngster Zeit gemeldeten
günstigen Beeinflussung des Blutes und der blutbilden Organe,
z. B. bei Leukämie und Pseudoleukämie zu rechnen.

Die Röntgenstrahlen entfalten gleichsam eine spezifische
Wirkung in den neoplastischen Zellen, welche nach Zerstörung
der Kerne und Einbusse der Färbbarkeit einer Degeneration ver-
fallen. Nicht nur die Zellen und deren Zellkerne werden vernichtet,
auch die Blutgefässe werden alteriert und durch wuchernde
Endarteriitis zur Obliteration und Schrumpfung gebracht.

Morton zeigte, daß die zerstörende Wirkung der Röntgenstrahlen sich im Sarkomgewebe umso intensiver entfalte, wenn
vorher eine Injektion von Chininum bisulfuricum in den Tumor
gemacht würde.

§ 289. Hierher gehört die von Tappeiner gemachte
Entdeckung, daß bestimmte fluorescierende Substanzen auf
niedere Organismen toxisch wirken, sobald man letztere der
Einwirkung der Sonnenstrahlen aussetzt.

Jakobson und Jodlbauer u. a. bestrichen auf Grund
dieser Beobachtung gewisse infektiöse Dermatosen (wie z. B.
Lupus, luetische Hautaffektionen, auch Hautkrebs) mit phospho-
reszierendem Eosin, setzten sie den Sonnenstrahlen aus und
erzielten günstige Heilerfolge.

Auch tiefer liegende Neubildungen, z. B. der Speiseröhre,
des Magens, Darmes etc., versucht man neuerdings mittels
Röntgenstrahlen anzugehen. Es müssen viele Sitzungen gemacht werden. So berichtet Cleaves, er brachte ein inope-
rables Carcinoma colli uteri durch 110 Bestrahlungen im Laufe
von fünf Monaten zur Ausheilung.

Überall, wo das chirurgische Verfahren nicht indiziert ist
und wo man es mit inoperablen Fällen zu tun hat, wird die
Röntgentherapie ernstlich zu versuchen sein.

X. Die Röntgenstrahlen im Dienste der Therapie.

§ 290. Der therapeutische Wert des elektrischen Bogenlichtes wurde bereits bei Besprechung der Behandlung der Hautkrankheiten (vgl. Finsentherapie) hervorgehoben; in ähnlicher Weise wurde die Bedeutung der Röntgenstrahlen bei verschiedenen Erkrankungen (vgl. vorhergehendes Kapitel ›Neubildungen‹ S. 411) gewürdigt.

Im folgenden einiges über einschlägige Untersuchungen und mannigfache Heilversuche mittels Röntgenstrahlen, um die vielseitige Anwendung und große Nützlichkeit der Röntgenstrahlen für die praktische Medizin zu demonstrieren.

Die Röntgenstrahlen verwendet man nahezu in sämtlichen Zweigen der Medizin mit mehr oder weniger Erfolg zu Heilzwecken.

1. Interne Medizin.

§ 291. Die Bereicherung der Therapie der internen Medizin durch Röntgenstrahlen sind bislang hinter der der Chirurgie und besonders der Dermatologie weit zurückgeblieben. Seit der ersten Mitteilung (i. J. 1903) des Amerikaners Senn werden Leukämie, Pseudoleukämie und ähnliche Blutkrankheiten durch Bestrahlungen behandelt[1].

W. Heineke studierte die Frage, ob es gelingt, kleine Säugetiere durch langdauernde Röntgenbestrahlung zu töten. Weiße Mäuse, die länger als 5 Stunden bestrahlt wurden, gingen nach 3—11 Tagen zugrunde; in ähnlicher Weise erging es Meerschweinchen. Die Sektion dieser Tiere ergab: 1. Zerstörung eines großen Teiles der Zellen in der Milz, gleichzeitig intensive Pigmentbildung daselbst, 2. in den Lymphdrüsen und 3. in den Darmfollikeln waren die meisten Leukozyten zugrundegegangen. 4. Rarefizierung der spezifischen Zellen im Knochenmark. Der Einfluß der Röntgenstrahlen auf die lymphatischen Organe und der dadurch hervorgerufenen Veränderungen an den

---

[1] Krone und Ahrens waren die Ersten auf dem Kontinente, die über mit Röntgenstrahlen behandelte Fälle von Leukämie berichteten. Sämtliche bis Anfang 1905 publizierte Fälle trug Schirmer in einem Sammelreferat zusammen.

blutbereitenden Organen wurden von Heineke einem sehr
genauen Studium unterworfen. Diese Untersuchungen setzten
Milchner und Mosse u. a. m. in exakter Weise fort und erweiterten sie.

§ 292. Auf dem XXII. Kongreß für Innere Medizin in
Wiesbaden berichteten A. Hoffmann, P. Krause u. a. m. über
Heilwirkungen der Röntgenstrahlen bei Leukämie und Pseudoleukämie. Linser und Helber teilten mit, daß Leukozyten
bei Hunden, Kaninchen und Ratten, welche bestrahlt worden
waren, aus dem kreisenden Blute vollkommen verschwanden.
Im Gegensatze zu Heineke, der darin die Folge einer Schädigung
der Leukoryten bildenden Organe durch die Röntgenstrahlen sieht,
führen die genannten Autoren diese Wirkung auf eine primäre
Zerstörung der Leukozyten im kreisenden Blute zurück. Durch diesen Zerfall entstehen im Blutserum giftige Substanzen, Leukotoxine. Ein solches Serum, normalen Tieren in-
jiziert, ruft energische Zerstörung von weißen Blutzellen hervor.
Diese Leukotoxine waren auch für gewisse, bei bestrahlten Tieren
auftretende Nierenentzündungen verantwortlich zu machen.

M. Cohn fand die Röntgentherapie sehr erfolgreich bei
der lymphatischen und myelogenen Leukämie — an Stelle der
längere Zeit fortgesetzten Bestrahlung sei die intermittierende Behandlung (wöchentlich 1—2 Sitzungen) zu setzen, weil bei längerem
Aussetzen die Krankheitserscheinungen wieder auftreten — fern
bei Cancroiden, besonders des Gesichtes, und bei Pseudoleukämie
und Lymphosarkomen.

M. Franke, welcher an 4 Fällen von Leukämie sehr
ausgedehnte Untersuchungen durchgeführt, benutzte zur Be-
strahlung\sog. harte Röntgenröhren, um bei Schonung der Haut
Tiefenwirkung zu erzielen. Die Dauer einer Bestrahlung betrug
8 Minuten, Entfernung der Röhre etwa 25 cm; Applikation
zweimal wöchentlich.

Es wurde vorwiegend die Region der Milz bestrahlt,
seltener die Gegend der Leber und der Röhrenknochen.

›Auf Grund der Beobachtung unserer und der bis jetzt
publizierten Fälle müssen wir betonen, daß wir bis jetzt
von einer Heilung der Leukämie mit Röntgenstrahlen nicht sprechen können und die auf
diesem Wege erhaltenen Resultate müssen wir
nur als Remissionen, vielleicht als Rückkehr
zum ›Stadium aleucämicum‹ der Leukämie betrachten. Diese Remissionen können aber auch

längere Zeit dauern, wie im Falle von Schütze,
bis zu vier Jahren, so daß es nicht nur ganz berechtigt, sondern auch direkt indiziert ist, jeden
Fall von Leukämie, sowohl der myeloiden wie auch
der lymphoiden, der Behandlung mit Röntgenstrahlen zu unterziehen.

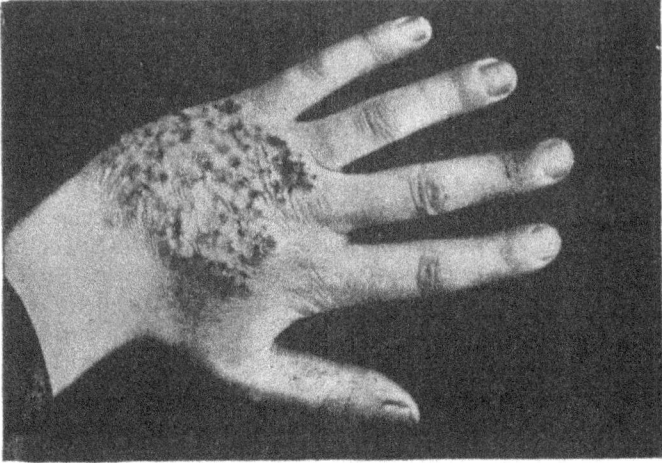

Fig. 145. Lupus der Haut.
Vor der Behandlung durch Röntgenstrahlen (aus L. Freund).

Bezüglich der Wirkung der Röntgenstrahlen auf die Leukämie meint Franke: Wir können daher behaupten, daß die
Röntgenstrahlen einen Zerfall der leukämigenen
Gewebe und zwar in unseren Fällen in der Milz, her-
beiführen und die Folge dieses Zerfalls ist die Abnahme der Zahl der Leukozyten im kreisenden Blute,
wie auch die Verkleinerung der Milz.«

Auch Heineke ist der Meinung, daß es allerdings gelingt,
bei Leukämie durch Röntgentherapie eine Besserung, jedoch
keine Heilung zu erzielen.

§ 293.   Über die Behandlung der Hodgkinschen
Krankheit (symmetrische Lymphdrüsenanschwellungen) sagt
P. Krause: 1. Die Röntgentherapie vermag die Lymphdrüsen
bei Hodgkinscher Krankheit, wenn dieselbe noch nicht zu
weit fortgeschritten ist, innerhalb kurzer Zeit in erheblichem
Maße zu verkleinern. 2. Die Röntgentherapie schützt aber,

selbst wenn die Drüsenpakete bei genannter Krankheit längere
Zeit klein geblieben sind, nicht von Rezidiven — und vermag
das Fortschreiten des Krankheitsprozesses nicht zu hindern.‹
Derselbe Autor sagt weiter: ›Rein tuberkulöse Lymphome
werden durch Röntgenstrahlen wenig oder gar nicht beeinflußt.‹
— ›Als günstige Wirkung der Röntgenstrahlen hebe ich zuerst
die Wirkung auf die L y m p h d r ü s e n t u m o r e n (s. bei Pseudo-

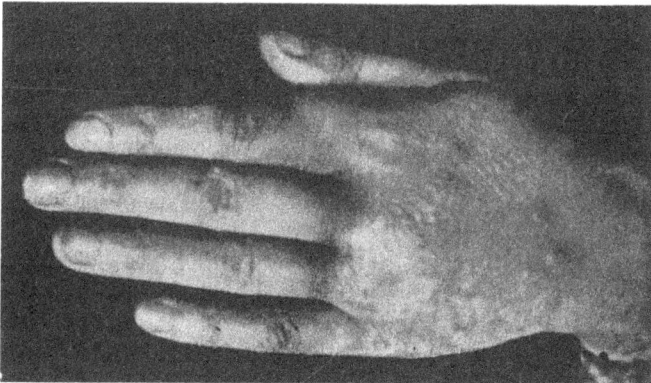

Fig. 146. Lupus der Haut.
Nach der Behandlung durch Röntgenstrahlen (aus L. F r e u n d).

leukämie) hervor.   Es gelingt auf schmerzlose, für den
Patienten höchst bequeme Weise, selbst große Drüsentumoren
innerhalb von 2—4 Wochen zum Schwinden zu bringen, so
daß schließlich normal große Lymphdrüsen oder wenig größere
zu konstatieren sind, auch die periglandulären Anschwellungen
gehen zurück.‹

§ 294. D e s p l a t s (Lille) befürwortet die Röntgenbehandlung bei tuberkulösen Drüsenentzündungen.

§ 295. Beiderseitiger Tumor, der auf die Parotis bezogen
werden mußte (v. M i k u l i c z sche Krankheit), wurde nach erfolg-
loser interner Medikation nach 6 Sitzungen mit durchschnittlich
7 Minuten langer Röntgenisierung zum Verschwinden gebracht
(R a n z i).

§ 296. G o l u b i n i n teilt mit, es sei ihm gelungen bei
einem Fall von M o r b u s A d d i s o n durch Bestrahlung der
Nebennieren eine Besserung zu erzielen. Nicht nur das Allgemeinbefinden soll sich gebessert haben, sondern auch die

typischen Pigmentationen seien geschwunden. Der Kranke wurde 25 mal in der Dauer von je 3—8 Minuten bestrahlt.

§ 297. In den »Fortschritten auf dem Gebiete der Röntgenstrahlen (1905)« schreibt M o s e r (Z i t t a u) über erfolgreiche Behandlung von G i c h t und R h e u m a t i s m u s durch Röntgenstrahlen und fordert auf, von dieser Therapie bei Erkrankungen genannter Art ausgiebigen Gebrauch zu machen.

§ 298. G ö r l behandelte einige Fälle von K r o p f mit Röntgenstrahlen und erzielte in einigen Monaten Rückgang der Schilddrüsengeschwulst.

C a r l B e c k (New York) kombinierte die Exzisionstherapie mit der Röntgentherapie bei einem Falle von M o r b u s B a s e - d o w i i und erzielte ein günstiges Resultat. Die betreffende Patientin wurde durch mehrere Wochen bestrahlt, worauf die nach der Operation zurückgebliebene Schilddrüsenhälfte vollkommen zurückging; ebenso waren Exophthalmus und Tachykardie völlig geschwunden.

L u r a s c h i und C a r a b e l l i (Mailand) berichteten auf dem I. Internationalen Kongreß für Physiotherapie (Lüttich 1905) über Heilung von Strumen durch Anwendung von Röntgenstrahlen; K o r o l k o (St. Petersburg) sah in einem ähnlichen Falle Heilung ohne Rezidiv. M i c h a u t (Lyon) und L e w i s J o n e s (London), die ähnliche Heilversuche zu erzielen bestrebt waren, äußerten sich hierüber ungünstig.

§ 299. M o s z k o w i c z (Wien) versucht in drei Fällen von P r o s t a t a h y p e r t r o p h i e die Röntgentherapie, die anch zu günstigem Resultate führte. Die Prostata wurde vom Rektum aus bestrahlt.

2. Chirurgie.

§ 300. Die C h i r u r g i e bedient sich der Röntgenstrahlen zu folgenden therapeutischen Zwecken:

1. zur Überwachung von Repositionen nach Frakturen und Luxationen während des Heilungsverlaufes;
2. zur Behandlung von Hautkarzinomen in der Gegend der Nase und Augenlider;
3. bei Neubildungen, wo die Rolle des Operationsmessers bereits verwirkt ist.

R. K i e n b o e c k (Wien) berichtete auf dem I. Internationalen Kongreß für Physiotherapie (1905) über günstige Heilerfolge der Röntgenstrahlen bei Sarkomen und stellte genaue Indikationen und Technik dieser Therapie auf.

3. Dermatologie.

§ 301. Die größte Ausbeute auf dem Gebiete der therapeutischen Verwendung der Röntgenstrahlen erzielte bisher die D e r m a t o l o g i e.

Den ersten therapeutischen Versuch überhaupt stellte L. F r e u n d in Wien an. Trotzdem fanden die Röntgenstrahlen erst einige Jahre später Eingang in die therapeutische Praxis. Anlaß hierzu waren die vielen nach Röntgenuntersuchungen auftretenden schädigenden Wirkungen auf der Haut (Radiodermitiden), die wir im physiologischen Teil erwähnten. Die grundlegenden Arbeiten von K i e n b o e c k, S t r ä t e r, F r e u n d, H o l zk n e c h t u. a. stellten die Ätiologie und das Wesen dieser Hautveränderungen klar.

Es würde den Rahmen dieses Buches weit überschreiten, wollten wir die Indikationen und Methode der dermatologischen Röntgentherapie auch nur skizzenhaft andeuten. Es werden nahezu alle Hautkrankheiten auch mit dieser neuen Methode behandelt und in vielen Fällen mit sehr befriedigendem Erfolge. Allgemein bekannt sind die günstigen Heilresultate bei L u p u s v u l g a r i s (vgl. Fig. 145, 146).

§ 302. Nach K. E. S c h m i d t kommen für die Behandlung mit Röntgenstrahlen zwei Gruppen in Betracht:

a) die Erkrankungen, bei welchen auf die Epilation großes Gewicht zu legen ist (Favus, Sykosis);

b) die Neubildungen gutartigen und bösartigen Charakters.

S c h m i d t hält folgende Erkrankungen als durch Röntgenstrahlen heilbar: Favus, Sykosis, Trichophytie, Hypertrichosis, Cancroid, Ulcus rodens, Carcinoma, Verruca, Ekzem, Psoriasis, Furunculosis nuchae, Acne vulgaris, Lupus vulgaris und Sarkom.

§ 303. L a s s a r berichtete auf dem Röntgenkongreß, daß die Anfangsformen der L e p r a durch Bestrahlung günstig zu beeinflussen seien. Die Versuche wurden gemeinsam mit Dr. S i e g f r i e d im Lepraheim zu Memel ausgeführt.

§ 304. Einen durch Röntgenstrahlen geheilten Fall von R h i n o s k l e r o m stellte L. F r e u n d im Juni 1905 in der Gesellschaft der Ärzte in Wien vor. Die Infiltrate waren nach 23 Bestrahlungen verschwunden, ohne vorher zu zerfallen.

§ 305. Auf dem I. internationalen Kongreß für Physiotherapie (1905) berichteten W e i l (Paris), K ö h l e r s (Wiesbaden) und K o r o l k o (St. Petersburg) über Behandlung der

Hypertrichosis durch Röntgenstrahlen und zwar in Teilsitzungen. L. Freund befürwortete Dauersitzungen.

Den allgemeinen Berichten zufolge, daß nach einer solchen Therapie sehr oft häßliche Entstellungen und Zerstörungen der Haut auftreten, wäre der Elektrolyse (zu Zwecken der Epilation) der Vorzug zu geben.

4. Gynäkologie.

§ 306. Die Anwendung der Röntgenstrahlen wird auch zur Sterilisation des Weibes (und des Mannes) in Vorschlag gebracht.

Die therapeutische Verwendung der Röntgenstrahlen in der Gynäkologie bleibt vorläufig der Zukunft vorbehalten. Ein bedeutsamer Anfang ist darin gelegen, daß es experimentell gelungen ist, weibliche Kaninchen durch mehrmalige Bestrahlung zu sterilisieren.

5. Untersuchungen zu therapeutischen Zwecken.

§ 307. Lépine und Boulud (Soc. Méd. de Lyon, 30 nov. 1903) setzten Meerschweinchen mehrmaligen Röntgenbestrahlungen, jedesmal etwa eine Stunde lang, aus und fanden bei den Tieren eine starke Gewichtsabnahme; gleichzeitig konstatierten sie eine auffällige Verminderung des Glykogengehaltes der Leber.

Dieselben Autoren ließen auf eine Hälfte einer Leber in vitro Röntgenstrahlen einwirken, die andere Hälfte diente zur Kontrolle. In der bestrahlten Hälfte war eine raschere Verminderung und Zerfall des Glykogens nachweisbar.

Diese Wirkung der Röntgenstrahlen wird von Brault zur Erklärung der Wirkungsweise auf maligne Tumoren herangezogen, besonders soweit dieselben reich an Glykogen sind.

Nach Lépine und Boulud sollen die Röntgenstrahlen die Glykolyse im defibriniertem Blut begünstigen und auch die Reduktionskraft des Pankreas erhöhen.

Buscke führte, wie vorher schon Albers-Schönberg, Frieben und Seldin an Testikeln von Kaninchen Untersuchungen in der Weise aus, daß die Hoden dicht unter die Haut gelagert wurden und das eine Organ durch eine Bleiplatte abgedeckt wurde; der andere Testikel wurde der Bestrahlung einer mittelweichen Röntgenröhre in der Dauer von 15 Minuten bis 2 Stunden ausgesetzt. Es trat eine deutliche Atrophie des

Organs um $^1/_3$, um die Hälfte und sogar $^4/_5$ ein. Die histologische Untersuchung gab zu erkennen, daß die schnellproliferierenden zelligen Elemente (die Spermatozyten und Spermatiden) zugrunde gehen, während die vegetativen, d. h. Sertolischen Zellen verhältnismäßig sehr wenig angegriffen werden.

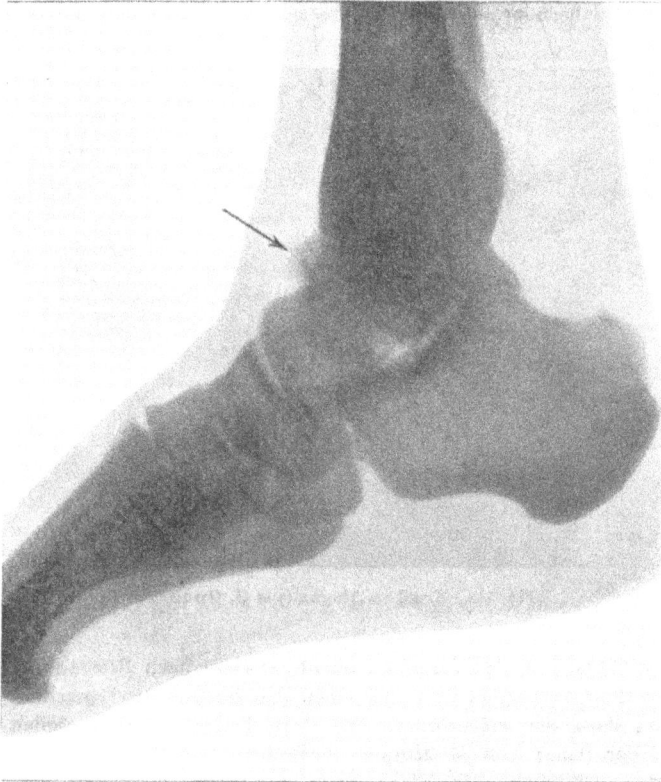

Fig. 147.
Tuberkulose des Talus und Talokruralgelenks (aus H. Gocht).

Halberstaedter studierte den Einfluß der Röntgenstrahlen auf die Ovarien der Kaninchen. Schon makroskopisch konnte man sich vom Schwund der Graafschen Follikel überzeugen, die 15 Tage nach der Bestrahlung völlig verschwanden. Die histologische Untersuchung ergab bei stärker

27*

bestrahlten Ovarien vollkommenen Schwund der Primordial-
follikel und Ureier; mindestens ließen dieselben degenerative
Veränderungen erkennen. Ob diese Veränderungen dauernder
Natur seien, dies bleibt weiteren Untersuchungen vorbehalten.

Die Beobachtungen von Albers-Schönberg — die Steri-
lisierung männlicher Kaninchen und Meerschweinchen nach
länger dauernder Bestrahlung — brachten G. Burckhard auf

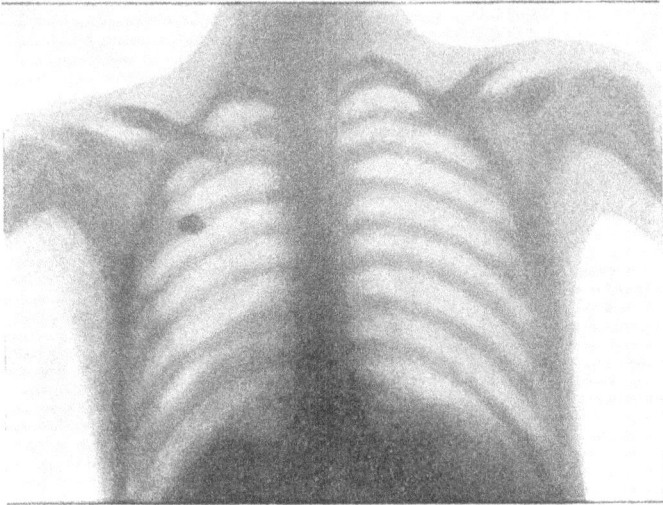

Fig. 148. Kugel im Thorax (aus H. Gocht).

den Gedanken, das Verhalten trächtiger Tiere nach Bestrahlung
mit Röntgenstrahlen zu untersuchen. Am geeignetsten[1]) erschien
ihm dazu die weiße Maus. Die Versuchstiere wurden täglich
in der Dauer von 30 Minuten bestrahlt. Das Resultat dieser
Untersuchungen war ›kurz zusammengefaßt das, daß man

---

[1]) Den Untersuchungen Sobottas (›Die Befruchtung und Furchung
des Eies der Maus‹, Arch. f. mikr. Anat., Bd. 45) zufolge ist die erfolgte Begat-
tung sofort an dem Vorhandensein des Vaginalpfropfes zu erkennen. Die zu
gewöhnlichen Zeiten verschlossene und verklebte Vagina öffnet sich klaffend
während der Brunst. Der Ejakulation des Spermas folgt sogleich eine Ejakulation des Sekretes der Samenblasen, welches sofort in der Vagina zu dem
sog. Vaginalpfropf erstarrt. Dieser natürliche Tampon ist in 24 Stunden
verschwunden. Mit der Kopulation ist fast ausnahmslos die Befruchtung
verbunden.

kleineren Tieren durch lange fortgesetzte Bestrahlung mit Röntgenstrahlen im stande ist, eine Befruchtung entweder ganz zu
verhüten oder aber die Entwicklung des Schwangerschaftsproduktes zu verlangsamen.‹

Perthes bestrahlte Eier von Ascaris megalocephala und
fand, daß sich dieselben langsamer und später furchen, wenn
sie bestrahlt werden. Die Bestrahlung erwies sich auch für
keimende Bohnen wachstumshemmend.

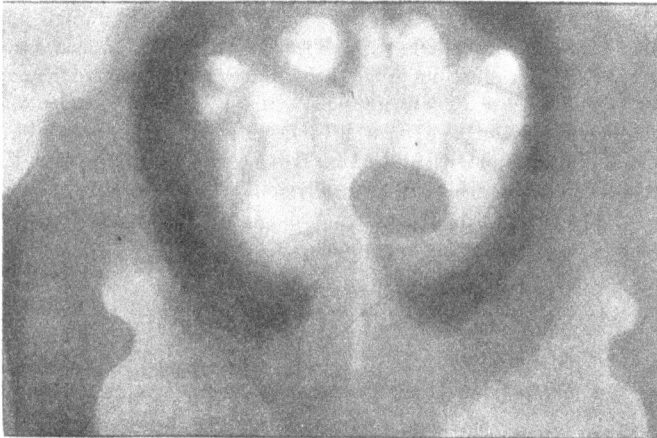

Fig. 149. Blasenstein (aus H. Gocht).

Philipp bestrahlte die Hoden zweier Männer. Die Gesamtdauer der Exposition betrug bei einem 365 Minuten, bei
dem andern 195 Minuten. Nach einigen Monaten ist bei beiden
Männern bei erhaltener potentia coëundi vollkommene Azoospermie aufgetreten. Philipp empfiehlt diese Methode zur
Sterilisation des Mannes.

Brown and Osgood beobachteten bei 18 Arbeitern aus
einem Röntgenlaboratorium vollkommene Azoospermie. An den
Geschlechtsteilen waren äußerlich keine Veränderungen nachweisbar, ebensowenig sollen funktionelle Störungen bestanden
haben. Früher überstandene Geschlechtskrankheiten wurden
in Abrede gestellt; Arbeiter, die erst kürzere Zeit im Laboratorium beschäftigt waren, ließ Oligo- und Nekrospermie erkennen.

Birch-Hirschfeld beobachtete Atrophie des Nervus opticus nach Bestrahlung von Kaninchenaugen.

E. v. Hippel gelang es, bei Kaninchen angeborenen Schicht- resp. Zentralstar experimentell dadurch zu erzeugen, daß er bei den trächtigen Muttertieren Röntgenbestrahlungen des Bauches ausführte.

6. Nebenwirkungen.

§ 308. So segensreich sich auch die Röntgenstrahlen bei der Therapie besonders von Hantkrankheiten erwiesen hat, muß doch stets im Auge behalten werden, daß manchmal als unerwünschte Nebenwirkungen ernste Zerstörungen der allgemeinen Decke (Radiodermitis) auftreten können, wie sie von Freund und Oppenheim, Holzknecht, Kienboeck, Riehl u. a. m. schildern (vgl. physiol. Teil).

Als dauernde Hautveränderungen werden von L. Freund und Oppenheim hervorgehoben:

1. Weiche, glatte Narben,
2. Dauernde Alopezie.
3. Hautatrophie.
4. Sklerodermieartige Hautveränderungen.
5. Teleangiektasien.

XI. Literaturverzeichnis.

Adamkiewicz: Die Sekretion des Schweißes. 1878.

Albers-Schönberg: Die Röntgentechnik. Lehrbuch für Ärzte und Studierende. Hamburg, Lucas Gräfe & Gillem, 1903.

Allard, I.: Internationaler Kongreß für Physiotherapie in Lüttich 1905.

Alt, Konrad u. Schmidt, K. E. F.: Taschenbuch der Elektrodiagnostik und Elektrotherapie. Halle a. S., W. Knapp, 1893.

Althaus: A treatise on medical electricity. 3. edition. London 1871.

American X-ray Journal, Jahrgang 1—4.

Anton: cf. Neurolog. Zentralblatt.

Apostoli, G.: a) Über bipolare Faradisation des Uterus. L'union 1884. S. 153, 155.

—, b) Sur un cas très grave de dermatite consécutive à deux applications de rayons X. Comptes rendus 1897, 14. VI.

Archives of the Roentgen-ray, Jahrgang 1—4.

Arneth, J.: Zum Verständnis der Wirkung der Röntgenstrahlen bei der Leukämie. Berlin. Kl. Wochenschr. 1905, Nr. 38.

d'Arsonval: a) Action physiologique des courants à haute fréquence. Moyens pratiques pour les produire d'une façon continue. Revue internationale d'électrothérapie 1897, p. 50. A. Maloine, Boulevard Saint-Germain, Paris.

—, b) Lumière noire. Ac. des Sciences 1898, 10. I.

d'Armand: Über den elektrischen Leitungswiderstand des menschlichen Körpers etc. Ref. Moleschott, Untersuchung zur Naturlehre 1894, Bd. XV.

Axmann (Erfurt): Über Radioaktivierung und ein neues Radiumpräparat (Radiophor). Deutsche med. Wochenschr. 1905, Nr. 30, S. 1192.

Babinski, F.: Des Névrites. Traité de médecine, Tome VI. 1894.

Baedecker: Die Arsonvalisation. Verlag von Urban und Schwarzenberg, Berlin-Wien 1902.

Baierlacker, E., Die Induktions-Elektrizität.

Bamberger (Wien): Demonstration des Röntgenbildes eines Daumens mit drei Phalangen. Wien med. Wochenschr. 1896, Nr. 46.

Bardeleben, A.: Artikel »Galvanokaustik« und »Galvanolyse« in Eulenburgs Real Encyclopädie, 2. Anfl., 1886.

Bardeleben, K. v.: Die Röntgenstrahlen in der Anatomie. Deutsch. med. Wochenschr. 1905, Nr. 17.

Battelli, A. u. F.: Trattato pratico per le ricerche di elettricità in medicina. Roma, Società Editrice D. Alighieri. 1898, S. 1210, 8°, 778 Abb. (Ref. in der Zeitschrift für Elektrotherapie und ärztliche Elektrotechnik 1899, Nr. 2., S. 71.)

Baudet: Elektrotherapie. Weekbl. voor Geneesk. 1905, Nr. 22.

Bayer, H.: Über geburtshilfliche Elektrotherapie bei künstlichen Frühgeburten und Cervixstrikturen (Sammlung klin. Vorträge Nr. 358). Leipzig, Breitkopf & Härtel.

Beard: New York, med. Journ. 1877.

—, G. M.: Über die med. Anwendung der stat. Elektrizität. New York, Med. Record XX., 14. Okt. 1881.

—, G. H., and Rockwell, A.: A practical treatise on the medical and surgical uses of electricity. 6 ed., 758 p. Illustr., 8°. New York, Putnams Sons, 1891.

Bechterew, W. v.: Über die Lage der motor. Rindenzentren des Menschen nach Ergebnissen farad. Reizung derselben bei Gehirnoperationen. Arch. f. Anat. u. Phys., Suppl. 2.

424   XI. Literaturverzeichnis.

Béclère (Paris): Les rayons X et le déplacement du cœur à droite dans les épanchements de la plèvre gauche. Académie des Sciences, 11. Juli 1898. La semaine médicale 1898, Nr. 39, S. 316.

—, Oudin et Barthélemy, Application de la méthode de Roentgen au diagnostic des affections thoraciques et en particulier au diagnostic des laesions de l'aorte. Société des hôpitaux, 14. V. 1897.

Beck, Carl: Röntgen Ray diagnosis and therapy. New York, apleton, 1904.

—, (New York): Über die Kombination von Exzisions- und Röntgentherapie bei Morbus Basedowii. Berlin. Kl. Wochenschr. 1905, Nr. 20.

—, (New York): Über die Metakarpalfissur, einen bis dato nicht beschriebenen Typus der Verletzung der Mittelhandknochen. Fortschr. auf d. G. der Röntgenstrahlen 1905, Bd. VIII, S. 311.

Beckmann: Zeitschr. f. physiol. Chemie II, 1888, S. 638.

Becquerel: Untersuchungen über die Phosphoreszenzerscheinungen, welche von der Strahlung des Radiums hervorgebracht werden. Comptes-rendus 1899. 129, S. 912.

Beer, B.: Über das Auftreten einer subjektiven Lichtempfindung im magnetischen Felde. Wiener klin. Wochenschr. 1902, Nr. 4, S. 108.

Behrend: Hypertrichosis. Eulenburgs Real-Enzyklopädie, II. Aufl.

Below, E.: Die Anwendung der Elektrizität in der Medizin bei Nerven etc. Berlin, Hugo Steinitz, 1898.

Benedikt, M.: a) Nervenpathologie u. Elektrotherapie. A. Rußland, Leipzig 1874/76.

—, b) Elektrotherapie. Wien, Urban & Schwarzenberg, 1898.

—, c) Die Herztätigkeit in Röntgenbeleuchtung, Vereinsbeil. zur Deutschen med. Wochenschr. 1896, Nr. 28, S. 188.

Bergmann. v. (Berlin): Durch Röntgenstrahlen im Hirn nachgewiesene Kugeln. Berliner klin. Wochenschr. 1898, Nr. 18, S. 389.

—, b) Die Errungenschaften der Radiographie für die Behandlung der chirurgischen Krankheiten. 11. Versammlung deutscher Naturforscher u. Ärzte in München.

Bernhardt, M.: a) Die Sensibilitätsverhältnisse der Haut. Berlin 1874.

—, b) Elektrotherapeutische Notizen. D. Archiv f. klin. Medizin 1877, Bd. XIX.

—, c) Über franklinische oder Spannungsströme vom elektro-diagnostischen Standpunkt. Volkmanns Sammlung klinischer Vorträge etc. N F., 1892, Nr. 41. Leipzig, Breitkopf & Härtel.

—, d) Die Erkrankungen der peripherischen Nerven. — Spez. Path. u. Ther. von Nothnagel. 1895. Wien.

—, e) Zur Pathologie veralteter Facialislähmungen. Berliner klin. Wochenschr. 1903, Nr. 19.

—, f) Über magnetoelektrische und sinusoidale Ströme vom elektro-diagnostischen Standpunkt. Neurol. Zentralbl. 1904, Nr. 15, 16.

Besson, Paul: Das Radium und die Radioaktivität. Deutsche Ausgabe von W. v. Rüdiger. Mit einem Vorworte von A. Exner. Leipzig 1905.

Bezold, v.: Untersuchungen über die elektrische Erregung von Nerven und Muskeln. 1861.

Bichat et Blondot: Introduction à l'étude d'électricité statique et du magnétisme. Avec 80 fig. Paris 1904.

Bickel, A.: Zur Lehre von der elektrischen Leitfähigkeit des menschlichen Blutserums bei Urämie. Deutsche med. Wochenschr. 1902, XXVIII, S. 28

Bickel: Verein für innere Medizin in Berlin. 12. Dez. 1904.

Biedermann, W.: Elektrophysiologie. Jena, Gustav Fischer, 1895. 2 Abteilungen.

Binswanger, O.: Die Hysterie. — Nothnagels spez. Path. u. Ther. 1904.

Birch-Hirschfeld: Münchener med. Wochenschr. 1904.

Blasius (Berlin): Zur Frage der photographischen Bilder für Gutachten und der Röntgenschen X-Strahlen. Monatsschrift für Unfallheilkunde, 1896, S. 47.

Blum: Die Röntgenstrahlen im Dienste der Urologie. Zeitschr. für Heilkunde, 1905, XXVI. Bd., Heft 12.

Bocciardo, A. D.: Elettricità medica. Milan 1904.

Borchardt (Berlin): Die Röntgensche Entdeckung. Berlin 1896.

Bordier: Précis d'électrothérapie. J. B. Bailliere et fils, Paris 1902.

Bordier et Lecomte: Action des courants de haute fréquence. Archiv d'électr. méd. 1902, p. 83 ff.

—, Effets de l'application directe des courants de haute fréquence sur les animaux. Archiv d'électr. méd. 1903, p. 129—135.

Boucheron: Essai d'électro-thérapie oculaire. Paris 1876.

Boruttau, H.: Die Elektrizität in der Medizin und Biologie. Eine zusammenfassende Darstellung für Mediziner, Naturforscher und Techniker. Verlag von J. F. Bergmann, Wiesbaden 1906.

Brauner: Eine Röntgenmethode zur Magenuntersuchung. Gesellschaft für innere Medizin in Wien 1905.

Breitung, Max: Über allgemeine konzentrische Franklinisation in der ärztlichen Praxis. Wiener klin. Wochenschr. 1900, Nr. 37. Separatabdruck, Wilhelm Braunmüller, Wien u. Leipzig.

Boyd, James E.: Der elektr. Widerstand des menschlichen Körpers bei Gleich- u. Wechselströmen. Physic. Review 1898, Bd. VII.

Brenner, Untersuchungen und Beobachtungen auf dem Gebiete der Elektrotherapie. 1. Elektro-Otiatrik. 2. Elektrodiagnosie. Wirkung des galvanischen Stromes. 2 Bände. Mit 5 Tafeln. Leipzig, Gieseke & Devrient, 1868/69.

Breuer, J.: a) Wiener med. Jahrb. 1874, I.

—, b) Pflügers Archiv 1889, XLIV.

—, c) Über den Galvanotropismus (Galvanotaxis) bei Fischen. Sitzungsber. der Kais. Akad. Wissensch. in Wien. Bd. CXIV, Abt. III, März 1905.

Brieger, L. u. Meyer, M.: Licht als Heilmittel. Berlin 1904.

Brocq: Traitement des dermatoses par la petite Chirurgie et les agents physiques. Paris, G. Carré & C. Naud, 1898.

Brown and Osgood: Amer. Journ. of surg. 1905, Bd. 18, Nr. 9.

Brunel: Manuel de radioscopie et de radiographie. Paris 1896.

Brunner: Ein Beitrag zur elektr. Reizung des Nervus opticus. Leipzig 1863.

Bruns, v.: Galvanochirurgie. Tübingen 1870.

Bum: Eine subakromiale intrakapsuläre Humerusluxation. K. K. Gesellsch. der Ärzte in Wien 1900, 18. Mai. — Spontanfraktur des rechten Humerus. K. K. Gesellsch. der Ärzte in Wien 1903, 8. Mai.

Burckhardt: Die physiologische Diagnostik der Nervenkrankheiten. 1875.

Burckhard, G.: Über den Einfluß der Röntgenstrahlen auf den tierischen Organismus, insbesondere auf die Gravidität. — Sammlung klin. Vorträge (Volkmann) 1905, Nr. 404, Serie XIV, Heft 14.

Burs: Elektrische Lohtanninbäder, Patent Stanger. Zeitschr. für diät. u. physik. Ther., Bd. IX. H. 8.

Buschke: Demonstration von Präparaten, betreffend die Wirkungsweise der Röntgenstrahlen, Berlin. Mediz. Gesellsch. 1905, 18. Januar.

Büttner u. Müller (Erfurt): Technik und Verwertung der Röntgenschen Strahlen im Dienste der ärztlichen Praxis und Wissenschaft. Verlag von Knapp, Halle a. S., 1897. 2. Aufl. Halle a. S., 1899. W. Knapp.

Cassirer, R.: Die vasomot.-trophischen Neurosen. Berlin 1901.

Castex, E.: Electricité médicale. Paris 1904.

Charcot, J.: De l'électricité dans ses applications etc. Revue de Médecine, Tome 1, p. 763. Paris 1881.

Charcot: Vorlesungn. über d. Krankheiten d. Nervensystems. Leipzig-Wien 1886.

Chardin, Ch.: Précis d'électricité médicale. Paris 1894.

Chvostek, Eine Methode zur Faradisation der Milz. Wiener med. Presse 1870. Wiener med. Blätter 1879/2—5.

—, jun.: Über das Verhalten der sensiblen Nerven, der Hirnnerven und des Hautleitungswiderstandes bei der Tetanie. Wiener klin. Wochenschr. 1890, Nr. 43.

Clairmont: Exostose am rechten Oberarme. K. K. Gesellschaft der Ärzte in Wien 1902, 25. April.

Cohen, E.: Vorträge über physikalische Chemie für Mediziner. 1901.

Cohn, M.: Erfahrungen auf dem Gebiete der Therapie mit Röntgenstrahlen. Berliner klin. Wochenschr. 1905, Nr. 38.

—, T.: a) Leitfaden der Elektrodiagnostik und Elektrotherapie für Praktiker und Studierende. 2. Aufl., 6 Tafeln und 23 Abbildungen. Verlag S. Karger, Berlin, Karlstraße 15, 1902.

—, b) Therapeutische Versuche mit Elektromagneten. Berliner klin. Wochenschrift 1904, Nr. 15.

Corol, W.: Über ein gangbares Verfahren zur Messung der diagraphischen Kraft der Röntgenstrahlen. Fortschr. auf d. G. d. Röntgenstrahlen 1905, Bd. VIII, S. 308.

Danilewsky, B.: Weitere Untersuchungen über die unipolare elektrokinetische Reizung der Nerven. Pflügers Archiv 1905, Bd. 107, 7., 8. u. 9. Heft, S. 452.

—, Über tetanische Kontraktion des Herzens des Warmblüters bei elektrischer Reizung. Pflügers Archiv 1905, Bd. 109, 11. u. 12. Heft, S. 596.

Danion: Traitement des affections articulaires par l'électricité. Paris 1882.

Dessauer, F.: Röntgenologisches Hilfsbuch. Würzburg 1904.

— u. Wiesner, B.: Kompendium der Röntgenographie. Leipzig 1905.

Dornblüth, O.: Das elektr. Lichtbad. Ärztl. Monatsschrift 1899, Nr. 12, S. 529.

Doumer: Traitement des hémorrhoïdes à l'état aigu par les courants de haute fréquence et haute tension. Arch. d'Électr. méd. 1900, No. 92, p. 388.

Doyen (Paris): Mit Quecksilber gefüllte Gummisonden im Oesophagus. Académie de Médecine. Paris 1897, 5. Oktober.

Dubois: Untersuchungen über die physiolog. Wirkungen der Kondensatorenentladungen. Bern 1888.

—, Recherches sur l'action physiologique des courants et décharges électriques. Arch. des sciences physiques et naturelles. 1890.

—, Neue Versuche über den galvanischen Reiz. Korrespondenzblatt für Schweizer Ärzte 1898, Nr. 1.

Du Bois Reymond: Untersuchungen über tierische Elektrizität. 1848. I.

Duchenne, L. B.: a) Electrisation localisée. 1re édit. 1855, 4me éd. 1872.

—, b) Physiologie der Bewegungen mit Anwendungen auf das Studium der Lähmungen und Entstellungen. Aus dem Französischen von C. Wernicke. Mit 100 Abbildungen, gr. 8⁰, 668 S. Leipzig, G. Thieme, 1885.

Ebstein (Göttingen): Akromegalie. Medizinische Gesellschaft in Göttingen 1899, 7. Juli. Nr. 9.

Edelmann, Elektrotechnik für Ärzte. München 1890.

Edinger, L.: a) Zeitschr. für klin. Med. 1883, VI., S. 139.

—, b) Behandlung der Krankheiten im Bereiche der peripheren Nerven. Penzold-Stintzingsches Handbuch der Ther. 1903, V. Bd.

Ehrmann, S.: a) Wiener med. Wochenschr. 1890, Nr. 51.

—, b) Über einen Versuch um zu demonstrieren, welchen Weg gelöste Körper beim Eindringen in die Haut durch elektrische Kataphorese nehmen. Wiener med. Wochenschr. 1900, Nr. 51.

—, c) Erfahrungen über die therapeutische Wirkung der Elektrizität und der X-Strahlen. Wiener med. Wochenschr. 1901, Nr. 30 u. 31.

—, d) Hypertrichosis. K. K. Gesellschaft der Ärzte in Wien 1902, 23. Mai.

—, e) Über Elektrizität in der Dermatologie. Wiener med. Doktorenkollegium 1905, Oktober.

Eichhorst: Handbuch der spez. Path. u. Ther. 1887, III.

Einhorn, Max (New York): Elektrisierung des Magens. Deutsche Medizinal-Zeitung 1890, Nr. 100, S. 1160.

Eiselsberg, v. (Königsberg): Taler verschluckt Verein für wissenschaftliche Heilkunde in Königsberg 1897, 22. Nov. u. 1899, 11. Dez.

—, u. Ludloff: Atlas klinisch wichtiger Röntgenphotogramme. Berlin, Aug. Hirschwald, 1900, Mk 26.

Elektrotherap. Streitfragen: Verhandlungen d. Elektrotherapeutenvers. zu Frankfurt a. M. am 27. Sept. 1891. Herausg. von L. Edinger, L. Laquer, E. Asch u. Fr. Knobloch. Wiesbaden 1892.

Engelmann, E.: F. L. Mandl.

Engelskjön: Arch. für Physiologie 1884, XV, XVI.

Erb, W.: Handbuch der Elektrotherapie mit Abbildungen. 8⁰. 2. Auflage. Leipzig, F. C. W. Vogel, 1886.

Erdmann: Die Anwendung der Elektrizität in der praktischen Medizin. Leipzig, J. A. Barth, 1877. 4. Aufl.

Escherich, Die diagnostische Verwertung des Röntgenverfahrens bei der Untersuchung der Kinder. Mitteilung des Vereins der Ärzte in Steiermark 1898, Nr. 2. Wiener klin. Wochenschr. 1998, Nr. 34, S. 805.

—, La valeure diagnostique de la radiographie chez les enfants. Revue mens. des Mal. de l'enf. VI, 5, p. 233, 898.

—, Darstellung der Phosphorwirkung. Versammlung deutscher Naturforscher und Ärzte in Düsseldorf 1898.

Exner (Wien): Röntgensche Photographien. Münchener med. Wochenschr. 1896, Nr. 3, S. 67.

—, Ein Beitrag zur praktischen Verwertung der Photographie nach Röntgen. Wiener klin. Wochenschr. 1896, Nr. 4.

—, Eine Vorrichtung zur Bestimmung von Lage und Größe eines Fremdkörpers mittels der Röntgenstrahlen. Internat. Photographische Monats. schrift für Medizin 1897, Juli, 7. Heft.

—, Beiträge zur Kenntnis der akuten Knochenatrophie. Fortschr. a. d. G-d. Röntgenstrahlen. Bd. VI, Heft 1, S. 1.

—, Zur Röntgenbehandlung von Tumoren. Wiener klin. Wochenschr. 1903, Nr. 25, S. 730.

—, S.: Zur Frage nach der Rindenlokalisation beim Menschen. Pflüg. Arch. Bd. XXVII.

Eulenburg, A.: a) Lehrbuch der Funktionellen Nervenkrankheiten. 1871.

—, b) Berliner klin. Wochenschr. 1872, Nr. 14.

—, c) Berliner klin. Wochenschr. 1874, Nr. 50.

—, d) Deutsche med. Wochenschr. 1883.

—, e) Deutsche med. Wochenschr. 1883, Nr. 8.

—, Deutsche med. Wochenschr. 1886, Nr. 26.

—, f) Deutsche med. Wochenschr. 1887, Nr. 22.

—, g) Deutsche med. Wochenschr. 1890, Nr. 30.

—, h) Real-Enzyklop. 2. Aufl., XXIV, S. 180.

—, i) Die hydroelectr. Bäder. 1883.

—, j) Elektrotropismus. Eulenb. Real-Enzyklop. 1895, Bd. VI, S. 550.

—, k) Über die Wirkung und Anwendung hochgespannter Ströme von starker Wechselzahl. (D'Arsonval-Tesla-Ströme.) Deutsche med. Wochenschr· 1900, Nr. 12, S. 197.

—, l) Sur l'application des courants de haute tension et de haute fréquence d'après Tesla et d'Arsonval. Therap. Monatsschr. 1900, März. Sitzung der Gesellschaft für innere Medizin 1900, 15. Febr.

—, m) Über einige neue elektro-therapeutische Methoden. Therapie der Gegenwart. 1902, Oktober.

—, n) Berlin, Kugel im Gehirn; ihre Auffindung und Ortsbestimmung mittels Röntgenstrahlenaufnahmen. Deutsche med. Wochenschr. 1896. Nr. 33, S. 523 u. Nr. 34, S. 551.

—, o) Revolverkugel in der mittleren Schädelgrube. Verein für innere Medizin in Berlin 1900, 5. März.

Ewald, Aneurysma arcus aortae. Berliner med. Wochenschr. 1897, 10. Nov.

Fechner, W.: Die Anwendung der Elektrizität in der Medizin bei Nervenleiden, Gehirn- und Rückenmarkskrankheiten. 52 Seiten mit Holzschnitten.
gr. 8⁰. Berlin, Steinmetz. 1885.

Ferrier: Die Funktionen des Gehirns. Übersetzt von H. Obersteiner 1879.

Fick, A. sen.: Elektrische Nervenreizung. 1864.

Finsen, N. R.: a) Über die Wirkungen des Lichtes auf die Haut. Hospital-
stidende 1893.

—, b) Les rayons chimiques et la variole. La semaine medicale 1894, 20. Juni.

—, c) Le traitement du lupus par les rayons chimiques concentrées. La
semaine médicale 1897.

—, d) La photothérapie. Paris, Georges Carré & C. Naud, 1899, S. 100.

—, e) Über die Anwendung von konzentrierten chemischen Lichtstrahlen in
der Medizin. Leipzig, F. C. Vogel, 1899.

—, f) Die Bekämpfung des Lupus vulgaris. Verlag von Gustav Fischer,
Jena, 1903.

Flatau, E.: Neuritis und Polyneuritis. Nothnagels spez. Path. u. Ther.
Wien, 1900.

Fortschritte auf dem Gebiete der Röntgenstrahlen. Hrsg. von
Albers-Schönberg. Verlag von L. Gräfe & Sillem, Hamburg.

Foveau de Courmelles: a) Action profonde de la lumière chimique sur
la tuberculose. Revue intern. d'électrothér. 1901, No. 11 et 12, p. 364.

—, b) Les lumières froides et refroidies en thérapeutique. La revue médicale
1902, avril, No. 408. p. 217.

—, c) L'Année électrique, électro-thérapique et radiographie 1903, 1904.

Franke, M.: Über den Einfluß der Röntgenstrahlen auf den Verlauf der
Leukämie (mit besonderer Berücksichtigung der Blutbefunde). Wiener
klin. Wochenschr. 1905, Nr. 33.

Frankenhäuser: a) Neues Verfahren zur langdauernden Anwendung
starker galvanischer Ströme. Berliner klin. Wochenschr. 1900, Nr. 34.
Berlin, A. Hirschwald.

—, b) Die Leitung der Elektrizität im lebenden Gewebe, auf Grund der
heutigen physikalischen Anschauungen für Mediziner dargestellt. gr. 8⁰,
52 Seiten, 14 Fig. Berlin, A. Hirschwald.

—, c) Untersuchungen über die perkutane Einverleibung von Arzneistoffen
durch Elektrolyse und Kataphorese. Ztschr. f. exp. Pathol. u. Ther. 1905,
Bd. II, H. 2. Physik. Einleitung.

Frankl-Hochwart, v.: a) Zentralbl. f. klin. Medizin 1887.

—, b) D. Arch. f. klin. Medizin 1887, XLIII.

—, c) D. Arch. f. klin. Medizin 1888, XLIV.

—, d) Die Tetanie. Berlin 1891.

—, e) Diagnost. Lexikon. Wien 1895.

Franze, C.: Einige Beobachtungen über die Wirkung des sinusoidalen
Wechselstrombades auf die Zirkulationsorgane. Deutsche med. Wochenschr.
1904, Nr. 14, S. 509.

Freund, H.: Die Bedeutung der Röntgenstrahlen für die Geburtshilfe und
Gynäkologie. Deutsche med. Wochenschr. 1905, Nr. 17.

Freund, L. (Wien): a) Ein mit Röntgenstrahlen behandelter Fall von Naevus
pigmontosus piliferus. Wiener med. Wochenschr. 1897, Nr. 10, S. 428.

—. b) Die therapeutische Wirkung der Röntgenstrahlen in der Behandlung
von Hautkrankheiten. Lehrbuch der Photographie u. Reproduktionstechnik 1898.

—, c) Die Radiotherapie der Hautkrankheit. Wiener klin. Wochenschr. 1899,
Nr. 39, S. 966.

—, d) Grundriß der gesamten Radiotherapie für praktische Ärzte. Wien,
Urban & Schwarzenberg.

—, e) Die physiol. Wirkungen der Polentladungen hochgespannter Induktionsströme und einiger unsichtbarer Strahlungén. Aus den Sitzungsberichten
der Wiener kais. Akademie der Wissenschaften 1900, Juli. (Dermatolog.
Zeitschrift 1901, Bd. VIII, Heft 3, S. 335.)

Freund, L. (Wien): f) Über die therapeutische Verwendung der Hoch-
frequenzströme. Medizinische Blätter 1903, Nr. 21, S. 361 f.
—-, g) Zur Therapie und forensischen Begutachtung der Röntgenstrahlen-
Dermatiden. Fortschr. auf d. G. d. Röntgenstr. 1905, Bd. VIII, S. 38.
— & Oppenheim, M.: Über bleibende Hautveränderungen nach Röntgen-
bestrahlung. Wiener klin. Wochenschr. 1902, Nr. 12.
—, R.: Eine für Röntgenstrahlen undurchlässige biegsame Sonde. Münchener
med. Wochenschr. 1906, Nr. 1.
Frieben: Münchener med. Wochenschr. 1903.
Frisch, Prof. A. v.: Über Bollinis galvanokaust. Incision der hypertroph.
Prostata. Wiener klin. Wochenschr. 1898, Nr.˙ 48.
Fritsch J.: Cf. Neurolog. Zentralblatt.
Fritsch u. Hitzig: Über die elektrische Erregbarkeit des Grofshirns. Arch.
v. Reichert und Du Bois-Reymond 1870.
Förstner: Straßburger med. Ztg. 1904, Nr. 8.
Garten, S.: a) Beiträge zur Physiologie der marklosen Nerven. Jena,
G. Fischer, 1903.
—, b) Zur Definition von physiologischem und physikalischem Elektrotonus.
Pflügers Arch. 1905, Bd. 108, 7. Heft, S. 339.
Gaillard, E.: Traité prat. d'électricité. Paris 1904. 277 grav.
Gautier, Ch. et E. Duroux: La Radiothérapie et le cancer. Arch. Pro-
vinciales de Chirurgie 1905, Juin, No 6.
—, G. et J. Larat: Le courant alternatif ondulatoire. Ses propriétés théra-
peutiques. Arch. d'Électr. med. 1889, Nr. 83, S. 146.
Gärtner, G.: a) Wiener med. Presse 1886, S. 273.
—, b) Über den elektr. Widerstand des menschlichen Körpers gegenüber
Induktionsströmen. Wiener med. Jahrb. 1888, Neue Folge.
—, c) Über die Röntgensche Photographie als Hilfsmittel zum Studium normaler und pathologischer Ossifikationsvorgänge. Wiener klin. Rundschau
1896, 10. Oktober.
Geigel, R.: Die neuen Strahlen in der Therapie. Würzburg 1905.
Gersung: Zur Frage vom Ulcus rodens und von der Wirkung des konzentrierten Lichtes des Voltabogens (nach Finsen) auf dasselbe. Zentralbl.
für Chirurgie 1902, Nr. 33.
Gocht, H.: a) Sekundenaufnahme mit Röntgenschen Strahlen. Deutsche
med. Wochenschr. 1896, Nr. 20, S. 323.
—, b) Therapeutische Verwendung der Röntgenstrahlen. Forsch. a. d. G. d.
Röntgenstrahlen 1897, Bd. 1, Heft 1, S. 14.
—, c) Halle a. S. Ein neuer selbsttätiger Entwicklungsapparat. Forsch. a.
d. G. d. Röntgenstrahlen. Bd. V, Heft I, S. 26.
—, d) Lehrbuch der Röntgenuntersuchung zum Gebrauch für Mediziner.
Stuttgart 1898, Verlag Ferdinand Enke, 1. Aufl.
Goldscheider, A.: Zur allg. Pathologie des Nervensystems. Berliner klin.
Wochenschr. 1894.
Golubinin: Therapie der Gegenwart. 1905, Mai.
Görl: Münchener med. Wochenschr. 1905, Nr. 20.
Gowers: Handb. d. Nervenkrankheiten. 3 Bde. Verlag F. Cohen, Bonn a. Rh.
Gradenigo: Archiv für Ohrenheilkunde. Bd. XVII.
Grapengießer: Versuch den Galvanismus zur Heilung einiger Krankheiten
anzuwenden. 1801.
Grashey, R.: Atlas typischer Röntgenbilder vom normalen Menschen.
München 1905.
Gregor, A.: Untersuchungen über die Topographie der elektromuskulären
Sensibilität, nebst Beiträgen zur Kenntnis ihrer Eigenschaften. Pflügers
Archiv 1905, Bd. 105, 1. u. 2. Heft, S. 1.
Grätz (München): Die Elektrizität und ihre Anwendung. Engelhornscher
Verlag 1897, S. 257.
—, Über die Fortschritte in der Erkenntnis und Anwendung der Röntgen-
strahlen. Münchener med. Wochenschr. 1896, Nr. 21, S. 499; 1897, Nr. 16 u.17.

Grunmach (Berlin): a) Die Röntgenstrahlen im Dienste der inneren Medizin. Berliner klin. Wochenschr. 1896, Nr 25.

—, b) Über die Diagnostik innerer Erkrankungen mit Hilfe der Röntgenstrahlen. Wiener med. Wochenschr. 1897, Nr. 36, S. 1650.

—, c) Über die diagnostische und therapeutische Bedeutung der X-Strahlen für die innere Medizin und Chirurgie. Deutsche med. Wochenschr. 1899, Nr. 37, S. 604.

—, d) Die Radiographie und Radioskopie der inneren Organe. II. Intern. Kongreß für med. Elektrologie und Radiologie, Bern 1902.

—, e) Über den jetzigen Stand der Röntgenuntersuchungen. Reichsmedizinalkalender für Deutschland. Eulenburg & Schwalbe 1899.

Guilleminot, H. (Paris): a) Appareil permettant de prendre des radiographies de la cage thoracique, soit en inspiration, soit en exspiration: Résultats obtenus. Comptes-rendus, 1898, 8. VIII.

—, b) Électricité médicale. Travail du laboratoire du Professeur Bouchard. Paris, G. Steinheil, 1905.

Guttmann: Elektrizitätslehre für Mediziner. Leipzig 1904.

Haab, O.: Ein neuer Elektromagnet zur Entfernung von Eisensplittern aus dem Auge. Beiträge zur Augenheilkunde. 1894, XIII.

Hacker, v. (Innsbruck): Demonstration mehrerer Röntgenbilder, die sich auf Frakturen der oberen Extremität und auf eine Spina ventosa beziehen. Wissenschaftliche Ärztegesellschaft in Innsbruck 1897, 26. März. Wiener klin. Wochenschr. 1897.

Hagen, R. J.: Elektro-otiatrische Studien. Leipzig, Veit & Co., 1866.

Heidenhain: Physiologische Studien. Berlin 1858.

Halberstaedter, L.: Die Einwirkung der Röntgenstrahlen auf Ovarien. Berliner klin. Wochenschr. 1905, Nr. 3.

Hamburger, H. J.: Osmotischer Druck und Jonenlehre in den medizinischen Wissenschaften. Wiesbaden 1902.

Hedinger, A.: Die Galvanokaustik seit Mitteldorpf nach fremden und eigenen Erfahrungen für die praktischen Bedürfnisse dargestellt. Stuttgart 1878.

Heineke, W.: a) Experimentelle Untersuchungen über die Einwirkung der Röntgenstrahlen auf innere Organe. Mitteil. aus d. Grenzgeb. der Med. u. Chir. Bd. 14, Heft 1 u. 2.

—, b) Über die Wirkung der Röntgenstrahlen auf das Knochenmark. 35. Kongreß der deutsch. Gesellsch. f. Chir. 1905.

Helmholtz: Handbuch der physiol. Optik. 1867.

Hering, E.: Zur Theorie der Nerventätigkeit. Leipzig 1899.

Hermann, L.; Handbuch der Physiologie. 1879, X, 1. Teil.

—, Beiträge zur Physiologie und Physik der Nerven. Pflügers Archiv 1905, Bd. 109, 3. u. 4. Heft, S. 95.

Hesse, C.: Die Röntgenstrahlen. Selbstverlag. Frankfurt a. M. 1904.

Heubner (Berlin): Eine an Riesenwuchs erinnernde Wachstumsanomalie unter Beifügung von Röntgenbildern. Versamml. deutsch. Naturforscher u. Ärzte in Düsseldorf 1898.

Hildebrand, Scholz, Wieting: Sammlung von stereoskopischen Röntgenbildern. Wiesbaden 1904.

Hippel, E. v.: Über eine neue biologische Wirkung der Röntgenstrahlen. Naturhist. med. Verein in Heidelberg 1905, 31. Okt. Deutsche med. Wochenschr. Nr. 51, S. 2085.

Hirschberg, J.: Die Magnetoperation in der Augenheilkunde. Nach eigenen Erfahrungen dargestellt. Zweite völlig neubearbeitete Auflage. Leipzig, Veit & Co., 1899. Mit 31 Abbildungen.

Hirschkron, Joh. (Wien): Therapie der Nervenkrankheiten. Verlag Franz Deutike, Wien u. Leipzig, 1900.

Hirt, Ludwig: Lehrbuch der Elektrodiagnostik und Elektrotherapie. Ferd. Enke, Stuttgart, 1893.

Hitzig, E.: Über Funktionen des Großhirn. 1886.

Hoche: Münchener med. Wochenschr. 1904, S. 1118.

Hochenegg, J.: Chirurgisch-kasuistische Mitteilungen aus der Praxis und dem Spital. Wiener klin. Wochenschr. 1896, Nr. 57.

Höber, R.: Über den Einfluß der Salze auf den Ruhestrom des Froschmuskels. Pflügers Archiv 1905, Bd. 106, 10, 11. u. 12. Heft, S. 599.

Hochsinger (Wien): Röntgenuntersuchungen von hereditär-syphilitischen Säuglingen, die das Symptom der Pseudoparalyse boten, zur Entscheidung der Frage, was die Ursache der Lähmung sei. Wiener dermatologische Gesellschaft 1900, 14. November.

Hoffa: Demonstr. der elektr. Vierzellenbäder. Deutsche med. Wochenschr. 1904.

Hoffmann, August: Über therapeutische Anwendung der Röntgenstrahlen bei gemischtzelliger Leukämie. XXII. Kongr. f. innere Medizin 1905.

Holzknecht, G.: a) Ein neues radioskopisches Symptom bei Bronchialstenose und Methodisches. Wiener klin. Rundschau 1899, Nr. 45.

—, b) Das radiographische Verhalten der normalen Brustaorta. Wiener klin. Wochenschr. 1900, Nr. 10 u. 25.

—, c) Über die Behandlung der Alopecia areata mit Röntgenlicht nebst Studien über das Wesen der Röntgenwirkung. Wiener klin. Rundschau 1901, Nr. 41.

—, d) Über das Chromoradiometer. II. Internationaler Kongreß für medizinische Elektrologie und Radiologie, Bern 1902. Wiener klin. Rundschau 1902.

—, e) Die Röntgenologische Diagnostik der Erkrankung der Brusteingeweide. 60 Abbildungen im Text und 50 Röntgenbilder auf 8 Tafeln. Verlag von Lucas Gräfe & Sillem, Hamburg, 1901.

—, f) Fieberhafte Allgemeinerkrankung mit Exanthem bei Röntgendermatitis. Archiv für Dermatologie u. Syphilis 1903, Bd. LXVI, Heft 1 u. 2.

—, g) Die Röntgeno-therapeutische Vorreaktion. Archiv für Dermatologie u. Syphilis 1903, Bd. LXVI, Heft 1 u. 2.

—, h) Die Röntgentherapie am Röntgenlaboratorium im Allgemeinen Krankenhause. Wien u. Leipzig, H. Deuticke.

—, u. R. Grünfeld (Wien): Ein neues Material zum Schutz der gesunden Hand gegen Röntgenlicht und über radiologische Schutzmaßnahmen im allgemeinen. Münchener med. Wochenschr. 1903, Nr. 28.

—, u. R. Kienböck: a) Zur Technik der Röntgenaufnahmen. Wiener klin. Rundschau 1901, Nr. 25.

—, b) Über die Einrichtung des Plattenarchives. Fortschr. a. d. G. d. Röntgenstrahlen Bd. V, Heft 5, S. 308.

—, u. J. Robinsohn: Das Trochoskop, ein radiologischer Universaltisch. Fortschr. a. d. G. d. Röntgenstrahlen 1905, Bd. VIII, Heft 2.

—, u. v. Zeissel: Der Blasenverschluß im Röntgenbilde. Med. Blätter 1902, Nr. 10.

Hoorweg, J. L. u. Th. Ziehen: Elektrodiagnostische Untersuchungen mit Hilfe der Kondensatormethode. Monatsschr. f. Psychiatrie u. Neurologie. 1904, Bd. 15.

Hoppe-Seyler (Kiel): Röntgenphotogramme. Physiologischer Verein in Kiel 1896, 17. Februar.

Hovorka, Oskar, Edler v- Zderas: Die Franklinische Brause, ein Nebenapparat bei der Franklinisation. Wiener med. Blätter 1896, Nr. 52, Separatabdruck. Wien, L. Bergmann & Co.

Hübler, Röntgenatlas. Verlag von Gerhard Küthmann in Dresden 1901.

Humboldt, A. v.: Versuche über die gereizte Muskel- und Nervenfaser. 1797.

Immelmann, (Berlin): a) Kann man mittels Röntgenstrahlen Lungenschwindsucht schon zu einer Zeit erkennen, in der es durch die bisherigen Untersuchungsmethoden noch nicht möglich ist? 20. Balneologenkongreß 1899, 3.—7. März, Berlin. Berliner klin. Wochenschr. 1899, Nr. 13, S. 291.

Immelmann (Berlin): b) Röntgenatlas des normalen menschlichen Körpers. Berlin, Aug. Hirschwald, 1900, M. 32.

—, c) Die Bedeutung der Röntgenstrahlen für die Orthopädie. Fortschr. a. d. G. d. Röntgenstrahlen 1905. Bd. VIII, S. 331.

Jacobi: Erfahrungen über die Heilkräfte des Galvanismus.

Jahrbuch der Radioaktivität und Elektronik: Herausg. J. Stark, Leipzig 1905, 1906.

Jakob, Chr.: Atlas des gesunden und kranken Nervensystems. München 1895.

Jacksch, R. v.: a) Erfolge mit Hochfrequenzströmen. Deutsche med. Wochenschr. 1904.

—, b) Über Röntgendiagnostik und Röntgentherapie. Verein deutscher Ärzte in Prag 1905, 10. Febr. Berliner klin. Wochenschr. 1905, Nr. 14, 15.

Jellinek, S.: a) Elektropathologie. Die Erkrankungen durch Blitzschlag und elektrischen Starkstrom in klinischer und forensischer Darstellung. Verlag F. Enke, Stuttgart 1903.

—, b) Zur klinischen Diagnose und pathologischen Anatomie des multiplen Myeloms (Röntgenbilder). Virchows Archiv 1904, Bd. 177.

Joachimsthal (Berlin): a) Zur Bedeutung der Röntgenbilder für Chirurgie und Orthopädie. Chirurgenkongreß 1897, S. 36.

—, b) Röntgenuntersuchungen in der Chirurgie. Bibl. der gesamt. med. Wissensch. Chirurgie S. 785.

—, c) Die angeborenen Verbildungen der oberen Extremitäten. Hamburg, Lucas Gräfe & Sillem 1900.

Kaiser: Behandlung der Lungentuberkulose und anderer tuberkulöser Erkrankungen mit ausschließlich blauem Lichte. Wiener klin. Wochenschrift 1902, Nr. 7, S. 302.

Kaiserling, C.: Praktikum der wissenschaftlichen Photographie. Berlin, G. Schmidt, 1898.

Kienböck, R.; a) Auf dem Röntgenschirm beobachtete Bewegungen in einem Pyopneumothorax. Wiener klin. Wochenschr. 1898, Nr. 22, S. 538.

—, b) Lokalisation von Fremdkörpern. K. K. Gesellschaft der Ärzte in Wien 1900, 4. Mai.

—, c) Die Einwirkung des Röntgenlichtes auf die Haut. Münchener med. Wochenschr. 1900, 6. Nov., Nr. 45, S. 1581 oder Wiener klin. Wochenschr. 1900, Nr. 50. Röntgenphotographie, Wiener med. Klub 1900, 31. Oktober.

— d) Zur Pathologie der Hautveränderungen durch Röntgenbestrahlung bei Mensch und Tier. Wiener med. Presse 1901, Nr. 19 ff.

—, e) Radiotherapie. II. Internationaler Kongreß für med. Elektrologie und Radiologie, Bern 1902.

—, f) Von Knochenveränderungen bei akut beginnender gonorrhoischer Arthritis. II. Internationaler Kongreß für med. Elektrologie u. Radiologie, Bern 1902.

—, g) Technik der Röntgentherapie. Fortschr. a. d. G. d. Röntgenstrahlen, Bd. VI, Heft 1, S. 29.

—, h) Über Röntgenbehandlung der Sarkome. I. Internationaler Kongreß für Physiotherapie in Lüttich 1905.

—, u. Holzknecht (Wien): Die Radiologie als selbständiger Zweig der med. Wissenschaft. Wien 1903.

King: Electricity in Medicin and Surgery including the X-Ray. New York, Boericke and Runyon Co., 1902.

Klemperer, G.: Über die Lichttherapie. Die Therapie der Gegenwart 1902, August, S. 356.

Klein: Cf. L. Mandl.

Kleinwächter: Cf. L. Mandl.

Knowsley-Sibley (London): I. Internationaler Kongreß für Physiotherapie in Lüttich.

Köhler, Alban: Knochenerkrankungen im Röntgenbilde. Wiesbaden, J. F. Bergmann, 1901.

Kohlrausch u. Holborn: Das Leitvermögen der Elektrolyte. Leipzig 1898.

Korányi, A. v.: Zeitschrift für klin. Medizin 1897, Nr. 33.

Kovács: Ein Fall von Arseniklähmung. Wiener klin. Wochenschr. 1889, Nr. 53.

Kraft (Straßburg): Die Röntgenuntersuchung der Brustorgane. Verlag von Schlesier & Schweikhardt, Straßburg 1901.

Krause, P.: Zur Röntgentherapie der Pseudoleukämie und anderweitiger Bluterkrankungen. Fortschr. a. d. G. d. Röntgenstrahlen 1905, Bd. IX, Heft 3, S. 153.

Krehl, L.: Pathologische Physiologie. Leipzig 1898.

Kreidl (Wien): Die Röntgenstrahlen im Dienste der Medizin. Münchener med. Wochenschr. Nr. 5, S. 112.

Kreß (Rostock): Elektromagnetische Therapie. Therapeutische Monatshefte 1905, Juni.

Kühn, W.: Die neue sichere Epilationsmethode Kromayers und die Elektrolyse. Deutsche med. Wochenschr. 1905, Nr. 14, S. 550.

Kundt, A.: Die neuere Entwicklung der Elektrizitätslehre. Berlin, August Hirschwald, 1891.

Kurella, Hans: a) Beiträge zur Kenntnis der Ströme hoher Spannung und Wechselzahl. Zeitschrift für Elektrotherapie und ärztliche Elektrotechnik 1901, Nr. 9. S. 39.

—, b) Elektrokinesis. Zeitschrift für Elektrotherapie 1904.

Küttner (Tübingen): Über die Bedeutung der Röntgenstrahlen für die Kriegschirurgie. Tübingen 1897.

Ladame: Un nouveau procédé de traitement électromagnetique. Revue méd. de la Suisse. Genève 1902, Nr. 6.

Lang, E. (Wien): a) Heilstätte für Lupuskranke. K. K. Gesellschaft der Ärzte in Wien 1901, 8. November.

—, b) Der Wert der Holzknechtschen Behandlung. Wiener dermatologische Gesellschaft 1901.

—, c) Diskussion im Wiener med. Doktorenkollegium 1905, Oktober.

Levy-Dorn: a) Demonstration von Röntgenbildern. Vereinsbeilage zur Deutschen med. Wochenschr. 1596, Nr. 31, S. 210.

—, b) Zur Diagnostik der Aortenaneurysmen mittels Röntgenstrahlen. Kongreß für innere Medizin, Berlin 1896, S. 316.

—, c) Eine Vorrichtung zum Schutz des Untersuchers gegen X-Strahlen und zur Erzielung scharfer Bilder. Zeitschrift für Krankenpflege 1898, April, S. 95.

—, d) Ein neues orthodiagraphisches Zeichenstativ. Fortschr. a. d. G. d. Röntgenstrahlen 1905, Bd. VIII, S. 123.

—, e) Die Entwicklung der Technik des Röntgenverfahrens. Deutsche med. Wochenschr. 1905, Nr. 17.

Lewisohnes, H.; On some new lines of work in Elektrotherapeutics. The Lancet Nr. 4287, S. 1236.

Leduc, St.: Die Jonen- oder elektrolytische Therapie. Verlag J. Ambron Barth 1905. Aus Abhandlungen auf dem Gebiete der Elektrothers und Radiologie.

Laquer: Allgemeine Elektrotherapie. Wien, Urban & Schwarzenberg, 1898.

Laguerriére: Cf. L. Mandl.

Leduc, St.: a) Introduction des substances médicamenteuses dans la profondeur des tissus par le courant électrique. Congrès international d'électrobiologie, Paris 1900 et Annales d'Électrobiologie 1900, septembre et octobre.

—, b) Die elektrische Hemmung der Hirntätigkeit beim Menschen. Archiv d'Électricité médic. 1903, Dez. Ref. i. Zeitschrift für Elektrotherapie u. phys. Heilmethoden 1903, Heft 2.

—, c) Die Jonen- oder elektrolytische Therapie. Leipzig 1905.

Leube, W. v.: Spez. Diagnose der inneren Krankheiten. II. Leipzig 1895.

Levy (Berlin): Über Verstärkungsschirme und doppelseitig begossene Platten. Jahrbuch der Photographie und Reproduktionstechnik 1898.

Jellinek, Med. Anwendungen d. Elektrizität. 28

434   XI. Literaturverzeichnis.

Leyden, E. v.: a) Klinik der Rückenmarkskrankheiten. 1874.
—, b) Charité Annalen. 1880.
—, u. Grunmach: Über Röntgographie im Dienste der Rückenmarkskrankheiten. Berliner Gesellschaft für Psychiatrie u. Nervenkrankheiten 1902, 8. Dezember.
—, b) Die Röntgenstrahlen im Dienste der Rückenmarkskrankheiten. Berlin 1903, Verlag von A. Hirschwald.
Lewandowski, Rudolf a) Die Elektrotechnik in der prakt. Heilkunde. 1883.
—, b) Elektrodignostik und Elektrotherapie einschließlich der physikalischen Propädeutik für prakt. Ärzte. gr. 8⁰, 440 Seiten mit 174 Illustr. 2. Aufl. Wien, Urban & Schwarzenberg, 1892.
Lichtenstein (Neuwied): Ein neues Verfahren von Vibrationsmassage mittels des Trubschen Elektromagneten. Deutsche med. Wochenschr. 1905, Nr. 48, S. 1932.
Lichtheim, L.: Cf. Neurolog. Zentralblatt.
Lilienfeld: Der Elektromagnetismus als Heilfaktor. Therapie der Gegenwart 1902, September.
Linser, P. u. E. Heller: a) Die Wirkung der Röntgenstrahlen auf das Blut am Tierexperiment. XXII. Kongreß für innere Medizin 1905.
—, b) Experimentelle Untersuchungen über die Einwirkung der Röntgenstrahlen auf das Blut und Bemerkungen über die Einwirkung von Radium und ultraviolettem Lichte. D. Archiv f. klin. Med. Bd. LXXXIII, Heft 5—6.
Loeb, J.: Pflügers Archiv 1899, 75.
—, Zur Theorie des Galvanotropismus. Pflügers Archiv. Bd. 65.
—, W.: Leitfaden der praktischen Elektrochemie. Leipzig 1899.
Loewenfeld, L.: Über die Behandlung von Gehirn- und Rückenmarkskrankheiten vermittels des Induktionsstromes. München, J. A. Finsterlin, 1881.
Loison, Edmond: Les Rayons de Roentgen. Paris, Octave Doin, 1905.
Lombroso, G.: Sulla cataforesi elettrica chloroformica. Sperimentale. Bd. LXIII, Heft 2, S. 125.
Lorenz (Wien): Angeborene Hüftgelenksluxationen. XXVIII. Kongreß der deutschen Gesellschaft für Chirurgie. Berlin S. 1899, 9. April.
Lüpke, R.: Grundzüge der Elektrochemie. 1899, 3. Aufl.
Luzenberger, v.: a) Über die Elektrobiologie und Elektrotherapie in Italien im Jahre 1903. Zeitschrift für Elektrotherapie etc. Heft 6.
—, b) Die Franklinische Elektrizität in der medizinischen Wissenschaft und Praxis. Leipzig 1905.
Mandl, L.: Gynäko-Elektrotherapie. Bibliothek der gesamten med. Wissenschaften. Gynäk. Bd. S. 321.
Mann, L. (Breslau): a) Über die therapeutische Verwendung hochfrequenter (Arsonvalscher) Ströme. Zeitschrift für diätetisch-physikalische Therapie 1899, 3. Bd., Heft 7, S. 596.
—, b) Elektrodiagnostische Untersuchungen mit Kondensatoren-Entladungen. Berliner klin. Wochenschr. 1904, Nr. 33, 34.
—, c) Elektrodiagnostik und Elektrotherapie, 160 S., 8⁰. Wien u. Leipzig, Alfred Hölder, 1904.
—, u. Paul: Über elektrotherapeutische Versuche bei Sehnervenerkrankungen. 76. Vers. d. Naturforscher u. Ärzte in Breslau 1904.
Mannaberg (Wien): Demonstration der Erzeugung von Röntgenstrahlen mittels der Influenzmaschine. Gesellschaft der Ärzte in Wien. Sitzung am 19. Februar 1897.
Marshall, Hall; On the diseases and derangements of the nervous system etc. 1841.
Mendel, K.: Neurol. Zentralblatt 1904.
Mendelsohn: Untersuchungen über die Muskelzuckung bei Erkrankungen des Nerven- u. Muskelsystems, Dorpat 1884.
Meyer, M.; Die Elektrizität in ihrer Anwendung auf prakt. Medizin. 3. Aufl. 1868. 4. Aufl. 1883.

Mewes, Rudolf: Licht-, Elektrizitäts- u. X-Strahlen. Berlin, M. Krayn, 1899.
Mikulicz, J. v.: Die Bedeutung der Röntgenstrahlen für die Chirurgie. Deutsche med. Wochenschr. 1905, Nr. 17.
Milchner u. Mosse; Berliner klin. Wochenschr. 1904.
Miller, W. D.: Die Röntgenstrahlen im Dienste der Zahnheilkunde. Deutsche med. Wochenschr. 1905. Nr. 17.
Minkowski: Beitr. zur Pathol. d. multipl. Neuritis. Leipzig 1889.
Möbius, P. J.: a) Über die allgemeine Faradisation. Berliner klin. Wochenschrift 1880, Nr. 47.
—, b) Über die Empfindlichkeit der Haut gegen elektr. Reize. Zentralbl. f. Nervenheilk. 1883, Nr. 2.
—, c) Nervenkrankheiten. Ein kurzes Lehrbuch für Studierende und Ärzte Leipzig 1893.
Möbius: Neue elektrotherapeutische Arbeiten. S. A. Schmidtsche Jahrbücher, Bd. 299.
Moll, A.: Ist die Elektrotherapie eine wissenschaftliche Heilmethode? Berliner Klinik 1891, November, Heft 41. Fischers Medizinische Behandlung. Berlin 1892.
Monakow, C. v.: Gehirnpathologie. Spez. Pathol. u. Ther. von Nothnagel.
Moritz (München): Eine Methode, um beim Röntgenverfahren aus dem Schattenbilde eines Gegenstandes dessen wahre Größe zu ermitteln (Orthodiagraphie) und die exakte Bestimmung der Herzgröße nach diesem Verfahren. Münchener med. Wochenschr. 1900, 10. April, Nr. 15, S. 509 und 17. Juli, Nr. 29, S. 992.
—, Über orthodiagraphische Untersuchungen am Herzen. Münchener med. Wochenschr. 1902, Nr. 1.
Moritz, F.: Die Krankheiten der peripheren Nerven etc. 1901.
Morton, W. J.: a) The Franklinic interrupted current. Med. Record 1891, 24. Januar.
—, b) A needle in the foot demonstrated by Roentgen rays. New York, med. Record, XLIX., 11. 1896.
Mosetig-Moórhof, v.: Röntgenstrahlen im Dienste der Chirurgie. Münchener med. Wochenschr. 1896, Nr. 4, S. 90.
Moszkowicz: Gesellschaft der Ärzte in Wien. 1905, Mai.
Moutier, A.: Au traitement de la neurasthénie par l'électricité à l'aide des courants alternatifs de haute fréquence. Bulletin officiel de la Société française d'électrothérapie. 1897, p. 204. Administration au Sécrétariat général de la Société, 46, Rue de Pierre Charron, Paris.
—, et A. Challamel: L'hypertension artérielle permanente traité par la d'Arsonvalisation. Arch. génér. de méd. 1904, Nr. 45.
Mraczek (Wien): Zur Dactylitis syphilitica. Wiener med.Wochenschr.1901, Nr.18.
Müller, F.: Die akute atrophische Spinallähmung der Erwachsenen etc. Stuttgart 1880.
Müller, Joh.: Zur vergleichenden Physiologie des Gesichtssinnes. 1826.
—, C. W.: Zur Einleitung in die Elektrotherapie. 8°. Wiesbaden, J. F. Bergmann, 1885.
Mundé: Cf. L. Mandl.
Naunyn: Durchgängigkeit der Gallensteine für Röntgenstrahlen. Unterelsässischer Ärzteverein 1900, 21. Juli. Münchener med. Wochenschr. 1900, 14. August, Nr. 33, S. 1152.
Neftel: Galvanotherapeutics. New York 1871.
Nernst, W.: Theoretische Chemie. 3. Aufl. 1900.
Neumann, C.: Wegweiser zur praktischen Verwertung der Elektrizität als Heilkraft nebst einem kurzen Abriß der Elektrizität-, Nerven- und Muskellehre. 31, 214 S., 65 Abbildungen, 12°. Leipzig, Arnold, 1886.
—, (Wien): Wirkung der Radiotherapie bei der diffusen Form des Lupus. K. K. Gesellschaft für Ärzte in Wien 1900.
—, Hochgespannte Elektrizität in der Medizin. II. Internationaler Kongreß für medizinische Elektrologie und Radiologie. Bern 1902.

Neurologisches Zentralblatt.

Neusser, E. v.: a) Diskuss. in d. Gesellsch. d. Ärzte in Wien 1890, 17. Okt.
—, b) Die Röntgenstrahlen im Dienste der inneren Medizin. Wiener Briefe 1896, 24. Oktober.
—, c) Tapeziernagel in der Lunge. Gesellschaft für Ärzte in Wien. Rf. in derMünchener med. Wochenschr. 1896, Nr. 44, S. 1903.

Nicolet (Brüssel): I. Internat. Kongreß f. Physiotherapie in Lüttich 1905.

Nogier, Th.: La lumière et la vie. Paris, Baillière & fils, 1904.

Noorden, H. v.: Lehrbuch der Pathologie des Stoffwechsels 1893.

Nothnagel, H.: Topische Diagnostik der Gehirnkrankheiten. Berlin 1879.

Obersteiner, H.: a) Die motorischen Leistungen der Großhirnrinde. Wiener med. Jahrb. 1878.
—, b) Anleitung beim Studium des Baues der nervösen Zentralorgane. III. Aufl. Wien 1895.
—, c) Die Wirkung der Radiumbestrahlung auf das Nervensystem. Wiener klin. Wochenschr. 1904, Nr. 40.

Onimus et Legros: Traité d'électricité méd. 1872.

Oppenheim, H.: a) Die traumatischen Neurosen. Berlin 1889.
—, b) Charité-Annalen. 1891.
—, c) Lehrbuch der Nervenkrankheiten. S. Karger, Berlin, 1895.
—, d) Zur Diagnostik der Facialislähmung. Berliner klin. Wochenschr. 1894. Nr. 44.

Oudin, P.: Action thérapeutique locale des courants à haute fréquence. Académie des Sciences, séance d. 14 et 21 juin 1897. Bulletin officiel de la Société française d'électrothérapie 1898, p. 158. Administration au Sécrétariat général de la Société. Paris, rue Pierre-Charron 46.

Overton, E.: Beiträge zur allgemeinen Muskel- und Nervenphysiologie. Pflügers Archiv 1905, Bd. 105, S. 176.

Pal: J.: Über multiple Neuritis. Wien 1891.

Pascheles: Über den galvanischen Hautwiderstand bei Elephantiasis. Neurol. Zentralbl. 1892, S. 131.

Paschkis: Kosmetik. 3. Aufl. 1905.

Paul, Th.: Die Bedeutung der Ionentheorie für die physiologische Chemie. Münchener med. Wochenschr. 1901.

Pauli, W.: a) Über die physiologischen Zustandsänderungen der Eiweißkörper. Wiener akad. Anzeiger 1899, 12. Oktober.
—, b) Pflügers Archiv 1899, Bd. 78.
—, c) Über physik.-chem. Methoden und Probleme in der Medizin. Wien 1900.

Perthes: Über den Einfluß von Röntgenstrahlen auf epitheliale Gewebe, insbesondere auf das Karzinom. 32. Kongreß der deutsch. Gesellsch. f. Chirurgie. Ref. Münchener med. Wochenschr. 1903, Nr. 24.
—, Versuche über den Einfluß der Röntgenstrahlen und Radiumstrahlen auf die Zellteilung. Deutsche med. Wochenschr. 1904, Nr. 17, 18.

Peters, E.: Über eine neue physikalische Behandlungsmethode der Seekrankheit. Deutsche med. Wochenschr. 1905, Nr. 50, S. 2015.

Pfaundler (Graz): a) Bestimmung eines Fremdkörpers mittels Röntgenscher Strahlen. Intern. photogr. Monatsschrift f. Medizin u. Naturwissenschaft III., 1896.
—, b) Beitrag zur Kenntnis und Anwendung der Röntgenschen Strahlen. Sitzungsbericht der k. Akademie der Wissensch. zu Wien 1896.

Pflüger: Cf. Text.

Pflügers Archiv.

Pfungen, R. v.: Über Störungen von Assoziationen. Jahrb. für Psychiatrie 1884.

Philipp: Die Röntgenbestrahlung der Hoden des Mannes. Ref. Zentralbl. f. Chir. 1905, Nr. 17.

Pierson u. Sperling: Lehrbuch der Elektrotherapie. 6. Aufl. mit Abbildungen. 8°. Leipzig, Abel, 1893. Dasselbe Werk ist in italienischer, russischer und holländischer Sprache erschienen.

Pietrzikowsky (Prag): Wirbelverletzungen. Verein deutscher Ärzte in Prag 1899, 28. Mai.

Pick, A.: Krit. Beiträge zur Lehre v. d. Lokalis. in der Großhirnrinde. Ztschr. f. Heilk. 1888.

Pilcz, A.: Weitere Ergebnisse elektrischer Untersuchungen an Geisteskranken Neurolog. Zentralbl. 1904, S. 1019.

Poland: Skiagraphic Atlas showing the development of the bones of the Wrist and hand for the use of students and others. London, Smith, Edler & Comp., 1898.

Politzer, A. (Wien): Behandlung der Ohraffektionen durch den äußeren Gehörgang. Klinische therapeutische Wochenschrift 1898, Nr. 10 und Allgemeine med. Zentralzeitung 1898, Nr. 69.

Probst: Zit. nach M. Rothmann.

Prochownik u. Späth: Cf. L. Mandl.

Purkinje: Beobachtungen und Untersuchungen zur Physiologie der Sinne. 1823.

Quincke, H.: Über zerebrale Muskelatrophie. Zeitschr. f. Nervenheilkunde Bd. 4.

Ranzi: Über einen mit Röntgenstrahlen behandelten Fall von v. Mikuliczscher Krankheit. 77. Naturforscherversammlung in Meran.

Les Rayons X-Annales de radiologie théorique et appliquée. Paraissant le Samedi. Rédacteur en chef Dr. E. de Bourgade la Dardye 1898 ff.

Redlich, E.: Über Störungen des Muskelsinnes und des stereognostischen Sinnes bei zerebr. Hemiplegie. Wiener klin. Wochenschr. 1893.

Regnier, L. R.: Radioscopie, Radiographie, Radiothérapie. Paris 1906.

Remak, R.: Über methodische Elektrisierung gelähmter Muskeln. 2. Aufl. 1856.

—, Galvanotherapie der Nerven- und Muskelkrankheiten. 1858.

—, Application du constant comtant galvanique au traitement des névroses. Paris 1865.

—, E.: a) Eulenburgs Realmezyklopädie 1895, Bd. VI, S. 409. 495.

—, b) Grundriß der Elektrodiagnostik und Elektrotherapie für prakt. Ärzte. Mit 19 Holzschnitten, VIII u. 196 S. gr. 8⁰. Wien, Urban & Schwarzenberg, 1895.

—, c) Neuritis und Polyneuritis. Nothnagels spez. Path. u. Ther. Wien 1900.

Reuß, A. v.: Die Elektrizität bei der Behandlung entzündlicher Augenkrankheiten. Beiträge zur Augenheilkunde, herausgegeben von Professor Deutschmann, Heft XXIII, 1896. Ein Auszug dieser Arbeit ist in der Wiener klin. Wochenschr. 1895, Nr. 20 erschienen unter dem Titel: Über die elektrische Behandlung entzündlicher Augenkrankheiten.

Reyher, P.: Über die Bedeutung der Röntgenstrahlen für die Kinderheilkunde. Deutsche med. Wochenschr. 1905, Nr. 17.

Rieder, H.: Zur Technik der Röntgenstrahlentherapie. Fortschr. a. d. G. d. Röntgenstrahlen 1905, Bd. VIII, S. 303.

Rieger, C.: Grundriß der medizinischen Elektrizitätslehre für Ärzte und Studierende. Jena, G. Fischer, 1895. 3. Aufl. 1893.

Riehl, G.: Bemerkungen zur Röntgentherapie. Wiener klin. Wochenschr. 1904, Nr. 10.

Ritter, Gilberts. Annalen der Physik. 1801.

Robinsohn u. Werndorff: Insufflation der Gelenke mit Sauerstoff zu diagnostischen Zwecken. Röntgenkongreß in Berlin 1905.

Rockwell: a) New York med. Record. Sptb. 1880.

—, b) Journ. of nervous and mental diseas. 1885, April.

—, c) Über Anwendung der statischen Elektrizität. New York med. Record XX, 1891, 12. September.

Rodari: Die physikalischen und physiologisch-therapeutischen Einflüsse des magnetischen Feldes auf den menschlichen Organismus. Korrespondbl. f. schweiz. Ärzte 1903, Nr. 4.

Röntgen (Würzburg): a) Eine neue Art von Strahlen. I. Mitteilung.
    Sitzungsberichte der phys. med. Ges. z. Würzburg, Ende 1895.
—, b) Über eine neue Art von Strahlen. Phys. med. Ges. z. Würzburg 1896,
    23. Januar.
—, c) Über eine neue Art von Strahlen. I. Mitteilung. Wiedemanns Annalen
    Bd. 64, S. 1.
—, d) Eine neue Art von Strahlen. II. Mitteilung. Sitzungsberichte der phys.
    med. Ges. z. Würzburg 1896, April.
Rosenbach, O.: Münchener med. Wochenschr. 1905, Nr. 22.
Rosenfeld (Breslau): Diagnostik innerer Krankheiten mitels Röntgenstrahlen.
    Wiesbaden 1897.
Rosenthal, J.: Elektrizitätslehre für Mediziner. 1862.
—, u. Bernhard, J. M.: Elektrizitätslehre für Mediziner und Elektrothe-
    rapie. Mit 105 in den Text eingedruckten Holzschnitten. 3. Aufl. Berlin,
    August Hirschwald, 1884.
—, M.: a) Elektrotherapie. Wien 1865. 2. Aufl. 1873.
—, b) Klinik der Nervenkrankheiten. 2. Aufl. 1875.
Rosin, H.: Normale und pathologische Histologie des zentralen Nerven-
    systems mit Berücksichtigung der Neuronentheorie. Deutsche Klin. am
    Eing. des XX. Jahrhdts.
Roßbach: Lehrbuch der physikal. Heilmethoden. Berlin 1882. 2. Aufl. 1892.
Rosthorn, v.: Cf. L. Mandl.
Rothmann, M.: a) Über elektrische Reizung der Extremitätenregion.
    Berliner Gesellsch. f. Psychiatrie u. Nervenkrankheiten. Sitzung 1904,
    4. Juli, Ref. Berliner klin. Wochenschr. 1905, Nr. 4, S. 101.
—, b) Über die Bedeutung der Elektrodiagnostik und Elektrotherapie in der
    modernen Medizin. Deutsche Klinik am Eingang des 20. Jahrhunderts. 1904.
Roussel, Albéric: La Franklinisation rehabilitée. Avec 12 figures. Paris 1904.
Rumpf, Th.: Die Ergebnisse der Röntgenstrahlen für die innere Medizin.
    Deutsche med. Wochenschr. 1905, Nr. 7.
Ruprecht, M.: Über Starkstromanlagen und elektromedizinische Anschluß-
    apparate mit besonderer Berücksichtigung neuer Gleichstromumformer
    für Galvanokaustik. Berlin 1904.
Ruß: Über die bakterizide Wirkung der Röntgenstrahlen. Wissensch. Verein
    der Militärärzte der Garnison Wien. 1905, 13. März.
Sachs, M.: Sideroskop und Elektromagnet; ihre Verwendung in der Augen-
    heilkunde. Wiener klin. Wochenschr. 1898, Nr. 43.
Sarbo, v.: Klinische Erfahrungen über den therapeutischen Wert der elektro-
    magnetischen Behandlung. Deutsche med. Wochenschr. 1903, Nr. 2.
Schade, H.: Die elektrokatalytische Kraft der Metalle. Eine neugewonnene
    experimentelle Grundlage für die Erklärung der Quecksilber - Silber-
    Eisentherapie. Leipzig 1904.
Schäffer: Cf. L. Mandl.
Schatzkij, S.: a) Beeinflussung der Hautsensibilität des Menschen durch
    Katelektrisation. Dissert. S. Petersburg 1892.
—, b) Die Grundlagen der therapeutischen Wirkung des konstanten Stromes.
    Zeitschr. für Elektrotherapie und ärztliche Elektrotechnik 1900, Nr. 5,
    S. 24 u. Nr. 6, S. 49.
Schaw: Cf. L. Mandl.
Scheffer u. Kratzenstein: Die topographische Anatomie der Hand- und
    Schultergelenke. Die topographische Anatomie der oberen Extremitäten.
    Hamburg, Lukas Gräfe & Sillem, 1900.
Scheier (Berlin): Zur Anwendung des Röntgenschen Verfahrens bei Schuß-
    verletzungen des Kopfes. Deutsche med. Wochenschr. 1896, Nr. 40,
    S. 648.
—, Röntgogramme der Gefäße des Kehlkopfes. Laryngologische Gesellsch.
    1. Juli 1898. Berliner klin. Wochenschr. 1899, Nr. 4, S. 93.
—, Röntgenuntersuchung in der Rhino-Laryngologie. Bibl. der gesamt. med.
    Wissensch., Bd. Kehlkopfkrankheiten, S. 571.

Scherk, C.: Die elektromagnetische Energie und ihre Anwendung in der physikalischen Therapie. Berlin 1904.

Schiff (Wien): a) Über die Einwirkung der X-Strahlen auf tiefere Organe. Wiener med. Wochenschr. 1897, Nr. 4.

—, b) Über die Einführung der Röntgenstrahlen in der Dermatotherapie. Archiv für Dermatologie und Syphilis 1898, Heft 1.

—, c) Finsenbeleuchtung und Röntgenbestrahlung. Allgemeine med. Zentralzeitung 1899, Nr. 61, S. 732.

—, d) Der gegenwärtige Stand der Röntgentherapie. Referat, erstattet auf dem VII. Dermatologenkongreß in Breslau 1900.

Schirmer, C. H.: Zentralbl. f. die Grenzgebiete der Medizin und Chirurgie. 1905, Bd. VIII.

Schjerning: Die Verwendung der Röntgenstrahlen im Kriege. Deutsche med. Wochenschr. 1905, Nr. 17.

Schleicher, W.: Zur Galvanokaustik. Berlin, O. Coblenz, 1895.

Schlesinger, H.: Diskuss.-Gesellsch. der Ärzte in Wien 1890, 17. Oktober.

Schliep: Unsere elektrischen Bäder. Therap. Monatshefte 1905, Juni.

Schmidt, H. E.: a) Kompendium der Röntgentherapie. Berlin 1904.

—, b) Die Röntgenstrahlen in der Dermatotherapie. Deutsche med. Wochenschrift 1905, Nr. 17.

Schnitzler, J.: a) Wiener med. Presse 1875, Nr. 20, 23.

—, b) Defekt in der Ulnadiaphyse. K. K. Gesellschaft der Ärzte in Wien 1903, 8. Mai.

Schnyder: Zeitschr. f. Elektrother. u. ärztl. Elektrotechn. 1899.

Schoeler u. Albrand: Experimentelle Studien über galvanolytische kataphorische Einwirkungen auf das Auge. Wiesbaden 1897.

Schrötter, v.: Zur Diagnose des in der Brusthöhle verborgenen Aortenaneurysma. Wiener klin. Wochenschr. 1902, Nr. 38.

Schüller, A.: Die Schädelbasis im Röntgenbilde. Hamburg 1905. Verlag von Lukas Gräfe & Sillem.

Schüller, A. u. Robinsohn: Die röntgenologische Untersuchung der Schädelbasis. Wiener klin. Rundschau 1904, Nr. 26.

Schultze, F.: a) Über die Heilwirkung der Elektrizität bei Nerven- und Muskelleiden. Wiesbaden 1892.

—, Lehrbuch der Nervenkrankheiten. Stuttgart 1898.

Schwarz, G.: Eine radiologische Methode zur Prüfung der Bindegewebsverdauung. Gesellsch. f. innere Medizin in Wien 1905, 21. Dezember.

Seldin: Fortschritte auf dem Gebiete der Röntgenstrahlen. Bd. VII.

Senator: Archiv f. Psychiatrie 1883, XIV.

Senn, N.: Case of splenomedullary Leukaemia successfully treated by the use of the Röntgen rays. Medical Record 1903, 22. Aug.

Siemerling u. Binswanger: Lehrbuch der Psychiatrie. Jena 1904.

Silva et Pescarolo: Cit. nach A. Sperling.

Solowjeff, N.: Das elektromagnetische Verfahren als neue physikalische Heilmethode. Moskauer therap. Gesellsch. 1905. 14. April. Ref. Deutsch. med. Wochenschr. 1905, Nr. 25, S. 1014.

Sommer (Gießen): Die Natur der elektrischen Vorgänge an der Haut, besonders der Finger. Münchener med. Wochenschr. 1905, Nr. 51, S. 2493.

—, E.: Anatomischer Atlas in stereoskopischen Röntgenbildern. Würzburg 1906.

Sorgo, J.: Über die Behandlung der Kehlkopftuberkulose mit Sonnenlicht nebst einem Vorschlag zur Behandlung derselben mit künstlichem Licht. K. K. Gesellsch. d. Ärzte in Wien. 20. Januar 1905.

Sosnowski: Bedingungen der Entstehung der elektrotonischen Ströme Zentralbl. f. Physiol. 1905, Nr. 2.

Sperling, A.: a) Elektrotherapeutische Studien. Leipzig 1892.

—, b) Elektrodiagnostik und Elektrotherapie. Biblioth. der gesamten mediz. Wissenschaften. Int. Med., Bd. I, S. 497.

Spieß, P.: Die Erzeugung und die physikalischen Eigenschaften der Röntgenstrahlen. Berlin 1904.

Stark, J.: Das Wesen der Kathoden und Röntgenstrahlen. Leipzig 1904.

Stein, S. Th.: Elektrotherapeutische Beiträge zur ärztlichen Behandlung der Neurasthenie und Hysterie, sowie verwandten allgemeinen Neurosen. 3. Aufl. Knapp, Halle a. S., 1886.

—, Die allgemeine Elektrisation etc. 3. Aufl. 1886.

Sternberg, M.: a) Die Sehnenreflexe und ihre Bedeutung für die Pathologie des Nervensystems. Leipzig-Wien 1893.

—, b) Trommelschlägelfinger. Wiener klin. Wochenschr. 1898, Nr. 24.

—, Die Verwendung der Funken geöffneter Induktionsrollen. Neurol. Zentralblatt 1895.

Stintzing, R.: a) Über Nervendehnung. Leipzig 1883.

—, b) Allgemeine Elektrotherapie der Erkrankungen des Nervensystems. — Handbuch der Therapie innerer Krankheiten. V. Band. 3. Aufl. 1903. Jena.

— und Graeber: Der elektrophysiologische Leitungswiderstand des menschlichen Körpers und seine Bedeutung für die Elektrodiagnostik. Leipzig 1886.

Strebel (München): a) Die Fettleibigkeit und ihre Behandlung. (Deutsche Medizinalzeitung 1901, Nr. 6, S. 61; Nr. 7, S. 73; Nr. 8, S. 85.)

— b) Die Verwendung des Lichtes in der Therapie. 78 Seiten, 6 Tafeln. Verlag Seitz & Schauer, München 1902.

Strümpell, A.: Lehrb. d. spez. Pathologie u. Therapie. III. Krankheiten des Nervensystems. Leipzig 1890.

Suchier (Freiburg): Die Behandlung des Lupus vulgaris mittels statischer Elektrizität. Wiener Klinik 1904.

Sudnik, R.: Action thérap. locale des courants de haute fréquence. (Annales d'Electrobiologie etc., II. 1899, Nr. 3, S. 306.

Tappeiner, H. v.: Zur Kenntnis der lichtwirkenden (fluoreszierenden) Stoffe. (Deutsche Mediz. Wochenschrift 1904, Nr. 16).

— u. Jessionek: Therapeutische Versuche mit fluoreszierenden Stoffen. (Münch. mediz. Wochenschrift 1903, Nr. 47.)

Tigerstedt: Lehrbuch der Physiologie des Menschen. 1902.

Tripier: a) Manuel de l'électrothérapie. Paris 1861.

—, b) Galvanocaustique et Électrolyse. Paris 1881.

Trömner: Elektrovigorgürtel. Deutsche mediz. Wochenschr. 1904, S. 1366.

Unna P. G.: Die chronische Röntgendermatitis der Radiologen. Fortschr. auf d. Gebiete d. Röntgenstr. 1905. Bd. VIII, S. 67.

Urbantschitsch: a) Lehrb. der Ohrenkrankh. 1880.

—, b) Vibrationsmassage der Ohrtrompete bei chronischem Mittelohrkatarrh. Monatsschrift für Ohrenheilk. 1903, Nr. 3.

Valentin: Repertorium der Anat. u. Phys. Bern 1887.

Vierordt: Beitr. zum Studium der multipl. degen. Neuritis. Archiv für Psychiatrie 1883.

Vigouroux: De l'électricité et de son emploi au thérapeutique. Paris 1882.

Voltolini: Die Anwendung der Galvanokaustik. Wien 1872. 2. Auflage.

Vulpian: Maladies du système nerveux. 1858.

Waller A., und Watteville, A. de: On the influence of the galvanic current on the excitability of the motor nerves of man. Philos. Transact. of the royal society. 1882. III.

Waller A. D.: Die Kennzeichen des Lebens vom Standpunkte elektrischer Untersuchung. Deutsch von E. P. und R. du Bois-Reymond. Berlin 1905.

Wahnsley, R. M.: Electricity in the service of med. Ill. New. ed London 1904.

Walter (Hamburg): a) Über die Vorgänge im Induktionsapparat. Wiedemanns Annalen 1897, Nr. 10, S. 300.

—, b) Physikalisch-technische Mitteilungen. Fortschr. a. d. G. d. Röntgenstrahlen, Bd. I ff.

—, c) Über die Natur der Röntgenstrahlen. Fortschr. a. d. G. d. Röntgenstrahlen, Bd. II, Heft 4, S. 144.

Watteville, de: a) A practical introduction to medical electricity. 1878. second edit. 1884.

—, b) Grundriß der Elektrotherapie. Autor. deutsche Ausgabe von M. Weiß 7, 252 S. mit 102 Abbild. gr. 8°. Deuticke, Wien 1886.

Webb: Elektrostatische Behandlung. Laucet Nr. 4267.

Weber, A. S.: Traitement par l'électricité et le massage. 8° Cocco, Paris 1889.

Weber, H. F.: Bericht über den Internation. elektrischen Kongreß in Frankfurt a. M. 1891.

Wehnelt (Charlottenburg): Dunkler Kathodenraum. Wiedermanns Annalen. Bd. 65, S. 511.

Weichselbaum, A.: conf. Text, Elektrophysiologie.

Weil: a) Röntgenbilder von Nebenhöhlen (Nase), die mit Bleisulfat aus-gefüllt sind. Sitzungsprotokoll der K. K. Gesellschaft der Ärzte in Wien 1904.

—, b) I. internation. Kongreß für Physiotherapie in Lüttich 1905.

Weinberger, M.: a) Aortenaneurysme. Wiener klin. Wochenschr. 1900, Nr. 28.

—, b) Atlas der Radiographie der Brustorgane. Verlag E. M. Engel, Wien.

—, c) Über die Untersuchung der Brustkrankheiten mit Röntgenstrahlen. II. internation. Kongreß f. mediz. Elektrol. u. Radiologie. Bern 1902.

Weiß, F.: a) Elektrotherapie. Bibliothek der gesamten mediz. Wissenschaft. Suppl.-Bd. S. 51.

—, b) Röntgenstrahlen. Biblioth. der gesamten mediz. Wissenschaft. Suppl.-Bd. S. 180.

Wertheim-Salomonson: Kleine und große Induktorien. Fortschr. auf d. Geb. d. Röntgenstrahlen. 1905. Bd. VIII, S. 254.

—, Über den Reizwert sinusoïdaler Ströme von hoher Frequenz. Pflügers Arch. 1905, Bd. 106, 3. u. 4. Heft, S. 120.

Westphal: Archiv f. Psychiatrie IX. 1879.

Wibo: Note sur l'emploi de l'électricité en médicine oculaire. Journ. méd. de Bruxelles 1904, Nr. 22.

Wichmann, R.: Die Elektrizität in der Heilkunde. Anwendung und Wirkung der Elektrizität in der Medizin. 94 S. gr. 8°. Steinitz, Berlin 1888.

Wiedemann: Die Lehre von der Elektrizität. Bd. 1—4. Braunschweig 1898.

Williams: The treatment of phthisis by means of electrical currents of high frequency and potential. Lancet, Londres 1901, II. 617.

Wilms und Sick: Die Entwicklung der Knochen der Extremitäten von der Geburt bis zum vollendeten Wachstum. Hamburg, Lucas Gräfe und Sillem 1902.

Windscheid, Fr.: Die Anwendung der Elektrizität in der mediz. Praxis. Medizin. Bibliothek für prakt. Ärzte. Naumann, Leipzig 1894.

Winkler: Die Elektrotherapie in der Dermatologie (»Beiträge zur Derma-tologie und Syphilis«. Verlag von Franz Deuticke, Leipzig u. Wien 1900.)

Zacharias, Johannes und Müsch, M.: Konstruktion und Handhabung elektromedizinischer Apparate. Leipzig 1905.

Zanietowski, J.: Über einen neuen Apparat für Kondensatorentladungen und Galvanofaradisation (mit historisch-methodologischem Vorwort über Kondensatorapparate im allgemeinen. Zeitschrift für Elektrotherapie 1900, Nr. 5, S. 29.

—, Neue Gesichtspunkte zur Zukunft der Kondensatorfrage und der Elektro-diagnostik im allgemeinen. Zeitschrift f. Elektrotherapie 1903, Heft XII, S. 396 u. ff.

Zech: Die Physik in der Elektrotherapie. 1875.

Zeitschrift für Elektrotheraphie und ärztl. Elektrotechnik. H. Kurella.

Ziehen, Th. und Hoorweg, J. L.: Elektrodiagnostische Untersuchungen mit Hilfe der Kondensatormethode. Monatsschr. f. Psychiatrie 1904, Bd. XV.

Ziemßen, H. v.: Die Elektrizität in der Medizin. Studien. Mit 60 Holz-schnitten und 1 Lithographietafel. 5. Aufl. gr. 8°. Aug. Hirschwald, Berlin 1887.

Zimmern, A.: Le courant alternatif sinusoïdal. Les applications théra-peutiques et particulièrement en gynécologie. Progrès Médical 1899, Nr. 56, Nr. 61, und Revue intern. d'Électr. 1899, Nr. 11 u. 12, p. 318.

Sachregister.

Verlag von R. Oldenbourg in München und Berlin.

Die
Schwachstromtechnik in Einzeldarstellungen

Unter Mitwirkung zahlreicher Fachleute

Herausgegeben von

J. Baumann   und   Dr. L. Rellstab

München   Schöneberg-Berlin

Die Anwendungen des Schwachstroms umfassen heute ein
Gebiet von solcher Ausdehnung und Vielgestaltigkeit, dafs
die Auflösung des Stoffes in Einzelgebiete für die Darstellung
sowohl wie für den Belehrung Suchenden zum unabweisbaren
Bedürfnis geworden ist. Dieses Bedürfnis zu befriedigen, ist das
Programm des oben angekündigten Sammelunternehmens, das
nach seiner Vollendung eine vollständige Übersicht bieten soll
über das Gesamtgebiet derjenigen Elektrizitätsanwendungen, in
welchen — von den medizinischen abgesehen — nicht die materielle
Stromwirkung, sondern deren geistige Deutung den Zweck der
Anwendung bildet. In erster Linie für die weitesten Kreise der
Praxis bestimmt, gibt jeder Band, ein abgeschlossenes Ganzes
bildend und einzeln käuflich, in einfacher, allgemein verständ-
licher Darstellung eine gedrängte und doch erschöpfende Übersicht über das behandelte Anwendungsgebiet nach dem neuesten

Stand von Wissenschaft und Technik. Dementsprechend sind historische Erörterungen auf das Notwendigste beschränkt, ist auf die mathematische Ausdrucksweise fast gänzlich verzichtet. Dagegen wird überall die Kenntnis der Fundamentaltatsachen des betreffenden Stoffgebietes vorausgesetzt, weshalb insbesondere physikalische Einleitungen durchwegs vermieden sind. Überall aber ist die Betrachtung so weit geführt, daſs dem Leser nicht nur ein Bild des augenblicklichen Standes des betreffenden Gebietes entsteht, sondern auch die Richtlinien künftiger Entwicklung erkennbar werden. Nicht ausgeschlossen ist, daſs der eine oder andere Band auch vorwiegend irgendeine wichtige Einzelneuerung behandelt oder auch zum erstenmal zur öffentlichen Kenntnis bringt.

Leitfaden der Hygiene für Techniker, Verwaltungs-
beamte und Studierende dieser Fächer. Von Professor **H. Chr. Nußbaum** in Hannover. XI u. 601 Seiten. gr. 8°. Mit 110 Text-abbildungen. In Leinwand geb. Preis M. **16.—.**

Es ist bemerkenswert, daß es in unserer an hygienischen Hand- und Lehrbüchern so reichen Zeit bisher noch an einem Werk gefehlt hat, welches den Studierenden der technischen Hochschulen speziell zu einem Führer auf hygienischem Gebiet zu sein bestimmt war, und es ist deshalb schon aus diesem Grunde mit Freuden zu begrüßen, daß nunmehr in dem Nußbaumschen Leitfaden ein solches Werk vorliegt. Daß Nußbaum zum Verfassen desselben der Berufensten einer war, wird a priori wohl allseitig zugegeben werden, hat er doch in zahlreichen Schriften gezeigt, daß er das Fach gründlich beherrscht und es fruchtbringend weiter auszugestalten vermag. **Hygienische Rundschau.**

Taschenbuch der mikroskopischen Technik. Kurze
Anleitung zur mikroskopischen Untersuchung der Gewebe und Organe der Wirbeltiere und des Menschen unter Berück-sichtigung der embryologischen Technik. Von **Dr. Alexander Böhm**. Prosektor und **Dr. Albert Oppel**, o. a. Professor. Mit einem Beitrag (Rekonstruktionsmethoden) von Prof. **Dr. G. Born.** — **Fünfte durchgesehene und vermehrte Auflage.** — VI und 217 Seiten. 8°. In Leinwand geb. Preis M. **4.50.**

Gesundheits-Ingenieur. Zeitschrift für die gesamte Städte-
hygiene. Hergeg. von **E. v. Böhmer,** Reg.-Rat im Kais. Patent-amt, Prof. Dr. **Dunbar,** Direktor des Staatl. Hygien. Instituts zu Hamburg, Reg.-Rat **Herm. Harder,** Berlin, Geh. Reg.-Rat Prof. **Proskauer,** Vorstand der Chem. Abt. d. Kgl. Instituts f. Infekt.-Krankh. z. Berlin-Charlottenburg, **K. Schmidt,** Stadtbauinspekt., Vorst. d. Bauinspekt. f. Heizungs- u. Lüftungswesen i. Dresden. — Die Zeitschrift erscheint wöchentl. u. kostet jährl. M. **20.—.**

Das Programm des „Gesundheits-Ingenieurs", Zeitschrift für die gesamte Städtehygiene, umfaßt die Gebiete: Wasserversorgung und alle mit ihr ver-knüpften Aufgaben, die Städtereinigung einschließlich des Kanalisations-wesens, Abwasserbeseitigung und -Reinigung, die ganze Straßenhygiene, das Abdeckereiwesen und Leichenwesen, die Fragen der Volksernährung und Nahrungsmittelkontrolle einschließlich des Schlachthauswesens, alle Fragen der Wohnungsbauhygiene und Baupolizei, Lüftung, Heizung, Be-leuchtung, Rauchplage, Bäder, Krankenhauswesen, Armenversorgung, Ge-fängniswesen, die Fragen der Schulhygiene und des öffentlichen Kinder-schutzes, des Schutzes gegen Seuchen einschließlich Desinfektion, der Ge-werbehygiene und des Feuerlöschwesens sowie noch manche andere in das Gebiet der Städtehygiene fallende Fragen.

www.ingramcontent.com/pod-product-compliance
Lightning Source LLC
Chambersburg PA
CBHW030240230326
41458CB00093B/500